TURING
图灵教育

站在巨人的肩上
Standing on the Shoulders of Giants

TURING 图灵程序设计丛书

深入理解 Java 模块系统

The Java Module System

[德]尼科莱·帕洛格（Nicolai Parlog）著

张悦 黄礼骏 张海深 译

人民邮电出版社

北 京

图书在版编目（ＣＩＰ）数据

深入理解Java模块系统 / （德）尼科莱·帕洛格
（Nicolai Parlog）著；张悦，黄礼骏，张海深译. --
北京 : 人民邮电出版社，2021.1
（图灵程序设计丛书）
ISBN 978-7-115-55234-1

Ⅰ. ①深… Ⅱ. ①尼… ②张… ③黄… ④张… Ⅲ.
①JAVA语言—程序设计 Ⅳ. ①TP312.8

中国版本图书馆CIP数据核字(2020)第219668号

内 容 提 要

　　本书从 Java 模块系统的设计动机和基本概念讲起，一直延伸至其高级特性，详尽介绍了模块系统的基本机制，以及如何创建、构建和运行模块化应用程序。本书还会帮助你将现有项目迁移到 Java 9 及以上版本，并逐步将之模块化。书中主要内容包括：从源代码到 JAR 来构建模块、迁移到模块化 Java、解耦依赖以及改进 API、处理反射和版本、自定义运行时镜像，等等。

　　本书适合有 Java 经验的开发者阅读。

◆ 著　　　　[德] 尼科莱·帕洛格
　　译　　　　张　悦　黄礼骏　张海深
　　责任编辑　张海艳
　　责任印制　周昇亮
◆ 人民邮电出版社出版发行　　北京市丰台区成寿寺路11号
　　邮编　100164　电子邮件　315@ptpress.com.cn
　　网址　https://www.ptpress.com.cn
　　天津翔远印刷有限公司印刷
◆ 开本：800×1000　1/16
　　印张：23.25
　　字数：550千字　　　　　　　2021年1月第 1 版
　　印数：1 - 2 500册　　　　　2021年1月天津第 1 次印刷
　　著作权合同登记号　图字：01-2020-2152号

定价：119.00元
读者服务热线：(010)51095183转600　印装质量热线：(010)81055316
反盗版热线：(010)81055315
广告经营许可证：京东市监广登字 20170147 号

版 权 声 明

难道这样不算完满？

所有部分都如他所愿。

—— 致 Gabi，致 Maia

序　言

　　模块化的动机与愿望并非刚刚出现。1968 年的北约软件工程大会是一次具有里程碑意义的会议，对推广软件组件和**软件工程**这一术语起到了至关重要的作用。在会议记录中，E. E. David 概述了开发大型系统的方法：

　　　　定义足够小、易于管理的子系统，并基于子系统进行构建。此策略要求将系统设计为模块，除了模块间通信的约定外，子系统可以独立实现、测试和修改。

　　在同一次会议中，H. R. Gillette 描述了模块化如何支持系统的演进：

　　　　模块化有助于隔离系统的功能单元。要对一个模块进行调试、改进或者扩展，仅需要最低限度的人员交互或系统停转。

　　这些不是什么新概念，经过一段时间的编程实践就能掌握其中的技巧。

　　Java 模块化在时间和空间上像拼图一样散落在 Java 历史的各个角落。类是 Java 第一个也是最基本的模块实现。在其他语言中，类表示模块化和类型的统一，为类型及其操作和细节提供了一些隐私和内聚性。Java 则更进一步，将源代码中的类结构映射到二进制组件。

　　那么，小到何种地步才算**易于管理**？类太小了，很难作为这个问题的答案。

　　对于任何代码库而言，类都不是理想的大规模组件模型，除非代码量非常小或者类的实现非常糟糕。

　　此外，**包**（package）原本的正确含义为：打好封印且不可拆分的实体。但是，Java 错误地将其实现为：通过命名空间将代码组织成目录结构、不能有效隔离的开放式布局、因曾经流行而草率制定却不切实际的域名命名法。

　　这正巧对应了潘多拉的神话。希腊神话中，具有一切天赋的潘多拉打开了释放出人世间所有邪恶的盒子。其实这是误传，潘多拉打开的是**罐子**（jar）而不是盒子（box）。她打开的是一个 pithos（罐子），但被误译为了 pyxis（盒子）。[①]在代码中情况是一样的：命名很重要。

　　JAR 是组件模型的关键，但除了将类文件压缩在一起之外，它并没有提供其他帮助。为了应对由此产生的 "JAR 地狱" 问题，许多方法（构建工具、OSGi 捆绑包）扩展了 JAR 模型，方便人们更好地利用模块化。

---

　　① pithos 是古希腊的一种陶罐，而 pyxis 在拉丁文中是盒子之意。——编者注

但这一切都是过去式了。现在怎么办？未来怎么办？

答案就在面前。这就是你阅读本书的原因。

Java 9 通过模块系统将零散的拼图拼凑到了一起，模块系统成了 Java 平台的核心而不是扩展功能。Java 的模块系统必须有所妥协。它不仅要保持对大量现有代码的支持，使其不至于破坏现有的生态系统，还要为不断变化的世界中尚待编写的代码提供一些有意义的帮助。

从技术层面来说，你需要理解模块和依赖的本质，以及语法和组件化的细节；从设计角度来说，你需要了解使用模块所带来的好处与坏处。像任何概念或观点一样，模块化不可以随便地加入到项目之中，采用模块化需要更多的技术和思考。现有代码在更加模块化的世界中会有什么样的改变？模块化会如何影响部署和开发？你需要知道这些问题以及你所探索问题的答案。

这些问题就是你阅读本书的原因。

本书作者会逐一解答这些问题。自模块出现后，他就一直关注着。他深入研究 JSR 和相关实现，了解你不想也不必了解的细节。他对细节的把握会让你从他的知识中得到升华——从原理到实践，从入门到高级。

本书是一份很好的礼物。请翻开它，阅读它，享受它吧。

——Kevlin Henney，Curbralan 有限公司

前　言

2015 年 4 月的一个清晨，我和模块系统不期而遇。上班之前，我检查了 OpenJFX 邮件列表，看到一封来自 JavaFX 用户的邮件，该用户担心模块化的限制会导致私有 API 不再可用。我当时的想法是：这绝不可能，Java 绝不会引入不兼容的变更。我认为这是误解，然后便去上班了。

午饭后，我和一位同事讨论了此问题，但我们意见不同。因为讨论没有结果，所以我有些失望，决定早点回家去享受阳光明媚的春日。我在阳台上喝着清凉的啤酒，想着应该读些什么。读什么呢？出于好奇，我开始阅读对早上那封邮件的回复，并沉醉在其中！

接下来的几周里，我津津有味地阅读了所有关于 Jigsaw 项目的信息，这是一个开发模块系统的项目。事实证明，JavaFX 用户的担忧是对的。

起初，我主要关注 Java 9 可能引入的不兼容问题，其潜在的优势则不那么明显。幸好，当时我正在参与一个大型 Java 应用程序的相关工作。在工作中，我慢慢地意识到如何使用模块系统来改善和维护项目的整体结构。随着了解的细节越来越多，几周后，我认同了将模块引入生态系统的想法，即使这意味着需要打破一些东西。

一般的探索旅程会先从兼容性问题开始，然后再到理解模块系统及其所带来的优势，但这并不是唯一的路径！与其担心现有的代码库，你可能更想评估模块系统对新 Java 项目的影响，或者更感兴趣于模块化对生态系统的巨大影响。无论从何处开始探索，本书都是你的向导。

如果你想知道旅程将走向何方，那就回想一下 Java 8。它引入了 lambda 表达式，但比语言特性更重要的是对社区和生态系统的持续影响：它向数百万 Java 开发人员介绍了函数式编程的基础知识，引入了全新概念并拓展了我们的视野，使我们成为更优秀的开发人员。它不仅为许多新的库提供了灵感，还促进了现有框架的改进。

思考模块系统时请牢记一点：它不仅是一种新的语言特性，还将引导我们更多地了解各种形式的模块化，以及如何正确地设计和维护大型软件项目，并促使我们通过库、框架和工具更好地支持模块化。它将使我们成为更优秀的开发人员。

致　　谢

首先也是最重要的，感谢 Manning 出版社的策划编辑 Marina Michaels。没有她的宽容、坚持、技能和迁就，本书就无法出版。她在每个阶段都帮我做了大量改进并且教会了我很多写作技巧。更重要的是，她不止一次帮我克服拖延的毛病，促使我完成新的章节。

正因如此，我就不打算对以下各位表示感谢：*Stellaris*、*Breaking Bad* 和 *The Expanse* 的制作方，我近年读过的伟大科幻小说的作者，以及美国夜间电视中的每一个人——虽然享受你们的劳动成果非常令人愉快，但我确实应该将这些时间花在自己的工作上。

接下来要感谢 Manning 出版社的另外 3 个人：Jeanne Boyarsky 为我提供了重要的技术反馈，并且替我完成了本书的最终编辑；Viseslav Radovic 在我按喜好创建和调整示意图时，表现出了无尽的耐心；Jean-François Morin 不知疲倦地打磨本书和样例代码库，以更正我的错误。还有很多人参与了这项工作，将包含近百万字符的大量 ASCII 文档变成了一本真正的书，他们是 Cheryl Weisman、Rachael Herbert、David Novak、Tiffany Taylor、Melody Dolab、Happenstance Type-O-Rama、Aleksandar Dragosavljević、Mary Piergies 和 Marija Tudor。最后，感谢所有花了大量时间阅读本书并做出评论的审阅者，他们是 Anto Aravinth、Boris Vasile、Christian Kreutzer-Beck、Conor Redmond、Gaurav Tuli、Giancarlo Massari、Guido Pio Mariotti、Ivan Milosavljević、James Wright、Jeremy Bryan、Kathleen Estrada、Maria Gemini、Mark Dechamps、Mikkel Arentoft、Rambabu Posa、Sebastian Czech、Shobha Iyer、Steve Dawsonn-Andoh、Tatiana Fesenko、Tomasz Borek 和 Tony Sweets。感谢你们所有人！

还要感谢社区和 Oracle 公司所有参与了模块系统开发的人。不单单是因为他们努力工作而让我有机会为之写作，同时也因为他们高质量的文档和精彩的演讲让我如此兴奋。特别感谢 Mark Reinhold、Alex Buckley 和 Alan Bateman。他们是这个项目的先锋，并且回答了我在 Jigsaw 项目邮件列表中提出的大量问题。谢谢你们！

有些人也许不曾料到我的感谢：Robert Krüger 可能还不知道，是他 2015 年 4 月 8 日那封重要的邮件激发了我对模块系统的兴趣；在与 Jigsaw 项目相遇的第一个下午，我就和 Christian Glökler 展开了激烈的讨论；Boris Terzic 总是鼓励我深入研究（让我在工作中探索 Java 的新版本）。还有 2018 年所有为我提供反馈的人，你们的鼓励给了我很大动力，谢谢你们！

致我所有的朋友：尽管我总是很忙，但你们始终陪伴在我身旁，感谢你们在我低谷期给予的鼓励。致我的家人：我一直努力不让本书的写作影响我们宝贵的团聚时间，感谢你们在我做不到的时候总是宽容我。你们一贯的耐心、爱和支持使本书得以出版。是你们成就了我，我爱你们！

关于本书

Java 9 将 Java 平台模块系统（JPMS）引入到 Java 语言及其生态系统中，从此所有 Java 开发者都可以使用模块化原语。对于包括我自己在内的大多数人而言，这些是全新的概念，所以本书会从头讲起——从设计动机和基本概念一直讲到高级特性，以帮助大家了解 Java 模块系统。除此之外，本书还会帮助你将现有项目迁移到 Java 9 及以上版本，并逐步将之模块化。

需要注意的是，本书不会专门讲解模块化程序的设计理念。这是一个复杂的话题，并且市面上已经有很多关于模块化的书了，如 Kirk Knoernschild 所著的《Java 应用架构设计：模块化模式与 OSGi》。但是随着我们在模块系统中实现模块化，你一定会了解模块化的概念与背景。

请从这里开始你的旅程。

本书读者

模块系统是一个非常有意思的话题。它的基本原理和概念都很简单，但是对整个 Java 生态系统的影响很深远。模块系统不像 lambda 表达式那样可以让人立即兴奋起来，但是可以像它那样彻底改变整个 Java 生态系统。到目前为止，模块系统已经像编译器、`private` 访问修饰符、`if` 条件语句一样成了 Java 的一部分。每个开发者都需要了解这些 Java 概念，同样，他们也需要了解模块系统。

值得庆幸的是，模块系统的入门很简单。模块系统的核心只有几个简单的概念，任何具备 Java 基础知识的开发者都可以理解。如果你知道访问修饰符的工作原理，粗略地了解如何使用 `javac`、`jar` 和 `java`，并且知道 JVM 怎样从 JAR 文件中加载类，那么基本上就满足入门条件了。

如果你就是这样一位开发者，并且喜欢接受挑战，那么我鼓励你阅读本书。你不一定能马上融会贯通，但能够深入理解模块系统，并进一步理解 Java 生态系统。

另一方面，对模块系统的融会贯通，需要有两三年的 Java 项目开发经验。一般而言，你做过的项目越大，在架构演进、依赖选择，以及解决错误依赖带来的问题等方面参与得越深，你就越会感激模块系统带来的好处。同时，这也有助于你广泛地审视模块系统对已有项目以及 Java 生态系统的影响。

本书的组织方式：路线图

本书的结构有几个层次。所有章节划分为 3 个部分，但你不必按顺序阅读。我会按照你的需求来建议不同的阅读范围和阅读顺序。

章节

本书共 15 章，分为 3 个部分。

第一部分展示了模块系统要改善的 Java 的不足之处，并解释了模块系统的基本机制，以及如何创建、构建和运行模块化应用程序。

❑ 第 1 章指出了 Java 在 JAR 层面缺乏对模块化的支持，讨论了该缺陷的负面影响以及模块系统如何处理这些缺陷。

❑ 第 2 章展示了如何构建和运行一个模块化应用程序，并且介绍了贯穿本书的应用程序示例。这一章展示的是模块系统的全景，不会探寻细节——这是后面 3 章要做的事情。

❑ 第 3 章介绍了作为基本构建单元的模块声明，以及模块系统如何处理模块声明以实现它最重要的目标：让项目更加可靠、更容易维护。

❑ 第 4 章展示了如何利用 `javac` 和 `jar` 命令编译和打包一个模块化项目。

❑ 第 5 章讲述了 `java` 命令的一些新选项。启动一个模块化应用程序很简单，因此这一章主要展示发现并解决问题所需的工具。

第二部分抛开了完全模块化的理想项目，演示了如何将现有项目迁移到 Java 9 及以上版本，并且逐步将之模块化。

❑ 第 6 章探寻了将现有代码迁移到 Java 9 时人们普遍会遇到的障碍（尚未涉及任何模块创建）。

❑ 第 7 章讨论了两个额外的难题。单独讨论是因为它们不局限于迁移，在对项目完成迁移和模块化后，你很可能依然会遇到它们。

❑ 第 8 章展示了如何对运行于 Java 9 上的大型项目进行模块化改造。好消息是，你没必要一次性完成这个工作。

❑ 第 9 章总结了前面 3 章的内容，帮助人们制定迁移和模块化现有代码的策略。

第三部分展示了构建于第一部分所介绍的基本概念之上的高级特性。

❑ 第 10 章讲述了模块系统如何对 API 的提供者和使用者进行隔离。

❑ 第 11 章扩展了第 3 章介绍的基本依赖和访问机制，为实现现实世界中的复杂场景提供了灵活性。

❑ 第 12 章讨论了反射是如何被拉下神坛的，开发者需要什么样的应用程序、库和框架以使反射代码工作，以及一些新的扩展反射 API 的强力特性。

❑ 第 13 章解释了为什么模块系统通常会忽略版本信息、它对版本的有限支持，以及运行同一个模块的多个版本的可行性——尽管这很复杂，但的确可行。

❑ 第 14 章利用所需的模块创建自己的运行时镜像，展示了如何从模块化 JDK 中受益，也通过将模块化应用程序打包到镜像中并制作单一的部署单元，展示了如何从模块化应用程序中受益。

❑ 第 15 章利用第三部分的所有花哨功能，展示了第 2 章所介绍的应用程序的全貌，并且为如何更好地利用模块系统提供了建议。

选择适合的阅读路径

我希望本书不只是一本讲授模块系统的教材，仅被从头到尾读一遍。当然，这并没有什么问题，但是我希望它能为你带来更多帮助。希望你可以按照感兴趣的顺序来学习最关心的内容，把它作为一本指导手册放在书桌上，随时查阅细节。

从头到尾读完本书当然很好，但是并非一定要这么做。我会确保每种机制或特性自成一章或一节，它的所有细节都可以在其中找到。

为了便于你单独阅读各章，我会时常重复表述或引用一些在本书其他部分介绍的内容，这样你在没有读到那些内容时仍然可以注意到它们。如果你在阅读过程中感到我重复讲解或者做了太多提示，请原谅我。

如果你不想从头到尾阅读本书，那么几条阅读路径可供你选择。

我只有两个小时，请向我展示最值得阅读的部分

❑ "模块系统的目标"，1.6 节

❑ "模块化应用程序剖析"，第 2 章

❑ "定义模块及其属性"，第 3 章

❑ "模块化应用程序小贴士"，15.2 节

我想将已有项目迁移到 Java 9

❑ "第一块拼图"，第 1 章

❑ "定义模块及其属性"，第 3 章

❑ "迁移到 Java 9 及以上版本的兼容性挑战"，第 6 章

❑ "在 Java 9 及以上版本上运行应用程序时会反复出现的挑战"，第 7 章

❑ "无名模块"，8.2 节

❑ "迁移策略"，9.1 节

我想用模块系统构建一个新项目

❑ "你好，模块"，第一部分

❑ "用服务来解耦模块"，第 10 章

❑ "完善依赖关系和 API"，第 11 章

❑ "完成拼图"，第 15 章

模块系统是如何改变 Java 生态系统的

❑ "第一块拼图"，第 1 章

- ❑ "模块化应用程序剖析",第 2 章
- ❑ "定义模块及其属性",第 3 章
- ❑ 略读"迁移到 Java 9 及以上版本的兼容性挑战",第 6 章;"在 Java 9 及以上版本上运行应用程序时会反复出现的挑战",第 7 章
- ❑ "模块系统高级特性",第三部分(可以略过第 10 章和第 11 章)

我应邀参加一个聚会,需要知道模块系统的一些奇闻异事以便有话可说

- ❑ "鸟瞰模块系统",1.4 节
- ❑ "模块系统的目标",1.6 节
- ❑ "组织项目的目录结构",4.1 节
- ❑ "从模块中加载资源",5.2 节
- ❑ "调试模块及模块化应用程序",5.3 节
- ❑ "迁移到 Java 9 及以上版本的兼容性挑战",第 6 章;"在 Java 9 及以上版本上运行应用程序时会反复出现的挑战",第 7 章的内容是个不错的话题
- ❑ "模块版本:可能的和不可能的",第 13 章
- ❑ "通过 jlink 定制运行时镜像",第 14 章

太棒了,我想了解全部

- ❑ 请通读本书。如果你并不需要担心任何已有项目,可以将第二部分"改写现实世界中的项目"留到最后阅读。

不论你选择哪一条阅读路径,请注意提示,尤其是每章开头和结尾的那些,并据此决定接下来阅读什么。

需要注意的地方

本书引入了大量的新概念、示例、小提示以及需要牢记的内容。为了便于你找到想要阅读的内容,本书突出展示了以下信息。

新概念、**术语**、**模块属性**以及**命令行选项**的定义用黑体字表示。最重要的定义被放在了灰色方框中。这些是本书中最重要的段落,如果需要了解某种机制的工作原理,就到这些重要段落中查找。

 要点 用此图标标识的段落包含了与当前讨论的概念最相关的信息,或者揭示了一些不明显但值得记住的事实。记住它们吧!

关于代码

本书以一个名为 ServiceMonitor 的应用程序为例,讲解模块系统的特性和行为。这个应用程序的下载网址为 www.manning.com/books/the-java-module-system。

几乎每章都使用了这个应用程序的不同版本，它们之间有些细微的差别。Git 代码库中有一些分支分别展示了本书第一部分（比如 `master` 和一些 `break-...` 分支）和第三部分（单独的 `feature-...` 和另外一些 `break-...` 分支）讲述的不同特性。

第二部分主要讲述了迁移和模块化挑战，有时也会以 ServiceMonitor 为例，但是 Git 代码库中没有对应的分支。另一个版本的 ServiceMonitor 展示了迁移面临的几个问题，可以在 GitHub 网站上搜索 nipafx/demo-java-9-migration 进行下载。

跟随本书进行编码或按照示例进行实验，仅需要 Java 9 或以上版本（参见后文）、一个文本编辑器以及一些最基本的命令行使用技巧。如果你希望在 IDE 中编码，那么它需要支持 Java 9（**最低版本要求**：IntelliJ IDEA 2017.2、Eclipse Oxygen.1a 或 NetBeans 9）。建议你通过键入命令或者执行 `.sh` 或 `.bat` 脚本来运行应用程序，但某些需要构建项目的用例可以使用 3.5.0 及以上版本的 Maven。

更多设置细节可以参阅每个项目的 README 文件。

关于 Java 版本

> **Java EE 变成 Jakarta EE**
>
> 模块系统是 Java 9 标准版（Java SE 9）的一部分。除了 Java 标准版之外，Java 企业版（Java EE）目前已发布至 Java EE 8。起初，Java 标准版和企业版管理流程相同，并且由同一家企业管理：开始是 Sun 公司，后来是 Oracle 公司。
>
> 2017 年，事情发生了变化。Oracle 将 Java 企业版技术移交给了 Eclipse 基金会，通过新成立的 Eclipse Java 企业版（Eclipse Enterprise for Java，EE4J）项目进行管理。此后，Java 企业版更名为 Jakarta 企业版（Jakarta EE），后者的第一个发行版为 Jakarta EE 8。
>
> 本书中不时会提及 Java 企业版和 Jakarta 企业版，6.1 节尤其如此。为了避免这两个项目可能造成的混淆，以及区分一项技术在形式上依旧属于 Java 企业版还是已经归属至 Jakarta 企业版，本书将统一使用 JEE 这个缩写形式。

本书是在 Java 9 发布之初写的，所有代码都保证可以在 Java 9（准确的版本号是 9.0.4）上正常运行。同时，本书代码针对 Java 10 和 Java 11 进行了测试和更新。由于在本书英文版准备印刷时 Java 11 仍处于早期测试阶段，因此有可能其正式发布前的细小改动没有反映在本书中。

Java 9 不仅引入了模块系统，同时还将 Java 主要版本的发布周期缩短为 6 个月。所以 Java 10 和 Java 11 已经发布了，甚至 Java 12 也将很快发布（取决于你何时阅读本书，很可能已经发布了）。这是否意味着本书已经过时了？

幸好完全没有过时。除了一些细节，Java 10 和 Java 11 没有对模块系统进行任何改变；即使展望未来，也没有计划进行重大的改变。所以，虽然本书主要基于 Java 9，但是这些内容均适用于 Java 10、Java 11 及之后的更多版本。

对于本书第二部分的兼容性挑战而言尤其如此。放弃模块系统，直接从 Java 8 切换到 Java 10 或更新的版本是不切实际的。与此同时，一旦你掌握了 Java 9，其余的将是小菜一碟，因为 Java 10 和 Java 11 是变化相对较少的发行版，并且没有兼容性问题。

代码格式约定

本书中包含许多源代码示例，有些以代码段形式出现，有些则穿插在正文中。在这两种情况下，为了与普通文本相区分，源代码以如下字体展示。

```
fixed-width font
```

在很多情况下，源代码和编译器或 JVM 的输出已经通过下列方式重新格式化，以适应书面排版：
- ❑ 添加换行符并重新处理缩进；
- ❑ 省略部分输出，例如删除包名称；
- ❑ 缩短错误信息。

在极少数情况下，如果仍不满足排版需求，就在代码清单中包含续行标记（➥）。此外，如果正文段落中对代码进行了阐释，那么源代码中就不再添加注释。许多代码清单中添加了代码注释，以突出重要概念。

从 Java 8 开始，通常使用"方法引用语法"来引用类的方法，所以引用 List 类中的 add 方法使用的是 List::add 而非 List.add。这样看起来并不像真正的方法调用，（方法调用的括号去哪儿了？）同时也回避不了重载函数的问题。实际上，List::add 是指 add 方法的所有重载，而不只是其中一个。本书中均使用这种语法。

模块命名约定

 要点　模块名称几乎和包名称一样长，在源代码和图表中占据了过多的空间。为了避免这一点，本书中所有自定义的模块均使用了"危险的"短名称。在实际的项目中请不要这么做！请遵循 3.1.3 节的做法。

因为包名称和模块名称非常类似，所以我决定使用 fixed-width font（等宽字体）表示包名称，这样可以将它们区分开。如果你编写关于模块的内容，建议你使用同样的风格。

代码中的占位符

一些新特性，比如命令行参数和 module-info.java 中的内容，是通过通用术语来定义的。因此，我们必须使用${placeholders}来指明自定义的数值会在哪里。你可以使用美元符号紧跟大括号来标识它们。

这种语法专门用于该上下文，它与某些操作系统和编程语言引用参数或者变量的语法相似，这一点并非偶然。但是它并没有引用特定的机制，且占位符从来不由操作系统或者 JVM 来赋值。你需要根据实际情况自行替换，通常可以在占位符附近找到关于实际值的解释。

示例
摘自 4.5.3 节：

当使用 jar 命令打包类文件时，可以使用--main-class ${class}定义一个主类，其中${class}是包含 main 函数的类的完全限定名称（即包名后加点号再加类名）。

很容易，对吧？

命令及其输出

了解模块系统的最佳方法是直接使用 javac、java 和其他命令，然后检查 Java 通过命令行打印的输出。因此，本书包含了许多命令和消息之间的交互。在源代码片段中，命令行的前缀是 $，消息的前缀是>，我写的注释的前缀是#。

示例
以下是 5.3.2 节中的命令。

```
$ java
    --module-path mods
    --validate-modules

# 省略了标准化 Java 模块
# 省略了非标准化 JDK 模块
> file:.../monitor.rest.jar monitor.rest
> file:.../monitor.observer.beta.jar monitor.observer.beta
```

本书论坛

购买了本书英文版的读者可以同时获得由 Manning 出版社提供的私人网络论坛的访问权限，在论坛上你可以发表对图书的评论，询问技术问题，并从作者和其他读者那里获得帮助。

Manning 出版社对读者们承诺，会在读者与读者、读者与作者之间提供一个有意义的交流平台。该平台不能代表作者做出任何关于参与度的承诺，作者对论坛的贡献仍然是自愿的（且是无偿的）。建议你尝试向作者询问一些具有挑战性的问题，以引起对方的兴趣。只要书仍然在版，你就可以在出版社的网站上访问该论坛和相关讨论。[①]

---

① 读者也可登录图灵社区本书中文版主页 ituring.cn/book/2677，提交反馈意见和勘误。——编者注

电子书

扫描如下二维码，即可购买本书中文版电子版。

关于封面插图

　　本书封面上的插图名为"佛罗里达居民"，图中是来自佛罗里达州的一位原住民男子。插图取自 1788 年于法国出版的各国服饰选集，作者是 Jacques Grasset de Saint-Sauveur（1757—1810）。每幅插图都经过了精心绘制、手工着色。该服饰选集的多样化向人们生动地展示了 200 多年前世界各地绚丽多彩的文化。当时人们彼此隔绝，不同城镇、区域的人说着不同的方言甚至不同的语言。无论在城市街头还是乡村小径，仅从服饰上就很容易区分人们住在哪里，从事什么工作。

　　在那之后，人们的着装发生了很大变化，丰富的区域多样性也逐渐消失了。现在，很难从服装上区分不同大洲的居民，更不用说不同城镇、地区或国家的居民了。或许，丰富多彩的个人生活取代了文化的多样性——人们实现了快节奏、个性化的科技生活。

　　今天，人们很难将一本计算机图书与另外一本区分开，Manning 出版社在图书封面上展示了两个世纪前地区生活的多样性（通过 Jacques Grasset de Saint-Sauveur 的插图重现），以此赞扬计算机行业的发明与创新。

目　　录

Part 1

第一部分

你好，模块

在 Java 9 中，模块化是头等概念（first-class concept）。但什么是模块？它解决了哪些问题？人们如何从中获益？**头等概念**是什么意思？

本书将回答所有这些问题，且不止于此。本书将教你如何定义、构建和运行模块，介绍模块对现有项目的影响以及它们带来的好处。

这一切都会在适当的时候逐一介绍。本部分首先解释了**模块化**（modularity）的含义、迫切需要它的原因，以及模块系统的目标（第 1 章）。第 2 章展示了定义、构建和运行模块的代码实例，第 3~5 章则具体介绍了这三个步骤。第 3 章特别重要，因为它介绍了模块系统的基本概念和底层机制。

本书第二部分讨论了 Java 9 给现有应用程序带来的挑战，第三部分介绍了模块系统的高级特性。

第一块拼图

1

本章内容

- ❏ 模块化及其塑造系统的原理
- ❏ Java 实施模块化的障碍
- ❏ 新模块系统解决这些问题的方法

我们都经历过部署的软件不按预期工作的情况。导致这种情况的原因很多,但是其中一类问题很讨厌,以致获得了一个如雷贯耳的名字:**JAR 地狱**(JAR hell)。经典的 JAR 地狱问题是依赖错误:某个依赖包缺失,或是某个依赖包被多次包含,并且很可能以不同版本的形式被多次包含。这类问题一定会造成程序崩溃,更糟糕的是,会悄无声息地破坏运行中的程序。

造成 JAR 地狱的根本原因是,我们把 JAR 视为具有标识和相互关系的工件,而 Java 认为 JAR 是没有任何有意义属性的类文件容器。这种差异导致了问题。

一个例证就是缺乏有意义的 JAR 封装:同一应用程序的所有代码都可以自由访问所有公有类型。这容易导致依赖于某个库中的类型,但是该库的维护者认为这些类型只是内部实现细节,而没有将它们打磨到可公开使用。这些类型通常被隐藏在名为 `internal` 或 `impl` 的包中,但这并不能阻止它们被引用。

于是,当类库维护者修改这些内部实现时,我们的代码也将受到影响。或者,如果我们在社区中拥有足够的影响力,那么维护者可能会被迫保留内部实现细节的代码,进而妨碍代码的重构和演变。缺少封装会同时降低类库和应用程序的可维护性。

缺少封装对日常开发影响较小,但由于很难控制对安全相关代码的访问,这个问题给整个 Java 生态系统带来了糟糕的影响。这在 Java 开发工具包(Java Development Kit,JDK)中造成了一系列安全隐患,其中一些问题直接导致了 Oracle 收购 Sun 之后 Java 8 的延迟发布。

这些问题已经困扰 Java 开发人员 20 多年了,而对解决方案的讨论持续了同样长的时间。Java 9 是第一个在语言层面提供解决方案的版本:自 2008 年以来,Jigsaw 项目一直在开发 Java 平台模块系统(Java Platform Module System,JPMS)。它使开发人员可以通过将元信息附加到 JAR 来创建模块,从而使 JAR 不再仅仅是容器。从 Java 9 开始,编译器和运行时开始理解模块的标识和模块之间的关系,从而解决了缺少依赖、重复依赖和缺少封装等问题。

JPMS 不仅仅是权宜之计,它同时拥有很多优秀特性,能够帮助我们开发更加精巧、更易维护的软件。或许，它最大的好处是让每个开发人员和社区直面模块化的基本概念。这有利于培养知识更丰富的开发人员、构建更多的模块化类库，以及提供更好的工具支持——在模块化是一等公民的 Java 世界中，这些收益值得期待。

我意识到许多开发人员在进行 Java 升级时会跳过多个版本，例如从 Java 8 直接升级到 Java 11。我会提醒大家注意 Java 9、Java 10 和 Java 11 之间的差异。本书中的大部分内容适用于 Java 9 及以上版本。

1.1 节将开始探讨什么是模块化，以及通常如何看待软件系统的结构。关键在于，在特定的抽象级别（JAR）上，JVM 看到的与我们所看到的不同（1.2 节）。相反，JVM 擦除了我们精心创建的结构！此种差异导致的现实问题将在 1.3 节进行讨论。创建模块系统是为了将工件转变为模块（1.4 节）并解决这种差异导致的问题（1.5 节）。

1.1 什么是模块化

你是如何看待软件的？它们是一些代码行？一堆位(bit)和字节？一些 UML 图？抑或 Maven POM？

本书试图寻找的是对软件的直观认识，而非定义。花点时间想想你最喜欢的项目（或者你受雇参与的项目）。感觉如何？你有办法将它可视化吗？

1.1.1 用图将软件可视化

我将自己工作的代码库视作由交互部件构成的系统（对，**就是这么正式**）。每个部件有 3 个基本属性：名称、对其他部件的依赖和提供给其他部件的功能。

每个抽象级别都是如此。在非常低的级别上，部件对应单个方法：名称是方法名，依赖是调用的方法，功能是方法返回值或状态改变。在非常高的级别上，部件对应服务（有人认为是微服务吗？）或者整个应用程序。

想象一下某个结账服务。作为电子商店的一部分，该服务使用户可以购买所挑选的商品。为此，需要调用登录和购物车服务。它同样拥有所有的 3 个属性：名称、依赖和功能。使用这些信息，可以轻松绘制图 1-1。

我们可以感受不同抽象级别上的部件。从方法到整个应用程序，可以将部件映射到类、包和 JAR。它们都具有名称、依赖和功能等属性。

这个观点的有趣之处在于，如何使用它对系统进行可视化和分析。如果我们为每个想到的部件绘制一个节点，然后根据依赖关系用边连接这些节点，将得到一幅图（ graph ）。

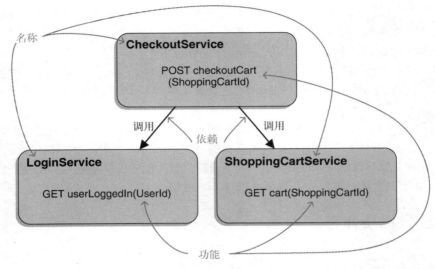

图 1-1 如果记录结账服务及其依赖，将自然形成包含名称、依赖和功能的简单图

这种映射非常自然，以至于电子商店的例子已经实现了它，而你可能没有注意到。图 1-2 展示了将软件系统可视化的其他常用方法，图随处可见。

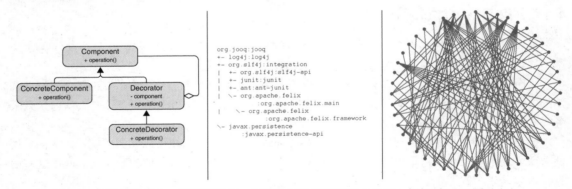

图 1-2 在软件开发中，图无处不在。它们以各种形状和形式出现，例如，UML 图（左）、
Maven 依赖树（中）和微服务连接图（右）

类图（class diagram）也是图。构建工具输出的类似于树状结构的依赖关系（如果使用 Gradle 或 Maven，要执行 `gradle dependencies` 或 `mvn dependency:tree`）是一种特殊的图。你看过那些疯狂的、难以理解的微服务图吗？它们也是图。

根据是在谈论编译时依赖还是运行时依赖，是只看一个抽象级别还是将不同的抽象级别混合，是检查系统的整个生存期还是仅仅检查某个时刻，以及许多其他区别，这些图看起来会有很大不同。一些区别以后会比较重要，但目前无须深入了解细节。现在，无数的图都满足需求，所以请想象一下你觉得最舒服的那一种。

1.1.2 设计原则的影响

　　将系统可视化为图，是分析系统架构的常用方法。许多软件设计原则可以直接影响图的外观。

　　以分离关注点这一设计原则为例。采用此原则开发软件时，每个部件只关注一个任务（比如"用户登录"或"绘制地图"），而任务通常由更小的子任务构成（比如"加载用户"和"验证密码"），实现任务的部件也遵照此原则划分。实现不同功能的多个小部件相互聚合，最终形成图。

　　相反，如果关注点分离得较差，图就没有清晰的结构，各个节点相互连接，看起来一团乱麻。如图 1-3 所示，这两种情况很容易区分。

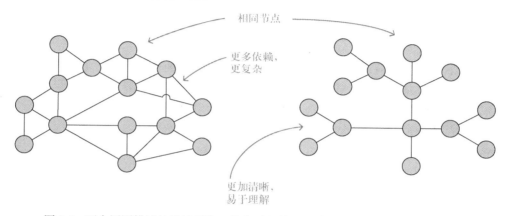

图 1-3　两个用图描述的系统架构。节点可以是 JAR 或者类，边是节点间的依赖。
然而细节并不重要：快速浏览一下，就能分辨关注点分离得如何

　　依赖反转是另一条会影响图的样式的设计原则。在运行时，上层代码始终调用底层代码，但设计良好的系统在编译时会反转依赖关系：上层代码依赖于接口，底层代码实现接口，从而将依赖向上反转到接口。请看图 1-4，这些反转很容易发现。

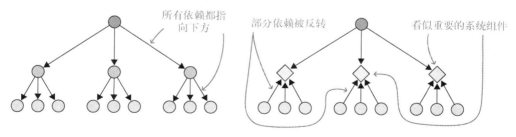

图 1-4　上层代码依赖底层代码的系统创建的图（左），与采用接口向上反转依赖的系统
创建的图（右）不同。依赖反转有利于识别和理解系统中有意义的组件

　　将图理顺是诸如关注点分离和依赖反转等原则的目标。如果忽略这些原则，那么系统会变得一团糟，任何变更都会破坏看似不相关的部分。如果遵循这些原则，则可以很好地组织系统。

1.1.3　什么是模块化

软件设计原则指导我们如何理顺系统。有趣的是，尽管目标是提高**系统**的可维护性，大多数以此为目标的原则却将注意力集中到单个**部件**上。重点之所以不在于整个代码库而在于单个部件，是因为所有部件的特性决定了所构成的系统的特性。

我们学习了关注点分离和依赖反转所具有的两个良好特性：专注于单个任务，以及依赖于接口而不是实现。系统部件的良好特性总结如下。

 要点　每个模块（也就是前文提到的**部件**）都有清晰的责任和要实现的明确协议。模块是自包含的并且对客户端不透明，可以被实现了相同协议的模块替换。它依赖少量的 API 而不是实现。

基于这些模块构建的系统能更加从容地应对变化，并且只要依赖模块实现得合理，它们在启动甚至运行时也会更加灵活。这就是模块化：通过设计良好的模块实现可维护性和灵活性。

1.2　Java 9 之前的模块擦除

前文已经展示了由交互部件构成的图带来的良好特性，这些特性通常被概括为模块化。但它们毕竟只是想法，即谈论软件的方法。图只是一行行代码，（以 Java 为例）这些代码最终被编译成字节码指令并由 JVM 执行。如果语言、编译器和 JVM（粗略地归结为 Java）能够拥有人的视角，那将会很棒。

通常情况下，确实如此。如果你设计类或接口，那么名称就是 Java 使用的标识。你定义为API 的方法正是其他代码调用的接口——具有相同的方法名和参数类型。它的依赖非常清晰，无论是导入语句还是完全限定的类名都是如此，编译器和 JVM 将使用这些名称所对应的类来满足其所需依赖。

以 Future 接口为例，它表示可能完成或尚未完成的计算结果。它的功能并不重要，因为我们只对依赖感兴趣。

```
public interface Future<V> {

  boolean cancel(boolean mayInterruptIfRunning);
  boolean isCancelled();
  boolean isDone();
  V get() throws InterruptedException, ExecutionException;
  V get(long timeout, TimeUnit unit)
    throws InterruptedException,
      ExecutionException,
      TimeoutException;
}
```

通过 Future 接口的方法声明，很容易枚举它的依赖。

❏ InterruptedException

❏ ExecutionException

❑ `TimeUnit`
❑ `TimeoutException`

将相同的分析应用于这些类型,可以得到如图 1-5 所示的依赖关系。图的具体形式不重要。重要的是,当我们谈论一个类型时,所想到的依赖关系图和 Java 隐式创建的依赖关系图是一致的。

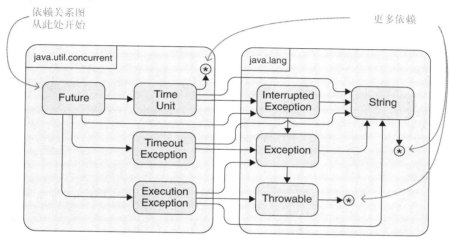

图 1-5 对于任何给定类型,Java 操作的依赖关系图与我们对类型依赖关系的感知一致。图中显示 `Future` 接口依赖 `java.util.concurrent` 包和 `java.lang` 包

由于 Java 是强静态类型的语言,因此一旦有错误它会立即报告。类的名称非法?依赖丢失?方法的可见性发生改变,使得调用方看不见它?Java 编译器和 JVM 将分别报告编译期间和执行期间的问题。

反射(参见附录 B)会绕过编译时检查。因此它被认为是潜在的危险工具,仅适用于特殊场合。后面的章节中会讨论反射,本章暂时忽略它。

人们对依赖以及依赖关系的理解与 Java 存在分歧,我们以服务或应用程序级别为例。以下内容不在 Java 的职责范围内:知道应用程序的名称;告诉你没有"GitHab"服务或"Oracel"数据库(有拼写错误的名称);知道你更改了服务的 API 并影响了客户端。Java 缺少映射到应用程序或服务的结构。这没什么影响,因为 Java 运行在**单个**应用程序的级别上。

但有一个抽象级别显然属于 Java 的范围,尽管在 Java 9 之前,对它的支持非常差——差到模块化工作失去了意义,从而导致了所谓的**模块擦除**(module erasure)。该抽象级别称为工件(artifact),或 Java 术语中的 JAR。

如果应用程序在 JAR 级别上模块化,那么它就由多个 JAR 组成。即便不是如此,它的依赖库也会有自己的依赖关系。记下这些,最终会获得已经熟悉的图,但图中的节点是 JAR,而不是类。

例如,考虑一个名为 ServiceMonitor 的应用程序。忽略细节,它的行为大致如下:通过网络检查其他服务的可用性并聚合统计信息。这些统计信息被写入数据库,并通过 REST API 对外提供服务。

该应用程序创建了 4 个 JAR。

- observer——观察其他服务并检查可用性。
- statistics——把可用性数据聚合成统计信息。
- persistence——通过 hibernate 把统计信息读写到数据库。
- monitor——触发数据收集，并将数据从 statistics 一路发送到 persistence，采用 spark 实现 REST API。

每个 JAR 都有自己的依赖，如图 1-6 所示。

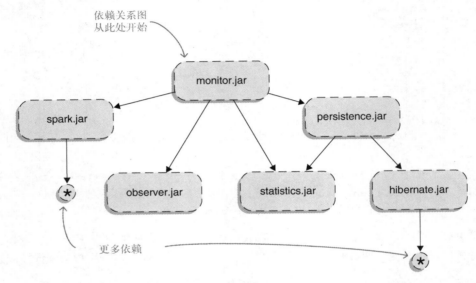

图 1-6   对于任何应用程序都可以绘制依赖关系图。此处 ServiceMonitor 应用程序被拆分为 4 个 JAR，它们相互依赖，另外还依赖第三方类库

此图包括了前面讨论的一切：JAR 有名称，彼此依赖，每个 JAR 的功能通过公有类和方法的形式供其他 JAR 调用。

启动应用程序时，必须在类路径上列出所有要使用的 JAR。

```
$ java
  --class-path observer.jar:statistics.jar:persistence.jar:monitor.jar
  org.codefx.monitor.Monitor
```

通过 --class-path 选项（-cp 和 -classpath 的新替代选项，同时对 javac 有效）明确地列出所需的 JAR 文件

要点   此处会出问题，至少在 Java 9 之前会出现问题。JVM 启动时缺少所需类的信息。从命令行的 main 开始，每次引用未知的类时，它都会遍历类路径中的所有 JAR，并查找具有完全限定名称的类。如果找到一个，就加载到一个巨大的类集合中。如上所述，在 JVM 中没有与 JAR 相对应的运行时概念。

由于缺少标识，运行时丢失了 JAR 的信息（虽然 JAR 有文件名，但 JVM 并不关心）。如果异常信息可以指出发生问题的 JAR，或者 JVM 可以命名缺失的依赖项，这难道不是更好吗？

与此同时，依赖也变得不可见。在类的级别操作时，JVM 没有 JAR 之间依赖关系的概念。同时，忽略包含类的工件意味着不能封装这些工件。而且事实上，每个公有类对所有其他类都是可见的。

名称、显式依赖和明确定义的 API 等模块信息虽然重要，但编译器和 JVM 并不关心它们。这会擦除模块化结构，并将精心设计的图变成一团乱麻（如图 1-7 所示），还将导致一系列后果。

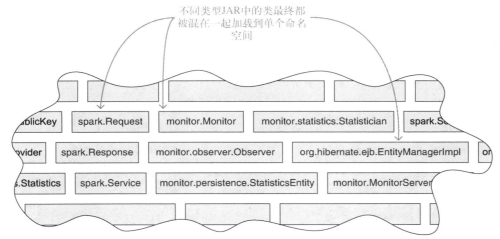

图 1-7　Java 编译器和虚拟机没有 JAR 以及 JAR 之间依赖关系的概念。相反，JAR 仅被视为简单的类容器，其中的类被加载到单个命名空间。最终这些类处于一种混沌状态，任何公有类型都可以相互访问

1.3　Java 9 之前的问题

如前文所述，Java 9 之前的版本缺乏跨工件的模块化概念。这虽然会引起问题，但显然没有严重到令人望而却步（否则人们不会使用 Java）。但如果在较大的应用程序中出现此问题，则可能很难解决，甚至无法解决。

正如本章开头提到的，最可能影响应用程序开发人员的问题被总结为 **JAR 地狱**，但这并不是唯一的问题。更严重的是，JDK 和类库开发者同时面临安全性和可维护性的难题。

你肯定见过其中的一些问题，本节将逐一进行研究。如果不熟悉它们，请不要担心。相反，你很幸运，因为你尚未遇到它们。如果你熟悉 JAR 地狱和相关问题，请直接跳到 1.4 节。

如果看似无穷无尽的问题让你感到沮丧，请放松，有一个解决方案：1.5 节将讨论模块系统如何克服这些难题。

1.3.1　JAR 之间未言明的依赖

你是否曾经遇到过应用程序因 `NoClassDefFoundError` 而崩溃？当 JVM 无法找到正在执

行的代码所依赖的类时，将出现这种情况。查找依赖很容易（查看一下跟踪栈），识别缺失的依赖也不困难（可通过缺失的类名判断），但确定缺失依赖的**原因**可能很困难。考虑到工件依赖关系图，问题的关键在于，为何只在运行时才发现缺失依赖。

 要点 原因很简单：JAR 无法以 JVM 可以理解的方式表述所依赖的其他 JAR，因而需要借助外部实体来标识和解决依赖。

在构建工具获得标识部件和获取依赖的能力之前，所谓的外部实体就是我们自己。我们必须查阅文档来了解依赖关系，找到合适的项目并下载 JAR 包，然后将它们添加到项目中。对于可选依赖，只有我们想使用某些特性时，某个 JAR 才可能依赖另一个 JAR，这种情况将问题变得更加复杂。

应用程序要正常工作可能只需要少量类库，但这些类库又可能需要一些其他类库。未言明的依赖关系使问题复杂化，而解决这些问题不仅耗时费力还容易出错。

 要点 诸如 Maven 和 Gradle 这样的构建工具大体解决了这个问题。它们善于明确依赖关系，进而从依赖树具有传递性的众多边中搜索到需要的每个 JAR。但是，让 JVM 理解工件依赖的概念，对提高健壮性和可移植性仍会有所帮助。

1.3.2   同名类的覆盖

有时类路径中不同的 JAR 会包含完全限定名称相同的类。发生这种情况有多个原因。
- 引用了同一个类库的两个版本。
- 某个 JAR 包含了它自己的依赖——这样的 JAR 叫作胖 JAR（fat JAR）或超级 JAR（uber JAR）——但其中一些也被作为独立的 JAR 引入，因为其他工件依赖于它们。
- 某个类库可能被重命名或拆分，它的一些类型无意间被两次添加到类路径中。

> **定义：覆盖**
> 因为一个类会从类路径中第一个包含它的 JAR 中加载，所以这个类会导致所有其他同名类不可用，这被称为**覆盖**。

如果这些同名类在语义上存在区别，那么可能会造成不同程度的后果：从不易察觉的表现不良到浩劫般的灾难。更糟糕的是，同一个问题的表现形式通常是不确定的，这取决于 JAR 文件的搜索顺序，而搜索顺序又取决于环境，例如 IDE（IntelliJ、Eclipse 或 NetBeans）和最终的生产环境。

以使用广泛的谷歌 Guava 类库为例。它包含一个工具类 com.google.common.collect.Iterators，其中的 emptyIterator() 方法在版本 19 升级到版本 20 的过程中被移除了。如图 1-8 所示，如果类路径中同时含有这两个版本，并且版本 20 先被加载，那么任何依赖于 Iterators 的代码都会使用新的版本，导致它们无法调用版本 19 中的 Iterators::emptyIterator 方法。即使包含这个方法的类存在于类路径中，它也是不可见的。

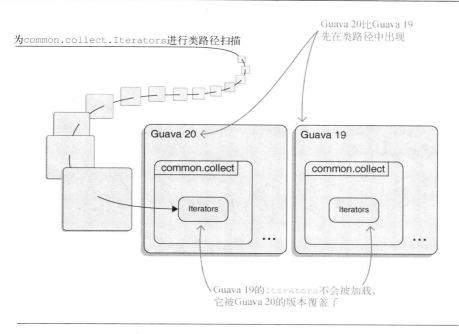

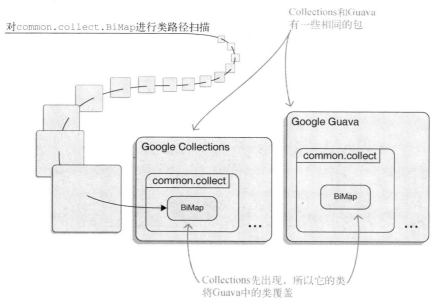

图 1-8　类路径中包含同一个库的两个版本（上），或者两个库包含一系列相同的类型（下）都是有可能的。在这两种情况中，一些类型出现了不止一次。在类路径扫描中只有第一个搜索到的实例（它覆盖了所有其他实例）会被加载，所以 JAR 文件的扫描顺序决定了哪些代码会被执行

虽然覆盖通常是意外发生的，但是它也有可能被刻意利用，比如用自己的代码覆盖第三方类库中的类，为第三方类库打补丁。虽然构建工具会降低这种意外情况发生的概率，但无法完全阻止。

1.3.3   同一项目不同版本间的冲突

版本冲突在任何大型软件项目中都是祸根。一旦依赖的数量不再是个位数，版本冲突出现的概率就会以惊人的速度逼近 100%。

> **定义：版本冲突**
>
> 当两个类库分别依赖第三方类库的两个不兼容版本时，就会发生**版本冲突**。

如果两个版本都出现在类路径中，那么行为会变得不可预测。在覆盖效应的影响下，同时存在于两个版本中的类只会从其中一个版本加载。雪上加霜的是，如果有一个类只存在于其中一个版本中，那它在受到访问时也会被加载。调用该类库的代码会使两个版本被混合加载。

另外，如果其中一个版本丢失，那么程序很可能无法正常工作，因为它同时需要这两个不兼容的版本——它们无法相互替换（如图 1-9 所示）。如果依赖丢失，则程序会表现出无法预测的行为，或者抛出 `NoClassDefFoundError`。

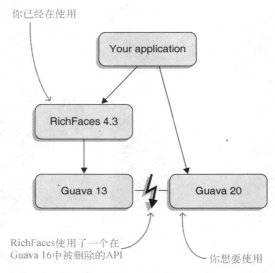

图 1-9   传递依赖引入的版本冲突通常无法解决——必须去除其中一个依赖。图中，一
　　　　个旧版本的 `RichFaces` 类依赖 Guava 的不同版本。不幸的是，**Guava 16** 删除
　　　　了 `RichFaces` 所需要的某个 API

继续谈前面介绍的 Guava 的例子，想象一下一些代码依赖于 `com.google.common.io.`
`InputSupplier`，版本 19 中存在这个类，但版本 20 将其移除了。JVM 会首先扫描 Guava 20，
但无法找到该类，于是它从 Guava 19 中加载。突然间两个 Guava 版本的混合体开始运行！最后
抛出一记必杀绝招：想象一下 `InputSupplier` 调用 `Iterators::emptyIterator`。感觉怎么
样？调试此种问题会多么"有趣"。

 要点 没有哪个技术解决方案不涉及模块系统或重写类加载器。通常构建工具可
以侦测出这类场景，发出警告并用简单的机制进行处理，比如仅加载最新的版本。

1.3.4 复杂的类加载

1.2 节对类加载机制的讲解还不够充分，当时描述的仅仅是一个类加载器加载所有类的默认
行为。但是开发者可以自由添加额外的类加载器，并将类加载由一个加载器委托给另一个，以解
决当前正在讨论的问题。

这些往往通过诸如组件系统和 Web 服务器之类的容器来实现。理想情况下，这种使用方式
对开发者而言是隐藏的，但众所周知，所有的抽象都是有漏洞的。在某些情况下，开发者会通过
显式地添加类加载器来实现某些特性，例如允许用户通过加载新类来扩展功能，或者允许使用同
一个依赖的冲突版本。

不论为何牵扯到多个类加载器，它们都要求你更深入地了解这个话题，并且它们会很快引入
复杂的代理机制，进而展现出不可预期的、令人难以理解的行为。

1.3.5 JAR 的弱封装

Java 的访问修饰符很适合实现对同一个包下不同类的封装。但是，若跨越包的边界，则类型
只有一个可见性：公有。

如你所见，一个类加载器将所有加载进来的类打包成一个"**大泥球**"（big ball of mud），进而
得出"所有公有类对所有其他类可见"这个结论。受限于这种**弱封装**，我们无法控制 JAR 的可
见性，使某些功能对 JAR 内部可见而对外不可见。

这导致恰当地模块化一个系统非常困难。如果某个功能对所在模块（比如一个库或者系统的
一个子项目）的不同部件而言都是必要的，但是不应对这个模块外部可见，那么能达到这个目的
的唯一办法是将它们全部放入同一个包中，并且利用包可见性。迫不得已，你将代码结构擦除，
而不是交由 JVM 处理。即使有时候包可见性解决了这个问题，反射也可以破坏此规则。

弱封装使某个工件的客户端可以调用内部代码，如图 1-10 所示。如果 IDE 建议从文档标示
为内部使用的包中导入类，就会导致这种意外情况。更常见的是，为了解决一些似乎没有（有时
候其实有）更佳方案的问题，人们会故意这样做。但代价非常高！

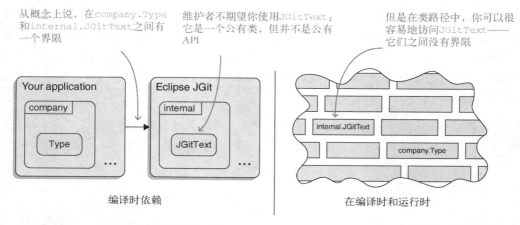

图 1-10   Eclipse JGit 的维护者并不期望 `org.eclipse.jgit.internal` 中的类型被外部
          使用。但不幸的是，由于 Java 没有 JAR 内部访问权限的概念，因此它的维护者
          无法阻止 `com.company.Type` 对这个包的使用。即便它只是对包可见，也可以
          通过反射被访问

这样客户端代码与依赖工件的实现细节发生耦合，让客户端代码的升级风险非常高，并且如果维护者不得不考虑这种耦合，就会影响对内部代码的改动。这将减缓甚至阻止该工件进行有意义的改进。

虽然可能听上去这像是一个极端问题，但其实不是。最臭名昭著的例子是 `sun.misc.Unsafe`，即一个 JDK 内部类，它使人们可以（根据 Java 标准）做一些疯狂的事情，比如直接分配和释放内存。Netty、PowerMock、Neo4J、Apache Hadoop 和 Hazelcast 等主流 Java 库和框架使用了它。因为许多应用程序依赖这些类库，所以也就依赖了这些内部代码。因此，`Unsafe` 类成了 Java 基础架构的一个关键部分，即便这样违背了其设计初衷。

另外一个例子是 JUnit 4。很多工具，尤其是 IDE，有很多很好的特性，可以帮助开发者简化测试。但是由于 JUnit 4 的 API 不够丰富，不足以用来实现所有特性，因此这些工具不得不调用其内部代码。这种耦合极大地延缓了 JUnit 4 的开发，并最终成为 JUnit 5 完全重写的一个重要原因。

1.3.6　手动安全检查

包边界的弱封装导致的一个直接后果是，与安全相关的功能被暴露给运行在同一个环境中的所有代码。这意味着恶意代码可以访问关键功能，且唯一的解决方法是在关键执行路径中进行**手动安全检查**。

从 Java 1.1 开始，安全检查通过在每一个与安全相关的代码路径上调用 `SecurityManager::checkPackageAccess` 来实现，该函数用于检查调用者是否有权限访问，或者说，它**必须**在这样的代码路径上被调用。在过去，忘记这些检查导致了一些代码漏洞，结果 Java 安全问题像"瘟疫"一样传播，在 Java 7 向 Java 8 过渡的过程中尤为如此。

1

理所当然地会有人认为，与安全相关的代码需要反复检查。但是凡人皆会犯错，且相较于自动化检查，手动在模块边界中插入安全检查风险更高。

1.3.7　较差的启动性能

你是否思考过：为什么很多 Java 应用程序，尤其是使用像 Spring 一样强大框架的 Web 程序，需要加载这么久？

> **定义：慢启动**
> 　　如前文所述，JVM 会惰性地加载需要的类。更普遍的是，很多类会在启动过程中被立即访问（与此相对的是在应用程序运行一段时间后再被访问），并且 Java 在运行时需要很长的时间将它们全部加载。

其中一个原因是，类加载器没办法知道某个类来自于哪个 JAR，所以它必须对类路径中的所有 JAR 执行一次线性扫描。类似地，要识别某个注解的所有使用，需要检查类路径中的所有类。

1.3.8　死板的 Java 运行时环境

这确实不是 JVM "大泥球"惹的祸，但是随着对问题讨论的逐步深入，本书最终会谈及它。

> **定义：死板的运行时环境**
> 　　在 Java 8 之前，人们无法安装 Java 运行时环境（JRE）的一个子集。所有的 Java 安装都有一些不必要的功能，比如支持 XML、SQL 和 Swing。

尽管这可能对中型计算设备（比如个人台式计算机和笔记本计算机）影响不大，但对于路由器、电视机机顶盒、车载计算机，以及其他任何使用 Java 的小型设备异常重要。随着目前的容器化趋势，此问题对服务器也产生了影响，因为减少容器镜像的资源占用可以降低运营成本。

Java 8 引入了紧凑配置文件（compact profile），定义了 Java 标准版（Java SE）的 3 个子集，虽缓解了这个问题，但并没有完全解决。紧凑配置文件是固定的，无法满足当前和未来所有对部分 JRE 的需求。

1.4　鸟瞰模块系统

前文只讨论了为数不多的问题。然而 Java 模块系统是如何解决它们的？主要原理其实非常简单。

要点   模块是 Java 平台模块系统（JPMS）的基石。像 JAR 一样，它们是类型和资源的容器，但相比 JAR，它们还具有额外的特性。以下是最基本的特性：

❏ 名称最好全局唯一；
❏ 对其他模块的依赖声明；
❏ 一个由导出包构成的明确声明的 API。

一切皆模块

模块有很多种类，3.1.4 节对它们进行了总结和分类，但现在有必要对它们进行一次快速概览。在 Jigsaw 项目中，OpenJDK 被分成了大约 100 个模块，即所谓的**平台模块**，其中有 30 个左右以 `java.*` 命名，它们是每一个 JVM 都必须包含的标准化模块（图 1-11 展示了其中一部分）。

这不仅是一个概念图，更是模块系统实际看待事物的方式

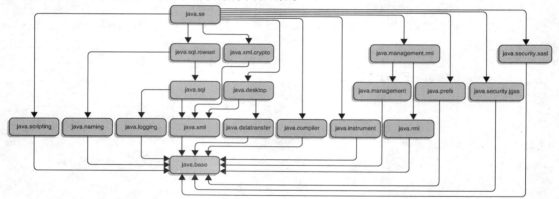

图 1-11   平台模块的一个节选。箭头展示了它们之间的依赖关系（为了让图简略而省略了一部分）：聚合器模块 java.se 直接依赖于图中各模块，而各模块直接依赖于 java.base

下面是其中一些比较重要的模块。

❏ java.base——没有这个模块，JVM 就无法实现程序功能。包含像 `java.lang` 和 `java.util` 这样的包。
❏ java.desktop——不仅仅为那些华丽桌面 UI 的开发者所用。包含 Abstract Window Toolkit（AWT；`java.awt.*` 包）、Swing（`javax.swing.*` 包）以及其他的 API，比如 JavaBeans（`java.beans.*` 包）。
❏ java.logging——包含 `java.util.logging` 包。
❏ java.rmi——远程方法调用（RMI）。
❏ java.xml——包含大部分 XML API：Java API for XML Processing（JAXP）、Streaming API for XML（StAX）、Simple API for XML（SAX）以及文档对象模型（DOM）。
❏ java.xml.bind——Java Architecture for XML Binding（JAXB）。

☐ java.sql——Java 数据库连接（JDBC）。

☐ java.sql.rowset——JDBC RowSet API。

☐ java.se——此模块引用了构成核心 Java 标准版 API 的众多模块（所谓的**聚合器模块**，参见 11.1.5 节）。

☐ java.se.ee——此模块引用了构成完整 Java 标准版 API 的众多模块（另外一个聚合器模块）。

接下来是 JavaFX。在高级别架构上，它比 AWT 和 Swing 更先进，一个表征是，它不光从 JDK 解耦分离，实际上还分成了 7 个模块：绑定、绘图、控制、网络视图、FXML、媒体以及 Swing 交互操作。所有这些模块的名称均以 `javafx.*`开头。

最后，有大约 60 个以 `jdk` 作为前缀命名的模块。它们包含 API 实现、内部功能实现、工具 ［比如编译器、JAR、Java 依赖分析工具（JDeps）和 Java 脚本工具（JShell）］，等等。它们在各个 JVM 中可能有不同的实现，因此使用这些模块如同使用 `sun.`包一样并不是有前瞻性的选择，有时却不得已而为之。

可以执行 `java --list-modules` 列出 JDK 或 JRE 中所有的模块。如果想查看某一个模块的细节，则可以执行 `java --describe-module ${module-name}`。（`${module-name}`是一个占位符，并不是有效的语法，需要用你选择的模块名来替换。）

平台模块被打包进 JMOD 文件，一个专门用来完成此任务的新的文件格式。但是 JDK 之外的代码也可以创建模块。在这种情况下，它们是**模块化 JAR**，即一个简单的 JAR 附加了一个新的结构——**模块描述符**。模块描述符定义了模块名、依赖以及导出。基于带有模块描述符的 JAR，最终由模块系统创建模块。

 要点 这构成了模块系统的一个基本要素：**一切皆模块！**（或者更精确地说，不论类型和资源如何呈现给编译器或虚拟机，它们最终都会被转换成模块。）模块是模块系统的核心，因此也是本书的核心。任何其他事物最终都会被追溯回模块、模块名、模块依赖声明，以及模块导出的 API。

1.5 你的第一个模块

JDK 被模块化后看上去很不错，但你自己的代码呢？如何将之模块化？这是个非常简单的问题。

唯一要做的，就是在源代码目录中增加一个名为 module-info.java 的文件作为**模块声明**，并且在其中填入模块名、对其他模块的依赖，以及组成公有 API 的包。

```
module my.xml.app {
    requires java.base;          后续将看到 java.base
    requires java.xml;           不是必要的
    exports my.xml.api;
}
```

看上去 my.xml.app 模块使用了平台模块 java.base 和 java.xml，并且导出了 com.example.xml 包。到目前为止一切顺利。现在将 module-info.java 与其他源代码一起编译成.class 文件并且打包进一个 JAR（编译器和 jar 工具会自动地正确处理它们）。非常好，你已经创建了第一个模块。

1.5.1 模块系统实战

要启动 XML 应用程序并观察模块系统的运转，可以执行如下命令。

```
java
    --module-path mods
    --module my.xml.app
```

模块系统从此处开始接管。它需要采取如下步骤来摆脱你在 1.2 节和 1.3 节所看到的"大泥球"困境。

(1) 自启动。

(2) 验证所需的模块都存在。

(3) 构建应用程序架构的内部描述。

(4) 启动初始模块的 main 函数。

(5) 在应用程序执行过程中持续运行以保护模块内部。

图 1-12 包含了所有步骤。但是请不要冒进，而要逐个理解它们。

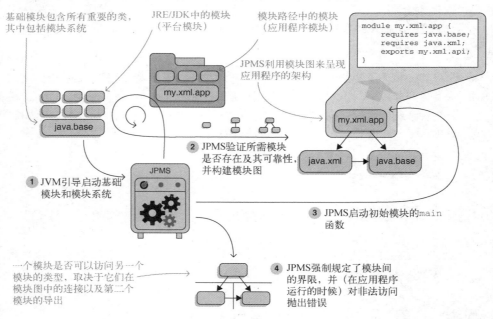

图 1-12 运行中的 Java 平台模块系统。在启动过程中它完成了大多数工作：在 ❶ 启动之后，它 ❷ 在构建模块图时确保所有模块都存在，此后 ❸ 将控制权交给运行中的应用程序。在运行时，它 ❹ 强制保护每个模块的内部

1. 加载基础模块

模块系统只是代码，并且前文提到一切皆模块，那么哪一个包含了 JPMS？答案是基础模块 java.base。像"鸡生蛋蛋生鸡"问题一样，模块系统和基础模块相互引导启动。

基础模块也是 JPMS 构建的模块图的第一个节点。这就是下面要做的事情。

2. 模块解析：构建一个描绘应用程序的图

你输入的命令以 --module my.xml.app 结尾，它会告诉模块系统 my.xml.app 是应用程序的主要模块并且模块解析需要从这里开始。但是 JPMS 在哪儿能找到这个模块呢？这正是 --module-path mods 大展身手的地方，它可以告诉模块系统，应该在 mods 目录中找应用程序模块，这样 JPMS 会尽责地从那里寻找 my.xml.app 模块。

但是目录并不包含模块，它们只包含 JAR。所以模块系统扫描 mods 目录中的所有 JAR 并且寻找它们的模块描述符。此例中，mods 目录包含 my.xml.app.jar，并且它的描述声称其包含名为 my.xml.app 的模块。这就是模块系统一直在寻找的东西！JPMS 创建了 my.xml.app 的一个内部描述并且将之添加到模块图中——到目前为止，它还没有和任何其他事物产生关联。

模块系统找到了初始模块，下一步是什么？搜索依赖。my.xml.app 的描述符声明它需要 java.base 和 java.xml 模块，JPMS 又如何找到它们呢？

首先，java.base 模块是已知的，所以模块系统可以在 my.xml.app 和 java.base 之间添加一个连接，即模块图中的第一条边。接下来是 java.xml 模块。它的第一个单词是 java，这就告诉模块系统它是一个 Java 平台模块，所以 JPMS 不会在模块路径中寻找它，而是会搜索模块仓库。找到 java.xml 模块后，JPMS 会将其添加到模块图中，并将 my.xml.app 与之连接。

现在模块图中有 3 个节点，但只解析了两个，java.xml 模块的依赖关系仍旧不明，因此 JPMS 将继续寻找这些依赖关系。在发现 java.xml 仅依赖于 java.base 后，模块解析的工作完成。从 my.xml.app 和无所不在的基础模块开始，这个过程构建了一个具有 3 个节点的局部模块图。

如果 JPMS 找不到所需的模块，或者遇到任何歧义（比如两个包含同名模块的 JAR），它将退出并提供错误信息。这意味着人们可以在启动时就发现问题，从而避免在将来应用程序运行中的任意时间点出现错误，导致应用程序崩溃。

3. 启动初始模块

回想一下这个过程是如何开始的？是的，输入以 --module my.xml.app 结尾的命令。接着模块系统完成它的核心功能之一——验证所有必需的依赖是否存在，然后将控制权移交给应用程序。

初始模块 my.xml.app 不仅是模块解析的起点，还必须包含 main（public static void main(String[])）函数。但是在启动应用程序时，不一定需要指定包含该方法的类。此处不指定是因为在将类（.class）文件打包成 JAR 的时候已经指定好了该主类的位置。这一信息被嵌入至模块描述符中，这样 JPMS 就可以对它进行读取了。

由于使用了--module my.xml.app 但未指定主类，因此模块系统希望在模块描述符中找到该信息。幸好，它找到了主类并在其上调用了 main 函数。应用程序启动了，但是 JPMS 的工作还未结束。

4. 保护模块内部

即使应用程序启动成功，模块系统也需要持续运行，以实现其第二个基本功能：保护模块内部。还记得 my.xml.app 的模块声明中的 exports my.xml.api 吗？这一行及其类似的内容就是该功能发挥作用的地方。

每当一个模块首次访问另外一个模块中的类型时，JPMS 就会验证以下 3 个条件是否满足。

❑ 被访问的类型必须是公有的（public）。

❑ 拥有该类型的模块必须已导出对应的包。

❑ 在模块图中，访问模块必须连接到被调用模块。

所以当 my.xml.app 模块首次使用 javax.xml.XMLConstants 时，模块系统将检查 XMLConstants 是否是公有的（√）、java.xml 模块是否导出 javax.xml 包（√），以及在模块图中 my.xml.app 是否已连接到 java.xml（√）。三者都检查通过后，my.xml.app 才能使用 XMLConstants。

这种验证方式弥补了之前讨论的"大泥球"方法的严重缺陷：无法区分工件内部的代码与可公开使用的代码。有了 exports 关键字，模块就可以清晰地定义哪些 API 是公有的，哪些是内部的，并且可以依赖模块系统来保证这些选择得以实现。

5. 一个更复杂的示例

作为一个并不简单的示例，图 1-13 展示了 1.2 节介绍的 ServiceMonitor 应用程序的模块图。它包含 4 个 JAR——monitor、observer、statistics 和 persistence，以及两个依赖模块——spark 和 hibernate。java.xml 和 java.base 等 JDK 模块也清晰可见，因为应用程序也依赖于其中的一些模块。

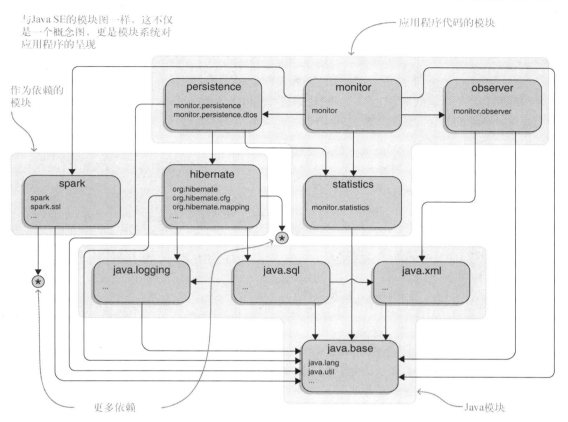

图 1-13 ServiceMonitor 应用程序的模块图非常类似于图 1-6 中的体系结构图。该图显示
        了包含应用程序代码的 4 个模块、用于实现其功能集的两个库以及 JDK 中涉及
        的模块。箭头描绘了它们之间的依赖关系。每个模块仅列出了一部分导出包

图 1-13 与图 1-6 的对比非常引人注目，图 1-6 描绘的是 ServiceMonitor 的 JAR 文件间的依赖
关系，展示了我们对如何在工件级别上组织应用程序的理解，而图 1-13 展示了如何从**模块系统**角
度看待应用程序。它们非常相似，这表明模块系统可以很好地表达应用程序的体系结构。

1.5.2 非模块化项目基本不受影响

　　现有项目（尤其是具有大型代码库的项目）的开发人员，可能对迁移路径感兴趣。虽然在其
他模块系统中，迁移通常意味着"要么全盘接受，要么彻底放弃"——为了能够使用，一切都必
须是模块，但是在 JPMS 中情况有所不同。为了保持向后兼容性，在 Java 8 或更早版本的类路径
上运行的常规应用程序，在 Java 9 上的行为必须一致。因此，非模块化的应用程序必须能在模块
化 JDK 之上运行，这意味着模块系统必须处理这样的情况。

　　事实确实如此。前文提到模块系统能处理尚未转化为模块的 JAR，这正是因为向后兼容性。

虽然迁移到模块系统是有益的，但这**不是强制性的**。

因此，类路径的工作方式仍然与在 Java 8 或更早版本中相同，它可以用来为编译器和 JVM 指定 JAR 或普通类文件。就连类路径上的模块也会像非模块化 JAR 一样运行。这里的基本假设是，类路径机制负责访问"大泥球"内的工件，正如 1.3 节所述。

与此同时，一个新的概念诞生了：**模块路径**（module path）。这里的基本假设是将所有工件视为模块。有趣的是，即使是对普通的 JAR 也是如此。

 要点　类路径和模块路径的共存以及它们对普通工件和模块化工件的不同处理方式，是大型应用程序向模块系统逐渐迁移的关键。第 8 章将深入探讨这个重要的主题。

另一个对于模块系统，尤其是遗留项目而言十分重要的方面，就是兼容性。JPMS 的诞生涉及大量底层修改，虽然绝大多数修改严格保持向后兼容，但有些与现有代码库的交互很糟糕。

- 对 JDK 内部 API 的依赖（比如引用 sun.* 包）将会导致编译时错误或运行时警告。
- JEE 的 API 必须手动解析。
- 不同工件下相同包中的类会造成问题。
- 紧凑配置文件、扩展机制、授权标准覆盖机制以及类似功能已被删除。
- 运行时图像布局发生了显著的改变。
- 应用程序的类加载器不再是 URLClassLoader。

最后，无论应用程序是否模块化，在 Java 9 或更高版本上运行都有可能出现问题。第 6 章和第 7 章将致力于识别和克服这些最常见的挑战。

此时，你可能会有下列疑问。

- Maven、Gradle 以及其他类似软件不是已经管理好依赖关系了吗？
- 开放服务网关协议（Open Service Gateway Initiative，OSGi）呢？为什么不直接用它？
- 在微服务普遍流行的时代，模块系统是否矫枉过正？

提出这些疑问是正确的。没有任何技术是一座孤岛，而将整个 Java 生态系统看作一个整体，研究现有工具和方法与模块系统的关系以及它们的未来，是非常值得的。15.3 节会探讨这个话题。既然你已经知道了理解它所需要的一切，仍不能放过这些问题，为什么不现在就翻到那一节呢？

1.6 节将描述模块系统想要实现的总体目标。第 2 章会用一个较长的示例展示模块化应用程序的大致模样。第 3 章、第 4 章和第 5 章将详细探讨如何从头开始编写、编译、打包和运行此类应用程序。本书第二部分会讨论兼容性和迁移的话题，第三部分则介绍模块系统的高级特性。

1.6　模块系统的目标

本质上，开发 Java 平台模块系统是为了让 Java 掌握工件之间的依赖关系图。其思想是，如果 Java 不再擦除模块结构，那么擦除带来的丑陋结果也会自动消失。

首先也是最重要的，这应该可以缓解现状造成的许多痛点。但除此之外，它为大多数未使用过其他模块系统的开发人员提供了新的能力，即可以进一步提高软件的模块化。这具体意味着什么呢？

在讨论这个问题之前，首先要注意，模块系统的所有目标对于所有类型的项目而言并非同等重要。许多目标让大型长期项目（比如 JDK）收益颇丰，JPMS 也主要是为此开发的。模块系统的大多数目标不会对日常编码产生巨大影响，远不如 Java 8 中的 lambda 表达式和 Java 10 中的 `var` 的影响大。但是，这些目标将改变项目的开发和部署方式——开发和部署也是我们每天都在做的事情之一。

在模块系统的目标中，有两个尤为重要：可靠配置和强封装。相比其他目标，本书将重点关注这两方面。

1.6.1　可靠配置：不放过一个 JAR

在 1.5.1 节中观察模块系统如何工作时，我们发现各个模块会各自声明对其他模块的依赖，而 JPMS 会分析这些依赖关系。虽然我们只学习了 JVM 启动的案例，但是编译时和链接时都有相同的工作机制（这是新的内容，参见第 14 章）。因此，当发现依赖缺失或冲突时，这些操作会快速失败。事实上，在启动时就可以发现缺少哪些依赖，相比当第一次需要类时才发现，这是一个巨大的进步。

在 Java 9 之前，包含同名类的不同 JAR 不会被识别为冲突。相反，运行时会任意选择其中的一个类来执行，以覆盖其他同名类，这导致了 1.3.2 节描述的复杂性问题。从 Java 9 开始，编译器和 JVM 能够识别出这一问题以及之前版本中导致指意不明的其他问题。

> **定义：可靠配置**
>
> 总之，这使系统的配置比以前更加可靠，因为只有符合语法规则的配置才能通过启动时的相关检查。检查通过后，JVM 就可以将依赖关系图转化为模块图，从而用结构良好的系统运行图来代替过去的"大泥球"了，这就是我们将拥有的可靠性。

1.6.2　强封装：控制模块内部代码的访问权限

模块系统的另外一个关键目标就是**赋予模块强封装性**：控制模块内部的访问权限，仅允许访问指定的内容。

> 模块系统中的私有类应该像类中的私有成员一样。换言之，模块之间的边界不仅决定了类和接口的可见性，还决定了访问权限。
>
> ——Mark Reinhold, *Project Jigsaw: Bringing the Big Picture into Focus*

为了实现上述目标，编译器和 JVM 都严格执行模块间的访问规则：只允许访问**导出包**中公有类型的公有成员（即公有的字段和方法）。其他类型无法被模块外的代码访问，即使通过反射机制也不行。由此，我们最终对依赖库内部的信息进行了强封装，并确保应用程序不会意外地依赖于实现细节。

这也同样适用于 JDK。如上一节所述，它已经被模块化，因此，模块系统会阻止对 JDK 内部 API 的访问，也就是以 sun. 或 com.sun. 开头的一些包。不幸的是，许多广泛使用的框架或者类库，比如 Spring、Hibernate 和 Mockito，使用了这些内部 API，因此如果模块系统严格维持这一行为，那么很多应用程序在 Java 9 上将无法运行。为了让开发人员有时间进行迁移，Java 设置了宽松的条件：编译器和 JVM 提供了命令行开关，用于访问内部 API，并且在 Java 9 到 Java 11 中，这一开关在默认情况下是打开的（更多内容参见 7.1 节）。

为了防止代码意外地依赖于间接依赖关系中的类型，导致多次运行的行为不一致，这种情况下更为严格：通常，一个模块仅能访问有直接依赖关系的模块中的类型（但可能因为某些高级特性而出现例外）。

1.6.3　自动化的安全性和改善的可维护性

模块内部 API 的强封装可以极大地提高安全性和可维护性。这有助于提升安全性，因为关键代码可以有效地隐藏在不需要使用它的代码之外。同时，这使得维护更加容易，因为模块的公有 API 可以很容易地保持较小的规模。

> 随意地使用 Java SE 平台用于内部实现的 API，既带来了安全风险又增加了维护负担。Java 新版本规范里提供的强封装这一特性，将满足让 Java SE 平台控制其内部 API 访问权限的需求。
>
> ——*Java Specification Request (JSR) 376*

1.6.4　改善的启动性能

随着代码的边界更加清晰，可以更有效地利用现有优化技术。

> 当已知一个类只能引用一些特定部件中的类而不是运行时加载的任何类时，许多事前的优化手段会更加有效。
>
> ——*JSR 376*

另外还可以通过注解来标明特定的类或接口，以便在没有完整类路径扫描的情况下找到对应的类型。这在 Java 9 中尚未实现，但可能会在将来的某个版本中实现。

1.6.5　可伸缩的 Java 平台

具有明确定义的依赖关系的模块的一个良好结果是，很容易确定 JDK 的运行子集。例如，服务器端应用程序无须使用 AWT、Swing 或 JavaFX，就可以轻松地在没有这些功能的 JDK 上运行。新的工具 jlink（参见第 14 章）使创建应用程序运行时所需的模块关系图成为可能。我们甚至可以包含库和应用程序模块，从而创建一个不需要在主机系统上安装 Java 的自包含程序。

> **定义：可扩展的平台**
> 随着 JDK 的模块化，人们可以**选择需要的功能**并**创建仅包含所需模块的 JRE**。

这一特性将维持 Java 在小型设备和应用程序容器中的关键地位。

1.6.6 非目标

不幸的是，模块系统并非"灵丹妙药"，并且缺失了几个有趣的用例。首先，JPMS 没有版本的概念。人们不能为模块设置版本或要求其必须依赖某个版本，也就是说，虽然可以在模块描述符中嵌入版本信息并使用反射 API 访问它，但这只能作为开发人员和工具的元信息——模块系统并不处理它。

JPMS "看不到"版本意味着它不会区分同一模块的两个版本。相反，为了实现可靠配置，它会将这种情况视为一种经典的歧义语境——同一模块出现两次——因此导致编译或启动失败。关于模块版本的更多信息，请参阅第 13 章。

JPMS 并没有提供从中心仓库搜索、下载或者发布模块的机制，因为现有构建工具已经很好地完成了这一任务。

JPMS 的目标也不包括构建动态模块图。在动态模块图中，单个模块工件可以在运行时动态显示或消失。但是，如果想实现也是有可能的。可以基于层（参见 12.4 节）这一高级特性来实现这样的系统。

1.7 新旧技能

前文已经描述了许多承诺，本书的其余部分将详细阐述 Java 平台模块系统是如何实现它们的。但不要误解，这些好处不是免费的！要在模块系统之上构建应用程序，你必须对工件和依赖进行比之前更深入的思考，并将这些想法转化为代码。某些之前运作正常的事物在 Java 9 上不再如此，而且使用某些新框架需要付出比之前更多的努力。

你可以将这种变化近似理解为，相比于动态类型语言，静态强类型语言需要做更多的工作，至少在代码层面上如此。有这么多的类型和泛型，难道不可以直接使用 `Object` 对象，然后在各处进行强制类型转换吗？当然可以这么做，但你愿意仅仅为了在编写代码时节省一些脑力，就放弃强类型系统提供的安全性吗？你肯定不愿意。

1.7.1 你将学到什么

掌握新技能是必需的！幸好，本书将教你这些新技能。当你读完本书，掌握了各章介绍的技能，不论新的还是已有的应用程序都不会成为阻碍。

第一部分，特别是第 3 章至第 5 章，介绍了模块系统的基础知识。除了实践技能，为了让你加深理解，这几章还将讲授底层的机制。之后，你将能够通过封装模块内部信息和导出其依赖关系来描述模块以及它们的关系。使用 `javac`、`jar` 和 `java` 命令，你将能编译、打包、运行模块和由它们组成的应用程序。

第二部分会在基础知识之上进行扩展，涵盖更复杂的用例。针对已有的应用程序，你将能够分析其与 Java 9 至 Java 11 版本之间可能的不兼容性，并使用新特性规划将其迁移到模块系统的路径。为了达到这个目标，以及实现不那么简单直接的模块关系，你可以使用一些高级特性，比如合规导出（ qualified export ）、开放式模块（ open module ）、服务以及扩展的反射 API。借助 `jlink` 工具，你可以创建精简的、针对特定用例进行优化的 JRE，或者创建附带自己的 JRE 的自包含应用程序映像。最后，你将看到更大的图景，包括模块系统是如何与类加载、反射以及容器进行交互的。

1.7.2　你应该知道些什么

在技能要求方面，JPMS 有一个有趣的特征。它所做的大部分工作是全新的，并且在模块声明中分割了自己的语法。如果你具备基本的 Java 技能，那么学习它相对容易。因此，如果你知道代码是按照类型、包以及（最终）JAR 组织的，知道访问修饰符（特别是 `public`）的用法，同时也知道 `javac`、`jar` 和 `java` 命令的功能以及大致用法，你将很容易理解第一部分以及第三部分中的一些高级特性。

但是要真正理解模块系统所解决的问题以及它提出的解决方案，仅知道这些还不够。熟悉以下几点，并有大型应用程序的开发经验，可以更轻松地理解模块系统各个特性的设计初衷及其优缺点。

❏ JVM，尤其是类加载器的工作机制。

❏ 上述机制造成的麻烦（想想 JAR 地狱）。

❏ 更高级的 Java API，比如服务加载器和反射 API。

❏ 构建工具，比如 Maven 和 Gradle，以及它们是如何构建项目的。

❏ 如何对软件系统进行模块化。

一个人再见多识广，也有可能碰到知识盲区。在 Java 这样巨大的生态系统中，这是很自然的，我们无论走到哪里都会学到新的东西（相信我，关于这一点我有经验）。所以，永远不要丧失信心！如果书中的一些内容对你没有帮助，就试试直接读代码来理解吧。

是时候开始学习 JPMS 的基础知识了。建议你继续阅读第 2 章，它与第一部分的其余内容息息相关，以代码的形式展示了如何定义、构建以及运行模块化的 JAR。该章还介绍了贯穿本书其余部分的应用程序示例。如果你更喜欢先学习基础理论，则可以跳到第 3 章，其中讲授了模块系统的基本机制。如果担心已有项目与 Java 9 的兼容性，可以看一下第 6 章和第 7 章，这两章详细阐述了这一话题，但是如果没有很好地掌握基础知识，理解这些章节将会很难。

1.8 小结

- ❑ 软件系统可以可视化为图，用于显示（非）期望的系统属性。
- ❑ 在 Java 9 之前，JAR 层级上的关系图无法展示。这导致了各种问题，主要包括 JAR 地狱、手动操作的安全性和极差的可维护性。
- ❑ Java 平台模块系统的存在是为了让 Java 理解 JAR 关系图，它为该语言带来了工件级的模块化。最重要的目标是实现可靠配置和强封装，以及提升安全性、可维护性和性能。
- ❑ 这些是通过引入模块来实现的，简单地说，模块就是 JAR 加上描述符。编译器和运行工具解析描述符中的信息，以便构建工件依赖关系图，实现本章中所承诺的优势。

模块化应用程序剖析

2

本章将介绍创建模块化应用程序的整体流程，但不会详细解释各个细节。第 3 章、第 4 章和第 5 章将对这些细节进行深入探索和详细阐述。在面对模块系统这样宏大的主题时，人们很容易因一片绿荫而错失整片森林，这就是本章先进行全局介绍的原因。通过呈现一个简单的模块化应用程序，展示如何定义和编译模块，以及如何执行这个应用程序，有助于更好地了解拼图的不同部分是如何组合在一起的。

这意味着我会先带你跳入深水区，而在这里，眼前的一切并非立即清晰可见，但是不必过度担心未知的事情，因为很快一切都会得到详细阐述。当你读完本书第一部分时，示例中的所有内容将让你有所收获。因此，请标记这些页，因为之后你可能会不时回过头来翻阅它们。

2.1 节将描述示例应用程序的作用、包含的各种类型以及它们的职责。模块系统在 2.2 节中开始发挥作用，这一节将讨论如何组织文件和目录、描述模块以及编译和运行应用程序。这些简要讨论将展示模块系统的许多核心机制，并通过一些实例说明基本特性不足以模块化复杂应用程序的问题，而后者正是 2.3 节的主题。该应用程序的下载地址见本书文前部分"关于本书"，应用程序中的 master 分支包含了在 2.2 节中所描述的内容。

2.1 初识 ServiceMonitor

要进行模块系统实战，就需要一个可以应用它的实例项目。这个项目具体的功能并不重要，请不要陷入它的细节。

设想一个通过彼此交互满足用户需求的服务网络——可能是社交网络或者视频平台。你希望监视这些服务，以确定系统的健康状况，并及时发现所发生的问题（而不是由用户报告），这就是该示例应用程序的由来。

该示例应用程序名为 ServiceMonitor, 它与各个独立的服务交互, 收集并聚合诊断数据, 最后通过 REST 方式提供数据。

注意 你可能还记得 1.2 节或图 1-10 中的应用程序, 它被分为了 4 个不同的 JAR。我们最终会经历更加具体的模块化过程, 但这是 2.2 节要探索的内容。在此之前, 先考虑一下如何在单个工件中实现这样的系统——**单一式方法**（monolithic approach）。如果这和第 1 章不是百分百一致, 请不要担心, 因为新的章节会有新的细节。

幸好, 这些服务已经收集了你想要的数据, 因此 ServiceMonitor 要做的就是定期查询它们, 该工作由 ServiceObserver 的实现负责。在获得以 DiagnosticDataPoint 为形式的诊断数据后, Statistician 将进行处理并汇总至 Statistics。统计信息依次存储在 Statistics-Repository 中, 并通过 REST 协议提供。Monitor 类会将这些内容全部联系在一起。

图 2-1 展示了这些类如何互相关联。为了更好地了解其工作原理, 先从 ServiceObserver 接口的代码开始学习, 如代码清单 2-1 所示。

代码清单 2-1 ServiceObserver 接口

```java
public interface ServiceObserver {

    DiagnosticDataPoint gatherDataFromService();

}
```

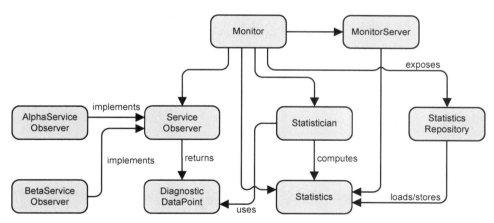

图 2-1 构成 ServiceMonitor 应用程序的类。ServiceObserver 的两个实现分别使用 Alpha 和 Beta API 查询服务并返回诊断数据, 之后由 Statistician 将其汇总至 Statistics 中。统计信息由仓库存储和加载, 并通过 REST API 对外提供访问。Monitor 协调所有工作

上述内容看似简单, 但遗憾的是, 并非所有数据源提供的都是相同的 REST API, 所以存在两种 API: Alpha 和 Beta。这就是 ServiceObserver 接口具有两个实现的原因（如图 2-2 所示）。

每个实现各自访问对应的 API，并确保通过相同的接口将数据提供给应用程序。

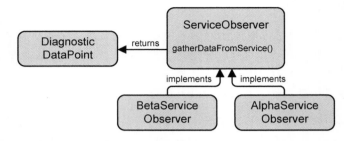

图 2-2 被查询的各个服务在提供诊断数据时有两种不同的 API，因此 `ServiceObserver`
接口有两种不同的实现

`Statistician` 没有自己的状态——它只提供两个方法，要么创建新的 `Statistics` 实例，
要么将现有统计数据和新数据点组合成更新后的统计数据，如代码清单 2-2 所示。

代码清单 2-2 `Statistician` 类

```
public class Statistician {

  public Statistics emptyStatistics() {
    return Statistics.empty();
  }

  public Statistics compute(
    Statistics currentStats,
    Iterable<DiagnosticDataPoint> dataPoints) {
    Statistics finalStats = currentStats;
    for (DiagnosticDataPoint dataPoint : dataPoints)
      finalStats = finalStats.merge(dataPoint);
    return finalStats;
  }

}
```

`StatisticsRepository` 并没有做什么花哨的事情——它仅仅加载和存储统计信息，无论
它通过序列化、JSON 文件还是数据库来实现，本示例都不关心，如代码清单 2-3 所示。

代码清单 2-3 `StatisticsRepository` 类

```
public class StatisticsRepository {

  public Optional<Statistics> load() { /* ... */ }

  public void store(Statistics statistics) { /* ... */ }

}
```

到目前为止，已经可以收集数据点，将其转化为统计数据，并进行存储了。你所缺少的是能
完成所有工作的类，它应该可以定期轮询数据源并将最终结果推送至仓库中，这就是 Monitor

所做的。代码清单 2-4 展示了该类的字段和 `updateStatistics()` 方法，后者实现了其核心功能（省略了确保任务定期运行的代码）。

代码清单 2-4　`Monitor` 类和它的 `updateStatistics()` 方法

```java
public class Monitor {

    private final List<ServiceObserver> serviceObservers;
    private final Statistician statistician;
    private final StatisticsRepository repository;
    private Statistics currentStatistics;
    // [...]

    private void updateStatistics() {
        List<DiagnosticDataPoint> newData = serviceObservers
            .stream()
            .map(ServiceObserver::gatherDataFromService)
            .collect(toList());
        Statistics newStatistics = statistician
            .compute(currentStatistics, newData);
        currentStatistics = newStatistics;
        repository.store(newStatistics);
    }

    // [...]
}
```

`Monitor` 类通过 `currentStatistics` 字段（类型为 `Statistics`）来存储最近一次的统计信息。

当有请求需要处理时，公开 REST API 的 `MonitorServer` 从 `Monitor` 对象获取相应（已存储在内存或持久化设备中）的统计信息，然后响应请求并且返回处理后的数据，如代码清单 2-5 所示。

代码清单 2-5　`MonitorServer` 类

```java
public class MonitorServer {

    private final Supplier<Statistics> statistics;

    public MonitorServer(Supplier<Statistics> statistics) {
        this.statistics = statistics;
    }

    // [...]

    private Statistics getStatistics() {
        return statistics.get();
    }

    // [...]
}
```

需要注意一个有趣的细节：虽然 `MonitorServer` 调用了 `Monitor`，但并不依赖它。这是因为 `MonitorServer` 并没有引用 `Monitor` 对象，而是通过 `supplier` 接口将数据转发给它。原因很简单：`Monitor` 协调整个应用程序，这使它成为一个较臃肿的类。人们自然不希望仅为了调用一个 `getter` 方法，而将 REST API 耦合到这样一个重量级的对象上。在 Java 8 之前，我可能已经创建了一个专用接口来获取统计信息，并让 `Monitor` 实现它；但是从 Java 8 开始，lambda 表达式和现有的功能接口使得解耦变得容易得多。

总而言之，最终将得到以下这些类。

- ❑ `DiagnosticDataPoint`——周期性获取服务的可用性诊断数据。
- ❑ `ServiceObserver`——返回 `DiagnosticDataPoint` 对象的服务监控接口。
- ❑ `AlphaServiceObserver` 和 `BetaServiceObserver`——分别监控一系列服务。
- ❑ `Statistician`——对基于 `DiagnosticDataPoint` 的统计信息进行计算。
- ❑ `Statistics`——存放计算后的统计信息。
- ❑ `StatisticsRepository`——存储和获取统计信息。
- ❑ `MonitorServer`——响应 REST 调用，返回相应的统计信息。
- ❑ `Monitor`——协调所有工作。

2.2   模块化 ServiceMonitor

如果 ServiceMonitor 是真实的项目，那么在实现它时全力引入模块系统就有点"杀鸡用牛刀"了。然而，它只是一个简单示例，用来剖析模块化系统，因此请把它看作一个大型项目来构建。

谈到构建程序结构，首先要将应用程序划分成模块，然后再讨论文件系统上的源代码结构布局。于是最有趣的步骤来了：如何声明和编译模块并运行应用程序。

2.3   将 ServiceMonitor 划分为模块

将应用程序模块化的最常见方式是分离关注点（a separation of concerns）。ServiceMonitor 具有以下内容（括号中为相关类型）：

- ❑ 从服务端收集数据（`ServiceObserver`、`DiagnosticDataPoint`）；
- ❑ 将数据整合为统计信息（`Statistician`、`Statistics`）；
- ❑ 持久化统计信息（`StatisticsRepository`）；
- ❑ 通过 REST API 的方式对外提供统计信息（`MonitorServer`）。

除了这些逻辑层面的需求，还有技术上的内容：

- ❑ 数据收集必须隐藏在 API 背后；
- ❑ Alpha 和 Beta 服务需要分别实现单独的 API（`AlphaServiceObserver` 和 `BetaService-Observer`）；
- ❑ 所有关注点都必须得到统一的协调（`Monitor`）。

要点　这就要求下列模块中的特定类型必须公开可见：

❑ monitor.observer（`ServiceObserver`、`DiagnosticDataPoint`）
❑ monitor.observer.alpha（`AlphaServiceObserver`）
❑ monitor.observer.beta（`BetaServiceObserver`）
❑ monitor.statistics（`Statistician`、`Statistics`）
❑ monitor.persistence（`StatisticsRepository`）
❑ monitor.rest（`MonitorServer`）* monitor（`Monitor`）

将这些模块叠加到图 2-3 中的类图上，可以很容易地发现模块的依赖性。

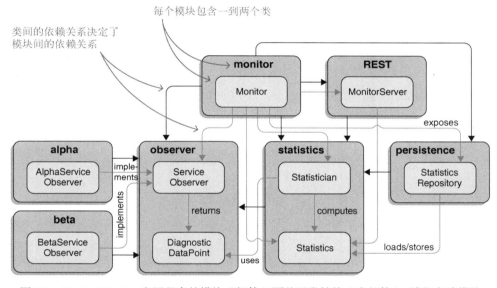

图 2-3　ServiceMonitor 应用程序的模块（粗体）覆盖了类结构（常规体）。请留意跨模块
　　　　边界的类依赖是如何决定模块的依赖性的

2.4　文件的目录结构布局

　　图 2-4 展示了应用程序的目录结构。每个模块都是一个单独的项目，这意味着每个模块都具有单独的目录结构。简单起见，所有模块都使用相同的结构。如果你参与过别的项目，或者使用过 Maven、Gradle 或其他构建工具，就会知道这一般是默认行为。

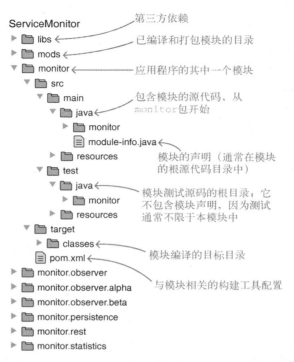

图 2-4   ServiceMonitor 应用程序的每个模块都是一个项目，具有众所周知的目录结构。
　　　　新的变化包括放置了所构建的模块化 JAR 的 mods 目录，以及每个项目根目录
　　　　下的模块声明文件 module-info.java

首先需要注意的是 mods 目录，稍后创建的模块将放置在此，4.1 节将详细介绍目录结构。

libs 目录稍有不同，其中包含第三方依赖。在实际项目中，因为有构建工具管理依赖，所以不需要 libs。但是对于手动编译和启动应用程序而言，将所有依赖放在一个位置会极大地简化操作，因此这不是建议或要求，只是一种简化手段。

不同寻常的是 module-info.java 文件，它被称为**模块声明**，负责定义模块的属性。它是模块系统和本书的核心，3.1 节将对其进行详细介绍，不过下一节会先粗略介绍一下。

2.5   声明和模块描述

   要点   每个模块都有一个模块声明文件，按照惯例，模块声明文件 module-info. java 放置在项目的根目录下。编译器根据此文件生成模块描述符 module-info.class 文件。编译代码打包成 JAR 时，模块描述符文件必须位于根目录中，以方便模块系统进行识别和处理。

如 2.3 节所述，应用程序由 7 个模块组成，因此必定有 7 个模块声明，如代码清单 2-6 所示。

即使尚不了解细节，也能大概猜到发生了什么。

代码清单 2-6 所有 ServiceMonitor 模块的声明

```
module monitor.observer {
  exports monitor.observer;
}

module monitor.observer.alpha {
  requires monitor.observer;
  exports monitor.observer.alpha;
}

module monitor.observer.beta {
  requires monitor.observer;
  exports monitor.observer.beta;
}

module monitor.statistics {
  requires monitor.observer;
  exports monitor.statistics;
}

module monitor.persistence {
  requires monitor.statistics;
  requires hibernate.jpa;
  exports monitor.persistence;
  exports monitor.persistence.entity;
}

module monitor.rest {
  requires spark.core;
  requires monitor.statistics;
  exports monitor.rest;
}

module monitor {
  requires monitor.observer;
  requires monitor.observer.alpha;
  requires monitor.observer.beta;
  requires monitor.statistics;
  requires monitor.persistence;
  requires monitor.rest;
}
```

module the.name { } 语句块定义了一个模块。名称（name）通常采用包命名惯例：必须是全局唯一的反向域名，且完全小写，并由点号"."分隔各段（更多细节参见 3.1.3 节——在此用更短的名称只是为了让它们能更好地融入本书的段落）。在 module 语句块内部，requires 指令表达了模块间的依赖，exports 指令则指定了带有导出类型的包的名称，进而为每个模块定义了公开的 API。

2.5.1   声明模块依赖

 要点 requires 指令包含模块名，并可以告知 JVM 当前模块的依赖模块。

显而易见，observer 的实现依赖于 observer API。由于 Statistician::compute 使用 API 接口的 DiagnosticDataPoint 类型，因此 statistics 模块也依赖于 observer。

类似地，persistence 模块由于需要统计信息而依赖于 statistics 模块，同时由于使用 Hibernate 来访问数据库而依赖于 Hibernate 模块。

接下来，monitor.rest 因处理统计信息而依赖于 statistics 模块。除此之外，它还采用 Spark 微服务框架提供 REST 服务。2.1 节在介绍应用程序模块化时，曾指出 MonitorServer 不依赖于 Monitor。现在这一点派上用场了。这意味着 monitor.rest 不依赖于 monitor。这很棒，因为 monitor 依赖于 monitor.rest，而模块系统禁止声明循环依赖。最后，monitor 依赖于所有其他模块，因为它会创建大多数实例并将结果在模块间传递。

2.5.2   定义模块的公有 API

 要点 exports 指令包含一个包名，并且可以将依赖于此模块的其他模块能够看到的公有类型告知 JVM。

通常，模块导出单个包——定义模块对外功能的包。你可能已经注意到了，包名始终以模块名为前缀——它们甚至经常相同。这不是强制性的，而是由于模块和包名都遵循反向域名的命名方案。

唯一导出多个包的是 persistence 模块。除了导出核心功能（StatisticsRepository）的 monitor.persistence 包外，也导出 monitor.persistence.entity 包。该包定义了一组被注解标示的类，以便 Hibernate 了解如何进行存储和加载（通常称为实体）。这意味着 Hibernate 必须访问这些类，因此模块必须导出对应的包。（如果依赖 Hibernate 反射到私有字段或构造函数，那么导出是不必要的——相关解决方案参见 12.2 节。）

另一个例外是 monitor，它不导出任何包。这是有道理的，因为像蜘蛛坐在蛛网的中心一样，它位于模块图的中心，协调执行流程。因此它本身没有供其他模块调用的 API，主模块（通常包含 main 函数）一般不导出任何包。

2.5.3   用模块图可视化 ServiceMonitor

在定义完模块的依赖和导出后，再来看看生成的模块图，如图 2-5 所示。虽然它看起来只是图 2-3 的简化版，但实际上远不止如此！图 2-3 可能是由应用程序的架构师在白板上绘制的，尽管显示了模块及其关系，但它只是想象中的一部分，对编译器或虚拟机来说无关紧要。相反，图 2-5 是模块系统对体系结构的解释。

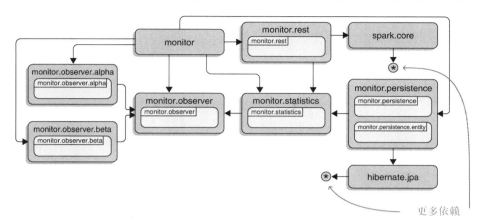

图 2-5　此应用程序模块图展示了模块和导出的包以及它们之间的依赖关系。与图 2-3
　　　　不同，这不仅是一个体系结构图，还是模块系统对应用程序的看法

两幅图中的模块依赖关系看起来如此相似，几乎可以互换，这意味着代码可以相当准确地表达对应用程序体系结构的理解（以模块声明的形式），不是吗？

写代码的方式与之前大体一致

可能你想知道编写代码的方式是否会与 Java 9 之前的版本有所不同。在绝大多数情况下答案是否定的，不过有些细节会有所不同，第 6 章和第 7 章将为你详细阐述这些细节。

除了对项目进行适当的模块化，以及偶尔需要考虑将类放在哪个包中，或者是否修改依赖或导出，建立领域模型和解决问题的日常工作将保持不变。在 IDE 支持下，修改依赖或导出与管理包导入一样简单。

组织大型代码库的全局工作将变得更加容易。添加依赖会更加明确，这有利于编程、代码评审或体系结构评审，确保感知到的和真实的架构一致。服务（参见第 10 章）和聚合器模块（参见 11.1.5 节）等重要功能将增强模块化工具——如果使用得当，则能改善设计。

2.6　编译和打包模块

在将项目整齐地组织在特定模块的目录中，创建了模块声明并编写了代码后，就可以构建并（稍后）运行应用程序了。要构建应用程序，你需要创建模块工件，这个过程分为两步：编译和打包。

在编译时，编译器需要知道声明引用的模块位置，对 Java 自身的模块而言这轻而易举，因为编译器知道依赖位于何处（在运行时环境的 libs/modules 文件中）。

要点　为了能找到自己的模块，人们必须使用**模块路径**，即一个与类路径平行的概念。顾名思义，它期望存放模块化 JAR 而不是普通 JAR。当编译器搜索引用的模块时，会对它进行扫描。为了定义模块路径，`javac` 增加了一个新选项：`--module-path`，或简称`-p`（思路与 JVM 启动应用程序时相同。相应地，`java` 引入了相同的选项`--module-path` 和`-p`，它们具有相同的功能）。

选择 mods 目录存放模块意味着以下两点：
❑ 模块路径包含 mods 目录；
❑ mods 目录包含已打包的工件。

某些模块具有外部依赖：persistence 模块需要 Hibernate（`hibernate.jpa`），而 REST 模块需要 Spark（`spark.core`）。假设它们的工件已经是模块化的 JAR，与其依赖项一起被放在了 mods 目录中。

如果将普通 JAR 放在模块路径上，或者将模块化 JAR 放在类路径上，甚至混合搭配会发生什么情况？如果依赖尚未模块化但你想使用它，该怎么办？这些属于向模块化迁移的内容，第 9 章将详细说明。

基于这些先决条件，可以编译和打包模块。从 monitor.observer 开始，它没有依赖项，不包含任何新内容——使用旧版本的 Java 来运行也会获得相同的结果。

编译的目标目录

```
$ javac
  -d monitor.observer/target/classes
  ${source-files}
$ jar --create
  --file mods/monitor.observer.jar
  -C monitor.observer/target/classes
```

列出或找到所有源文件。在本例中是：monitor.observer/src/main/java/monitor/observer/DiagnosticDataPoint.java 和 monitor.observer/src/main/java/monitor/observer/ServiceObserver.java

为 mods 中的新 JAR 文件命名　　　　　已编译的源文件

monitor.alpha 模块有依赖项，因此必须使用模块路径来告诉编译器在哪里可以找到所需的工件。当然，用 `jar` 命令打包不受其影响。

```
$ javac --module-path mods
  -d monitor.observer.alpha/target/classes
  ${source-files}
$ jar --create
  --file mods/monitor.observer.alpha.jar
  -C monitor.observer.alpha/target/classes .
```

javac 将在目录中搜索代码所依赖的模块

大多数其他模块大致相同。一个例外是 monitor.rest，它有位于 libs 目录中的第三方依赖项，因此需要将 libs 添加到模块路径中。

```
$ javac --module-path mods:libs
  -d monitor.rest/target/classes
  ${source-files}
```

模块在两个目录中有依赖，因此这两个目录都被添加到模块路径中另一个例外是 monitor，需要告知模块系统它有一个作为应用程序入口点的 main 函数。

```
$ javac --module-path mods
  -d monitor/target/classes
  ${source-files}
$ jar --create
  --file mods/monitor.jar
  --main-class monitor.Monitor
  -C monitor/target/classes .
```

该类包含应用程序的 **main** 函数

图 2-6 显示了最终内容。这些 JAR 文件就像普通的旧 JAR，但有一点例外：每个文件都包含一个模块描述符 module-info.class 文件，将其标记为模块化 JAR。

ServiceMonitor
▼ 📁 mods
   📄 monitor.jar
   📄 monitor.observer.jar
   📄 monitor.observer.alpha.jar
   📄 monitor.observer.beta.jar
   📄 monitor.persistence.jar
   📄 monitor.rest.jar
   📄 monitor.statistics.jar
▶ 📁 ...

图 2-6　所有应用程序模块被编译和打包到 mods 目录并且已经准备好启动了

2.7　运行 ServiceMonitor

在所有模块被编译到 mods 目录后，终于可以启动应用程序了。如接下来的简要说明所示，这就是模块声明工作的价值所在。

```
$ java
  --module-path mods:libs
  --module monitor
```

java 搜索模块的目录

要启动模块的名称

 要点　你需要做的只是调用 java，指定模块路径，让 java 知道从哪里可以找到应用程序所包含的工件，并且告诉它启动哪个模块。而解析所有依赖、避免调用冲突或含混不清的版本，以及用正确的模块启动等工作都是由模块系统处理的。

2.8　扩展模块化代码库

当然，任何软件项目都不会真正结束（除非项目"死掉"），所以变化是不可避免的。举个例子，如果你想增加另一个 observer 实现，那么会发生什么呢？通常你会采取以下这些步骤。

(1) 为其开发子项目。

(2) 进行构建。

(3) 在现有代码中使用它。

这就是你现在需要做的。对于新模块而言, 添加模块声明就能使其融入模块系统。

```
module monitor.observer.gamma {
  requires monitor.observer;
  exports monitor.observer.gamma;
}
```

像其他模块一样, 对它进行编译和打包。

```
$ javac --module-path mods
  -d monitor.observer.gamma/target/classes
  ${source-files}
$ jar --create
  --file mods/monitor.observer.gamma.jar
  -C monitor.observer.gamma/target/classes .
```

然后将它作为依赖添加到现有代码中。

```
module monitor {
  requires monitor.observer;
  requires monitor.observer.alpha;
  requires monitor.observer.beta;
  requires monitor.observer.gamma;
  requires monitor.statistics;
  requires monitor.persistence;
  requires monitor.rest;
}
```

这样就完成了。如果构建包含了编译和打包, 你需要做的就只是添加或修改模块声明。删除或重构模块也是如此: 除了通常需要做的改动外, 还需要稍微思考一下, 这将如何影响你的模块图并更新相应的模块声明。

2.9 总结: 模块系统的效果

到目前为止一切都很顺利, 不是吗? 在后面几章对模块系统的细节进行深入探索之前, 先花一些时间来了解模块系统承诺的两个好处, 以及利用某些高级特性可以解决哪些边角残留问题。

2.9.1 模块系统能为你做什么

1.5 节在讨论模块系统的目标时, 谈论了其中最重要的两个目标: 可靠配置和强封装。在构建了一些较为具体的东西之后, 现在回顾一下这些目标, 并且观察一下它们如何帮人们交付健壮并且可维护的软件。

1. 可靠配置

如果一个依赖无法在 mods 中找到会怎样? 如果两个依赖需要同一个项目 (例如 Log4j 或 Guava) 的不同版本会怎样? 如果两个模块有意或无意地导出了两个相同的类型会怎样?

　　在类路径机制下，这些问题会在运行时暴露，其中一些会使应用程序崩溃，另外一些则较为隐蔽，不易被察觉，最终导致错误的程序行为。在模块系统中，许多像这样不可靠的情况（尤其是刚刚提到的这些）会更早被发现。编译器或 JVM 会终止运行并返回一条具体的提示信息，给人们一个修复错误的机会。

　　例如，当应用程序启动但无法找到 monitor.statistics 时，你将得到如下提示。

```
> Error occurred during initialization of boot layer
> java.lang.module.FindException:
>     Module monitor.statistics not found,
>     required by monitor
```

类似地，当模块路径中存在两个 SLF4J 版本时，启动 ServiceMonitor 应用程序将得到如下结果。

```
> Error occurred during initialization of boot layer
> java.lang.module.FindException:
>     Two versions of module org.slf4j.api found in mods
>     (org.slf4j.api-1.7.25.jar and org.slf4j.api-1.7.7.jar)
```

　　你再也不会意外地依赖于某个间接依赖了。Hibernate 会使用 SLF4J，这意味着应用程序启动时这个库一直存在。但是一旦开始导入 SLF4J（没有出现在任何模块声明中）中的类型，编译器就会进行阻止，并提示你正在使用一个没有明确依赖的模块中的代码。

```
> monitor.persistence/src/main/java/.../StatisticsRepository.java:4:
>     error: package org.slf4j is not visible
>     (package org.slf4j is declared in module org.slf4j.api,
>      but module monitor.persistence does not read it)
```

　　即使你想办法绕过了编译器的检查，模块系统也会在启动时执行相同的检查。

2. 强封装

　　现在让我们从模块使用者的角度切换到模块维护者的角度。想象一下，为了修复一个 bug 或者改善性能，对 monitor.observer.alpha 进行重构。在发布一个新版本之后，你发现 monitor 中的一些代码无法正常工作，这造成了应用程序不稳定。如果你改动了一个公有 API，那么这是你的错误。

　　但是，如果你改动了某一类型的内部实现细节，而这个类型虽然被标记为不支持，但仍然被调用了呢？有可能这个类型应该是公有的，因为你想在两个包中使用这个类型；也有可能 monitor 的开发者通过反射访问了它。在这种情况下，你无法阻止用户依赖于实现。

　　在模块系统的帮助下，这种情况得以避免。事实上你已经做到了：只有被导出的包中的类型才是可见的，其余的都很安全，即使通过反射也无法访问。

　　注意　如果万不得已确实需要深入访问某个模块内部，请参阅 7.1 节和 12.2.2 节。

2.9.2　模块系统还能为你做些什么

　　虽然 ServiceMonitor 的模块化进行得很顺利，但是仍有一些不足之处值得讨论。目前你对此还无计可施，但是本书第三部分介绍的高级特性可以帮你解决这些问题。本节将预览这些高级特性。

1. 标记不可或缺的模块依赖

monitor.observer.alpha 模块和 monitor.observer.beta 模块声明了对 monitor.observer 的依赖。这是合理的，因为它们实现了后者暴露的 `ServiceObserver` 接口，同时返回了属于同一个模块的 `DiagnosticDataPoint` 实例。

这在任何使用实现模块的代码上都会导致有趣的结果。

```
ServiceObserver observer = new AlphaServiceObserver("some://service/url");
DiagnosticDataPoint data = observer.gatherDataFromService();
```

包含这两行代码的模块同时也需要依赖 monitor.observer，否则它将无法访问 `ServiceObserver` 类型和 `DiagnosticDataPoint` 类型。如果调用代码没有依赖 monitor.observer，整个 monitor.observer.alpha 模块就会变得毫无意义。

只有当调用代码明确依赖于另外一个模块时才可用，这样的模块实在太愚蠢了。幸好有办法！11.1 节将介绍隐式可读性（implied readability）。

2. 解耦 API 的实现和调用

思考一下 monitor.observer 与它的实现模块 monitor.observer.alpha 和 monitor.observer.beta 之间的关系，就会发现一些别的问题。为什么 monitor 必须知道具体实现？

就目前而言，monitor 需要实例化具体的类，但之后仅与相关的接口进行交互。为了调用一个构造函数而依赖整个模块似乎有些冗余。实际上，在任何时候，要移除一个废弃的 `ServiceObserver` 实现或引入一个新的实现，你都不得不更新 monitor 的模块依赖并且重新编译、打包和部署工件。

为了让 API 的实现和调用方之间实现更松散的耦合，像 monitor 这样的调用方不需要依赖诸如 monitor.observer.alpha 和 monitor.observer.beta 这样的实现，模块系统能够实现这个目标。第 10 章将讨论这个问题。

3. 让导出更明确

还记得那个包含被注释为仅被 Hibernate 使用的数据传输对象的包吗？持久化模块是如何将它导出的？

```
module monitor.persistence {
  requires monitor.statistics;
  requires hibernate.jpa;
  exports monitor.persistence;
  exports monitor.persistence.entity;
}
```

这看起来不太对——只有 Hibernate 需要访问这些实体。但现在，其他依赖 monitor.persistence 的模块，比如 monitor，也可以看到它们。

你又接触到了一个模块系统的高级特性。**合规导出**能让某个模块将一个包导出给一些指定的模块，而非所有模块。11.3 节将介绍这个机制。

4. 使包仅用于反射

即便将包仅导出给指定的模块，有时也过于复杂。

- ❑ 你会基于 API［例如 Java 持久层 API（JPA）］编译模块而不是基于具体实现（例如 Hibernate），因此需要在合规导出中小心翼翼地提及实现模块。
- ❑ 你可以使用基于反射的工具（例如 Hibernate 或 Guice）仅在运行时通过反射访问代码，那么为什么要在编译时让其可被访问呢？
- ❑ 你会依赖于对私有成员的反射（Hibernate 在配置字段注入后会这么做），而这在导出包中无法实现。

12.2 节呈现了一个解决方案——引入**开放式模块**和**开放式包**。这让一些包仅在运行时可用。作为交换，它允许针对私有成员的反射，因为基于反射的工具通常会这么要求。此外还有**合格开放**，它与导出类似，你可以通过它将某个包仅开放给一些指定的模块。

如果曾用过 Hibernate 作为 JPA 提供者，那么你也许曾花了很大心思来阻止对 Hibernate 的直接依赖。这种情况下将某个依赖硬编码到模块声明中绝不会是你想看到的。12.3.5 节将详细讨论这个场景。

2.9.3　允许可选依赖

仅当运行中的应用程序存在某个依赖时，某些代码才会执行，而这种情况并不罕见。比如 monitor.statistics 模块中可能有一些代码使用了一个时髦的静态类库，而也许是因为许可证的问题，当 ServiceMonitor 启动时，这个库并非总是存在。另一个例子是具有某些特性的类库，而这些特性仅在某个第三方依赖存在时才会激发用户的兴趣——比如一个测试框架——当某个断言库存在时这个测试框架才会与它协同工作。

而根据我们早先讨论的，模块声明中必须声明依赖。这强制规定依赖在编译时必须存在，以方便编译成功。但很不幸，`requires` 关键字意味着依赖在启动时也必须存在，否则 JVM 会拒绝运行应用程序。

这很难令人满意。但正如预期的那样，模块系统为其保留了一条出路，即可选依赖。它在编译时必须存在，在运行时却不是必需的。11.2 节将对此进行讨论。在讨论了所有高级特性之后，15.1 节将展示 ServiceMonitor 的另外一个实现，其中使用了大部分高级特性。

关于定义、构建和运行一个模块化应用程序，第 3 章、第 4 章和第 5 章分别对这 3 个步骤进行了讲述。它们都很重要，但是第 3 章尤为重要，因为它讲解了模块系统底层的基本概念和基本原理。

2.10 小结

- ❏ 在将一个应用程序模块化时，可以根据跨越模块边界的类型依赖来推断出模块依赖，这让创建初始的模块依赖关系图变得非常直观。
- ❏ 多模块项目的目录结构与 Java 9 之前的目录结构相似，所以现有的工具和手段均可以继续工作。
- ❏ 模块声明——项目根目录中的 module-info.java 文件是模块系统在代码级别带来的最明显的变化。它为模块命名并声明了依赖和公有 API。除此之外，编写代码的方式基本上没有任何变化。
- ❏ javac、jar 和 java 命令已经更新以支持模块。最明显的相关变化是模块路径（命令行参数--module-path 或-p）。它与类路径具有相同的地位，但为模块服务。

## 第 3 章

定义模块及其属性

本章内容
- 什么是模块以及模块声明如何定义它们
- 辨识不同类型的模块
- 模块可读性和可访问性
- 理解模块路径
- 用模块解析构建模块图

关于模块，本书已经谈论了很多。模块不仅是模块化应用程序的基石，也是理解模块系统的基石。因此，必须更深入地了解模块是什么，以及它们的属性如何塑造程序的行为。

本章探索了定义、构建和运行模块这 3 个基本步骤中的第一个（另外两个步骤参见第 4 章和第 5 章），详细解释了什么是模块，以及模块声明如何定义其名称、依赖和 API（参见 3.1 节）。JDK 中的一些示例会引你初窥模块世界。本章即将在 Java 9 中探索模块，并对各种模块进行分类，为你在模块世界中导航。

本章也会讨论模块系统如何（借助扩展、编译器和运行时）与模块进行交互（参见 3.2 节和 3.3 节）。最后，本章会介绍模块路径，以及模块系统如何解析依赖并基于它们构建模块图（参见 3.4 节）。

如果想进行实践，可以查看 ServiceMonitor 的 master 分支，它包含了大多数本章展示的模块声明。在本章结尾，你将了解如何定义模块的名称、依赖和 API，以及模块系统如何基于该信息开展工作。你将能够理解、分析模块系统抛出的错误信息并将其修复。

提示

本章为后文内容奠定了基础，本书的其余部分都与之相关。为了让这些关联更明晰，本章包含很多前向引用。如果这些前向引用影响了阅读，请忽略它们；但是，当翻阅本章，寻找某些特定内容时，它们会变得非常重要。

3.1   模块：模块化应用程序的基石

在对模块进行了这么多讨论后，是时候进行实践了。在学习如何声明模块属性之前，首先看一下两种文件格式——JMOD 和模块化 JAR。你将在其中接触并进一步了解模块。为了方便本书其余部分的讨论，本章在此对不同类型的模块进行了分类。

3.1.1   随 JDK 发布的 Java 模块（JMOD）

在 Jigsaw 项目中，Java 代码库被拆分成了大约 100 个模块，这些模块以一种称为 JMOD 的新格式交付。它被刻意指明基于 JAR 格式（本质上是个 ZIP 文件）以避免使用全新的格式。它只供 JDK 使用，在此不会进行深入讨论。

我们虽然无法创建 JMOD，但仍然可以剖析它。调用 `java --list-modules`，以查阅 JRE 或 JDK 所包含的模块。这些信息存储在一个优化过的模块列表文件中——运行时安装的 libs 目录中的 modules 文件。JDK（而非 JRE）的 jmods 目录中也包含裸模块。另外，你可以在与 jmods 目录相邻的 bin 目录中找到一个新的工具——jmod，它的 `describe` 操作可以用来输出 JMOD 的属性。

以下代码片段展示了一个剖析 JMOD 文件的例子。此处，jmod 用来描述一个 Linux 系统中的 java.sql 模块。JDK 9 安装在/opt/jdk-9 中。像大多数 Java 模块一样，java.sql 使用了若干个模块系统的高级特性，因此并非所有的细节都会在本章详述。

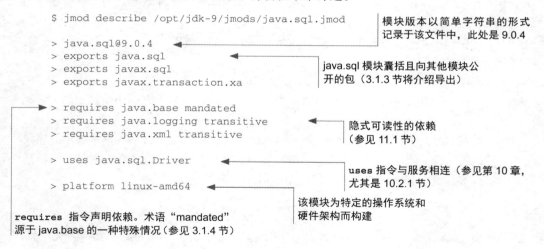

3.1.2   模块化 JAR：内生模块

如果不能创建 JMOD，那么要如何交付自己创建的模块呢？这就是模块化 JAR 的作用所在。

> **定义：模块化 JAR 和模块描述符**
>
> 　　**模块化 JAR** 基本上只是普通的 JAR，只有一处小细节有所不同。它的根目录包含一个模块描述符：module-info.class 文件。（本书将不带模块描述符的 JAR 称为**普通 JAR**，但这并非官方术语。）

　　模块系统创建模块运行时镜像所需的全部信息都包含在模块描述符中。一个模块的所有属性都会在这个文件中呈现；同样，本书讨论的很多特性在这个文件中也有相对应的表述。基于源文件创建这样的描述符（将在下一节讲述）并将其包含进 JAR，开发者可以手动创建模块，某个工具可以自动创建模块。

　　虽然包含模块描述符的普通 JAR 变成了模块化 JAR，但它不必强制按照模块化 JAR 来使用。调用方可以将其放入类路径，把它作为一个普通 JAR 来使用，并忽略所有与模块相关的属性。这对于逐步模块化现有项目是不可或缺的。（8.2 节将介绍**无名模块**。）

3.1.3　模块声明：定义模块的属性

　　由此可见，将任何旧的 JAR 转变成一个模块，唯一需要做的只是为其添加模块描述符 module-info.class。这带来了一个问题——如何创建一个模块描述符。就像它的文件扩展名 .class 所暗示的，它是通过编译源文件获得的。

> **定义：模块声明**
>
> 　　模块描述符由**模块声明**编译而来。按照约定，模块声明是项目源码根目录中的 module-info.java 文件。模块声明是模块和模块系统的核心元素。

> **声明与描述**
>
> 　　你可能担心会将术语**模块声明**和**模块描述符**弄混。若果真如此，这通常也不是什么大问题。前者是源代码，后者是字节码，它们只是同一个概念的不同形式而已，都表示某个定义模块属性的东西。在特定上下文中通常只有一个合适的选项，所以使用哪种形式一般情况下都是清晰的。
>
> 　　如果这个解释还不能令你满意，并且你希望能确保万全，那么我来分享一下自己的理解：在词典中，**声明**在**描述符**之前出现——这很巧妙，因为从时间上讲，你先得到源代码，然后才是字节码。两个顺序是一致的：先得到声明/源代码，然后是描述符/字节码。

　　模块声明决定了一个模块在模块系统中的标识和行为。后面章节介绍的许多特性在模块声明中有相对应的部分，并会在合适的时机呈现。现在看一下 JAR 缺乏的 3 个基本属性：名称、明确的依赖以及内部封装。

要点 这是一个简单的 module-info.java 文件的结构，它定义了这 3 个基本属性。

```
module ${module-name} {
  requires ${module-name};
  exports ${package-name};
}
```

当然，`${module-name}`和`${package-name}`需要被实际的模块名和包名替代。

以 ServiceMonitor 的 monitor.statistics 模块为例。

```
module monitor.statistics {
  requires monitor.observer;
  exports monitor.statistics;
}
```

很容易辨识出前文描述的结构：`module` 关键字后面跟着模块名，主体部分包含了 `requires` 和 `exports` 指令。下一节将讲述如何声明这 3 个属性。

新的关键字

`module`、`requires`、`exports` 以及后续介绍的一些新的关键字，在一些已有代码中可能已经被用作字段、参数、变量以及其他实体的名称——也许你会好奇这会造成什么影响。很幸运，事实上什么都不需要担心。它们都是**限定性关键字**，仅在语法期望它们所在的位置上作为关键字。所以虽然不能将变量命名为 `package` 或者将模块命名为 `byte`，但是可以将变量甚至模块命名为 `module`。

---

1. 为模块命名

JAR 缺少的最基本属性是编译器和 JVM 可用来标识的名称，因而这是模块最显著的特征。你将有机会甚至有责任为每一个创建的模块命名。

 要点 除了 `module` 关键字，一个模块声明在最开始要为模块命名。模块的名称必须是一个**标识符**，这意味着它必须使用与诸如包名相同的命名规则。模块名通常是小写，并且是由"点"分隔的层级结构。

为模块命名是非常自然的事情，因为你平时使用的大多数工具已经要求你为项目命名。但是即使依据项目名称为模块命名是一个可选择的方案，明智的命名选择也是非常重要的！

3.2 节将提到，模块系统强烈地依赖模块的名称。有冲突的或不断变化的名称会造成麻烦，因此以下两个要点对于模块名来说非常重要：

- ❑ 全局唯一
- ❑ 稳定

最好的命名方式是包命名经常使用的反向域名命名法。在加上标识符的限制后，得到的模块名通常是模块中包的名称前缀。该方式无须强制遵守，但这一点很好地揭示了这两者都是经过慎重选择的。

　　保持模块名和包名前缀同步，强调了模块名的改变（这暗示了包名的改变）是破坏性最强的改变之一。从稳定性的角度来说，它应该是一个极其罕见的事件。

　　例如，下面的描述符将模块命名为 monitor.statistics（为了让名称简洁，构成 ServiceMonitor 应用程序的模块不遵循反向域名命名法）。

```
module monitor.statistics {
    // 省略了 requires 指令和 exports 指令
}
```

　　所有其他属性都在模块名后面的花括号中定义。这里没有规定特别的顺序，但是通常依赖被放置在导出之前。

2. 模块要表明依赖

　　JAR 缺失的另一点是声明依赖的能力。因为无法知道它们正常运行所需的其他工件，所以人们只能依赖构建工具或文档来获取这些信息。在模块系统中，需要明确指定依赖（如图 3-1 所示）。

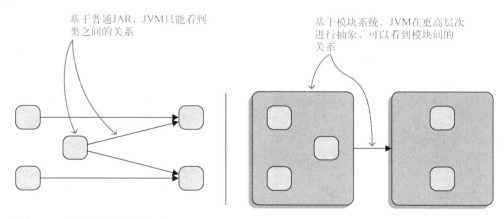

基于普通JAR，JVM只能看到类之间的关系

基于模块系统，JVM在更高层次进行抽象，可以看到模块间的关系

图 3-1　为表明模块间依赖引入了 JVM 可以解释的一层新的抽象。没有模块间依赖（左），JVM 只能看到类间的依赖；但是有了模块间依赖（右），它就能像人们期望的那样，看到工件间的依赖

> **定义：依赖**
>
> 　　**依赖**通过 requires 指令声明，包含了此关键字以及跟在其后的模块名。这个指令陈述，被声明的模块依赖于指定的模块，并在编译和运行时需要它。

　　monitor.statistics 模块在编译时和运行时都依赖于 monitor.observer 模块。这是通过 requires 指令声明的。

```
module monitor.statistics {
  requires monitor.observer;
  // 省略了 exports 指令
}
```

通过 requires 指令声明了一个依赖后，如果模块系统无法找到与之完全同名的模块，则会抛出错误。如果缺少依赖模块，不论编译还是启动应用程序都会失败（参见 3.2 节）。

3. 导出包以定义模块 API
最后是导出指令，它定义了模块的公有 API。你可以指定哪些包所包含的类型可被外部模块使用，哪些包只能供内部使用。

> **定义：导出包**
>
> 　exports 关键字后面跟着该模块中一个包的名称。只有**导出包**可被模块外部使用，所有其他的包都被强封装于模块内部（参见 3.3 节）。

monitor.statistics 模块导出了一个同名的包。

```
module monitor.statistics {
  requires monitor.observer;
  exports monitor.statistics;
}
```

需要注意，虽然我们倾向于认为包是层级结构的，但其实并非如此！java.util 并不包含 java.util.concurrent，因此，导出前者并不会公开任何后者包含的类型。这与导入是一致的，import java.util.*会导入 java.util 中的所有类型，但不会导入 java.util.concurrent 中的任何类型（如图 3-2 所示）。

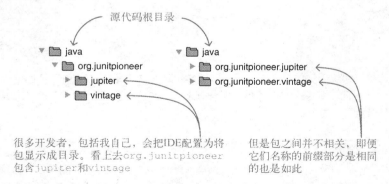

图 3-2　人们倾向于认为包是层级结构的，就像 org.junitpioneer 包含 jupiter 和 vintage（左）。但实际上并不是这样。Java 只承认完整的包名，并认为二者之间没有任何关系（右）。导出包时必须考虑这个事实，比如 exports org.junitpioneer 不会导出任何 jupiter 或 vintage 中的类型

4. 模块声明示例

为了实践，先看一下真实世界中的模块声明。最基本的模块是 java.base，因为它包含了 java.lang.Object，任何 Java 程序离开它都无法工作。它是所有依赖的顶级依赖：别的模块都依赖它，而它什么都不依赖。对 java.base 的依赖如此基础，以至于任何模块都不需要明确声明对它的依赖，模块系统会自动将其填充到依赖模块中（更多细节详见下一节）。虽然它什么都不依赖，但是导出了多达 116 个包，所以此处只能展示一个深度裁剪的版本。

```
module java.base {
  exports java.lang;
  exports java.math;
  exports java.nio;
  exports java.util;
  // 以及更多的 exports 指令
  // 省略了一些高级特性
}
```

一个更简单的模块是 java.logging，它导出了 java.util.logging 包。

```
module java.logging {
  exports java.util.logging;
}
```

java.rmi 是某个模块依赖另一个模块的例子。它会产生日志信息，因此依赖 java.logging。它公开的 API 在 java.rmi 和以其为前缀的其他包中。

```
module java.rmi {
  requires java.logging;
  exports java.rmi;
  // 以及其他 java.rmi.* 包的 exports 指令
  // 省略了一些高级特性
}
```

更多例子请参阅 2.5 节，对应用程序 ServiceMonitor 中的模块进行声明的那些代码尤其如此。

3.1.4 模块的众多类型

思考一下目前工作中你正在开发的应用程序。它很有可能包含一系列 JAR，而这些 JAR 在将来的某一时刻都会是模块。当然，它们并不是应用程序唯一的组成部分。JDK 也被拆分成了模块，而这些模块也将进入你需要考虑的范围。但是请等一下，这还并不是全部！由于其中一些模块所具有的特性，因此它们必须被明确地调用。

> **定义：模块类型**
> 为了避免混乱，下面的术语辨识了不同的模块类型，方便后文更加清晰地讨论模块世界。是时候坐下来掌握它们了。不要担心无法一次性记全。在本页插入书签，方便在遇到任何无法解释的术语时来此查阅。

- **应用程序模块**——非 JDK 模块，Java 开发者为自己的项目创建的模块，可以是类库、框架或者应用程序。这些模块存在于模块路径中。目前，它们特指模块化 JAR（参见 3.1.2 节）。
- **初始模块**——最先开始编译（使用 javac 命令）的应用程序模块或者包含 main 函数（使用 java 命令）的应用程序模块。5.1.1 节将展示如何借助 java 命令在启动应用程序时指定初始模块。编译器也依赖这个概念：如同 4.3.5 节中的解释，它指定了最先开始编译的模块。
- **根模块**——JPMS 从此处开始解析依赖（3.4.1 节将进行详细解释）。除了包含主类或要编译的代码，初始模块同时也是一个根模块。随着对本书的深入阅读，你会遇到一些特殊的状况，需要指定其他模块而非初始模块为根模块（3.4.3 节将进行解释）。
- **平台模块**——组成 JDK 的模块，包含 Java 标准版平台规范所定义的模块（以 java.作为前缀）和与 JDK 相关的模块（以 jdk.作为前缀）。如 3.1.1 节中所讨论的，它们被优化存储于运行时 libs 目录的 modules 文件中。
- **孵化模块**——非标准的平台模块，名称以 jdk.incubator 开头。它们包含试验性 API，有冒险精神的开发者可以在这些模块正式上线前对它们进行测试。
- **系统模块**——除了基于平台模块的子集创建运行时镜像，jlink 也可以包含应用程序模块。包含在这种镜像中的平台模块和应用程序模块被共同称为它的**系统模块**。它们可以通过在镜像的 bin 目录中执行 java --list-modules 列出。
- **可见模块**——当前运行时的所有平台模块以及通过命令行指定的所有应用程序模块。它们可以被 JPMS 用来满足依赖。把它们放在一起，就组成了**可见模块全集**。
- **基础模块**——区分应用程序模块和平台模块只是为了让沟通变得更容易。对于模块系统而言，所有的模块都是等同的，只有一个例外：平台模块 java.base，即所谓的基础模块。它扮演了一个非同寻常的角色。

平台模块和大多数应用程序模块有模块创建者给予的模块描述符。还有没有其他形式的模块？有。

- **清晰模块**——平台模块和大多数应用程序模块有模块创建者给予的模块描述符。
- **自动模块**——没有模块描述符的具名模块（剧透：模块路径中的普通 JAR）。它们是由运行时而非开发者创建的应用程序模块。
- **具名模块**——清晰模块和自动模块的集合。这些模块具有名称，该名称既可以是描述符定义的，也可以是 JPMS 推断出的。
- **无名模块**——没有名称的模块（剧透：类路径中的内容），因此它们不是清晰模块。

自动模块和无名模块都与将应用程序迁移到模块系统的过程相关——这个话题将在第 8 章深入讨论。若要更好地理解这些不同类型的模块之间的关系，请参考图 3-3。

再回顾一下第 2 章探索过的 ServiceMonitor 应用程序，并将其作为这些术语的例子。它包含 7 个模块（monitor、monitor.observer、monitor.rest，等等），外加 Spark 和 Hibernate 这样的外部依赖以及相关的传递依赖。

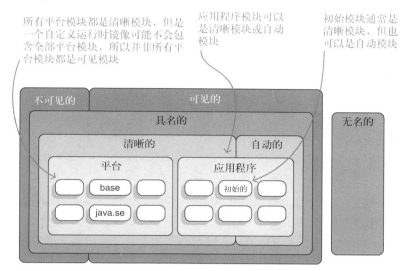

图 3-3 通过一个简单的图表展示主要模块类型：JDK 中的模块称作平台模块，以基础
模块为核心；然后是应用程序模块，其中一个必须是初始模块，包含应用程序
的 main 函数（根模块、系统模块和孵化模块没有展示）

当应用程序启动时，通过命令行指定存放这 7 个模块以及依赖模块的目录。同运行应用程序
的 JRE 或者 JDK 中的平台模块一起，它们构成了可见模块全集。模块系统会从这些模块中寻找
合适的模块来满足依赖。

ServiceMonitor 的各个模块以及它们的依赖模块——Hibernate 和 Spark，都属于应用程序模
块。因为包含 main 函数，所以 monitor 是初始模块，并且不再需要其他根模块。程序唯一直接
依赖的平台模块是基础模块 java.base，但是 Hibernate 和 Spark 引入了其他模块，比如 java.sql 和
java.xml。由于这是一个全新的应用程序，所有的依赖都是模块化的，因此这并不是一个迁移场
景；由于同样的原因，它也没有涉及自动模块和无名模块。

在了解了不同类型的模块以及它们的声明后，是时候探索 Java 如何处理此信息了。

3.2 可读性：连接所有片段

模块是模块化应用程序的基石：交互工件图中的节点。但是如果没有连接节点的边，就不能
构成图！这就是**可读性**的意义——基于它，模块系统将为节点之间创建连接。

> **定义：可读性边**
>
> 当模块 customer 声明了需要 bar，在运行时 customer 会读取 bar，或反过来，bar 将对 customer
> 可读（如图 3-4 所示）。这两个模块之间的连接称作**可读性边**（readability edge），简称为**读取
> 边**（reads edge）。

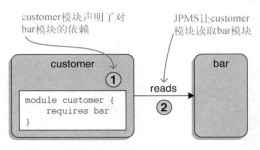

图 3-4　customer 模块的描述符中声明了对 bar 模块的依赖❶。基于此，模块
系统会让 customer 在运行时读取 bar ❷

　　像"customer 需要 bar"和"customer 依赖 bar"这样的短语反映了 customer 和 bar 之间的静态编译时关系，可读性则反映了更加动态的、运行时的对应内容。为什么它更加动态呢？`requires` 指令是可读性边的最初发起者，但这并不意味着它是唯一的发起者，其他发起者还包括命令行选项（参见 3.4.4 节中的 `--add-reads`）以及反射 API（参见 12.3.4 节），二者都可以被用来增加更多的可读性边。最终，`requires` 指令的作用将被弱化。不论可读性边是如何创建的，它们的效果都是一样的——成为可靠配置和可访问性的基础（参见 3.3 节）。

3.2.1　实现可靠配置

　　如 1.5.1 节所述，可靠配置旨在保证 Java 程序编译或启动所用的工件配置正确，而这样的配置可以帮助程序避免运行时错误。为了达到这个目的，它会进行一系列检查（在模块解析过程中，即 3.4.1 节解释的过程）。

　要点　模块系统检查可见模块全集是否包含了所有需要的直接依赖或传递依赖，缺少任何依赖都会报错。而且，其中不能有任何歧义，比如不能出现两个工件声称它们是同一个模块的情况。当某个模块存在不同版本时，这就会变得很有趣：因为模块系统没有版本的概念（参见第 13 章），它会认为它们是重复模块，所以模块系统会报错。模块之间不能有静态依赖环。在运行时，模块之间有可能甚至有必要互相访问（比如使用 Spring 注解的代码，Spring 会反射这些代码），但它们之间绝不能有**编译**依赖（很显然 Spring 不能对其反射的代码进行编译）。包必须有唯一的来源，这样就不会出现两个模块分别包含同一个包中的类型的情况。这种情况称为**包分裂**，模块系统会拒绝编译或启动这样的配置。这对迁移过程而言会非常有趣，因为一些现有的类库或框架会故意对包进行分裂（参见 7.2 节）。

　　这个验证并非万无一失，它有可能让问题隐藏很长时间，使运行中的程序崩溃。例如，如果一个模块的错误版本被放到了正确的位置，那么应用程序会启动（因为所有的依赖模块都存在），但之后在访问某个缺失的类或方法时它会崩溃。

　　因为模块系统的主旨是在编译时和运行时展现一致的行为，所以可以基于同样的工件来编译和启动，以进一步避免可能的错误。（在例子中，用模块的错误版本进行的编译会失败。）

3.2.2　用不可靠配置进行实验

　　现在试着搞一些破坏。模块系统会检测出哪些不可靠配置？为了便于调查，请回到第 2 章提到的 ServiceMonitor 应用程序。

1. 依赖缺失

看一下 monitor.observer.alpha 和它的声明。

```
module monitor.observer.alpha {
  requires monitor.observer;
  exports monitor.observer.alpha;
}
```

在编译时，如果缺失 monitor.observer 依赖，会抛出如下错误。

```
> monitor.observer.alpha/src/main/java/module-info.java:2:
>     error: module not found: monitor.observer
>         requires monitor.observer
>                  ^
> 1 error
```

如果该依赖在编译时存在，但在启动时丢失，则 JVM 会退出并报出以下错误。

```
> Error occurred during initialization of boot layer
> java.lang.module.FindException:
>     Module monitor.observer not found,
>     required by monitor.observer.alpha
```

　　虽然对于所有传递依赖而言在运行时进行强制检查是有意义的，但对编译器而言并非如此。因此，如果缺少间接依赖关系，编译器既不会发出警告，也不会提示错误，来看以下示例。

　　下面是 monitor.persistence 和 monitor.statistics 的模块声明。

```
module monitor.persistence {
  requires monitor.statistics;
  exports monitor.persistence;
}

module monitor.statistics {
  requires monitor.observer;
  exports monitor.statistics;
}
```

　　很明显 monitor.persistence 并不直接依赖 monitor.observer，所以即使 monitor.observer 在模块路径中不存在，monitor.persistence 也能编译成功。

　　缺少传递依赖的应用程序是无法启动的。即使初始模块并没有直接依赖于缺失项，但是只要有模块依赖它，该情况仍然会被报告为依赖缺失。代码库 ServiceMonitor 中的 `break-missing-transitive-dependency` 分支创建了一个配置示例，展示了缺失依赖模块而导致运行错误的情况。

2. 重复模块

因为模块是通过名称相互引用的，所以任何情况下，只要两个模块具有相同的名称，就会引起歧义。判断哪一个模块正确非常依赖于上下文环境，而这通常并不是模块系统可以决定的。因此，为了避免做出错误的决定，模块系统选择不做任何决定，而是产生错误信息。这种快速失败的方式能让开发人员注意到问题并进行修复，而不是放任错误的发生。

下面是一个编译错误。它产生的原因是，模块系统尝试使用模块路径上两个同名的 **monitor.observer.beta** 依赖。

```
> error: duplicate module on application module path
>     module in monitor.observer.beta
> 1 error
```

请注意，编译器无法将错误指向编译中的某个文件，因为这不是错误的原因。相反，模块路径上的工件才是导致错误的原因。

如果 JVM 在启动时检测到错误，它会提供更为准确的信息，其中列出了 JAR 文件名。

```
> Error occurred during initialization of boot layer
> java.lang.module.FindException:
>     Two versions of module monitor.observer.beta found in mods
>     (monitor.observer.beta.jar and monitor.observer.gamma.jar)
```

正如 1.6.6 节讨论的那样（13.1 节将深入探讨），由于模块系统没有版本的概念，因此在这种情况下会出现类似的错误。这是一个很好的推测：绝大多数模块重复错误的原因是模块路径上存在同一模块的多个版本。

 要点 歧义检查仅适用于单个模块路径的情况。（这句话可能会让你抓耳挠腮——3.4.1 节会进行详细解释。这里先提一下，以免遗漏这个重要的事实。）

即使没有被引用，只要模块路径中有重复模块，模块系统也会抛出模块重复错误。导致该现象的其中两个原因是服务和可选依赖，第 10 章和 11.2 节将详细介绍它们。代码库 ServiceMonitor 的 `break-duplicate-modules-even-if-unrequired` 分支展示了重复模块导致的报错信息，即使该模块没有被引用也是如此。

3. 循环依赖

创建循环依赖很容易，但让它们通过编译很难，要直截了当地把它们**呈现**给编译器也并非易事。为了做到这一点，必须先解决"鸡生蛋蛋生鸡"的问题：如果两个项目相互依赖，就不可能在缺少一个项目的情况下编译另外一个。如果你尝试过，就会遇到缺少依赖的问题并收到对应的错误提示。

解决这个问题的一种方法是同时编译两个模块，即同时着手于"鸡和蛋"。4.3 节将对此做详细阐述。可以这么说，如果正在编译的模块之间存在循环依赖，那么模块系统会识别出来，并报告编译错误。下面的示例展示了因 monitor.persistence 和 monitor.statistics 互相依赖而导致的错误。

```
> monitor.statistics/src/main/java/module-info.java:3:
>    error: cyclic dependence involving monitor.persistence
>        requires monitor.persistence;
>                 ^
> 1 error
```

另一种方法是，在构建有效配置之后不立即建立循环依赖，而是随着时间推移逐渐建立。再次回到 monitor.persistence 和 monitor.statistics。

```
module monitor.persistence {
  requires monitor.statistics;
  exports monitor.persistence;
}

module monitor.statistics {
  requires monitor.observer;
  exports monitor.statistics;
}
```

这个配置是正确的，而且能编译成功。接下来，奇妙的事情发生了：编译模块并保留 JAR，然后将 monitor.statistics 中的模块声明更改为依赖 monitor.persistence，这会创建一个循环依赖（此示例中的更改没有多大意义，但在更复杂的应用程序中通常会这样做）。

```
module monitor.statistics {
  requires monitor.observer;
  requires monitor.persistence;
  exports monitor.statistics;
}
```

下一步是在模块路径上将已编译过的模块和更改后的 monitor.statistics 一块重新编译。这其中肯定包含了 monitor.persistence，因为 monitor.statistics 模块现在依赖它。相反，monitor.persistence 模块依然声明了它对 monitor.statistics 的依赖，这就是这个循环依赖的后半部分。很遗憾，一番操作之后，模块系统还是发现了循环依赖问题，并抛出了与之前相同的编译错误。

现在是时候展现真正的技术了：用一个更高明的手段来"欺骗"编译器。在本场景中，要用两个完全不相关的模块——比如选择 monitor.persistence 和 monitor.rest——各自编译成 JAR，之后就是关键部分。

新增第一个依赖，比如使 persistence 依赖 rest，并且更改后的 persistence 基于原有的模块集进行编译。它能编译成功，因为原有模块集中的 rest 并不依赖 persistence。

新增第二个依赖，即使 rest 依赖 persistence，但是让更改后的 rest 也基于原有的模块集编译，其中包含的 persistence 模块是修改前的、尚未依赖 rest 的版本，因此也能编译成功。

是不是把你弄糊涂了？那么看一下图 3-5，它从另外一个视角进行了解读。

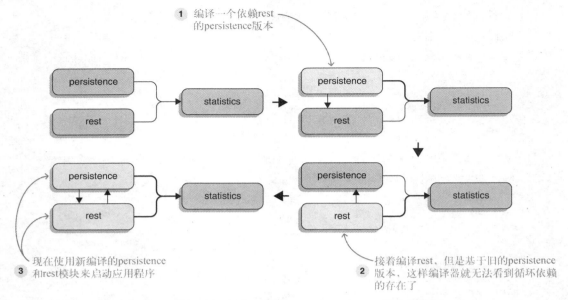

图 3-5   让循环依赖通过编译并不容易，这里通过选择两个互不依赖的模块：persistence 和
rest（均依赖于 statistics），然后分别添加从一个到另外一个的依赖来达到目的，其
中最重要的是基于旧的 persistence 来编译 rest，这样不会有循环依赖的问题，编译
可以通过。在最后一步中，两个旧的模块都可以用新编译的模块替换，而新模块之
间具有循环依赖关系

于是现在，我们有了 monitor.persistence 和 monitor.rest 模块的不同版本，它们之间相互依赖。
如果这一切发生在现实世界中，那么编译过程（可能由构建工具管理）一定会产生严重的混乱（这
并非前所未闻）。幸好，当在这种配置环境下启动 JVM 后，模块系统会帮助你并报告如下错误。

```
> Error occurred during initialization of boot layer
> java.lang.module.FindException:
>     Cycle detected:
>         monitor.persistence
>           -> monitor.rest
>           -> monitor.persistence
```

尽管所有示例展示的都是两个工件之间的循环依赖关系，但是模块系统会进一步检测所有循
环依赖关系。这确实很棒！代码变更总有破坏上游功能的风险，因为上游功能中的代码可能直接
或间接地调用了被改动的代码。

如果依赖关系只在一条直线上延续，那么发生改变时只会影响这条线上的代码。与此相应的
是，如果依赖关系形成了一个循环，那么该循环中的所有代码以及依赖于它的所有代码都会受到
影响。特别是如果循环范围非常大，那么很快所有代码都会受到影响，不必说，这种情况一定要
避免。幸好，不只模块系统能帮助你，构建工具也可以，它也是处理循环依赖的好帮手。

4. 包分裂

当两个模块在同名包中含有相同的类型时，就会发生**包分裂**（split package）。举个例子，还记得 monitor.statistics 模块的 `monitor.statistics` 包中包含 `Statistician` 类吧。现在假设 monitor 模块中有一个它的简单实现 `SimpleStatistician`。为了保持一致性，该实现位于 monitor 的 `monitor.statistics` 包中。

当尝试编译 monitor 模块时，编译器会提示如下错误。

```
> monitor/src/main/java/monitor/statistics/SimpleStatistician.java:1:
>     error: package exists in another module: monitor.statistics
>         package monitor.statistics;
>         ^
> 1 error
```

 要点 有趣的是，只有当编译中的模块可以访问另一个模块中分裂的包时，编译器才会提示错误。这表明分裂的包必须被导出。

现在尝试另外一种方式：假设 `SimpleStatistician` 不再存在，并且这回让 monitor.statistics 创建分裂的包。为了方便复用一些工具方法，在 `monitor` 包中创建 `Utils` 类。由于不希望与其他模块共享该类，因此模块仍然只导出 `monitor.statistics` 包。

于是我们可以顺利地编译 monitor.statistics，这是有道理的，因为它不依赖于 monitor，因此也就不会意识到包分裂。当编译 monitor 的时候事情变得有趣了，它依赖于 monitor.statistics，并且二者的 `monitor` 包中都包含同样的类型。但是，就像前文提到的，因为 monitor.statistics 没有导出相关的包，所以编译通过。

好极了！是时候启动它了。

```
> Error occurred during initialization of boot layer
> java.lang.reflect.LayerInstantiationException:
>     Package monitor in both module monitor.statistics and module monitor
```

情况好像还是不太对。在启动时，模块系统会检查包分裂，而且该检查与这些包是否被导出无关：不允许两个模块包含同一个包中的类型。正如你将在 7.2 节中看到的那样，这会导致将代码迁移到 Java 9 时出现问题。

ServiceMonitor 代码库分别展示了编译时和运行时的包分裂问题，对应的分支是 `break-split-package-compilation` 和 `break-split-package-launch`。

5. 模块的死亡之眼

一个非常极端的融合了包分裂和依赖缺失的场景称为**模块的死亡之眼**（modular diamond of death）（如图 3-6 所示）。假设某个模块在新版本中修改了名称，即一个依赖通过旧名称引用该模块，而另一个依赖通过新名称引用该模块。现在，你需要让相同的代码显示在两个不同的模块名称下，然而 JPMS 是不会让这种情况发生的。

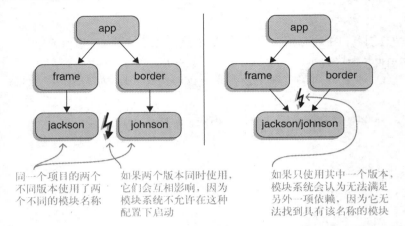

同一个项目的两个
不同版本使用了两
个不同的模块名称

如果两个版本同时使用，
它们会互相影响，因为
模块系统不允许在这种
配置下启动

如果只使用其中一个版本，
模块系统会认为无法满足
另外一项依赖，因为它无
法找到具有该名称的模块

图 3-6　如果一个模块更改了名称（如图，从 jackson 改为 johnson），那么依赖两个版本的项
目（如图，项目 app 分别通过 frame 和 border 产生依赖）最终可能会面临模块的死
亡之眼，因为它们依赖于同一个项目，这个项目却有着两个不同的名称

你会遇到以下两种情况之一。

- 一个模块化 JAR 只能以一个名称作为模块出现。因此无法满足依赖，从而导致错误。
- 两个模块化 JAR 具有不同的名称却包含相同的包，这将导致上文中提到的包分裂错误。

 要点　应该不惜一切代价避免这种情况！如果要发布某个工件到公共仓库，你应
该仔细考虑是否有必要对模块进行重命名。如果有必要，你可能还需要修改包名，
以方便其他人同时使用新旧模块。如果以用户的身份遇到这种情况，那么你可以
创建聚合器模块（参见 11.1.5 节）或编辑模块描述符（参见 9.3.3 节）来解决这一
问题。

3.3　可访问性：定义公有 API

了解了模块和可读边，你就已经了解了模块系统如何构建心中的模块图。为了避免模块图陷
入"大泥球"困境，这里有一个新的需求：隐藏模块内部细节，阻止外部代码访问。这就是**可访
问性**（accessibility）的由来。

> **定义：可访问性**
>
> 　　当以下条件均得到满足时，模块 bar 中的类型 Drink 对于模块 customer 而言是可访问的
> （如图 3-7 所示）。
>
> - Drink 是公有的。
> - Drink 所属的包被导出。
> - customer 读取 bar。

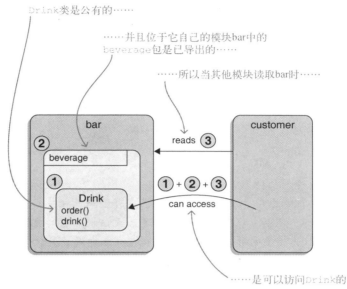

图 3-7　在模块 bar 中，某个已导出的包❷中包含公有的类型 Drink❶，并且模块 customer
　　　读取模块 bar ❸，因此这 3 点满足 customer 中的代码访问 Drink 的所有要求。想
　　　知道如果有条件不满足时会发生什么吗？请查阅 3.3.3 节

对于可访问类型的成员（即它的字段、方法和嵌套类）而言，常见的可见性规则包含：公有
成员是完全可访问的，而受保护的成员仅可由继承类访问。从技术上来说，还有同一个包中能访
问的包私有成员，但是正如上一节所述，由于跨模块包分裂规则的存在，这一可见性是无效的。

注意　可访问性的定义指出要有读取该类型的模块。从这个意义上来说，一个类型永远
不会是"可访问"的，它只是"对于特定模块而言是可访问的"。但是，通常即使没有其
他模块来读取，只要类型是公有的且在一个已导出的包中，人们就说它是**可访问**的。这
是因为对于一个类型来说，任何模块都可以读取包含它的模块，从而自由地访问该类型。

想知道可访问性如何形成模块的公有 API，先要理解这个术语：什么是**公有 API**（public
API）？

定义：公有 API

　　用非技术术语来解释，模块的**公有 API** 不能被变更，否则必然导致引用它的代码发生编
译错误。（一般而言，该术语还规范了运行时的行为，但是由于模块系统不在该维度中运行，
因此本书忽略了它。）从技术上解释，模块的公有 API 由以下几部分组成：

❑ 导出包中所有公有类型的名称；
❑ 公有字段和受保护字段的名称和类型名称；
❑ 所有公有和受保护方法的名称、参数类型名称和返回类型名称（人们称之为**方法签名**）。

如果觉得突然开始讨论名称很奇怪，那么想一想你可以改变类型中的哪些部分，并同时保持外部的依赖代码始终能编译通过。私有和包可见的字段？当然。私有和包可见的方法？没错。公有方法的实现？是的。需要保持不变的是其他代码编译中依赖的所有名称：类型的名称、公有方法的签名，等等。

查看公有 API 的定义，很容易发现模块系统从 Java 9 开始在包（必须是导出的）和类型（必须是公有的）的级别上进行了更改。而类型内部是没有变化的。类型的公有 API 在 Java 8 与 Java 9 及更高版本中均是相同的。

3.3.1　实现强封装

要点　如果某个类型不可访问，就表示无法以任何与其相关的形式与该类型进行交互：你无法实例化它、无法访问它的字段、无法调用它的方法，也无法使用它的嵌套类。"与其相关的形式"这一表述或许有点奇怪。其含义是什么？在一些特殊情况下，是可以与该类型的成员进行交互的：如果这些成员定义在一个可访问的超类，比如该类型实现的接口甚至 Object 类中。这非常像在 Java 9 之前，一个公有接口的非公有实现是可以被使用的，但是只能通过该接口来使用。

以高性能库 superfast 为例，它是一个已知 Java 集合类的定制化实现。关注一个假想的 SuperfastHashMap 类，它实现了 Java 中的 Map 接口并且是不可访问的（不可访问的原因可能是它仅在包级别可见，也可能是其所在的包根本就没导出）。

如果 superfast 模块外的代码获得了一个 SuperfastHashMap 的实例（也许是通过工厂的方式获得），那么它仅限于以 Map 的方式使用：既不能把它分配给一个 SuperfastHashMap 类型的变量，也不能让其调用 superfastGet 方法（即便该方法是公有的）。但是在它所实现的超类（即 Map，乃至 Object）上定义的一切功能都是可以使用的（如图 3-8 所示）。

可访问性规则让人们可以在很好地封装模块内部的同时，公开精心选择的功能，确保外部代码不依赖于内部实现的细节。有趣的是，在跨模块场景下，即使是反射也无法绕过这个规则！（本章剩下的部分将讨论"反射"这一特性——如果需要了解更多的基础知识，请参考附录 B。）

也许你想知道诸如 Spring、Guice、Hibernate 等基于反射的库在未来如何工作，或者在必要时代码如何打破模块系统的可访问性规则。下面介绍几种可以提供或者获取访问权限的方式：

❑ 常规的导出方式（参见 3.1 节）；

❑ 合规导出（参见 11.3 节）；

❑ 开放式模块和开放式包（参见 12.2 节）；

❑ 命令行选项（参见 7.1 节中的总结）。

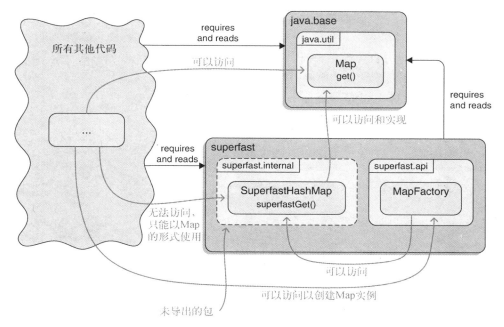

图 3-8　对外不可访问的类型 `SuperfastHashMap` 实现了可访问的接口 `Map`。模块 superfast 外的
代码如果持有一个 `SuperfastHashMap` 的实例，则只能以 `Map` 或者 `Object` 的实例使用，
任何 `SuperfastHashMap` 中的特性均无法使用，比如调用 `superfastGet` 方法。但是
模块 superfast 内的代码不受可访问性的限制，可以正常地使用 `SuperfastHashMap` 这一
类型，比如创建它的实例并且返回等

第 12 章将深入探索分析反射机制。

但是，先回到满足可访问性的 3 个条件（公有类型、已导出的包和访问模块），或许能形成
一些有趣的结论。

　要点　一方面，`public` 访问修饰符并不代表着类型一定是**公有的**。只查看类型的
声明，已经不可能知道它在模块外部是否可见了，因为还需要查看 `module-info.`
`java`，或者依靠 IDE 将已经导出的包或类型高亮显示。同时，如果没有使用
`requires` 关键字，那么一个模块中的**所有**类型都无法被外部访问。从现在开始，
封装是新的默认属性！

这 3 个条件也意味着你不会再意外地依赖于传递依赖，下面来看看原因。

3.3.2　封装传递依赖

如果没有模块系统，则可以引入 JAR 中的类型但不声明依赖。一旦以这种方式使用类型，
构建的配置就不再反应真实的依赖关系集合，这可能导致不明确的架构决策乃至运行时错误。

举个例子，假设一个项目使用了 Spring，并且 Spring 依赖于 OkHttp。在写代码的时候使用 OkHttp 中的类型是非常简单的一件事，只要按照 IDE 给出的建议添加导入语句即可。同时，这些代码很容易通过编译并且运行起来，因为构建工具会处理好 Spring 以及它的全部依赖（其中就包括 OkHttp），保证它们在需要的时候出现。这种便利使得人们没必要声明项目对 OkHttp 的依赖，也就使得人们经常忘记了这样的依赖关系（如图 3-9 所示）。

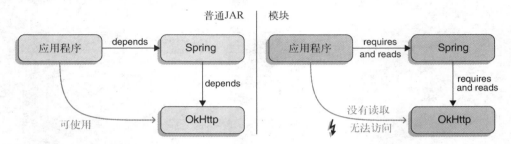

图 3-9　如果没有模块，代码很容易在不经意间依赖到传递依赖上，就像图中的例子一
　　　　样：应用程序依赖 OkHttp，而这个依赖是由 Spring 引入的。另一方面，有了
　　　　模块，必须使用 requires 关键字来声明依赖关系才能访问它们。图中的应用
　　　　程序没有声明对 OkHttp 的依赖，因此无法访问它

这造成的结果是，项目的依赖分析可能会生成有误导性的结果，而这些结果可能会导致有问题的决策。同时，OkHttp 的版本也并不固定，而是完全取决于 Spring 使用的版本。如果更新了版本，那么项目中依赖于 OkHttp 的代码将悄无声息地在另一个版本上运行，有导致程序运行时行为异常或是崩溃的风险。

由于模块系统的设计只允许访问具有可访问性的模块，因此这一风险不再存在。只有在项目中使用 requires 关键字声明了对 OkHttp 模块的依赖，模块系统才允许访问 OkHttp 中的各个类。这种方式会强制人们让配置始终保持最新。

请注意，模块能够通过称为隐式可读性（implied readability）的特性将自己的依赖项传递给依赖于它们的模块。更多详情参见 11.1 节。

3.3.3　封装的小冲突

正如前文在可读性方面所做的那样，让我们搞一些破坏！但在这样做之前，先要展示一个遵循所有规则的正常工作场景。继续拿第 2 章中介绍的 ServiceMonitor 应用程序举例。

为了更好地举例，假设模块 monitor.observer 的 monitor.observer 包中有一个名为 DisconnectedServiceObserver 的类。这个类的作用无关紧要，重要的是它实现了 ServiceObserver，并且有一个无参数的构造器，同时模块 monitor 会使用它。

模块 monitor.observer 导出了 monitor.observer 包，并且 DisconnectedServiceObserver 是公有的。这满足了可访问性的前两项要求，所以其他模块只要读取 monitor.observer 模块就可以访问它。模块 monitor 是满足这些条件的，因为它的模块声明声明了对模块 monitor.observer 的

依赖。综合起来看（如图 3-10 和代码清单 3-1 所示），所有的要求都得到了满足，因此模块 monitor
中的代码不仅可以访问 DisconnectedServiceObserver，而且能够顺利编译和运行。下文将
理清细节，并观察模块系统在其中的作用。

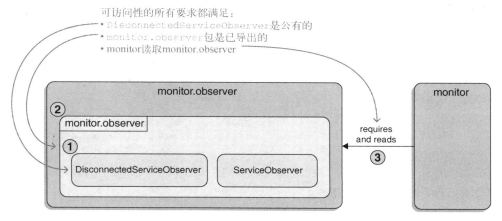

图 3-10　DisconnectedServiceObserver 是公有的 ①，所在的 monitor.observer
包是已导出的 ②。模块 monitor 读取模块 monitor.observer ③，所以模块 monitor
中的代码可以使用 DisconnectedServiceObserver

代码清单 3-1　类 DisconnectedServiceObserver，monitor 可访问

```
// --- TYPE DisconnectedServiceObserver ---
package monitor.observer;

public class DisconnectedServiceObserver //        公有的 monitor.observer.Disconnected-
  implements ServiceObserver {                     ServiceObserver 类
  // class body truncated
}

// --- MODULE DECLARATION monitor.observer ---
module monitor.observer {
  exports monitor.observer; //                     monitor.observer 模块已导出
}                                                  monitor.observer 包

// --- MODULE DECLARATION monitor ---
module monitor {                                   monitor 模块引用并且最终读
  requires monitor.observer; //                    取 monitor.observer 模块
  // other requires directives truncated
}
```

1. 非公有类型

如果 DisconnectedServiceObserver 仅是包内可见的，则会导致模块 monitor 编译失败。
更准确地说，第一个错误是导入异常。

```
> monitor/src/main/java/monitor/Monitor.java:4: error:
>     DisconnectedServiceObserver is not public in monitor.observer;
>     cannot be accessed from outside package
> import monitor.observer.DisconnectedServiceObserver;
>                         ^
```

在另一个包中访问仅在包内可见的类型在 Java 9 之前也是不可以的，所以上述错误也不是什么新鲜事——即使没有模块系统也会得到相同的结果。

类似地，如果在 DisconnectedServiceObserver 设置为仅包内可见后，只是重新编译 **monitor.observer** 模块，绕过编译器检查，然后启动整个应用程序，那么产生的错误（如下所示）和没有模块系统时相同。

```
> Exception in thread "main" java.lang.IllegalAccessError:
>     failed to access class monitor.observer.DisconnectedServiceObserver
>     from class monitor.Monitor
```

在 Java 9 之前，可以使用反射 API 在运行时访问该（原本不可访问的）类型，这是新的强封装性所要阻止的事情。考虑下面的代码。

```
Constructor<?> constructor = Class
    .forName("monitor.observer.DisconnectedServiceObserver")
    .getDeclaredConstructor();
constructor.setAccessible(true);
ServiceObserver observer = (ServiceObserver) constructor.newInstance();
```

在 Java 8 及之前的版本中，不论 DisconnectedServiceObserver 是公有的还是包内可见的，上述代码均可工作。在 Java 9 及之后的版本中，如果 DisconnectedServiceObserver 是包内可见的，模块系统则会阻止其访问，并且在调用 setAccessible 方法时会产生如下异常。

```
> Exception in thread "main" java.lang.reflect.InaccessibleObjectException:
>     Unable to make monitor.observer.DisconnectedServiceObserver()
>     accessible: module monitor.observer does not "opens monitor.observer"
>     to module monitor
```

代码库 ServiceMonitor 中的 break-reflection-over-internals 分支展示了这一行为。问题的关键在 monitor.observer 中——12.2 节将深入探索解决方案。

2. 未导出的包

列表上的下一个需求是必须导出包含访问类型的包。为了达到这个目标，再次将 Disconnected-ServiceObserver 公开，但这回将其移动到另一个没有被导出的包 monitor.observer.dis 中。monitor 中的导入随之更新。

```
> monitor/src/main/java/monitor/Monitor.java:4: error:
>     package monitor.observer.dis does not exist
> import monitor.observer.dis.DisconnectedServiceObserver;
>                            ^
> (package monitor.observer.dis is declared in module
>  monitor.observer, which does not export it)
```

这里的错误提示非常简单明了。

如要查看在这种情况下运行时的反应，需要绕过编译器的检查。为此，编辑 monitor. observer 以导出 monitor.observer.dis，编译所有模块后再次编译 monitor.observer，但不导出该包。尽管可以像之前那样启动应用程序，但是这回会遇到运行时错误。

```
> Exception in thread "main" java.lang.IllegalAccessError:
>     class monitor.Monitor (in module monitor) cannot access class
>     monitor.observer.dis.DisconnectedServiceObserver (in module
>     monitor.observer) because module monitor.observer does not export
>     monitor.observer.dis to module monitor
```

与编译时一样，运行时的错误提示也很简单明了，并解释了问题所在。当试图用反射 API 将构造函数更改为可访问时，结果也是如此。为此可以创建 DisconnectedServiceObserver 的实例。

```
> Exception in thread "main" java.lang.reflect.InaccessibleObjectException:
>     Unable to make public
>     monitor.observer.dis.DisconnectedServiceObserver() accessible:
>     module monitor.observer does not "exports monitor.observer.dis"
>     to module monitor
```

仔细观察，就会发现运行时和反射 API 都在讨论将包导出到模块，这称为**合规导出**（11.3 节将进行解释）。

3. 不可读的模块

列表中的最后一个要求是，导出模块必须可由访问该类型的模块读取。从 monitor 的模块声明中删除 requires monitor.observer 指令会导致编译错误，这符合预期。

```
> monitor/src/main/java/monitor/Monitor.java:3: error:
>     package monitor.observer is not visible
> import monitor.observer.DiagnosticDataPoint;
>                        ^
> (package monitor.observer is declared in module
>  monitor.observer, but module monitor does not read it)
```

如要想查看运行时缺少 requires 指令的反应，首先应在正确的配置下编译整个应用程序，即 monitor 会读取 monitor.observer 模块；然后从 monitor 的 module-info.java 文件中删除 requires 指令，再重新编译该文件。这样，编译的模块代码声明需要 monitor.observer，但运行时将看到一个没有声明此类内容的模块描述。正如预期的那样，运行时错误结果如下。

```
> Exception in thread "main" java.lang.IllegalAccessError:
>     class monitor.Monitor (in module monitor) cannot access class
>     monitor.observer.DisconnectedServiceObserver (in module
>     monitor.observer) because module monitor does not read module
>     monitor.observer
```

同样，错误信息简单明了。

最后，尝试一下反射。你可以使用相同的编译技巧创建不读取 monitor.observer 的 monitor 模块，并重用之前在 `DisconnectedServiceObserver` 非公有的情况下，仍要通过反射创建实例时的代码。

当然，运行这些模块也必然失败，但其失败方式不符合预期。

```
> Exception in thread "main" java.lang.IllegalAccessError:
>     class monitor.Monitor (in module monitor) cannot access class
>     monitor.observer.ServiceObserver (in module monitor.observer)
>     because module monitor does not read module monitor.observer
```

为什么错误消息指向 `ServiceObserver`？因为该类型也在 **monitor.observer** 中，但 monitor 不再读取它。将反射代码更改为仅使用 `Object`。

```
Constructor<?> constructor = Class
  .forName("monitor.observer.DisconnectedServiceObserver")
  .getDeclaredConstructor();
constructor.setAccessible(true);
Object observer = constructor.newInstance();
```

运行上述代码——工作正常！但缺少的读取边呢？答案很简单，但有点令人惊讶：反射 API 会自动引入它们，12.3.1 节将深入分析其背后的原因。

3.4　模块路径：让 Java 了解模块

现在你已经知道如何定义模块及其基本属性，但还不太清楚如何将它们告知编译器和运行时。第 4 章将深入介绍如何将源码构建成模块化的 JAR，你很快就会遇到正在编译的代码依赖已有模块的情况。第 5 章的情况也类似，运行时需要理解应用程序模块，以便你启动其中某个模块。

在 Java 9 之前，人们使用包含普通 JAR 的类路径（可以参考附录 A，快速回顾类路径的基础知识）来告知编译器和运行时到何处寻找工件。在编译和执行时，可以搜索该路径中的这些工件，找到所需的类型。

然而，模块系统不对类型进行操作，而是管理类型的上一级：模块。这种方式表达了一个全新的概念：模块路径。它与类路径相似，但是管理模块，而非普通类型或普通 JAR。

> **定义：模块路径**
>
> **模块路径** 是一个列表，其元素是工件或包含工件的目录。根据操作系统的不同，模块路径由“:”（Unix 系统）或“;”（Windows 系统）分隔。模块系统使用模块路径来查找除平台模块之外的所需模块。`javac`、`java` 以及其他与模块相关的命令都可以处理模块路径，对应的命令行选项是 `--module-path` 和 `-p`。

代码清单 3-2 显示了如何编译、打包和启动 ServiceMonitor 应用程序的 monitor 模块。它的 `--module-path` 命令行选项指向 mods 目录，其中假定 mods 目录包含所有依赖的模块化 JAR。有关编译、打包和启动的详细信息，参见 4.2 节、4.5 节和 5.1 节。

代码清单 3-2　编译、打包和启动模块

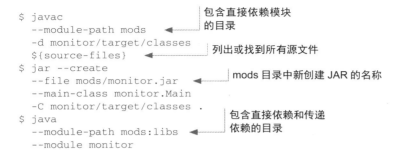

```
$ javac
    --module-path mods        ◄─────┐ 包含直接依赖模块
    -d monitor/target/classes        │ 的目录
    ${source-files}           ◄──────── 列出或找到所有源文件
$ jar --create
    --file mods/monitor.jar   ◄──────── mods 目录中新创建 JAR 的名称
    --main-class monitor.Main
    -C monitor/target/classes .
$ java
    --module-path mods:libs   ◄─────┐ 包含直接依赖和传递
    --module monitor                 │ 依赖的目录
```

 要点　请务必认清只有模块路径将工件作为模块进行处理。知道了这一点，就可以更准确地理解什么是可见模块全集了。在 3.1.4 节中，其定义如下：当前运行时的所有平台模块以及通过命令行指定的所有应用程序模块都叫作**可见模块**，它们共同构成**可见模块全集**。

尽管短语"通过命令行指定的模块"有点模糊，但是现在你只需知道它是可以在模块路径上找到的工件即可。

请注意此处说的是**工件**而不是**模块**！当放置在模块路径上时，不仅模块化 JAR 是模块，普通 JAR 也会被视为模块，成为可见模块全集的一部分。这种令人惊讶的行为是模块迁移的一部分，在这里详细讨论它将打断对模块路径的探索，因此对该部分的介绍将推迟到 8.3 节。现在需要指出的是，与模块路径把每个工件视为模块类似，无论工件是否包含模块描述符，类路径都把它们全部当作普通 JAR 来处理。

注解处理器

　　如果正在使用注解处理器，那么你很可能将它与应用程序的工件一同放在了类路径上。Java 9 建议将它们加以区分：应用程序 JAR 使用 `--class-path` 或 `--module-path`；处理器 JAR 使用 `--processor-path` 或 `--processor-module-path`。对未模块化的 JAR，应用程序和处理器在路径上的区分是可选的：所有一切都可以放在类路径上，除了它绑定的模块；模块路径上的处理器不能使用。

由于很多工具（尤其是编译器和虚拟机）会使用模块路径，因此有必要对此概念进行全局了解。除非另有说明，上述机制对所有环境都有效。

3.4.1　模块解析：分析和验证应用程序的结构

在指定模块路径上调用 `javac` 或 `java` 命令后，会发生什么？首先，模块系统开始检查启动配置（即各个模块及其声明的依赖）是否可靠。

要开始该过程，必须有根模块，因此模块系统此时的第一要务是定义根模块集合。定义根模块有多种方法，本书将在适当的时候展开讨论，但最重要的是指定初始模块。对于编译器而言，初始模块要么是正在编译的模块（如果在源文件中），要么是使用--module 指定的模块（如果使用模块源代码路径）。在启动虚拟机的情况下仅有--module 选项可用。

随后，模块系统开始**解析**依赖关系。它会检查根模块的声明，查看所依赖的其他模块，并尝试用可见模块满足每个依赖。然后继续对这些模块执行相同的操作，以此类推，直到满足初始模块的所有传递依赖，或将配置标识为不可靠。

解析服务和可选依赖

到目前为止模块解析的如下两个方面尚未讨论：

❑ 服务（参见第 10 章，特别是 10.2.2 节）；

❑ 可选依赖（参见 11.2 节，特别是 11.2.3 节）。

由于缺少必备知识，目前本书不会对它们展开讨论。提及它们是为了预告后文将出现的知识点。它们只是一些补充性的知识片段，不会有悖于当前描述的任何内容。

要点   关于不可靠配置，3.2.2 节已经探讨了在此阶段中可能出错的情况以及模块系统的反应。还有一个值得注意的细节需要补充：如果模块路径包含多个条目（目录或单个 JAR），那么歧义检查不会应用在这些条目上！每个条目只有一次可以包含某个模块；但是如果几个不同的条目包含同一个模块，就会选择第一个条目（以模块路径上的命名顺序为准）——它覆盖了其他模块。

下面展示一个在多个目录下存在同名模块的简单例子。选择一个准备启动且其所有模块都位于目录（例如 mods）中的项目，然后创建整个目录的副本（例如 mods-copy），并将两者放在模块路径上。

```
$ java
  --module-path mods:mods-copy:libs
  --module monitor
```

所有模块在每个目录中都出现了一次，但应用程序还能正常启动。

构建工具通常会创建模块路径并分别列出每个依赖，这意味着只要处在构建工具的控制下，例如在编译和测试时，歧义检查就不会应用于所有依赖。

这很遗憾，因为它使可靠配置的部分承诺变得毫无意义。然而，它也有好的一面，你可以故意把喜欢的版本放在第一位，覆盖同名模块。请记住与类路径时代不同，不同的 JAR 永远不会"混合"。如果模块系统选择一个模块作为包的来源，那么它将从该 JAR 中查找该包的所有类，而不会查看任何其他 JAR（与 3.2.2 节和 7.2 节中讨论的包分裂相关）。

接下来，假设所有模块都已解析。如果未发现错误，模块系统就会保证每个必需模块都存在，或者更确切地说，保证每个必需且具有正确名称的模块都存在。

此阶段没有额外的检查，因此如果某个模块依赖于 com.google.common 模块（谷歌 Guava 库的模块名称），模块系统在发现一个带有该名称的空模块时则不会报错。但是由此导致的模块缺失问题会在编译时或运行时引发报错。虽然一般不太可能出现空模块，但缺少几种类型、模块版本与预期不符的情况并不少见。尽管如此，可靠配置将大大降低执行期间突然出现 `NoClassDefFoundError` 的频率。

3.4.2 模块图：展示应用程序结构

本书 1.1.1 节介绍了如何用图将软件可视化。后续段落解释了开发人员如何看待代码以及某个工具如何处理代码，并重点介绍了工件的依赖关系图。第 1 章的其余部分阐述了 Java 将工件视为类型的容器，并因此陷入"大泥球"问题中，以及这种不匹配如何成为生态系统困扰的根源。

模块系统有望使 Java 的感知与人的感知保持一致，从而解决许多问题。以上所有内容都基于一个事实：模块系统可以看到工件图。这就引出了模块图。

> **定义：模块图**
>
> 在模块图中，模块（作为节点）根据依赖关系（带指向的边）进行连接。边是可读性的基础（3.2 节对此进行了说明）。该图在模块解析期间构建，并可在运行时通过反射 API 获得（12.4.2 节对此进行了说明）。

图 3-11 展示了如何为简化的 ServiceMonitor 应用程序创建模块图。不过，这不必完全由 JPMS 处理：通过使用正确的命令行选项，你可以向图中添加更多模块和可读边。接下来将探讨这一点。

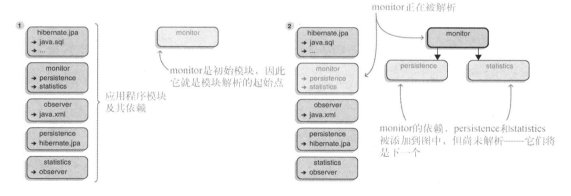

图 3-11　模块系统为简化的 ServiceMonitor 应用程序构建模块图。每一步解析一个模块，这意味着该模块在可见模块全集中被定位，并且它的依赖关系被添加到模块图中。模块系统一步一步地解析所有传递依赖关系，在某个时间点，应用程序模块解析完毕，它继续解析平台模块

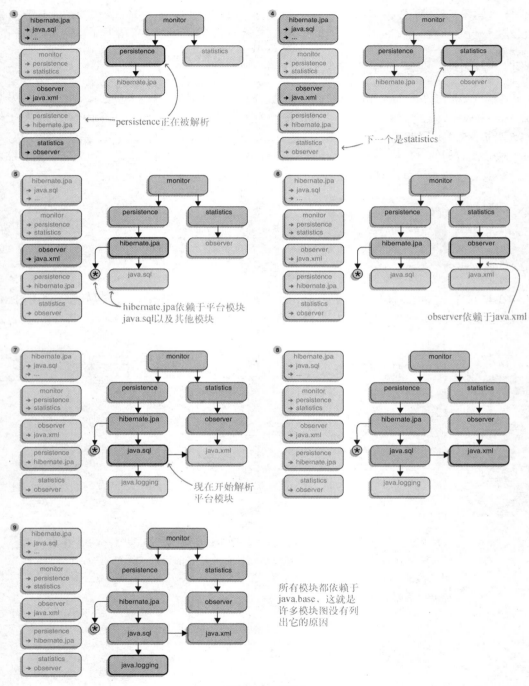

图 3-11   （续）

3.4.3 向图中添加模块

请务必注意，解析过程中未被放入模块图的模块在编译或执行期间将不可用。当所有应用程序代码都在模块中时，这通常无关紧要。遵循可读性和可访问性的规则，即使模块可用但由于没有被其他模块引用，其类型也无法访问。但是在某些情况下，使用高级功能可能会导致编译时或运行时错误；有时，应用程序甚至不能以人们期望的方式工作。

导致模块不在模块图中的情形有很多，反射就是其中之一。反射可以用来调用没有明确依赖关系的工件代码。但是如果没有依赖关系，受依赖的模块就可能无法进入模块图。

假设存在替代 statistics 的 monitor.statistics.fancy 模块，且此模块不在每一个部署的模块路径上（原因无关紧要，可能是为了防止 fancy 的代码被"恶意"使用——人们偶尔就是想这样做）。该模块时而存在时而不存在，导致其他模块无法引用它，因为如果引用却无法找到模块，应用程序将无法启动。

应用程序该如何处理这种情况？依赖于 fancy 库的代码可以使用反射来检查类库是否存在，并且仅在它存在时才进行调用。但根据刚刚介绍的内容，**这种情况永远不会发生**！由于没有模块依赖，因此 fancy 不会在模块图中，这意味着它永远不能被调用。针对这些问题，模块系统提供了解决方案。

> **定义：--add-modules**
>
> java 和 javac 中可用的 --add-modules ${modules} 选项采用逗号分隔模块名称列表，并将其作为初始模块以外的根模块（如 3.4.1 节所述，通过解析根模块构成的初始模块集及其依赖关系构建模块图）。它使用户能够将模块（及其依赖关系）添加到模块图中，而不至于由于初始模块不对其直接或间接依赖而不被添加到模块图中。
>
> --add-modules 选项有 3 个取值：ALL-DEFAULT、ALL-SYSTEM 和 ALL-MODULE-PATH。前两个仅在运行时工作，属于本书讨论范围外的边缘案例。最后一个很有用：借助它，模块路径上的所有模块都可以成为根模块，因此所有模块都进入了模块图。

如果 ServiceMonitor 应用程序有可选依赖模块 monitor.statistics.fancy，在依赖此模块进行部署时，你必须确保它在模块图中。这种情况下，用 --add-modules monitor.statistics.fancy 使其成为根模块，这样模块系统便将它和它的依赖添加到了模块图中。

```
$ java
  --module-path mods:libs
  --add-modules monitor.statistics.fancy
  --module monitor
```

在图 3-12 中可以看到生成的模块图。

--add-modules 特别重要的一个用例是 JEE 模块，如 6.1 节所述，从类路径运行应用程序时默认不会解析这些模块。既然可以将模块添加到模块图中，人们自然联想到能否删除它们。答案是肯定的，即使用 --limit-modules 选项，5.3.4 节展示了其工作原理。

遗憾的是，模块系统不可能知道你其实并不在意一些依赖不能被找到。这使你可以排除不需要的（间接）依赖。根据典型的 Maven POM 中的排除次数，这是常见现象，但模块系统不允许这么做。

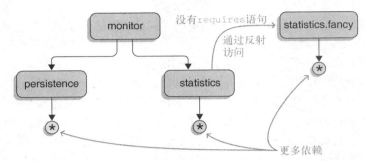

图 3-12   图 3-10 中展示了简化的 ServiceMonitor 应用程序的模块图以及通过 --add- modules
定义的附加根模块 monitor.statistics.fancy。由于 monitor 及其依赖模块都不依赖于 fancy
模块，因此如果不使用此选项，它就不会被添加到模块图中

3.4.4   向图中添加边

在显式添加模块时，该模块在模块图中单独显示，并没有任何的读取边。如果纯粹通过反射访问，这没什么问题，因为反射 API 隐式地添加了读取边。但是如果为了引用类型而进行常规访问，那么可访问性规则需要可读性。

> **定义：`--add-reads`**
> 编译时和运行时选项 `--add-reads ${module}=${targets}` 会添加从 `${module}` 到（由逗号分隔的）列表 `${targets}` 中所有模块的可读边。即使没有 `requires` 指令提及它们，它也可以让 `${module}` 访问这些模块导出的所有公有类型。如果 `${targets}` 包含所有 `ALL-UNNAMED`，那么 `${module}` 可以读取类路径内容（参见 8.2 节了解详细信息）。

回到 monitor.statistics.fancy 的例子，借助 add-reads，它可以被 monitor.statistics 读取。

```
$ java
  --module-path mods:libs
  --add-modules monitor.statistics.fancy
  --add-reads monitor.statistics=monitor.statistics.fancy
  --module monitor
```

这种方式生成的模块图与图 3-12 相同，只是虚线被替换为适当的可读边。8.3.2 节末尾介绍的例子采用 `--add-reads ... =ALL-UNNAMED` 的方式实现了令人满意的效果。

3.4.5   访问性是一项持续的工程

一旦模块系统解决了所有依赖关系，构建了模块图，建立了模块之间的可读性，就会检查

3.3 节定义的可访问性规则，从而保持活动状态。如果这些规则遭到破坏，就会出现如 3.3.3 节所述的编译时或运行时错误。如果模块系统出了问题，但你无法从错误消息中分辨问题在哪儿，请参阅 5.3 节，了解如何在这种情况下进行调试。

如果你有兴趣了解有关构建和运行模块化应用程序（例如自己的新项目）的更多信息，可以参考第 4 章和第 5 章，这两章节深入探讨了这一点。你也可以在第 6 章和第 7 章中查看模块系统对现有项目的影响。如果准备深入研究模块系统的高级功能，请参考第 10 章和第 11 章。

 要点 你到达了一个里程碑！现在你已经了解了如何定义模块、模块定义的机制以及相应的结果。总而言之，你已经知道 Java 如何使用模块了。

3.5 小结

❏ 模块的两种形式。
  - Java 运行时自带的**平台模块**。它们被合并到运行时 libs 目录的 modules 文件中。JDK 将它们作为 JMOD 文件保存在 jmods 目录中。模块系统只明确地知道**基础模块 java.base**。
  - 库、框架和应用程序开发人员创建了**模块化 JAR**，这些 JAR 是包含**模块描述符** `module-info.class` 的普通 JAR。它们被称为**应用程序模块**，其中包含 `main` 函数的模块是**初始模块**。
❏ 模块描述符是编译**模块声明文件** `module-info.java` 得到的。开发人员或某个工具可以编辑这个文件。它位于模块系统的核心，定义了模块的属性。
  - 名称，采用反向域名的命名方案，并具有全局唯一性。
  - 依赖，其中 `requires` 指令按名称引用其他模块。
  - API，通过导出 `exports` 指令指定的包。
❏ 依赖声明和模块系统创建的**可读性边**是**可靠配置**的基础，它确保所有模块只存在一次，并且不存在循环依赖。它使你能更早地捕获应用程序异常或解决崩溃问题。
❏ 可读性边和导出包是**强封装**的基础。这里模块系统确保只有导出包中的公有类型才能被访问，且只能被可读的模块访问。它可以防止意外地依赖于传递依赖，并确保外部代码不能轻易调用模块内部的类型。
❏ 访问限制也适用于反射！要让它能够与基于反射的框架（比如 Spring、Guice 或 Hibernate）交互，需要做一些额外的工作。

模块路径（`--module-path` 或 `-p` 选项）由文件或目录组成，可以让模块系统使用标示为模块的 JAR。不使用类路径是为了让编译器或 JVM 了解项目的工件。

模块路径上指定的应用程序模块和运行时涵盖的平台模块构成了**可见模块全集**。由于模块解析期间搜索从根模块开始，因此所有必需的模块都必须位于模块路径上或运行时中。

模块解析会验证配置是否可靠（如 3.2 节所述，是否所有依赖都存在、是否没有歧义，等等）并生成模块图。基于模块图，模块系统可以与你看待工件依赖关系的视角保持一致。在运行时，只有模块图中的模块才可用。

## 第 4 章

从源码到 JAR 构建模块

本章内容
- ❏ 项目目录结构
- ❏ 编译单个模块
- ❏ 编译多个模块
- ❏ 打包模块化 JAR

第 3 章中描述的定义模块是一种值得掌握的技能，但是如果不能将这些源文件转换为可分发和可执行的模块化工件（JAR），那掌握它又有什么意义呢？本章将介绍如何构建模块：从组织源代码到将它们编译成类文件，最终到将它们打包成可分发和可执行的模块化 JAR。第 5 章将重点介绍模块化应用程序的运行和调试。

有时人们会使用命令行命令 `javac` 和 `jar`。对此你可能会有疑问——IDE 和其他工具不是会调用这些命令吗？可能是的，但除了探索工具原理这一论点，了解这些命令还有一个更重要的理由：它们是学习模块系统核心最直接的途径。本章将使用这些命令探索其功能。学完本章后你可以使用任何工具来完成这些功能。

本章将介绍如何在磁盘上组织项目的文件（参见 4.1 节）。这似乎不太重要，但有一个新的建议值得研究。使用第 3 章描述的文件布局和模块声明，人们将能够编译模块，且既可以一次编译一个模块（参见 4.2 节），也可以同时编译多个模块（参见 4.3 节）。最后一节讨论如何将类文件打包进模块化 JAR。请参考 ServiceMonitor 的 `master` 分支，查看一些真实的构建脚本。

本章结束时，你将能够组织、编译和打包源码以及模块声明。由此生成的模块化 JAR 可以部署或发布给任何使用 Java 9 或更高版本的人，使他们充分享受模块化带来的便利。

4.1 组织项目的目录结构

现实中的项目由大量不同类型的文件组成。显然，源文件是最重要的，但是它只是其中的一种。这些文件还有测试源、资源、构建脚本或项目描述、文档、源代码管理信息和其他类型。任何项目必须选择一个目录结构来组织这些文件，请务必确保目录结构与模块系统的特征互不冲突。

如果一直关注 Jigsaw 项目开发的模块系统并研究了快速入门指南或早期教程，你可能已经注意到了模块系统所使用的特定目录结构。请看一下官方建议，评估其是否应该成为一个新的约定，并将其与 Maven 和 Gradle 等工具的默认行为对比，然后评估官方建议是否能够与它们并列。

4.1.1 新提议——新约定

在介绍模块系统的早期出版物中，项目通常包含一个 src 目录，其中属于项目的每个模块都拥有自己的子目录，而该目录包含项目的源文件。如果项目需要的不仅仅是源文件，那么建议将这些关注点组织在 src 的平级目录，比如 test 和 build 中。这使目录具有"关注点/模块"层次结构，如图 4-1 所示。

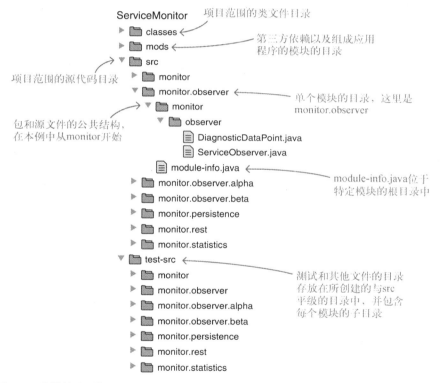

图 4-1　此结构有顶级目录 classes、mods、src 和 test-src。每个模块的源代码位于 src 或 test-src 下级具有模块名称的目录中

4.1.2 默认的目录结构

大多数由多个子项目（现在称为**模块**）组成的项目倾向于拥有单独的根目录。每个根目录包含单个模块的 sources、test 和 resources 目录以及前面提到的其他目录。它们使用"模块/关注点"

这一目录层次，这是已知的默认目录结构。

默认目录结构（Maven 和 Gradle 等工具隐性地理解该结构）实现了该层次结构（如图 4-2 所示）。首先，默认目录结构赋予了每个模块单独的目录树。在该目录树中，src 目录包含生产代码和资源（分别在 main/java 和 main/resources 中），test 目录包含测试代码和资源（分别在 test/java 和 test/resources 中）。

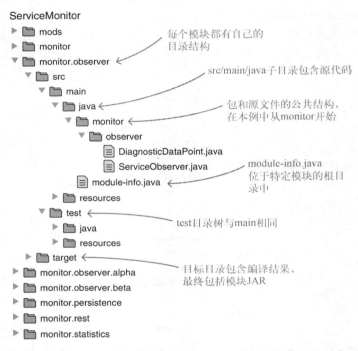

图 4-2　此结构中每个模块拥有单独的顶级目录，然后模块根据自己的需求可以自由组织文件。此处 monitor.observer 使用 Maven 和 Gradle 项目中的通用目录结构

构建项目并非必须采用这种方式。这样做会带来两部分额外的工作：为分散的目录结构添加额外的构建工具；处理多模块编译的情况（参见 4.3 节）。如果抛开这些不谈，那么所有目录结构一样有效，并且应根据项目的实际情况进行考虑。

尽管如此，本书的示例都将使用这种默认结构，唯独有一处例外：如果所有模块化 JAR 位于同一目录中，那么命令行较为简单，因此，ServiceMonitor 应用程序拥有包含生成的模块的顶级 mods 目录。

4.1.3　模块声明的位置

无论源文件目录结构如何，模块声明文件必须命名为 module-info.java。否则，编译器会生成如下错误，该错误源于尝试编译模块声明文件 monitor-observer-info.java。

```
> monitor.observer/src/main/java/monitor-observer-info.java:1:
>     error: module declarations should be in a file named module-info.java
> module monitor.observer {
> ^
> 1 error
```

尽管并非绝对必要，但是模块声明文件一般应该位于源码根目录中，否则，4.3.2 节中描述的模块源代码路径会由于无法找到描述符而不能正常工作。这是因为模块系统无法找到模块描述符就不能识别模块，进而导致"找不到模块"的错误。

尝试一下，将 monitor.observer 的描述符文件移到其他目录并编译 monitor。如下所示，这会导致无法找到 monitor.observer（monitor 所需）模块的错误。

```
> ./monitor/src/main/java/module-info.java:2:
>     error: module not found: monitor.observer
>         requires monitor.observer;
>                           ^
> 1 error
```

4.2　编译单个模块

一旦确定了项目的目录结构布局，那么在写了一些代码，创建了模块声明后，就可以编译源文件了。但是，什么是编译源文件？它是类型的集合或亮眼的模块吗？由于前者是不变的，因此在探索编译器如何识别这两种情况之前，本章将先重点讨论后者。

4.2.1　编译模块代码

本节将重点介绍在所有依赖都已模块化的情况下编译单个模块的方法。由于只有当源文件中包含模块声明 module-info.java 文件时才能编译模块，因此这里假设这种情况成立。

除了在模块路径上检查可读性和可访问性，编译器的另一个新功能是处理模块声明。编译模块声明的结果是模块描述符 module-info.class 文件。与其他.class 文件一样，该文件包含字节码，并且可以使用 ASM 和 Apache 的字节代码工程库（BCEL）等工具进行分析和操作。

除了使用模块路径而非类路径，编译的工作方式与 Java 9 之前版本完全相同。编译器将编译所有给定的文件，并在-d 指定的输出目录中生成相应的目录结构。

图 4-3 展示了 monitor.observer 模块（使用默认目录结构）的布局，其编译方式与 Java 9 之前版本类似，需要调用 javac 命令。

❑ --module-path 选项为编译器指示包含所需应用程序模块的目录。

❑ -d 选项指明编译的目标目录，工作原理与 Java 9 之前版本相同。

❑ 列出或找到目录 monitor.observer/src/main/java/中的所有源文件，包括 module-info.java（${source-files}标识）。

综合起来，在 ServiceMonitor 应用程序的根目录（即包含 monitor.observer 的目录）中运行以下命令。

```
$ javac
    --module-path mods
    -d monitor.observer/target/classes
    ${source-files}
```

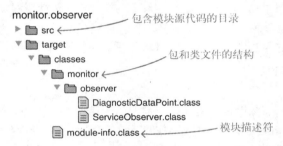

图 4-3   monitor.observer 模块的目录结构，并展开了 src 目录

折叠 src 目录并展开 target/classes，预期结果如图 4-4 所示。

图 4-4   monitor.observer 模块的目录结构，并展开了 target 目录

4.2.2   模块或非模块

Java 平台模块系统的最终目的是创建并运行模块，但这并不是强制性的，人们仍然可以构建普通的 JAR，这就带来了区分这两种情况的问题。编译器如何知道要创建的是一个模块还是一堆类型？

    要点   正如 3.1.2 节提到的，模块化 JAR 只是一个带有模块描述符 module-info.class 文件的普通 JAR，而该描述符由模块声明 module-info.java 文件编译得到。因此，编译器根据源代码列表中是否存在 module-info.java 文件来判断是否以模块的方式进行处理。这就是没有编译器 --create-module 选项或类似选项的原因。

编译模块和只编译类型有什么区别呢？正如 3.2 节所解释的那样，它的可读性下降了。如果

编译包含模块声明的代码, 那么:

❑ 必须要求依赖可以访问这些依赖导出的类型;

❑ 所引用的依赖必须存在。

另一方面, 如果编译非模块化代码, 那么由于没有模块声明, 不会有任何依赖得到表达。这种情况下, 模块系统会让被编译的代码读取所有模块以及它在类路径中找到的任何工件。8.2 节将探讨**类路径模式**的细节。

与可读性相反, 3.3 节描述的可访问性规则对两种情况都有效。无论代码是作为模块编译的, 还是作为一组源代码编译的, 当访问其他模块的类型时, 它们都遵循这些规则。这与 JDK 内部类 (都是非导出包中的公有类或非公有类) 尤为相关, 因为无论怎样编译代码, 它们都是不可访问的。图 4-5 展示了可读性和可访问性的区别。

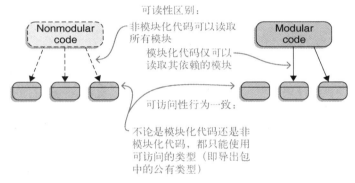

图 4-5　对比非模块化代码 (左) 与模块化代码 (右) 的编译。可读性规则稍有区别, 而可访问性规则完全一致

编译错误

以 ServiceMonitor 应用程序为例。它的子项目 monitor 包含源文件 Main.java、Monitor.java 和 module-info.java。

如果在这些文件中加入模块声明, javac 就准备将其编译为模块, 并验证所有应用程序和平台模块的依赖是否都声明在描述符中。如果没有模块声明, 编译器则会回退到仅能识别类型间的依赖, 如图 3-1 所示。

但是不论 monitor 是否被编译为模块, 只要它使用了 JDK 模块或其他应用程序模块无法访问的类型, 结果都是一样的: 编译错误。

编译模块显然比仅编译类型需要清理更多的障碍, 那为什么还要这么做呢? 再次与用静态类型语言编写代码对比。Java 开发者通常相信, 静态类型的好处相较于它带来的额外成本是值得的, 因为作为交换, 他们得到了快速且可靠的一致性检查。这种检查虽然不能避免所有错误, 但确实避免了很多错误。

同样，通过模块系统编译模块相比创建普通 JAR 需要付出更多，但是作为交换，人们可以借助检查减少运行时错误。人们用编译时的额外付出来换取运行时的安全，而这是一种在任何时候都"稳赚的买卖"。

4.3   编译多个模块

按照上面描述的方式编译单个模块非常简单，而编译所有 7 个 ServiceMonitor 模块基本上是一样的。但是，是否有必要逐个编译这些模块？或者换一个角度，有什么理由**不这样做**吗？后者的答案是肯定的，有一些细节使一次性编译多个模块更加合适。

❑ 付出——虽然编译单个模块非常简单，但是将多个模块逐个编译所需的工作量会迅速增加。而且，一遍又一遍地重复几乎相同的命令（它们之间仅有微小的区别），会让人非常厌烦。虽然除非正在试用 Java 9，否则你很少会手动完成这些操作，但是工具开发者的感受也应纳入考虑。

❑ 性能——在我的系统中，编译单个模块描述符消耗大约 0.5 秒，而编译 ServiceMonitor 应用程序的所有模块消耗大约 4 秒。如果考虑到总共只有不到 20 个源文件，这样的耗时就有点长了，而且编译规模更大的项目通常并不需要这么长时间。主要原因在于，7 次启动编译器（因为有 7 个模块）花费了不少时间。

❑ 弱循环依赖——虽然模块系统禁止通过 `requires` 指令产生循环依赖，但是还有其他方法可以让模块相互依赖（请相信我）。虽然这样的依赖是循环的，但是可以被认作弱循环，因为如果找不到正确的依赖，你就只会得到一个警告。当然，实现无警告的编译需要一些付出，而且两个模块需要同时编译。

 要点   导致需要同时编译多个模块的原因有很多，编译器能够做到这一点是件好事！

4.3.1   直接编译

如何一次性编译多个模块？能将多个模块的源文件列出并让编译器处理吗？不能。

```
$ javac
    --module-path mods:libs
    -d classes
    monitor/src/main/java/module-info.java
    monitor.rest/src/main/java/module-info.java

> monitor.rest/src/main/java/module-info.java:1:
>     error: too many module declarations found
> module monitor.rest {
> ^
> 1 error
```

很明显，编译器倾向于一次只处理一个模块。这也很正常，正如之前讨论的，它基于定义清晰的模块边界强制性地实现了可读性和可访问性。这么多来自不同模块的源文件混合在一起进行编译，要如何确定模块边界？编译器需要知道一个模块在哪里结束，下一个模块在哪里开始。

4.3.2　模块源代码路径：将项目结构告知编译器

要打破默认的单个模块模式，可以借助命令行选项来告知编译器项目的目录结构。同时，编译器也支持**多模块编译**，可以一次性构建多个模块。使用命令行选项`--module-source-path ${path}`可以打开这个模式，并且指出包含模块的目录结构。编译器的其他选项则没有变化。

这听上去很容易，但是仍有一些重要的细节需要考虑。在此之前，先看一个简单的例子。

假设在某个时刻，ServiceMonitor 应用程序使用 4.1.1 节定义的单一 src 目录结构，而所有的模块源代码目录都在 src 目录下面（如图 4-6 所示）。可以使用`--module-source-path src`将编译器指向 src 目录（该处包含所有模块的源代码），并告诉编译器立即编译已找到的所有内容。

ServiceMonitor
- classes
- mods
- src
  - monitor
  - monitor.observer
  - monitor.observer.alpha
  - monitor.observer.beta
  - monitor.persistence
  - monitor.rest
  - monitor.statistics

图 4-6　如果项目只有一个 src 目录，每个模块源代码的根目录都在 src 目录之下，那么使用模块源代码路径的方式是最容易的

在构建单个模块时，模块路径用于告诉编译器包含所需应用程序模块的目录在哪里。在这种情况下，它们都是外部依赖，因为 ServiceMonitor 的所有模块都正在被编译。-d 选项的工作方式与构建单个模块时相同，你仍然可以列出 src 目录下的所有源代码文件，包括所有的模块声明。

放在一起，命令如下。

```
$ javac
    --module-path mods:libs
    --module-source-path src
    -d classes
    ${source-files}
```

`classes` 选项会展示一个按照模块划分的目录结构，每个目录包含了模块的类文件以及模块描述符，非常整洁。

但事情并不总是那么容易。如果项目没有使用单一 src 目录结构，该如何处理？这时要引入模块源代码路径的一个细节。

4.3.3　星号作为模块名称的标记

模块源代码路径可以包含一个星号（＊）。虽然它通常被解释为通配符（在路径中通配符通常表示"目录中的任何内容"），但在此处并不是这样。相反，星号作为标记，指示模块名称出现在路径的哪个位置。星号后面的其余路径必须指向包含模块包的目录。

这样，编译器就可以将源文件路径对应到模块源路径，并推断出源文件属于哪个模块。要实现这一点，每一个源文件都必须对应到模块源路径。

这看上去有些复杂，让我们用一个例子解释清楚。回到 4.1.2 节介绍的 ServiceMonitor 应用程序。该应用程序中的每个模块都用 src/main/java 目录来存放源文件。下面展示了一些源文件相对于项目顶级目录的路径。

- ❏ monitor/src/main/java/monitor/Monitor.java
- ❏ monitor/src/main/java/monitor/Main.java
- ❏ monitor/src/main/java/module-info.java
- ❏ monitor.rest/src/main/java/monitor/rest/MonitorServer.java
- ❏ monitor.rest/src/main/java/module-info.java
- ❏ monitor.persistence/src/main/java/monitor/persistence/StatisticsRepository.java
- ❏ monitor.persistence/src/main/java/module-info.java

它们有明显的共同结构——所有的路径都遵循${modules}/src/main/java/${packages}/${sources}模式。

回顾一下模块源路径的使用方法，就能发现${modules}必须被替换为"＊"，并且你必须忽略包目录，只留下*/src/main/java。但是，它还不能正常工作，因为编译器不接受星号作为第一个字符——你必须在前面加上"./"。现在，多模块编译就可以工作了，这简直像魔法一样神奇。

```
$ javac
    --module-path mods:libs
    --module-source-path "./*/src/main/java"
    -d classes
    ${source-files}
```

与前面一样，所有类文件都被编译至相关模块的 classes 子目录。在了解了要用星号作为模块名标记后，你可以将这些路径概括为-d classes/*。但是很遗憾，-d 选项并不认识模块名标记，因此你无法用它来构建./*/target/classes 这样的输出路径。

你也许会好奇，第一个例子中星号与--module-source-path src 是如何关联的。毕竟你没有指定模块名出现的位置，编译器却能够推断出它们。虽然让人直观上感觉比较奇怪，但这是为了让简单的用例更易于使用。

如果模块源路径不包含星号，那么编译器会默认将其添加为最后一个路径元素。因此，你已经有效地将 src/*指定为模块源路径，这与例子中的目录结构相同。

当所有模块都使用相同的目录结构时，你可以一次性编译多个模块，这足以覆盖大多数情况。而要处理更复杂的情况，你需要另一项技术。

4.3.4 多模块源路径入口

有时，单一的模块源路径可能无法满足需求：不同的模块可能使用不同的目录结构，或者一些模块的源文件分布在多个目录中。这种情况下，可以指定几个模块源路径条目，以确保每个源文件都匹配一个路径。

作为一个复杂的项目，JDK 拥有庞大的目录结构。图 4-7 仅仅展示了它的冰山一隅——实际上，在每个层级中会有更多的目录。

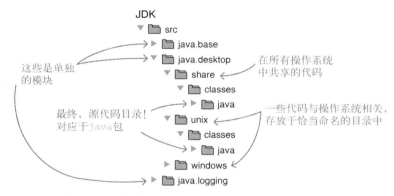

图 4-7　JDK 源代码目录的部分视图。注意 src 下面的模块目录是如何进一步划分的。
首先是 classes 目录，之后是真正的源文件根目录

假设你想在 jdk 目录中针对 UNIX 进行构建，那么一个跨越所有模块和正确的源目录的模块源路径是什么样的呢？到 UNIX 源代码的路径是 src/java.desktop/unix/classes，或者更一般地，是 src/${module}/unix/classes。同样，到共享源代码的路径是 src/${module}/share/classes。将这两者放在一起，你将得到如下路径：--module-source-path "src/*/unix/classes":"src/*/share/classes"。

为了减少冗余，模块源路径允许你通过{dir1,dir2}来定义替代路径。如果它们仅在某一路径元素上有区别，则可以将这些模块源路径合并。使用替代路径，可以将到 share 和 unix 源的路径合并为如下路径：--module-source-path "src/*/{share,unix}/classes"。

4.3.5 设置初始模块

在为多模块编译做好充分准备后，又出现了另一种可能性：仅通过名称来指定编译单个模块和其依赖。为什么要这么做？因为它不再要求你明确地列出要编译的源文件！

如果设置了模块源路径，那么--module 选项可以让你在**没有**明确列出源文件的情况下，编译单个模块以及它的传递依赖。模块源路径用来确定属于指定模块的源文件，并根据其声明解析依赖关系。

这使得编译 monitor.rest 及其依赖变得更加简单。和前面一样，可以通过--module-path mods:libs 指定在哪里寻找依赖，通过-d classes 定义输出目录，通过--module-source-path

"./*/src/main/java"为编译器指定项目的目录结构，通过--module monitor.rest 指定从
monitor.rest 开始编译。

```
$ javac
    --module-path mods:libs
    --module-source-path "./*/src/main/java"
    -d classes
    --module monitor.rest
```

如果在编译前 classes 是空的，那么现在它包含 monitor.rest（指定的模块）、monitor.statistics
（直接依赖）以及 monitor.observer（传递依赖）的类文件。

之前，代码清单 2-3、代码清单 2-4 和代码清单 2-5 展示了分步编译 ServiceMonitor 应用程序
的步骤。在掌握了多模块编译的使用方法后，它可以像下面这样简单地完成。

```
$ javac
    --module-path mods:libs
    --module-source-path "./*/src/main/java"
    -d classes
    --module monitor
```

因为初始模块 monitor 依赖于所有其他模块，所以所有模块都得到了构建。与分步编译的方
式不同，类文件被存放在 classes/*（使用“*”作为模块名标记）而非*/target/classes 之中。

除了使命令更容易阅读之外，--module-source-path 和--module 的组合还可以在更高
的抽象级别上进行操作。与列出单个源文件相反，它清楚地说明了编译特定模块的意图。我很喜
欢这样。

不过这种方式也有两个缺点。

❑ 编译后的类文件不能重新分布于各自的子目录中，而是集中在同一个目录下（classes 是
最直接的例子）。如果在构建过程结束之后需要依赖于这些文件的准确位置，那么就必须
采取额外的准备步骤，这可能会抵消使用模块源路径带来的优势。

❑ 如果使用--module 进行编译（而不是列出所有模块的源文件），那么编译器的一些优化
处理可能会导致意外的结果，其中之一是进行未使用代码检测。初始模块未间接引用的
类将得不到编译；如果模块进行服务解耦（参见第 10 章），甚至整个模块都可能从输出
中丢失。

4.3.6　值得吗

多模块编译值得使用吗？前文曾经列出 3 个原因鼓励你使用它，所以很自然地，下面回顾一
下这些原因。

❑ 付出——一旦掌握了构造模块源路径的方法，编译多个模块的工作量就会大大减少。显
然，构建特定的模块及其依赖也将变得更加容易。与此同时，构建工具通常是逐个编译
项目的，如果要求同时编译所有项目可能会增加复杂性，特别是必须进一步将类文件分
发到特定于模块的目录中时。

❑ 性能——使用多模块编译，ServiceMonitor 应用程序在不到 1 秒的时间内构建完毕，比分步构建 7 个模块快 4 倍。但这是一种非常极端的情况，因为本例中每个模块只包含 2 到 3 个类。相对于此，启动编译器 7 次的确会有很多开销；但从绝对时间上说，这样至多耗时 3 秒钟。对于任何一般规模的项目而言，为了节省区区几秒钟的构建时间而增加项目的复杂性，基本是不值得的。

❑ 弱循环依赖——在这种情况下，多模块编译无法满足无警告构建的要求。

总而言之，多模块编译是一种可选项，而且它带来的好处不足以支撑其作为默认选项。尤其是如果你的工具不能无缝地支持它，那么使用它可能不值得。这是一个典型的"需要看实际情况"的场景。尽管如此，我仍然喜欢在更高级别的抽象，即模块而不仅仅是类型上，使用它。

4.4　编译器选项

随着模块系统产生了一系列新的命令行选项，本书将对它们进行介绍。为了帮你轻松地找到它们，表 4-1 列出了与编译器相关的所有选项。

表 4-1　按字母顺序排列的所有与模块相关的编译器（`javac` 命令）选项。以下描述列基于官方
　　　　文档，引用指向本书中进行详细介绍的章节

选　　项	描　　述	引　　用
`--add-exports`	使模块导出额外的包	11.3.4 节
`--add-modules`	定义除初始模块外的其他根模块	3.4.3 节
`--add-reads`	在模块间添加可读边	3.4.4 节
`--limit-modules`	限定可见模块全集	5.3.5 节
`--module`、`-m`	设定初始模块	4.3.5 节
`--module-path`、`-p`	指定查找应用程序模块的位置	3.4 节
`--module-source-path`	告知编译器项目的目录结构	4.3.2 节
`--module-version`	指定编译器使用的模块版本	13.2.1 节
`--patch-module`	在编译过程中用类扩展已有模块	7.2.4 节
`--processor-module-path`	指定查找注解处理器模块的位置	4.2.1 节
`--system`	重新指定系统模块的位置	6.4.4 节
`--upgrade-module-path`	定义可升级模块的位置	6.1.3 节

新的选项：`--release`

你是否曾使用 `-source` 和 `-target` 选项编译代码，方便它在较旧版本的 Java 上运行，结果它却由于某个方法调用失败而在运行时崩溃？这着实令人费解，但是原因或许是你忘了指定 `-bootclasspath` 选项。

如果没有指定该选项，那么编译器会创建指定版本 JVM 可以理解的字节码（这里还是正确的），但它会链接到当前版本的核心库 API（错误从这里开始），导致对旧版 JDK 中不存在的类型或方法进行调用，从而产生运行时错误。

从 Java 9 开始，编译器使用 `--release` 选项来防止常见的操作错误，该选项会将上述 3 个选项设置为正确的值。

4.5　打包模块化 JAR

在将想法实现为可运行代码的过程中，编码和编译后的下一步是将类文件打包成模块。正如 3.1.2 节所解释的那样，这应该产生一个**模块化 JAR**——它就像一个普通 JAR，但包含模块描述符文件 module-info.class。因此，你希望由值得信赖的 `jar` 工具来负责打包工作。以下是非常简单的创建模块化 JAR（本例中为 monitor.observer）的命令。

```
$ jar --create
    --file mods/monitor.observer.jar
    -C monitor.observer/target/classes .
```

除了新的命令行别名，上述命令的调用方式和 Java 9 之前版本完全一致。一个有趣的隐含细节是，因为 monitor.observer/target/classes 包含模块描述符 `module-info.class`，所以生成的 monitor.observer.jar 成了一个模块化 JAR。

虽然 `jar` 工具的工作方式与之前类似，但依然有一些与模块相关的细节和补充值得关注，比如定义模块入口点。

注意　JAR 并非交付 Java 字节码的唯一格式。JEE 还可以使用 WAR 和 EAR 格式文件。但是在其标准支持模块之前，人们还无法创建模块化 WAR 或模块化 EAR。

4.5.1　快速回顾 `jar` 工具

为了帮助理解，先来快速了解一下 `jar` 是如何打包归档的。正如前文所指出的，如果文件列表中包含模块描述符 `module-info.class`，那么打包的结果是模块化 JAR。

以打包 monitor.observer 的命令为例，打包的结果是 mods 目录中的 module.observer.jar，其中包含了 monitor.observer/target/classes 及其子目录中的所有类文件。因为 classes 中包含模块描述符，所以 JAR 也将包含它。因此，无须任何额外工作即可生成模块化 JAR。

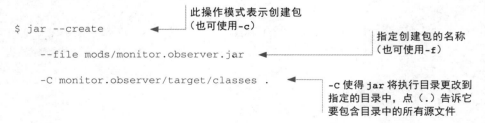

在打包时，应该考虑使用--module-version 记录模块的版本。13.2.1 节解释了如何做到这一点。

4.5.2　分析 JAR

在使用 JAR 时，掌握对所创建的包进行分析的方法十分有意义，尤其要知道 JAR 中包含的文件及其模块描述符中的内容。幸运的是，这两点 jar 工具都能做到。

1. 列出 JAR 中的内容

查看 JAR 中的内容是最显而易见的需求，这可以通过--list 选项实现。以下代码段可以展示前文创建的 monitor.observer.jar 中的内容。它包含一个 META-INF 目录，但这里不做过多介绍，因为这个目录已经存在多年并且与模块系统无关。它还包含一个模块描述符，以及 monitor.observer 包中的 DiagnosticDataPoint 和 ServiceObserver 类。可以说，没什么引人注目或令人意外的。

```
$ jar --list --file mods/monitor.observer.jar

> META-INF/
> META-INF/MANIFEST.MF
> module-info.class
> monitor/
> monitor/observer/
> monitor/observer/DiagnosticDataPoint.class
> monitor/observer/ServiceObserver.class
```

这并不是一条新命令。它之所以看起来不同，只是因为拥有新的别名：--list 的简写是-t，--file 的简写是-f。在 Java 9 之前版本中，jar -t -f some.jar 的作用与此相同。

2. 检查模块描述符

模块描述符是一个类文件，它由字节码组成。因此有必要通过工具来查看它的内容。幸好，jar 可以使用--describe-module（或者-d）来实现。检查 monitor.observer.jar，你会发现它是一个名为 monitor.observer 的模块。该模块会导出一个同名的包，同时会依赖 base 模块。

```
$ jar --describe-module --file mods/monitor.observer.jar

> monitor.observer jar:.../monitor.observer.jar/!module-info.class
> exports monitor.observer
> requires java.base mandated
```

（如果想知道 mandated 的含义，请回顾 3.1.4 节。该节提到，每个模块都隐性地依赖于基础模块，这意味着 java.base 的存在是强制性的。）

4.5.3　定义模块入口点

要启动 Java 应用程序，就要知道程序入口点，即把包含 public static void main(String[])

方法的所有类中的一个类作为主类。你可以在应用程序启动时通过命令行来指定入口点，也可以在 JAR 附带的 manifest 文件中将其写明。如果你不知道这两个选项的确切工作原理，请不要担心，因为 Java 9 增加了第三个选项，即一种配合模块系统使用的新方式。

在使用 jar 打包类文件时，可以使用 --main-class ${class} 来定义主类，其中 ${class} 是带有 main 函数的类的完全限定名称（包名后面附加一个点和类名）。被指定的主类将被记录在模块描述符中，并且当此模块成为启动应用程序的初始模块时，将默认使用它作为主类（详细信息参见 5.1 节）。

注意　如果你习惯通过设置 manifest 中的 Main-Class 条目来创建可执行的 JAR，那么你会很高兴地了解到 jar --main-class 也起着同样的作用。

ServiceMonitor 应用程序在 monitor.Main 中有一个入口点，在打包时可以使用 --main-class monitor.Main 来指明它。

```
$ jar --create
    --file mods/monitor.jar
    --main-class monitor.Main
    -C monitor/target/classes .
```

借助 --describe-module 选项，可以看到该主类已经被记录在模块描述符中。

```
$ jar --describe-module
    --file mods/monitor.jar

> monitor jar:.../monitor.jar/!module-info.class
# 省略了 requires 和 contains 的相关信息
> main-class monitor.Main
```

有趣的是，jar 工具既没有能力也没有责任来验证你所指定的类是否存在。它既不检查类是否存在，也不检查类中是否包含 main 函数。如果存在问题，尽管现阶段不会发生错误，但是模块启动会失败。

4.5.4　归档选项

本章目前只探讨了 jar 所提供的一些最重要的选项，其他一些不同上下文中的有趣选项将在后续的相关章节中得到阐述。为了帮助你轻松地找到它们，表 4-2 列出了 jar 工具与模块系统相关的所有选项。

表 4-2　按字母顺序排列的所有与模块相关的归档（jar 命令）选项。以下描述列基于官方文档，引用指向本书中进行详细介绍的章节

选　　项	描　　述	引　　用
--hash-modules	记录所有依赖模块的散列值	
--describe-module、-d	展示模块的名称、依赖关系、导出项、包以及其他相关信息	4.5.2 节
--main-class	指定应用程序入口	4.5.3 节

（续）

选　项	描　述	引　用
`--module-path`、`-p`	指定查找应用程序模块的位置以记录散列值	3.4 节
`--module-version`	指定编译器使用的模块版本	13.2.1 节
`--release`	为支持不同的 Java 版本，创建一个包含字节码的多版本 JAR	附录 E
`--update`	更新现有的包，比如可以添加更多的类文件	9.3.3 节

4.6　小结

❑ 确保选择的目录结构能满足项目的需求。如果有疑问，请毫不犹豫地使用构建系统的默认结构。

❑ 编译所有模块源代码的 `javac` 命令（包括声明）与 Java 9 之前版本的命令基本相同，只是它使用模块路径而不是类路径。

❑ 模块源路径（`--module-source-path`）将告知编译器项目的结构。这使得编译器操作从处理类型提升至处理模块，这让你能够使用简单的选项（`--module` 或`-m`）来编译指定模块及其所有依赖，而不是仅仅列出源文件。

❑ 模块化 JAR 只是具有模块描述符 `module-info.class` 的普通 JAR。`jar` 工具可以像处理其他类文件一样处理模块描述符，因此要将它完全打包到 JAR 中，不需要添加新的选项。

❑ 作为一个可选项，`jar` 允许人们指定模块的入口点（使用`--main-class`），入口点指的是具有 `main` 函数的类。这样的方式使模块启动更加简单。

## 第 5 章

运行和调试模块化应用程序

本章内容
- ❏ 通过指定初始模块来启动模块化应用程序
- ❏ 从模块中加载资源
- ❏ 验证模块、模块集以及模块图
- ❏ 压缩和列出可见模块全集
- ❏ 通过日志调试模块化应用程序

在根据第 3 章和第 4 章的内容对模块进行定义、编译，并将其打包成模块化 JAR 后，最后一步就是启动 JVM 并使用 `java` 命令运行应用程序。本章将讨论与运行时相关的概念：如何从模块中加载资源（参见 5.2 节）。金无足赤，人无完人，人难免会犯错，所以 5.3 节也会介绍使用各种命令行选项来调试模块配置的方法。

到本章结束时，你将能够启动由模块组成的应用程序。除此之外，你还将深入了解模块系统如何处理给定配置，以及如何通过日志记录和其他诊断工具来观察程序的运行情况。

本章也是第一部分的结尾。该部分讲述了在编写、编译和运行简单的模块化应用程序时需要了解的所有内容。它为第二部分和第三部分将要研究的更高级的功能奠定了基础，其中有关如何逐步迁移到模块系统的内容尤为重要。

5.1 通过 JVM 启动模块化应用程序

在所有构建（定义模块依赖关系和 API，创建模块化 JAR 并将它们放在模块路径上）完成之后，让 JVM 在模块化应用程序中启动是非常容易的。唯一要做的就是指定初始模块或者主类。

`java` 命令有一个选项 `--module ${module}`，可以用于指定初始模块 `${module}`。模块解析将从这里开始，从中还可以启动一个主类，即一个带有 `public static void main` 方法的类。

该主类由初始模块的描述符定义，或者使用 `--module ${module}/${class}` 指定，即在模块名称后附加斜杠和完全限定类名（参见 5.1.1 节）。

以 ServiceMonitor 应用程序为例，所有的准备工作都已经就绪，以 monitor 为初始模块启动 JVM。

```
$ java
    --module-path mods:libs
    --module monitor
```

如 3.4 节所述，--module-path mods:libs 选项告知模块系统 mods 和 libs 目录包含
ServiceMonitor 的应用程序模块。--module monitor 选项定义了初始模块 monitor，于是，如
之前章节所述，模块系统将解析所有 monitor 的依赖关系并构建模块图。最后，如 4.5.3 节所述，
它将启动模块描述符中设置的主类：monitor.Main。

5.1.1　指定主类

--module 选项也可以用于指定应用程序的主类。为此，初始模块的名称后要跟一个正斜杠
和完全限定类名（包名后跟一个点和类名）。

如下所示，通过定义 monitor 中的 monitor.Main，明确告知应用程序从何处启动 main
函数。

```
$ java
    --module-path mods:libs
    --module monitor/monitor.Main
```

在命令行上指定主类会覆盖模块描述符定义的对应内容。这意味着就像模块系统不存在那
样，应用程序仍然可以有几个入口点。如果其中一个是合理的默认值，就可以将其添加到模块描
述符中，就像 4.5.3 节所述的那样。

如果 monitor 模块将 monitor.Main 定义为主类，但出于某种原因你不想使用它，那么你可
以轻松地覆盖它。使用以下命令，调用 monitor 中的 some.other.MainClass 主类启动应用程
序，可以忽略 monitor 的描述符中定义的相应内容。

```
$ java
    --module-path mods:libs
    --module monitor/some.other.MainClass
```

要让上述命令正常工作，需要保证初始模块中包含指定的主类。所以，如果 monitor 模块中
没有 some.other.MainClass 主类，你将看到以下错误。

```
> Error: Could not find or load main class
>     some.other.MainClass in module monitor
```

5.1.2　如果初始模块并非主模块

如果初始模块不包含应用程序的主类，应该怎么办？尽管这个问题似乎很奇怪，但是软件开
发充满了不确定性，所以这并不意味着它不会发生。

例如，想象一个桌面应用程序可以以多种模式（数据输入、评估、管理）启动，并且可以通
过选择正确的主类来启动对应的模式。再复杂一些，应用程序由许多模块组成，每个模式都有自

已的模块（data.entry、data.evaluation、administration），每个模式的模块还包含相应的入口点。最顶层的是 app 模块，它依赖所有的应用程序模块（图 5-1 展示了对应的模块图）。

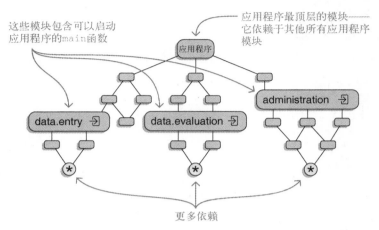

图 5-1　一个桌面应用程序的模块图，其中 app 模块在最顶层，往下有 3 个模块
　　　　包含应用程序入口点

　　要启动此应用程序，就需要使用--module app，然后指定其他模块中的一个主类，但是这有效果吗？为了更好地解决这个问题，首先定义一些涉及这两个模块的术语。

- ❏ 当一个模块依赖（或传递地依赖）应用程序所需的所有模块时，该模块称为 **all 模块**。
- ❏ 然后是你想要启动的，包含主类的模块，称为 **main 模块**。

　　到目前为止，上述两个模块在本书中始终是相同的。因此你将它的模块名称传递给--module，使其成为初始模块。如果这是两个不同的模块，该怎么做？

　　问题的关键在于，模块系统中主类的来源雷打不动。你没办法让它在初始模块之外的其他任何模块中搜索主类。因此，你必须选择 main 模块作为初始模块，并将其传递给--module。

　　假设在这种情况下不能正确地解析所有的依赖关系，那么你将如何确保 all 的所有依赖都被考虑到？此时，3.4.3 节介绍的--add-modules 选项派上了用场。有了它，你可以将 all 定义为一个额外的根模块，并让模块系统同时解析它的全部依赖。

```
$ java
    --module-path mods
    --add-modules all
    --module main
```

在上文提到的桌面应用程序中，这意味着你需要始终使用--add-modules app 选项，确保模块图中包含所有必需的模块，然后选择所需模式的模块作为主模块。下面是一个例子。

```
$ java
    --module-path mods
    --add-modules app
    --module data.entry
```

顺便提一下,如果你想知道为什么各个模式的模块并不依赖于所有必需的模块,下面提供了3个答案。

- 应用程序可以通过服务解耦,如第 10 章所述,app 就是消费者。
- 各个模式的模块可能有一些可选依赖,如 11.2 节所述,app 的作用是确保它们都存在。
- 我说这确实是一个奇怪的案例,还记得吗?

5.1.3 向应用程序传递参数

将参数传递给应用程序和以前一样简单。JVM 将初始模块之后的所有内容放入一个字符串数组中(方便在空间上进行拆分),并将其传递给 main 函数。

假设用以下方式调用 ServiceMonitor,你认为会把什么传递给 Main::main?(注意,这是一个很诡异的问题!)

```
$ java
    --module-path mods:libs
    --module monitor
    --add-modules monitor.rest
    opt arg
```

这个问题的诡异之处在于,--add-modules monitor.rest 选项看起来像是模块系统需要处理的内容。如果这个选项在正确的位置,即在--module 之前,那么本该如此;但是在上述调用中,它位于--module 之后,这种情况下 JVM 将其解释为应用程序的选项并将其传递给应用程序。

为了更好地解释这个问题,扩展 Main::main 让其打印出参数列表。

```
public static void main(String[] args) {
    for (String arg : args) {
        System.out.print(arg + " / ");
    }
    // [...]

}
```

于是,你将看到的真实输出内容是:--add-modules / monitor.rest / opt / arg。

所以,请小心处理--module,将其作为你希望 JVM 处理的最后一个选项,并且将所有的应用程序选项置于其后。

5.2 从模块中加载资源

3.3 节详细介绍过模块系统的可访问性规则如何提供跨模块边界的强封装性。但是这部分只讨论了类型,在运行时你通常也需要访问相关的资源。无论这些资源是配置、国际化文件、媒体文件,还是(在某些情况下)原始的.class 文件,代码都可以从项目附带的 JAR 中加载这些文件。因为 JPMS 将模块化 JAR 转换为模块,并声称对它们内部进行了强大的封装,所以人们需要探索它对资源的加载有何影响。在深入探讨之前，下面几节将先简要回顾资源以前是如何加载的，并指出它在 Java 9 及以上版本中的变化。之后，本章将仔细研究如何跨模块边界加载包中的资源。

> **建议**　资源访问的主题在本书中出现了好几次：6.3 节介绍了如何访问 JDK 的资源，8.2.1 节介绍了对非模块化资源的访问。有关加载资源的实际演示，请查看 ServiceMonitor 的 `feature-resources` 分支。

5.2.1　Java 9 之前的资源加载

由于在 Java 9 之前版本中 JAR 之间没有边界，因此那时每个类都可以访问类路径上的所有资源。这比类型的可访问性问题更严重，因为至少类型可以使用包可见性规则使自身隐藏在包中，而对于资源的访问不存在类似的规则。

> **定义**　为了加载资源，人们会在 Class 或 ClassLoader 上调用 getResource 或 getResourceAsStream 方法。从概念上来讲，这些方法几乎完全相同：你将资源文件的名称作为 String 传递给它们，如果找到文件，它们将返回一个 URL 或 InputStream 实例；否则，将返回一个 null。为了简化这个过程，方便人们理解，本书采用 Class::getResource 的写法。

代码清单 5-1 展示了如何加载各种资源。只要所有类和资源都在类路径上，那么它们在哪个 JAR 中无关紧要。图 5-2 展示了包含所有已加载资源的单个 JAR——如果它在类路径上，那么每次调用 Class::getResource 都将返回一个 URL 实例。

代码清单 5-1　加载资源：它们都在类路径上，因此全部都能成功

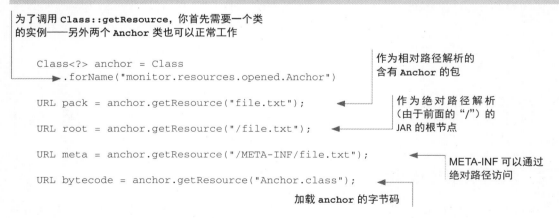

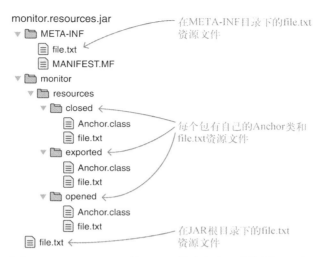

图 5-2 名为 monitor.persistence 的 JAR，其中存有一些资源——凑巧的是，
正好对应着代码清单 5-1 中的内容

5.2.2 Java 9 及以上版本的资源加载

你可能想知道为什么代码清单 5-1 给出了这么多不同的例子。这是因为，其中一些例子可以在模块下工作，而另一些不可以，后文将逐一介绍。不过，在进行讨论之前，先考虑一下 Java 9 中的各种资源 API。

❑ Class 中的方法是从模块中加载资源的好方法——后文将深入探索这种方式。

❑ ClassLoader 中的方法在涉及模块时，往往会产生不同且不太有用的行为，所以不会进行讨论。如果你仍想使用，请参考它们的 Javadoc。

❑ 作为新类，java.lang.Module 中也有对应的方法：getResource 和 getResource-AsStream。12.3.3 节将对此进行深入探讨。它们的行为与 Class 中方法的行为非常相似。

随着这个问题尘埃落定，可以开始使用重要的方法 Class::getResource 从模块中加载代码清单 5-1 中的各种资源了。第一个重要的发现是，在同一个模块中，每个调用都返回一个 URL 实例，这意味着所有资源都被找到了。你会发现无论模块封装了哪些包都是如此；然而在跨模块边界加载资源时，情况会有所不同。

❑ 默认情况下，包中的资源是被封装的（详细信息参见 5.2.3 节）。

❑ JAR 的根目录或名称无法映射到包的目录（比如 META-INF，这是因为目录名无法包含破折号）中的资源永远不会被封装。

❑ .class 文件永远不会被封装。

❑ 如果资源是被封装的，那么执行 getResource 调用将返回 null。

在大多数访问形式下，资源未被封装的原因可归结为"方便迁移"。Java 生态系统中的许多关键且使用广泛的工具和框架，往往依赖位于 JAR 根目录或 META-INF 目录中的配置（例如，

JPA 实现），或需要扫描 .class 文件（例如，查找带注解的类）。如果默认情况下所有资源都得到封装，那么在同样的默认情况下，这些工具不能与模块一起使用。

同时，对资源进行强封装带来的好处远远少于类型，因此人们决定仅将资源封装在包中。下面看一下如何绕开对资源的封装。

5.2.3   跨越模块边界加载包中资源

只要 `Class::getResource` 或其他类似方法的任务是加载资源，它就会检查路径是否符合包名。简单来说，如果删除路径中的文件名，然后将所有的 "/" 替换为 "."，产生的结果是一个有效的包名，那么资源将从包中加载。

让我们从代码清单 5-1 中选一些代码作为示例。代码 `anchor.getResource("file.txt")` 告诉 JVM 基于类实例 `anchor` 加载资源 `file.txt`。因为该类在本示例中位于 `monitor.resources.opened` 包中，所以从该包中加载资源。

一个反例是 `anchor.getResource("/META-INF/file.txt")`，其中的正斜杠（"/"）表示绝对路径（因此 `anchor` 在哪个包中无关紧要），尝试将其转换为包名将产生 META-INF。这在 Java 中不是一个有效的包名，因此资源不会从包中得到加载。

> **打开包**
>
> 了解 JVM 如何确定资源是否在包中是非常重要的，因为如果资源位于包中，它将受到强封装。此外，exports 语句**不提供**资源访问权限。而且，由于 getResource 使用反射 API，因此需要不同的机制来访问资源。
>
> 到目前为止，本书尚未讨论这种情况，但是，要授予针对资源的访问权限，就需要 opens 语句。从语法上讲，它的工作方式与 exports 完全一样，但是它仅提供对包的反射访问，这使它非常适合上述情况。

关于 opens 指令还有很多东西需要学习，12.2 节将详细讨论，但在这里你需要了解的是，它提供了访问封装包中资源的途径。现在，尝试围绕代码清单 5-1 中加载的资源构建 monitor.resources 模块，以下是模块声明。

```
module monitor.resources {
    exports monitor.resources.exported;
    opens monitor.resources.opened;
}
```

与图 5-2 进行比较，可以看到资源在 3 个包中，即 `encapsulated`、`exported` 和 `opened`。如果运行代码清单 5-2 中的代码会有什么结果？

代码清单 5-2   从具有不同可访问性的包中加载资源

```
URL closed = Class
    .forName("monitor.resources.closed.Anchor")          无法从封装包中
    .getResource("file.txt");                            加载资源
```

```
URL exported = Class
    .forName("monitor.resources.exported.Anchor")
    .getResource("file.txt");         ◀────  无法从导出包中
                                              加载资源
URL opened = Class
    .forName("monitor.resources.opened.Anchor")
    .getResource("file.txt");         ◀────  成功地从打开包
                                              中加载资源
```

执行结果取决于代码所属的模块。如果所属模块是 monitor.resources 模块，则执行成功，因为封装仅在模块边界起作用；如果其他模块运行这些代码，则只有 monitor.resources.opened 包可以得到反射访问。因此，getResource 仅在 opened 情况下返回非空 URL，而在 closed 和 exported 情况下加载资源将返回 null。

代码清单 5-1 中的其他调用——getResource("Anchor.class")、getResource ("/file.txt") 和 getResource("/META-INF/file.txt") 将执行成功，因为它们加载字节码或不在包中的资源。如 5.2.2 节所述，这些都未被封装。

总之，如果想访问某个包中的资源，而这个包属于一个模块，那么必须将这个包打开。

以打开包的方式授予对资源的访问权限会导致其他代码依赖模块的内部结构。为了避免这种情况，请考虑用公有 API 公开加载资源的类型。然后，你可以在内部随意调整资源，而不会破坏其他模块。

提示　如果要避免依赖包含资源的模块，则可以改为创建服务。第 10 章将介绍服务，使用它访问资源将非常简单。幸好，有一份文档很好地讲解了它的使用方法，因此这里就不再进行重复讲解了。请查看 ResourceBundleProvider 的 Javadoc，但参考 Java 10 或以上版本的文档。尽管它的工作方式与 Java 9 相同，但其文档更清晰。

5.3　调试模块及模块化应用程序

模块系统解决了复杂的问题，并具有宏大的目标。我认为它效果很好，其使简单的用例简单易用。但不要自欺欺人，这套系统的运行原理相当复杂，出错并不奇怪。当你进入本书的后两个部分，即探讨模块系统的迁移及其更高级的功能时更是如此。在这种情况下，窥视一下模块系统的内部工作原理将很有帮助。幸好，它提供了以下几种方法来做到这一点：

❑ 分析和验证模块；
❑ 测试构建模块图；
❑ 检查可见模块全集；
❑ 在解析过程中排除模块；
❑ 日志记录模块系统行为。

后文各节会对它们进行逐个介绍。

5.3.1　分析单个模块

你已经看到 jmod describe 展示了 JMOD 的模块属性（参见 3.1.1 节），jar --describe-module 也对 JAR 执行了类似的操作（参见 4.5.2 节）。这些都是检查单个工件的好方法。另一种稍有不同的方式是在 java --describe-module 后附加了模块名称，此选项打印相应工件的路径以及模块描述符。模块系统不执行任何其他操作，既不解析模块也不启动应用程序。

因此，jmod describe 和 jar --describe-module 操作工件，而 java --describe 操作模块。尽管在不同情况下它们的便利程度不同，但最终的输出是相似的。

再次转向 ServiceMonitor，你可以使用--describe-module 查看其模块以及平台模块的描述符。

```
$ java
    --module-path mods
    --describe-module monitor.observer

> monitor.observer file:...monitor.observer.jar
> exports monitor.observer
> requires java.base mandated

$ java
    --module-path mods
    --describe-module java.sql

> java.sql@9.0.4
> exports java.sql
> exports javax.sql
> exports javax.transaction.xa
> requires java.base mandated
> requires java.logging transitive
> requires java.xml transitive
> uses java.sql.Driver
```

5.3.2   验证模块集

研究单个模块对分析已知问题非常有用。但是未知问题呢？模块路径是否有重复的模块？是否有模块会造成包分裂？

java 选项--validate-modules 会扫描模块路径中的错误。它会报告重复的模块和分裂的包，但不会生成模块图，因此无法发现缺少的模块或循环依赖。在执行检查后，java 退出。

此示例创建了一个 monitor.rest 模块，与 monitor.observer 一样，其中包含 monitor.observer 包。验证模块的结果如下。

```
$ java
    --module-path mods
    --validate-modules

# 省略了标准化 Java 模块
# 省略了非标准化 JDK 模块
> file:.../monitor.rest.jar monitor.rest
> file:.../monitor.observer.beta.jar monitor.observer.beta
```

```
> file:.../spark.core.jar spark.core
> file:.../monitor.statistics.jar monitor.statistics
> file:.../monitor.jar monitor
> file:.../monitor.observer.jar monitor.observer
>     contains monitor.observer conflicts with module monitor.rest
> file:.../monitor.persistence.jar monitor.persistence
> file:.../monitor.observer.alpha.jar monitor.observer.alpha
> file:.../hibernate.jpa.jar hibernate.jpa
```

输出首先列出了所有没有错误的 JDK 模块，然后继续处理应用程序模块。它列出了扫描过的 JAR 文件和在其中发现的模块以及 monitor.rest 和 monitor.observer 之间的包分裂问题。

5.3.3　验证模块图

借助 `--dry-run` 选项，JVM 执行了完整的模块解析，包括构建模块图和验证配置的可靠性，但在执行 `main` 函数之前该过程就停止了。这听起来可能并不是特别有用，但我发现它确实有用。在有错误的命令中使用 `--dry-run` 可以防止应用程序启动，而不会更改任何内容。在排除错误后，命令会执行成功并退出，你会返回到命令行。这使你能够快速检验命令行选项，直至得到正确结果，而不需要不断地启动和中止应用程序。

作为错误命令的示例，下面将尝试在没有模块路径的情况下启动 ServiceMonitor。不出预料，启动失败，因为没有应用程序模块的搜索路径模块系统就无法找到初始模块 monitor。

```
$ java --module monitor

> Error occurred during initialization of boot layer
> java.lang.module.FindException:
>     Module monitor not found
```

添加 `--dry-run` 选项不会改变任何内容。

```
$ java --dry-run --module monitor

> Error occurred during initialization of boot layer
> java.lang.module.FindException:
>     Module monitor not found
```

下面是一条可以正常工作的命令。

```
$ java
    --module-path mods:libs
    --dry-run
    --module monitor
```

该命令没有任何输出。由于命令正确且模块系统运行正常，因此它在模块解析后退出，没有返回任何信息。

根据 5.1.2 节的内容，`--dry-run` 必须放置在 `--module` 之前，哪怕这样的顺序看起来令人不快。这里给专业人士提个醒：如果你使用自定义类加载程序、自定义安全管理器或代理，那么即使使用了 `--dry-run` 它们也照样会启动。

5.3.4　列出可见模块及其依赖

你已经使用过 3.1.1 节中的选项--list-modules，即通过 java --list-modules 列出当前运行时的所有平台模块。更好地理解模块系统的工作原理，可以让你超越上述内容。

1. 列出可见模块全集

--list-modules 选项可以列出可见模块全集。模块系统不执行任何其他操作，既不解析模块，也不启动应用程序。

如 3.1.4 节所述，可见模块全集由平台模块（运行时中的模块）和应用程序模块（模块路径上的模块）组成。在解析期间，从该集合中选取模块生成模块图。应用程序永远不能包含--list-modules 未列出的模块。（但请注意，许多可见模块很可能不在图中，这是因为任何根模块都没有直接或传递地依赖它们。）

在调用 java --list-modules 时，JVM 列出可见模块全集。由于没有指定模块路径，因此只有运行时的平台模块会被打印。

请看一个稍稍重要些的示例。列出 ServiceMonitor 应用程序的 mod 和 libs 目录中的模块。

```
$ java
    --module-path mods:libs
    --list-modules

> spark.core
# 省略了 Spark 依赖
# 省略了标准化 Java 模块
# 省略了非标准化 JDK 模块
> monitor
> monitor.observer
> monitor.observer.alpha
> monitor.observer.beta
> monitor.persistence
> monitor.rest
> monitor.statistics
> hibernate.jpa
# 省略了 Hibernate 依赖
```

如果在常规的 JDK 安装中执行，那么输出将非常多，因为它列出了大约 100 个平台模块。它包含模块路径上的所有模块。总之，这些对于查看可以从哪些模块构建模块图非常有用，但也容易导致"一叶障目，不见泰山"。不过，有一种方法可以将输出限制在一个合理的子集中，接下来将进行研究。

2. 列出传递依赖

可见模块长长的列表有一个有趣的子集，这就是初始模块的传递依赖。幸好，你可以通过选项--limit-modules 将长列表缩短为该子集。下文马上就会解释它的工作原理。现在请相信我，当我将它与--list-modules 选项一并提及时，你可以用它来打印任何给定模块的所有传递依赖的列表。

以下是用一些平台模块做的实验。

```
$ java --limit-modules java.xml --list-modules

> java.base
> java.xml
$ java --limit-modules java.sql --list-modules

> java.base
> java.logging
> java.sql
> java.xml
$ java --limit-modules java.desktop --list-modules

> java.base
> java.datatransfer
> java.desktop
> java.prefs
> java.xml
```

你可以看到 java.xml 仅依赖于 java.base，SQL 模块使用日志和 XML 功能，甚至会看到尽管 Java.desktop 包括 AWT、Swing、某些媒体 API 和 JavaBeans API，但它只有少量依赖（尽管原因并不重要——它是一个包含**很多**功能的复杂模块）。

你也可以使用此方法检查应用程序模块。一旦应用程序发展到包含许多模块，这将变得特别有用，因为人们很快就会难以记住所有模块。

再次查看 ServiceMonitor 并检查其中一些模块的依赖。

```
$ java
    --module-path mods:libs
    --limit-modules monitor.statistics
    --list-modules

> java.base
> monitor.observer
> monitor.statistics
$ java
    --module-path mods:libs
    --limit-modules monitor.rest
    --list-modules

> spark.core
# 省略了 Spark 依赖
> java.base
> monitor.observer
> monitor.rest
> monitor.statistics
```

组合使用 --limit-modules 和 --list-modules 后可以看到，monitor.statistics 仅依赖于 monitor.observer（无所不在的基础模块），并且 monitor.rest 引入了 Spark 的所有依赖。

现在是时候看下 --limit-modules 的工作原理了。

5.3.5   在解析过程中排除模块

你刚刚使用--limit-modules 来减少--list-modules 的输出，它是如何工作的？鉴于
--list-modules 会打印可见模块全集，--limit-modules 显然对它的输出进行了限制。并且，
由于可以使用它查看某个模块所有的传递依赖，因此模块系统必须对这些选项进行评估。总的来
说，这两个观察结果基本说明了这个选项的功能。

选项--limit-modules ${modules}接受由逗号分隔的模块名称列表，它限定了特定模块
的可见模块全集及其传递依赖。如果--add-modules（参见 3.4.3 节）或--module（参见 5.1
节）选项与--limit-modules 一起使用，那么这两个选项指定的模块会变得可见，但**它们的依
赖并不可见**！

模块系统评估该选项的步骤如下。

(1) 从--limit-modules 指定的模块开始，JPMS 确定其所有传递依赖，这符合 3.2.1 节中
关于可靠配置的要求。

(2) 如果使用--add-modules 或--module 选项，那么 JPMS 将添加相应模块（但不添加其
依赖）。

(3) PMS 将生成的集合作为可见模块全集，在随后的步骤（如列出模块或启动应用程序）中
使用。

下面使用--limit-modules 进行一些实验，以说明它的工作原理。首先，列出 monitor.rest
的所有传递依赖。

```
$ java
    --module-path mods:libs
    --limit-modules monitor.rest
    --list-modules

> java.base
# 为了简化输出
# 文件路径会从中省略
> monitor.observer
> monitor.rest
> monitor.statistics
> spark.core
```

然后，回看图 2-4，检查这些依赖项是否正确。如果现在尝试启动应用程序，会发生什么？
为此你必须用--module monitor 替换--list-modules 选项。

```
$ java
    --module-path mods:libs
    --limit-modules monitor.rest
    --module monitor

> Error occurred during initialization of boot layer
> java.lang.module.FindException:
>     Module monitor.persistence not found,
>     required by monitor
```

此结果展示了--limit-modules 的工作原理的两个方面。

❏ 使用--module 选项让指定的初始模块变得可见（否则会出现找不到 monitor 模块的异常）。

❏ 初始模块的依赖均不可见（否则应用程序将启动）。

--add-modules 也是如此，因此添加 add-modules monitor.persistence 后，可以期望看到以下效果。

❏ 由于现在 monitor.persistence 是可见的，因此与之相关的错误应该消失。

❏ 由于其依赖 hibernate.jpa 是不可见的，因此预期会出现相应错误。

下面试一下。

```
$ java
    --module-path mods:libs
    --limit-modules monitor.rest
    --add-modules monitor.persistence
    --module monitor

> Error occurred during initialization of boot layer
> java.lang.module.FindException:
>     Module monitor.observer.alpha not found,
>     required by monitor
```

图 5-3 对这个例子进行了详细展示。

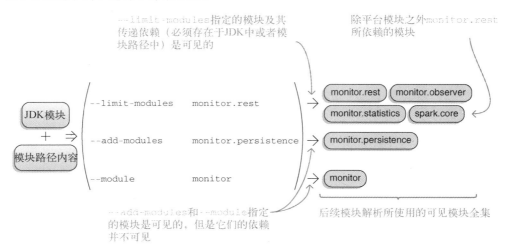

图 5-3 --limit-modules 选项在模块解析之前生效

可恶，因为 observer 的实现也丢失了，所以你不可能找到 Hibernate。幸好，这可以通过增加更多的--add-modules 选项来解决。

```
$ java
    --module-path mods:libs
```

```
    --limit-modules monitor.rest
    --add-modules monitor.persistence,
        monitor.observer.alpha,monitor.observer.beta
    --module monitor

> Error occurred during initialization of boot layer
> java.lang.module.FindException:
>     Module hibernate.jpa not found,
>     required by monitor.persistence
```

这样就成功了！

在前面的小节中，你通过可见模块全集列出了所有被引用的模块，进而有效地打印出了一些模块的传递依赖，但这并不是--limit-modules 的唯一用例。第 10 章在讨论服务的时候，会添加更多用例。

5.3.6   通过日志信息观察模块系统

最后，了解一下调试的"灵丹妙药"：日志信息。任何情况下在一个系统出错时直接查看出错的位置（不论什么样的错误）都很难定位问题的根源。这时候应该检查一下日志。

你有可能正面对一个非常罕见的问题。要解决这类问题，了解提取日志和相关信息的方法，以及日志在正常情况下的应有状态会非常有帮助。本节不会讨论如何修复某个具体的问题，而会为你介绍一些有助于实践的工具。

模块系统撰写日志的机制有两种，一种配置起来比较简单，另一种则相对复杂：

❑ 解析器诊断信息；

❑ JVM 联合日志。

以上两种机制本节都会介绍，先从简单的开始。

1. 模块解析期间诊断信息

借助--show-module-resolution 选项，模块系统会在模块解析期间打印信息。下面是在使用这个选项时启动 ServiceMonitor 应用程序得到的输出。它展示了根模块（本例中只有一个）、作为依赖被加载的模块，以及这个被加载的模块是谁的依赖。

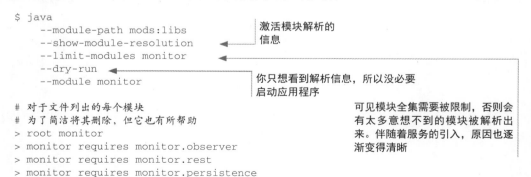

```
$ java
    --module-path mods:libs                 激活模块解析的
    --show-module-resolution                信息
    --limit-modules monitor
    --dry-run                  你只想看到解析信息，所以没必要
    --module monitor            启动应用程序

# 对于文件列出的每个模块            可见模块全集需要被限制，否则会
# 为了简洁将其删除，但它也有所帮助      有太多意想不到的模块被解析出
> root monitor                        来。伴随着服务的引入，原因也逐
> monitor requires monitor.observer    渐变得清晰
> monitor requires monitor.rest
> monitor requires monitor.persistence
```

```
> monitor requires monitor.observer.alpha
> monitor requires monitor.observer.beta
> monitor requires monitor.statistics
> monitor.rest requires spark.core
> monitor.rest requires monitor.statistics
> monitor.persistence requires hibernate.jpa
> monitor.persistence requires monitor.statistics
> monitor.observer.alpha requires monitor.observer
> monitor.observer.beta requires monitor.observer
> monitor.statistics requires monitor.observer
# 省略了 Spark 依赖
# 省略了 Hibernate 依赖
```

从模块系统中提取解析器的诊断信息非常简单，但该过程不支持定制化。因此，是时候转向更复杂但也更强大的机制了。

2. 使用 JVM 联合日志探索 JPMS

Java 9 引入了一个联合日志架构，用它处理了大量 JVM 生成的信息。附录 C 对此进行了介绍，并解释了配置方法。如果你之前没有使用过它，那么建议你先了解一下。

了解了日志机制及其配置，你就可以进一步了解模块系统的工作原理了。下面的例子都通过已知的命令启动 ServiceMonitor 应用程序，并使用 --dry-run 避免其真正执行。

```
$ java
    --module-path mods:libs
    --dry-run
    --module monitor
```

输出片段仅展示了 -Xlog 配置，它附加在上面的命令上，用于定义输出信息。为了减少噪声，突出重点，本示例移除了所有标签，并进行了手动编辑。真实的日志中包含的信息远不止于此。

根据附录 C 中的建议查看 -Xlog:help，看见了 module 标签，而这看上去很有帮助。因此，借助 module* 获取所有带有此标签的日志。

```
# -Xlog:module*

# 此处省略了很多模块
> java.base location: jrt:/java.base
> jdk.compiler location: jrt:/jdk.compiler
> spark.core location: file://...
> monitor.persistence location: file://...
> monitor.observer location: file://...
> monitor location: file://...
> monitor.rest location: file://...
> Phase2 initialization, 0.0977682 secs
```

此处，模块系统列出了已经加载的模块，包括所有相关的平台模块和 monitor.* 模块及其依赖。现在，加入调试信息，查看更多细节。

```
# -Xlog:module*=debug

# Argh! About 1500 lines of log messages
```

这个命令的输出比较多，但是仔细查看就会发现它并不复杂。并且，你将有机会看到模块系统工作中的一些细节。所以来浏览一下吧！

模块系统首先处理的是无名模块，这很有趣。它在很大程度上仍然非常神秘（参见 8.2 节）。然后是基础模块，如 3.1.4 节所述，所有其他模块都依赖于它，因此，早早定义它非常正常。

```
> recording unnamed module for boot loader
> java.base location: jrt:/java.base
> Definition of module: java.base
```

接下来，创建所有可见模块。

```
> jdk.compiler location: jrt:/jdk.compiler
> creation of module: jdk.compiler
> jdk.localedata location: jrt:/jdk.localedata
> creation of module: jdk.localedata
> monitor.observer.alpha location: file://...
> creation of module: monitor.observer.alpha
# 许多其他模块在此被创建
```

创建了所有模块后，模块系统处理它们的描述符，根据定义在其中添加可读性边和包导出。

```
> Adding read from module java.xml to module java.base
> package com/sun/org/apache/xpath/internal/functions in module java.xml
>     is exported to module java.xml.crypto
> package javax/xml/datatype in module java.xml
>     is exported to all unnamed modules
> package org/w3c/dom in module java.xml
>     is exported to all unnamed modules
> Adding read from module monitor.statistics to module monitor.observer
> Adding read from module monitor.statistics to module java.base
> package monitor/statistics in module monitor.statistics
>     is exported to all unnamed modules
```

如你所见，它用 "to module ..."（向模块……）这样的措辞来描述包导出，并且有时它的值甚至不为 "all unnamed modules"（所有无名模块）。这是为什么呢？11.3 节将对其进行讲解，此时你仅需知道包导出得到了处理即可。

好了，最后一条信息是你之前见过的，它在演示退出前显示。

```
> Phase2 initialization, 0.1048592 secs
```

如果更进一步，将日志级别调整为 trace，那么你将面对几千条信息，但是其中没有太多新的内容。你仅会看到随着每个类被加载，模块系统记录该类属于哪个包、哪个模块，并完成对包的定义，进而完成相应模块的创建。

如果去除 --dry-run 选项并执行应用程序，你并不会看到太多额外的信息。在 debug 级别，不会有新的信息；在 trace 级别，你仅会看到一些嵌套类是如何被关联到已有的包中的。

注意　你也许想知道这些是否都发生在一个单独的线程中，答案是肯定的。可以通过用 `-Xlog:module*=debug:stdout:tid` 打印线程 ID 来验证。所有的模块及相关操作都会显示同一个 ID。

现在，你了解了如何配置日志以及日志应该什么样子。当某个模块化应用程序没有按照预期工作，并且其他方法无法给出有效的分析时，日志将是一个十分有效且非常方便的诊断工具。

5.4　Java 虚拟机选项

就像编译器和归档器，虚拟机通过一系列新的命令行选项来与模块系统交互。方便起见，本节把它们列在了表 5-1 中。你也可以在 Oracle 的网页上查看官方文档。

表 5-1　按字母顺序排列的所有与模块相关的虚拟机（`java` 命令）选项。以下描述基于官方文档，引用指向本书中进行详细介绍的章节

选　　项	描　　述	引　　用
`--add-exports`	使模块导出额外的包	11.3.4 节
`--add-modules`	定义除初始模块外的其他根模块	3.4.3 节
`--add-opens`	使模块开放额外的包	12.2.2 节
`--add-reads`	在模块间添加可读边	3.4.4 节
`--describe-module`、`-d`	显示模块名、依赖、导出、包等信息	5.3.1 节
`--dry-run`	启动虚拟机但在执行 main 函数前退出	5.3.3 节
`--illegal-access`	指定如何处理从类路径到 JDK 内部 API 的访问	7.1.4 节
`--limit-modules`	限定可见模块全集	5.3.5 节
`--list-modules`	列出所有可见模块	5.3.4 节
`--module`、`-m`	指定初始模块并启动它的主类	5.1 节
`--module-path`、`-p`	指定搜索应用程序模块的位置	3.4 节
`--patch-module`	在编译过程中用类扩展已有模块	7.2.4 节
`--show-module-resolution`	打印模块解析的信息	5.3.6 节
`--upgrade-module-path`	指定可升级模块的位置	6.1.3 节
`--validate-modules`	扫描模块路径中的错误	5.3.2 节

除了可以在命令行中使用这些选项，你也可以在可执行 JAR 的 manifest 文件中指定部分选项，在 `java` 命令读取的某个环境变量中定义它们，或者将它们放入一个参数文件并传递给正在启动的 JVM。9.1.4 节将解释以上所有方式。

现在你已经到达了第二座里程碑以及第一部分的结尾，掌握了模块系统的基础。如果有机会，请花些时间将所学的内容进行实践——创建自己的演示程序，或者用 ServiceMonitor 做些实验。接下来学习哪些内容取决于你的兴趣。如果你有想迁移到 Java 9 及以上版本的项目，并且有兴趣将其模块化，请阅读第二部分；如果你对学习模块系统的其他特性感兴趣，请阅读第三部分。

5.5   小结

- 初始模块用--module 定义。如果它定义了主类，就可以直接启动应用程序；否则，还需要在模块名后添加一个完全限定类名，并用斜杠分隔。
- 确保在-module 选项前列出所有 JVM 选项，否则它们会被当作应用程序参数，不会对模块系统产生作用。
- 可见模块可以通过--list-modules 列出。当你需要进行调试或者想查看哪个模块可以解析时，这个选项会非常有用。
- 如果使用了--limit-modules，那么可见模块全集只包含指定的模块及其传递依赖，这可以缩小解析过程中的可见模块的范围。它与--list-modules 相结合，可以很好地检查模块的传递依赖。
- --add-modules 选项可用来在初始模块的基础上定义额外的根模块。如果一个模块没有被引用（例如，只通过反射访问），就必须借助--add-modules 来确保它出现在模块图中。
- 使用--dry-run 选项启动 JVM，可以让模块系统处理相关配置（模块路径、初始模块等）并构建模块图，但是在调用 main 函数前退出。这样不需要启动应用程序就可以对配置进行验证。
- 模块系统通过简单的--show-module-resolution 选项或是更加复杂的-Xlog:module* 选项打印各种日志信息。它们可以帮助分析模块系统如何绘制模块图，进而帮助人们进行故障排除。
- 从模块加载资源和从 JAR 加载资源的工作机制非常相似，但是这里有两个例外，即非.class 文件的资源以及位于其他模块的包中的资源（相反的例子是 JAR 的根目录或者 META-INF 目录）。默认情况下它们是被封装起来的，因此无法访问。
- 借助 opens 指令，模块可以让包通过反射得到访问，从而开放其中的资源，允许其他模块加载它们。遗憾的是，这个方案会使其他代码对模块的内部结构产生依赖。
- 在加载资源时，默认使用 Class 类中的 getResource 和 getResourceAsStream 方法，或使用新的 java.lang.Module 类中的相应方法。ClassLoader 里面的方法已经不再实用。

Part 2

改写现实世界中的项目

本书第一部分探索了模块系统的基础，以及编译、打包和运行模块化应用程序的方法。除讲述相关机制外，还展示了如何组织和开发未来的 Java 项目。

但是现有项目呢？你一定想让它们在 Java 9 或更高的版本中运行，甚至作为模块运行。第二部分介绍了具体的实现方式。

第一步，对于因 Java 8 生命周期结束或不想支付技术支持费用而无法停留在 Java 8 上的代码库而言，在 Java 9 及以上版本中编译和运行项目是必须的。而第二步，将项目的工件转换为模块化 JAR 是可选的，并且可以慢慢实现。

第 6 章和第 7 章专注于迁移到 Java 9 的话题。这两章介绍如何在不创建任何模块的情况下，让非模块化、基于类路径的项目在最新的 Java 版本中运行。接下来，第 8 章介绍了可以将项目增量模块化的一些特性。第 9 章则针对如何利用第 6 章到第 8 章的知识迁移你的项目并将其模块化，提供了一些战略性的建议。

我建议按顺序阅读这些章节，但是如果你想在需要时再学习技术细节，那么可以从第 9 章开始。或者，你也可以先阅读最有可能遇到的挑战：对 JEE 模块的依赖（参见 6.1 节）以及 JDK 内部实现（参见 7.1 节）。

这一部分没有提供具体的示例。代码库 github.com/CodeFX-org/demo-java-9-migration 中包含 ServiceMonitor 应用程序的一个变体，要使它在 Java 9 及以上版本中运行，你需要解决其中的许多问题。试一下吧！

迁移到 Java 9 及以上版本的兼容性挑战

本章内容
- 为什么 JEE 模块被弃用并且默认不会被解析
- 编译和运行依赖于 JEE 模块的代码
- 为什么到 `URLClassLoader` 的类型转换会失败
- 理解新的 JDK 运行时镜像布局
- 替换已被删除的扩展机制、授权标准覆盖机制以及启动类路径选项

本章和第 7 章将讨论在将现有代码库迁移到 Java 9 及以上版本时要面对的兼容性挑战。这两章不会创建任何模块,因为它们讨论的是在最新的 Java 版本上构建和运行现有项目。

为什么迁移到 Java 9 及以上版本需要用整整两章来讲述?难道不能直接安装最新的 JDK 并且期望一切照常工作吗?难道 Java 不能向后兼容吗?能,但是这只在你的项目(及其依赖)仅依赖于未被弃用的、标准化的、文档化的行为时才成立。这仅仅是一种**假设**,并且事实上由于缺乏强制性,广大的 Java 社区已经偏离了这个航向。

如本章所述,模块系统造成了 Java 的一些特性被弃用,另一些特性被删除,并且它的一些内部实现有所改变。

- 包含 JEE API 的模块被弃用,并且需要手动解析依赖(参见 6.1 节)。
- 应用程序类加载器(也称系统类加载器)不再是 `URLClassLoader`,这破坏了一些强制类型转换(参见 6.2 节)。
- Java 运行时镜像(JRE 和 JDK)的目录布局进行了较大的改造(参见 6.3 节)。
- 一系列机制被删除,比如紧凑型配置、授权标准覆盖机制等(参见 6.4 节)。
- 一些细节也被改变,比如不再将单下划线作为标识符(参见 6.5 节)。

当然,这还不是全部。第 7 章将讨论两个额外的挑战(内部 API 和包分裂)。之所以单独用一章来讨论它们,是因为在完成项目迁移后,人们很有可能在非 JDK 模块中再次遇到这些问题。

综合来看,这些挑战影响了一些库、框架、工具、技术,甚至是代码。所以非常遗憾,升级到 Java 9 及以上版本并不总是个简单的任务。总的来说,项目越大、越老,完成迁移所费的工夫

就越多。再次强调，这通常非常值得花时间，因为这是一个偿还技术债，将代码变得更加整洁的绝好机会。

　　完成本章和第 7 章后，你将了解升级到 Java 9、Java 10、Java 11 甚至更高版本的挑战。针对任何一个应用程序，你将有能力对需要完成的工作进行判断，并可以在所有依赖都就位的情况下，让它在最新的版本上运行。你也将为第 9 章做好准备，第 9 章将讨论迁移至 Java 9 及以上版本的策略。

关于类路径

第 8 章将详细讨论如何在模块化 JDK 上运行非模块化代码，现在你仅需了解以下几点。

❑ 类路径的工作方式不变。在迁移到 Java 9 及以上版本的过程中，你将继续使用类路径而不是模块路径。

❑ 即便这样，模块系统也处于工作状态，例如进行模块解析。

❑ 因为类路径中的代码会自动读取大部分模块（但并不是全部，参见 6.1 节），所以它们不需要任何配置就在编译时或运行时可用。

6.1　使用 JEE 模块

　　许多 Java SE 代码与 Java EE/Jakarta EE（下文将两者缩写为 JEE）相关，我们立刻能想到的有 CORBA、Java Architecture for XML Binding（JAXB）和 Java API for XML Web Services（JAX-WS）。这些 API 与其他 API 属于表 6-1 中列出的模块。很遗憾，这并不是一个简短的旁注可以解释清楚的。当你试着编译或运行一些代码，而这些代码所依赖的类属于这些模块时，模块系统会报告模块图中缺失这些模块。

表 6-1　6 个 JEE 模块。描述援引自官方文档

模 块 名	描 述	包
java.activation	定义 JavaBeans Activation Framework（JAF）API	`javax.activation`
java.corba	定义 Java 开放管理组（OMG）绑定 CORBA API 和 RMI-IIOP API	`javax.activity`、`javax.rmi`、`javax.rmi.CORBA`、`org.omg.*`
java.transaction	定义一部分 Java Transaction API（JTA）以支持 CORBA 互操作	`javax.transaction`
java.xml.bind	定义 JAXB API	`javax.xml.bind.*`
java.xml.ws	定义 JAX-WS 和网络服务元数据（Web Services Metadata）API	`javax.jws`、`javax.jws.soap`、`javax.xml.soap`、`javax.xml.ws.*`
java.xml.ws.annotation	定义一部分通用注解（Common Annotations）API 以支持程序运行于 Java SE 平台	`javax.annotation`

这是在 Java 9 中对某个类进行编译时所遇到的编译错误。该类使用了 java.xml.bind 模块中的
JAXBException。

```
> error: package javax.xml.bind is not visible
> import javax.xml.bind.JAXBException;
>                       ^
>     (package javax.xml.bind is declared in module java.xml.bind,
>      which is not in the module graph)
> 1 error
```

如果让它通过编译却忘了告知运行时，你将得到 NoClassDefFoundError。

```
> Exception in thread "main" java.lang.NoClassDefFoundError:
>         javax/xml/bind/JAXBException
>     at monitor.Main.main(Main.java:27)
> Caused by: ClassNotFoundException:
>         javax.xml.bind.JAXBException
>     at java.base/BuiltinClassLoader.loadClass
>         (BuiltinClassLoader.java:582)
>     at java.base/ClassLoaders$AppClassLoader.loadClass
>         (ClassLoaders.java:185)
>     at java.base/ClassLoader.loadClass
>         (ClassLoader.java:496)
>     ... 1 more
```

发生了什么？为什么标准化的 Java API 对于类路径中的代码不可用？如何解决这个问题？

6.1.1   为什么 JEE 模块很特殊

Java SE 包含一些由**授权标准**以及**独立技术**构成的包。这些技术是在 Java Community Process
（JCP）之外开发的，这通常是因为它们依赖于由其他组织监管的标准。相关的例子如由万维网联
盟（W3C）和 Web Hypertext Application Technology Working Group（WHATWG）开发的文档对
象模型（DOM），以及 Simple API for XML（SAX）。

由于历史原因，Java 运行时环境（JRE）发布时带有这些技术的实现，但是用户可以在 JRE
之外单独升级它们。这可以通过**授权标准覆盖机制**（参见 6.5.3 节）来实现。

类似地，应用程序服务器经常通过提供自己的实现来扩展或升级 CORBA、JAXB 或者
JAX-WS API，以及（java.activation 中的）JAF 或者（java.transaction 中的）JTA。最终，java.xml.
ws.annotation 模块包含了 javax.annotation 包。它经常被不同的 JSR 305 实现扩展，后者因
其与 null 相关的注解而闻名。

在上述对随 Java 发布的 API 进行扩展或替换的例子中，有一个技巧是使用完全相同的包名
或类名，这样，这些类就会从外部 JAR 而非内建的 JAR 中加载。用模块系统的术语来说，这叫
作**包分裂**，即同一个包被拆分到不同的模块中，或者拆分到模块和类路径中。

包分裂的终结

　　包分裂在 Java 9 及以上版本中不再可用。7.2 节将讨论相关细节，目前仅需了解在类路径中，随 Java 发布的包中的类是不可见的。

　□ 如果 Java 包含了一个具有相同完全限定名的类，它将被加载。

　□ 如果该包的 Java 内建版本不包含所需要的类，那么不论该类是否存在于类路径中，结果都会是编译错误或者刚刚展示的 `NoClassDefFoundError`。

　　这是所有模块中所有包的通用机制：在模块和类路径之间将它们分裂会让类路径部分不可见。与其他模块不同，这 6 个 JEE 模块的独特之处是，它们通常使用包分裂的方式进行扩展或升级。

　　为了让应用程序服务器和类似 JSR 305 实现的库在不需要大量配置的情况下继续工作，人们不得不妥协：针对类路径中的代码，Java 9 和 Java 10 默认不会解析 JEE 模块，这意味着它们不会被放入模块图，因此这些 JEE 模块是不可用的（未解析模块参见 3.4.3 节、类路径场景的细节参见 8.2.2 节）。

　　这在自身实现了 JEE API 的应用程序中效果很好，但在依靠 JDK 内建版本的应用程序中不怎么样。在不做进一步配置的情况下，类路径中的代码如果使用了那 6 个 JEE 模块所提供的类型，将无法编译和运行。

　　为了解决这个难题，并且恰当地将 Java SE 和 JEE 分开，Java 9 弃用了这些模块，Java 11 则删除了它们。随着它们的删除，像 `wsgen` 和 `xjc` 这样的命令行工具也不再同 JDK 一起发布。

6.1.2　人工解析 JEE 模块

　　当由于缺少 JEE API 而遇到编译时或运行时错误，或者 JDeps 分析（参见附录 D）显示应用程序依赖于 JEE 模块时，该怎么办？可以采用以下 3 种方法。

　□ 如果你的应用程序在应用程序服务器中运行，它会提供这些 API 的实现，此时你应该不会遇到运行时错误。这与设置有关，你也许需要修复构建错误——虽然另外两个方案也需如此。

　□ 选择相关 API 的第三方实现，将其作为依赖添加到项目中。由于 JEE 模块在默认情况下不会得到解析，因此编译时和运行时可以正常使用这些第三方实现。

　□ 在 Java 9 和 Java 10 中，用 `--add-modules` 选项添加平台模块（参见 3.4.3 节）。因为 Java 11 删除了 JEE 模块，所以这个办法不适用于 Java 11。

　　本节最开始的例子尝试使用 java.xml.bind 模块中的 `JAXBException`。下面展示了如何通过 `--add-modules` 选项让这个模块对编译可用。

```
$ javac
    --class-path ${jars}
    --add-modules java.xml.bind
    -d ${output-dir}
    ${source-files}
```

代码完成编译和打包后，为方便执行，你需要再次添加这个模块。

```
$ java
  --class-path ${jars}
  --add-modules java.xml.bind
  ${main-class}
```

如果依赖于一些 JEE API，添加 java.se.ee 模块会比逐个添加单个模块简单一些。它让所有 6 个 JEE 模块全部可用，将事情简化。（它是如何让这些模块可用的？可以参见 11.1.5 节。）

 要点 建议你认真考虑将必要 API 的第三方实现添加为项目的常规依赖，以替代 --add-modules。9.1.4 节将讨论使用命令行选项的缺点，所以在沿着这条路继续向前之前，请先阅读这一节。同时，由于 Java 11 删除了 JEE 模块，因此你早晚会需要一个第三方实现。

只有非模块化代码才需要人工添加 JEE 模块。一旦代码被模块化，JEE 模块就不再特别：你可以像对待任何其他模块一样对它们进行依赖，它们也会像其他模块一样被解析，至少在被删除之前是这样。

第三方 JEE 实现

比较和讨论各个 JEE API 的第三方实现会过度偏离模块系统这一主题，所以本书不会这样做。但是，JEP 320 和 Stack Overflow 的官方网站列出了一些选项。

6.1.3 JEE 模块的第三方实现

也许你一直在使用授权标准覆盖机制来更新标准和独立技术。你也许会好奇，在使用模块后，这个机制发生了什么变化。正如你可能已经猜到的，它被删除了并被新事物取代。

编译器和运行时都提供 --upgrade-module-path 选项，用于接受一个目录列表。该目录列表的格式与模块路径的参数相同。模块系统在创建模块图时，会在这些目录中查找工件并用它们替换可升级模块。6 个 JEE 模块永远可以升级。

- java.activation
- java.corba
- java.transaction
- java.xml.bind
- java.xml.ws
- java.xml.ws.annotation

JDK 的供应商会使更多模块可升级。例如在 Oracle JDK 上，java.jnlp 模块就是如此。此外，通过 jlink 链接到模块图的应用程序模块也始终是可升级的（详细信息参见 14.2.1 节）。

在升级模块路径上，JAR 不必是模块化的。如果缺少模块描述符，它们将被转换为自动模块（参见 8.3 节），并且仍然可以替换 Java 模块。

6.2　转化为 `URLClassLoader`

在 Java 9 或更高版本上运行项目时，可能会遇到类似下面示例的类转换异常。示例中，JVM抱怨无法将 `jdk.internal.loader.ClassLoaders.AppClassLoader` 的 实 例 转 化 为 `URLClassLoader`。

```
> Exception in thread "main" java.lang.ClassCastException:
>     java.base/jdk.internal.loader.ClassLoaders$AppClassLoader
>     cannot be cast to java.base/java.net.URLClassLoader
>         at monitor.Main.getClassPathContent(Main.java:46)
>         at monitor.Main.main(Main.java:28)
```

getClass 返回的类加载器
是一个 `AppClassLoader`

`AppClassLoader` 不扩展 `URLClassLoader`，
因此类型转换失败

上述新类型是什么？为什么代码无法运行？下面找找原因。在此过程中，你将了解 Java 9 如何通过改变类加载行为提高启动性能。因此，即使你在项目中没有遇到此类问题，它仍然是你强化 Java 知识的绝佳机会。

6.2.1　应用程序类加载器的变化

在所有 Java 版本中，**应用程序类加载器**（通常称为**系统类加载器**）是 JVM 用于运行应用程序的三个类加载器之一。它加载不需要任何特殊权限的 JDK 类以及所有应用程序类（除非应用程序使用自己的类加载器，在这种情况下，本节所述内容都不适用）。

可 以 调 用 `ClassLoader.getSystemClassLoader()` 或 者 在 某 个 类 的 实 例 上 调 用 `getClass().getClassLoader()` 方法，访问应用程序类加载器。这两种方法都承诺返回 `ClassLoader` 类型的实例。在 Java 8 及之前的版本中，应用程序类加载器是 `URLClassLoader` 类型，它是 `ClassLoader` 的一个子类型。因为 `URLClassLoader` 提供了一些方便的方法，所以人们通常将实例转化为这个类。可以参考代码清单 6-1 中的例子。

代码清单 6-1　将应用程序类加载器转化为 `URLClassLoader`

```
private String getClassPathContent() {
    URLClassLoader loader =
        (URLClassLoader) this.getClass().getClassLoader();
    return Arrays.stream(loader.getURLs())
        .map(URL::toString)
        .collect(joining(", "));
}
```

获得应用程序类加载器并将其
转化为 `URLClassLoader`

`ClassLoader` 中不存在 `getURLs` 方法，
这就是要进行类型转换的原因

如果没有模块作为 JAR 的运行时呈现，`URLClassLoader` 就无法知道要从哪个工件中找到指定的类。因此，一旦需要加载某个类，`URLClassLoader` 就会扫描类路径上的每个工件，直到找到目标为止（如图 6-1 所示）。这显然非常低效。

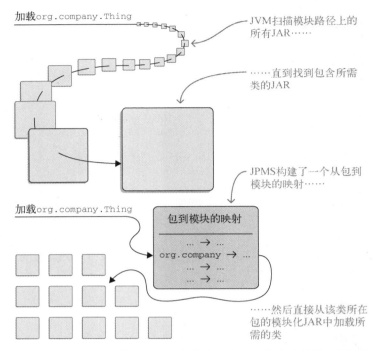

图 6-1   没有模块时（上），需扫描类路径上的所有工件以加载指定的类。有了模块后（下），
类加载器知道包来自哪个模块化 JAR 并直接从那里加载它

现在转向 Java 9 及以上版本。由于有了 JAR 在运行时的正确呈现，类加载的行为得到了改进：当需要加载某个类时，会标识它所属的包，用于确定从哪个特定的模块化 JAR 中加载。于是只需要扫描该 JAR 就可以找到所需的类（如图 6-1 所示）。这基于一条假设：没有两个模块化 JAR 在同名包中含有相同的类型。如果该假设不成立，就会出现**包分裂**问题，这在模块系统下会引发错误，如 7.2 节所述。

新的类型 `AppClassLoader` 及其等同的新超类 `BuiltinClassLoader` 实现了新的行为。从 Java 9 开始，应用程序类加载器变成了 `AppClassLoader`。这意味着已很少使用的 `(URLClassLoader) getClass().getClassLoader()` 语句将不能再继续工作。如果想了解 Java 9 及以上版本中关于类加载器的结构和关系的更多信息，可以参见 12.4.1 节。

6.2.2   不再通过 `URLClassLoader` 来获得类加载器

如果你在依赖的项目中遇到 `URLClassLoader` 的类型转换，并且该项目无法更新到 Java 9 及以上的兼容版本，那么只能采取以下方法之一进行应对。

- ❑ 向该项目报告问题，或者提交修复代码。
- ❑ 在本地自行建立项目克隆或项目补丁。

❑ 等待。

如果该问题无法得到解决，你或许可以切换到另一个支持 Java 9 及以上版本的库或框架。

如果是自己的代码进行了这样的类型转换，你可以（也必须）采取一些措施。遗憾的是，你可能不得不放弃一两个功能，因为在将类型转换为 URLClassLoader 时，代码可能使用了它的一些特定 API。尽管 ClassLoader 中已经添加了一些 API，但它尚无法完全取代 URLClassLoader。不过，请先静观其变，它的效果也许能满足你的要求。

如果你只需要查看应用程序启动的类路径，那么请检查系统属性 java.class.path。如果你已经使用 URLClassLoader 通过在类路径中指定 JAR 的方式来动态加载用户提供的代码（例如，作为插件基础结构的一部分），那么你必须找到一种新方法来完成这样的操作，因为使用 Java 9 及以上版本中的应用程序类加载器是无法完成这一任务的。

相反，考虑创建一个新的类加载器。它具有额外的优势，你将得以摆脱那些新的类，因为它们没有被加载到应用程序类加载器中。如果你至少需要基于 Java 9 进行编译，那么"层"可能是更好的解决方案（参见 12.4 节）。

你或许很想了解 AppClassLoader，以探寻是否能够利用它的功能来满足需要。总的来说，这是不需要的！依赖于 AppClassLoader 会显得非常丑陋，因为它是一个私有的内部类，所以不得不使用反射来调用它。同时，本书也不推荐依赖其公有的超类 BuiltinClassLoader。

正如包名 jdk.internal.loader 所暗示的那样，它是一个**内部 API**。而且由于该软件包是 Java 9 新增的，在默认情况下不可用，因此必须借助--add-exports 甚至--add-opens 才能使用它（详细信息参见 7.1 节）。但是这样不仅会使代码和构建过程变得复杂，而且在未来的 Java 更新中还可能导致兼容性问题（比如，当这些类被重构时）。所以，除非绝对有必要实现关键任务功能，否则请不要这样做。

6.2.3 寻找制造麻烦的强制类型转换

检查这些强制类型转换的代码很简单：对(URLClassLoader)进行全文搜索即可（此处括号用于查找是否为强制类型转换）。该方法几乎没有误报。至于在依赖项中执行查找，目前还没有找到合适的工具。将特殊的构建工具（在同一个地方获取所有依赖项的源 JAR）、特殊的命令行工具（访问所有的.java 文件及其文件内容）和全文搜索相结合，也许可以做到这一点。

6.3 更新后的运行时镜像目录布局

在 20 多年的时间里，JDK 和 JRE 的目录结构逐渐发展，该过程中虽然产生了一些瑕疵，但这不足为奇。当然，不重新组织它们的一个原因在于向后兼容性。对于每一个细节而言，一些代码的确取决于具体布局，如以下两个例子所示。

❑ 某些工具，特别是 IDE，依赖于 rt.jar（构成核心 Java 运行时的类）、tools.jar（工具和实用程序的支持类）和 src.zip（JDK 源代码）的准确位置。

❑ 有一些代码通过推测正在运行的 JRE 带有一个同级目录 bin，而在里面搜索 `javac`、`jar` 或 `javadoc` 等 Java 命令，但是只有当 JRE 是 JDK 安装中的一部分时，这么做才正确，因为包含这些命令的 bin 目录在这种情况下与 jre 目录是相邻的。

但是模块系统的出现打破了这两个例子的基本假设。

❑ JDK 代码现在已经模块化，因此它应该由单个模块，而不是像 `rt.jar` 和 `tools.jar` 这样的 JAR 提供。

❑ 借助模块化的 Java 代码库和 `jlink` 等工具，可以将任何模块集创建为运行时镜像。

从 Java 11 开始，不再有独立的 JRE 包，因此运行程序需要 JDK 或者由 `jlink` 创建的包。

很明显，模块系统会引起一系列重大改变。于是为了一以贯之，需要彻底重新组织运行时镜像目录结构。图 6-2 展示了相应的结果。总体而言，新的布局更为简单。

❑ 单个 bin 目录，并且没有重复的二进制可执行文件。

❑ 单个 lib 目录。

❑ 单个 conf 目录，包含用于配置的所有文件。

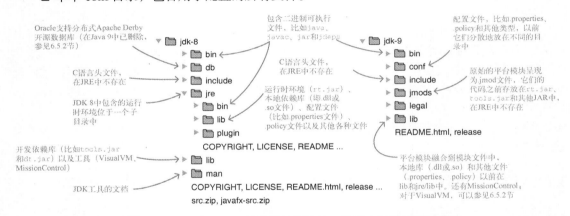

图 6-2　JDK 8 和 JDK 9 的目录结构比较，新版本的目录更加清晰

这些改变带来的最直接影响是，你需要更新开发工具，因为旧版本可能不适用于 JDK 9 及以上版本。在这种情况下，根据项目的不同，对于 JDK/JRE 目录中检索二进制文件、属性文件等的代码来说，搜索新版本并进行升级可能非常有意义。

用于获取系统资源的 URL（例如 `ClassLoader::getSystemResource`）也已经发生变化。它曾经是以下形式：

```
jar:file:${java-home}/lib/rt.jar!${path}
```

其中，`${path}` 是类似于 `java/lang/String.class` 的内容。它现在变成了：

```
jrt:/${module}/${path}
```

创建或使用这类 URL 的所有 JDK 接口都在新模式上运行，但是对于手动处理这些 URL 的非 JDK 代码而言，需要进行更新以支持 Java 9 及以上版本。

此外，`Class::getResource*` 和 `ClassLoader::getResource*` 方法不再读取 JDK 内部资源。相反，要访问模块的内部资源，请使用 `Module::getResourceAsStream` 或创建一个 JRT 文件系统，如下所示。

```
FileSystem fs = FileSystems.getFileSystem(URI.create("jrt:/"));
fs.getPath("java.base", "java/lang/String.class"));
```

关于如何访问资源的更多信息，可以参见 5.2 节。

6.4　选择、替换和扩展平台

在编译代码或启动 JVM 时，曾经有各种方法来指定由哪些类构成 JDK 平台。可以选择 JDK 的一个子集，将特定技术（比如 JAXB）替换为另一个，添加几个类，或者选择一个完全不同的平台版本来执行编译或启动。模块系统导致其中一些功能过时了，同时以更现代的方式重新实现了另外一些功能。并且，即使不考虑 JPMS，Java 9 也抛弃了一些旧的内容。

如果你依赖于本节中讨论的一个或多个特性，那么必须采取一些措施，保证项目正常运行。没有人愿意对不会引起明显问题的工作返工，但是看看这些特性（大部分我没有使用过），我只能想象在没有它们的情况下，JDK 内部结构会变得多么简单。

6.4.1　不再支持紧凑配置

正如 1.6.5 节所述，模块系统的一个目标是，使用户能够创建仅包含所需模块的运行时镜像。对于存储有限的小型设备和虚拟化环境来说，这一点非常重要，因为两者都非常关心运行时镜像的大小。当确定模块系统不会随 Java 8 发布时（曾经计划在 Java 8 中发布模块系统），紧凑配置作为临时解决方案诞生了。

Java SE 8 API 和 JRE 的 3 个紧凑配置仅包含支持这些 API 子集所需的类。在选取与应用程序需求相匹配的配置后，使用 `javac` 选项 `-profile` 进行编译（以确保所选子集正确），然后运行相应的字节码。

在模块系统中，由于可以使用 `jlink` 创建更灵活的运行时镜像（参见 14.1 节），不再需要紧凑配置，因此 Java 9 及以上版本仅在编译 Java 8 时接受 `-profile` 选项。要根据选择的模块进行编译，可以使用 5.3.5 节所述的 `--limit-modules` 选项。

以下是获取与 3 个紧凑配置相同的 API 所需的模块。

❑ compact1 配置——java.base、java.logging 和 java.scripting。
❑ compact2 配置——compact1 中的模块加上 java.rmi、java.sql 和 java.xml。
❑ compact3 配置——compact2 中的模块加上 java.compiler、java.instrument、java.management、java.naming、java.prefs、java.security.jgss、java.security.sasl、java.sql.rowset 和 java.xml.crypto。

　　相较于依赖固定的选择，本书推荐不同的方法。使用 `jlink` 创建仅包含所需平台模块的镜像（参见 14.1 节）。如果应用程序及其依赖是完全模块化的，甚至可以包括应用程序模块（参见14.2 节）。

6.4.2　扩展机制被移除

　　Java 9 之前的扩展机制使人们可以向 JDK 中添加类，而无须将它们放在类路径上。扩展机制可以从各种目录加载类：系统属性 `java.ext.dirs` 指定的目录、JRE 中的 lib/ext 目录，或特定于平台的系统目录。Java 9 移除了此功能，如果 JRE 目录存在或系统属性已设置，编译时和运行时将退出并提示错误信息。

　　替代方案如下：

- ❑ `java` 和 `javac` 选项`--patch-module` 将内容注入模块（参见 7.2.4 节）；
- ❑ `java` 和 `javac` 选项`--upgrade-module-path` 将可升级的平台模块替换为另一个平台模块（参见 6.1.3 节）；
- ❑ 扩展工件可以放置在类路径上。

6.4.3　授权标准覆盖机制被移除

　　Java 9 之前，授权标准覆盖机制使得人们可以用自定义实现替换某些 API。它从系统属性 `java.endorsed.dirs` 指定的目录或 JRE 中的 lib/endorsed 目录中加载类。Java 9 移除了此功能，如果 JRE 目录存在或系统属性已设置，编译器和运行时将退出，并提示错误信息。它的替代方案与扩展机制相同（参见 6.4.2 节）。

6.4.4　某些启动类路径选项被移除

　　移除了`-Xbootclasspath` 和`-Xbootclasspath/p` 选项，使用如下替代选项：

- ❑ `javac` 选项`--system` 指定系统模块的可选路径；
- ❑ `javac` 选项`--release` 指定可选平台的版本；
- ❑ `java` 和 `javac` 选项`--patch-module` 将内容注入初始模块图中的模块中。

6.4.5　不支持 Java 5 编译

　　Java 编译器可以处理来自各种 Java 版本（例如使用`-source` 指定的 Java 7）的源代码，并且可以为各种 JVM 版本（例如使用`-target` 指定 Java 8）生成字节码。Java 过去遵循 "1+3" 版本策略，意味着 javac 9 支持 Java 9 以及 Java 8、Java 7 和 Java 6 版本。

　　在 javac 8 上设置`-source 5` 或`-target 5` 会产生 "已废弃" 警告，javac 9 也不再支持这样做。在 Java 9 上设置`-source 6` 或`-target 6` 会导致相同的警告。现在，因为 Java 每 6 个月发布一次，所以此策略已不再适用。Java 10、Java 11 和 Java 12 也可以编译 Java 6 的代码。

注意 编译器可以**识别和处理**以前所有 JDK 的字节码，只是不再**生成** Java 6 之前的字节码。

6.4.6 JRE 版本选择被移除

在 Java 9 之前，人们可以使用 `java` 的 `-version:N` 选项（或相应的清单条目）来启动采用版本为 N 的 JRE 的应用程序。在 Java 9 中，该功能被移除了：如果在命令行中指定该选项，Java 启动器会提示错误信息，并退出；如果在 manifest 条目中指定该选项，Java 启动器则会打印警告，并且忽略该选项。如果你一直依赖该功能，下面是 Java 文档对此提出的建议。

> 现代应用程序通常通过 Java Web Start（JNLP）、操作系统的打包系统或安装程序进行部署。这些技术有自己管理所需 JRE 的方法，可以根据需要查找、下载或更新对应的 JRE。这使得启动器的启动时 JRE 版本选择被废弃。

文档认为使用 `-version:N` 的应用程序不够现代——这个说法太粗鲁了。顺便说一句，如果你的应用程序依赖于该功能，除了放弃它别无选择。可采用的手段包括将其与最合适的 JRE 捆绑在一起。

6.5 一着不慎，满盘皆输

除模块系统带来的较大挑战外，还有一些较小的更改（通常与 JPMS 无关）同样会造成麻烦。
- 版本字符串的新格式。
- 移除多个 JDK 和 JRE 工具。
- 单个下划线不再是有效的标识符。
- 更新 Java 网络启动协议（JNLP）的语法。
- 删除 JVM 选项。

尽管本书不想在这里花费太多时间，但也不想留下一些妨碍人们进行迁移的陷阱。因此，本书将对每一条进行简要解释。

6.5.1 新的版本字符串

在历经 20 多年之后，Java 终于正式停止采用 1.x 进行版本命名。从此，系统属性 `java.version`、`java.runtime.version`、`java.vm.version`、`java.specification.version` 和 `java.vm.specification.version` 不再以 1.x 开头，而是以 x 开头。同样，`java -version` 返回 x，所以在 Java 9 上人们会得到 `9.something`。

版本字符串格式

新版本字符串的确切格式仍在变化中。在 Java 9 中，人们将得到 9.${MINOR}.${SECURITY}.${PATCH}，其中${SECURITY}在发布次要版本时不会重置为 0——人们始终可以查看该数字，判断哪个版本包含更多安全修补程序。

在 Java 10 及更高版本中，人们将得到${FEATURE}.${INTERIM}.${UPDATE}.${PATCH}，其中${FEATURE}从 10 开始，并在每 6 个月发布一次新功能版本时增大。${INTERIM}的功能与${MINOR}一样，但是由于在新的规划中没有计划引入次要版本，因此假定它始终保持为 0。

很遗憾，这有一个副作用：对版本敏感的代码可能会突然停止正常工作，而这会导致奇怪的行为。对所涉及的系统属性进行全文搜索可以找到此类代码。

至于更新这些代码，如果你愿意将项目升级到 Java 9 及以上版本，就可以避免对系统属性进行解析，转而使用新的 Runtime.Version 类型，这要容易得多。

```
Version version = Runtime.version();
// 在 Java 10 及以上版本中，使用`version.feature()`
switch (version.major()) {
    case 9:
        System.out.println("Modularity");
        break;
    case 10:
        System.out.println("Local-Variable Type Inference");
        break;
    case 11:
        System.out.println("Pattern Matching (we hope)");
        break;
}
```

6.5.2　工具减少

JDK 积累了大量的工具，但随着时间的推移，有些工具变得多余或被其他工具取代，而其中一些包含在 Java 9 的移除名单中。

- JDK 不再包括 JavaDB。后者是一个 Apache Derby DB，可以从 The Apach DB Project 网站下载。
- VisualVM 不再与 JDK 捆绑在一起，而是成了一个独立的项目。
- hprof 代理库已被删除，替代其功能的工具有 jcmd、jmap 和 Java Flight Recorder。
- 删除了 jhat 堆可视化工具。
- 删除了 java-rmi.exe 和 java-rmi.cgi 启动程序。替代方法是使用 servlet 通过 HTTP 代理 RMI。
- native2ascii 工具可以将基于 UTF-8 的属性资源包转换为 ISO-8859-1。但是，Java 9 及以上版本支持基于 UTF-8 的包，因此该工具变得多余并被删除。

此外，所有与 JEE 相关的命令行工具（比如 wsgen 和 xjc）在 Java 11 上不再可用，因为它们连同所属模块一起被删除了（JEE 模块的详细信息参见 6.1 节）。

6.5.3 琐碎的事情

以下是导致 Java 9 构建失败的一个原因。从 Java 8 开始，单个下划线_不再用作标识符，如果在 Java 9 上这样使用它，就会出现编译错误。这样做是为了回收下划线，将其作为可能的关键字。未来的 Java 版本将赋予它特殊的意义。

另一个原因是 Thread.stop(Throwable) 会抛出 UnsupportedOperationException 异常。尽管其他几个 stop 的重载方法工作正常，但是本书强烈反对使用它们。

JNLP 语法已经更新，以符合 XML 规范并"消除不一致，使代码维护更方便，并增强安全性"。

每个 Java 版本都移除了一些废弃的 JVM 选项，Java 9 也不例外。Java 9 对垃圾收集的更改较多，一些组合不再得到支持（DefNew + CMS、ParNew + SerialOld、增量 CMS），一些配置被移除（-Xincgc、-XX:+CMSIncrementalMode、-XX:+UseCMS-CompactAtFullCollection、-XX:+CMSFullGCsBeforeCompaction、-XX:+UseCMS-CollectionPassing），一些配置被废弃（-xx:+UseParNewGC）。接下来的 Java 10 移除了-Xoss、-Xsqnopause、-Xoptimize、-Xboundthreads 和-Xusealtsigs。

6.5.4 Java 9、Java 10 和 Java 11 中新废弃的功能

本节列出了 Java 9、Java 10 和 Java 11 中废弃的一些内容：
- ❑ java.applet 包中的 Applet API，以及 appletviewer 工具和 Java 浏览器插件；
- ❑ Java Web Start、JNLP 和 javaws 工具；
- ❑ 并发标记清除（CMS）垃圾收集器；
- ❑ 用-Xprof 激活 HotSpot FlatProfiler；
- ❑ policytool 安全工具。

Java 10 和 Java 11 中删除的废弃功能如下：
- ❑ Java 10 删除了 FlatProfiler 和 policytool；
- ❑ Java 11 删除了 Applet API 和 Web Start。

更多相关信息、详细信息和建议的替代方案，请查看发布说明和标记为要删除的废弃代码列表。

6.6 小结

- ❑ JEE 模块在 Java 9 中遭到废弃，在 Java 11 中被删除。需要尽快找到一个第三方依赖来满足需求。

❑ 在 Java 9 和 Java 10 中，默认情况下这些模块不会被解析，这可能导致编译时和运行时错误。要解决该问题，要么使用实现相同 API 的第三方依赖，要么让 JEE 模块与 --add-modules 一起使用。

❑ 应用程序类加载器不再属于 URLClassLoader 类型，因此像 (URLClassLoader) getClass().getClassLoader() 这样的代码会失败。解决方案包括：只依赖 ClassLoader API，即使这意味着必须删除某个特性（建议）；创建一个层来动态加载新代码（推荐）；或者侵入类加载器内部，使用 BuiltinClassLoader 甚至 AppClassLoader（不推荐）。

❑ 运行时镜像的目录结构发生了变化，你可能必须更新你的工具（特别是 IDE）才能使用 Java 9 或更高版本。操作 JDK/JRE 目录的代码或系统资源的 URL 也需要更新。

❑ 对构成平台的类进行修改的一些机制被删除。模块系统为其中的大多数提供了替代方案。

  ■ 不要使用紧凑的概述文件，而是使用 jlink 创建运行时镜像，并使用--limit-modules 配置编译。

  ■ 使用--patch-module、--upgrade-module-path 或类路径，而不是扩展机制或授权标准机制。

  ■ 使用--system、--release 或--patch-module 代替-Xbootclasspath 选项。

❑ 不再支持编译 Java 5，也不再支持使用-version:N 选项基于特定 Java 版本启动应用程序。

❑ Java 的命令行工具和系统属性 java.version 打印的版本为 9.${MINOR}.${SECURITY}.${PATCH}（Java 9），或者${FEATURE}.${INTERIM}.${UPDATE}.${PATCH}（Java 10 或更新版本），这意味着 Java x 版本以 x 开头而不是 1.x。全新的 API Runtime.Version 使得对这个属性的解析不再必要。

❑ 以下工具被删除了。

  ■ Java 9：JavaDB、VisualVM、hprof、jhat、java-rmi.exe、java-rmi.cgi 和 native2ascii。

  ■ Java 10：policytool。

  ■ Java 11：idlj、orbd、schemagen、servertool、tnameserv、wsgen、wsimport 和 xjc。

❑ 单一下划线不再是有效的标识符。

❑ JNLP 语法已经更新，以符合 XML 规范。所以人们可能不得不更新 JNLP 文件。

❑ 每个 Java 版本都会删除弃用的 JVM 命令行选项，这可能会使一些脚本不能正常工作。

❑ Java 9 废弃了 Applet 技术和 Java Web Start，Java 11 则删除了它们。

## 第 7 章

在 Java 9 及以上版本中运行应用程序时会反复出现的挑战

本章内容
- 区分标准化的、受支持的和内部的 JDK API
- 使用 JDeps 查找针对 JDK 内部 API 的依赖
- 编译和运行依赖内部 API 的代码
- 为什么包分裂可以使类变得不可见
- 修复包分裂

第 6 章讨论了将项目迁移到 Java 9 及以上版本时可能遇到的一些问题。一旦解决了这些问题，人们就不会再遇到它们——除非有些依赖仍为 Java 9 之前的版本。本章将探讨人们还需要应对的另外两个挑战。

- 依赖内部 API 会导致编译错误（参见 7.1 节）。不仅依赖 JDK 的内部 API（比如 sun.* 包中的类）会出现此问题，依赖类库或框架内部的代码也是如此。
- 跨工件的包分裂会导致编译时和运行时错误（参见 7.2 节）。同样，这也可能发生在代码和 JDK 模块之间，以及任何其他两个工件之间，例如代码和第三方依赖。

到目前为止，正如之前讨论过的，为了让项目能在 Java 9 及以上版本中运行，人们必须解决这两个问题。而且不止于此，即使在迁移之后，在处理代码或引入新的依赖时，人们偶尔也会遇到这两个问题。不管涉及的模块类型如何，对模块内部和包分裂的依赖都会造成问题。你很可能在与类路径相关的代码、平台模块（迁移场景）和应用程序模块（在 Java 9 及以上版本中运行并正在使用模块的场景）中遇到它们。

本章将展示如何打破模块的封装以及如何修复包分裂带来的问题（且不区分所处的环境），并结合第 6 章知识，为迁移过程中大多数可能出错的情况做好准备。

关于类路径

如果你没有读第 6 章，本章在这里重复一遍。

□ 类路径仍然能正常工作，在迁移到 Java 9 及以上版本的过程中，你可以继续使用类路径而不是模块路径。

□ 即便如此，模块系统仍然在发挥作用，特别是在强封装方面。

□ 类路径上的代码将自动读取大部分模块（但不是所有模块，参见 6.1 节），这样在编译时或运行时，人们无须额外配置就可以使用它们。

7.1   内部 API 的封装

模块系统最大的卖点之一是强封装。正如 3.3 节深入讨论的那样，人们终于可以在隐藏实现细节的同时确保只有受支持的 API 才能被外部代码访问了。

内部 API 的不可访问性仅适用于 JDK 附带的平台模块，其中只有 java.* 和 javax.* 是完全受支持的包。例如，当你试图在现有封装包 com.sun.java.swing.plaf.nimbus 的 NimbusLookAndFeel 上编译具有静态依赖的类时（即导入完全限定类名，而不是反射访问），就会发生这种情况。

```
> error: package com.sun.java.swing.plaf.nimbus is not visible
> import com.sun.java.swing.plaf.nimbus.NimbusLookAndFeel;
>                         ^
>    (package com.sun.java.swing.plaf.nimbus is declared
>     in module java.desktop, which does not export it)
> 1 error
```

令人惊讶的是，许多类库、框架以及应用程序代码（通常是相对重要的部分）会使用 sun.* 或 com.sun.* 包中的类，而从 Java 9 开始，这些中的大部分是不可访问的。本节将展示如何找到有这种依赖关系的代码，以及如何处理它们。

但是为什么要讨论这个呢？如果内部 API 不可访问，那就没什么可谈的了，对吧？好了，是时候揭露一些真相了：它们并不是**完全**不可访问。在运行时，直到下一个主要的 Java 版本发布，一切都可以正常工作（尽管可能会收到一些不想要的警告消息）。只要控制命令行，就可以在编译时访问任何包。（我想我刚才听到了一声宽慰的叹息，是你吗？[①]）

9.1.4 节将讨论使用命令行选项配置模块系统的含义，现在先着眼于比较紧迫的问题。本章将区分静态访问和反射访问，以及编译时访问和运行时访问（参见 7.1.3 节和 7.1.4 节），因为它们的一些区分非常关键。但是在此之前，你需要确切地了解是什么构成了内部 API，以及 Java 依赖关系分析工具（JDeps）如何在项目和依赖关系中帮助人们发现有问题的代码。

---

① 此处应为作者的一种幽默表达。——译者注

提示　如果你不确定反射到底是如何工作的，请查看附录 B，它给出了一个简要的介绍。此外，本节将重点讨论 JDK 的反射访问，模块世界中反射的更一般的视图请看第 12 章。

在完成本节的学习之后，你就可以轻松地打破模块封装的枷锁，从维护人员不希望你使用的 API 中获益。更重要的是，你将能够评估该策略的优点和缺点，从而明智地决定这条路是否值得走下去。

7.1.1　微观视角下的内部 API

哪些是内部的 API？一般来说，每个不在导出包中的或非公有类的 API 都是内部 API。这条规则完全适用于应用程序模块。但对于 JDK 而言，答案并不是那么简单。在标准化的、受支持的和内部的 API 已经非常复杂的历史之上，Java 9 及以上版本为一些 API 提供了特殊的情况，并移除了一些 API，从而又为此增加了一层复杂性。现在，一步一步来把它弄清楚。

1. 3 种 JDK API：标准化的、受支持的和内部的

从历史上看，Java 运行时环境（JRE）有 3 种 API。

- ❏ `java.*` 包和 `javax.*` 包中的公有类在所有 JRE 中都是**标准化的**且完全受支持，仅使用这些包就可以生成可移植性最强的代码。
- ❏ 一些 `com.sun.*` 包和 `jdk.*` 包及其包含的一些被标记为 `jdk.Exported` 注解的类。在这种情况下，Oracle **支持**它们但在非 Oracle 的 JRE 中不一定，这取决于这些代码采用的具体 JRE。
- ❏ 大多数 `com.sun.*` 包、所有 `sun.*` 包以及所有非公有类是**内部**的，但是在不同的版本和 JRE 之间可能有所不同。对它们的依赖是最不稳定的，因为理论上任何小更新都可能导致代码无法正常工作。

在 Java 9 及以上版本和模块系统的作用下，这 3 种 API（标准化的、受支持的和内部的）仍然存在。一个模块是否导出一个包是一个关键指标，但这显然不足以被划分为 3 个类别。另一个指示符是模块的名称，你可能还记得在 3.1.4 节中，平台模块被划分为 Java 规范定义的模块（以 `java.*` 作为前缀）和特定于 JDK 的模块（以 `jdk.*` 作为前缀）。

- ❏ `java.*` 模块导出的包中包含的公有类（`java.*` 包和 `javax.*` 包）是**标准化的**。
- ❏ `jdk.*` 模块导出的包中包含的公有类不是标准化的，而是由 Oracle 和 OpenJDK 的 JDK 所**支持的**。
- ❏ 其他所有类是**内部的** API。

从 Java 8 到 Java 9 及以上版本，哪些特定的类是标准化的、受支持的或内部的基本没有变化。因此，和以前一样，`com.sun.*` 包中的大多数类和 `sun.*` 包中的所有类是内部 API。不同之处在于，模块系统将习惯性约定转换为了积极的强制区分，图 7-1 显示了没有导出的内部 API 划分。

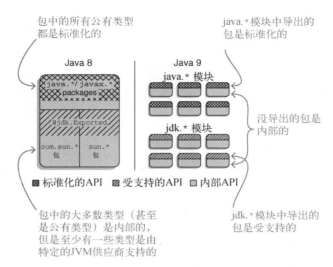

图 7-1 在 Java 8（左）中，包名和 `@jdk.Exported` 注解决定 API 是标准化的、受支持的还是内部的。从 Java 9 开始（右），模块名和导出指令实现了这个功能

2. 臭名昭著的 `sun.misc.unsafe` 特例

正如你所想的那样，最初的想法是封装 Java 9 之前的每个内部 API。2015 年，当这一决定在 Java 社区宣布时，引起了一阵骚动。虽然普通 Java 开发人员可能只是偶尔使用内部 API，但许多最为知名的类库和框架会经常使用这些内部 API，而且它们的一些关键特性也依赖于此。

这种情况的典型代表是 `sun.misc.Unsafe` 类，从它的包名来看，它明显是内部的。它提供了一些 Java 中不常用的功能，而且正如类名所示，它是不安全（unsafe）的。也许最好的例子是直接访问内存，JDK 有时必须执行这种操作。

但它越过了 JDK。由于可以使用 `UnSafe` 类，一些类库，特别是那些重视高性能的库，开始使用它；随着时间的推移，它们生态系统的大部分直接或间接地依赖它。未来这个类和其他类似的类将被封装的消息引发了社区的骚动。

在此之后，从事 Jigsaw 项目的团队决定实现更平滑的迁移路径。对于现有内部 API 及其在 JDK 之外的使用调查得出了以下结果。

- 大多数受影响的 API 很少或从未被使用。
- 一些受影响的 API 虽然只是偶尔被使用，但它们在 Java 9 之前就存在标准化的替代方案。一个典型的例子是 `sun.misc` 包中的 `BASE64Encoder/BASE64Decoder`，它可以用 `java.util.Base64` 进行替换。
- 还有一些受影响的 API 虽然只是偶尔被使用，但它们是完成重要功能的关键所在，并且没有其他的替代方案，例如 `sun.misc.Unsafe`。

最终的决定是封装前两种 API，而将第三种类型至少保留到下一个主要的 Java 版本。但是，将它们从各自的模块导出会让人感到困惑，因为这会使它们看起来像受支持的、甚至是标准化的

API（而它们绝对不是）。为它们创建一个命名得当的模块是否是一个更好的解决方案呢？

jdk.unsupported 导出的是 Java 9 之前不存在替代方案的核心 API。顾名思义，它特定于 JDK（只保证出现在 Oracle JDK 和 OpenJDK 中），且不受支持（内容可能在下一个版本中更改）。在 Java 9 至 Java 11 中，包含以下类：

- ❑ sun.misc 包中的 Signal、SignalHandler 和 Unsafe；
- ❑ sun.reflect 包中的 Reflection 和 ReflectionFactory；
- ❑ com.sun.nio.file 包中的 ExtendedCopyOption、ExtendedOpenOption、Extended-WatchEventModifier 和 SensitivityWatchEventModifier。

如果代码或依赖关系依赖于这些类（如何查找可以参考 7.1.2 节），那么即使它们在 Java 9 之前是内部 API，你也不需要做任何事情来继续使用它们。现在，伴随着标准化的替代方案的发布（比如替换 Unsafe 的变量句柄），它们将被封装起来。强烈建议你仔细研究一下这些类的用法，并为它们的最终消失做好准备。

3. 被移除的 API

尽管一些内部 API 还可以使用几年，并且大多数 API 已被封装，但有一些 API 遭遇了更残酷的命运：被移除或重命名。对使用它们的代码而言，这带来的破坏比任何过渡和命令行选项都要严酷。下面是遭到移除或重命名的列表：

- ❑ 没有被包含在 jdk.unsupported 中的 sun.misc 和 sun.reflect 的类，例如 sun.misc.BASE64Encoder、sun.misc.BASE64Decoder、sun.misc.Cleaner 和 sun.misc.Service；
- ❑ com.sun.image.codec.jpeg 和 sun.awt.image.codec；
- ❑ com.apple.concurrent；
- ❑ com.sun.security.auth.callback.DialogCallbackHandler；
- ❑ java.util.logging.LogManager 中的 addPropertyChangeListener 和 remove-PropertyChangeListener 方法、java.util.jar.Pack200.Packer 以及 java.util.jar.Pack200.Unpacker（在 Java 8 中遭到废弃）；
- ❑ java.awt.peer 和 java.awt.dnd.peer 中的带参方法或返回值（这些包从未标准化，在 Java 9 及更高版本中是内部的）。

这些类和包中的大多数有替代方案，可以使用 JDeps 了解它们。

7.1.2 使用 JDeps 分析依赖

前文已经讨论了标准化的、受支持的和内部的 API，以及 jdk.unsupported 的特殊情况，现在是时候将这些知识应用到实际项目中了。要想与 Java 9 及以上版本兼容，你需要确定项目依赖于哪些内部 API。

仅仅浏览项目的代码库不能解决所有问题——如果它所依赖的类库和框架导致问题，那么项目也会遇到麻烦，所以你也需要分析它们。这项工作听起来非常可怕，仿佛需要在搜索此类 API

的引用时手动筛选大量代码。幸好，你没必要那么做。

自 Java 8 以来，JDK 附带了命令行 **Java 依赖关系分析工具**（Java Dependency Analysis Tool，JDeps）。此工具分析 Java 字节码（即.class 和 JAR 文件），记录类之间所有静态声明的依赖关系，并且可以过滤或聚合这些依赖关系。这是一种很好的工具，可以用于可视化和研究一直在讨论的各种依赖关系图。附录 D 提供了 JDeps 指南，如果从未使用过 JDeps，那么你可能想要阅读它。不过严格来说，要使用 JDeps 并非必须理解本节。

一个特别有趣的特性是内部 API 上下文。选项--jdk-internals 使 JDeps 列出了依赖 JAR 引用的所有内部 API，包括 jdk.unsupported 导出的 API。输出内容如下：

❑ 分析包含有问题 API 的 JAR 和模块；

❑ 涉及的具体类；

❑ 问题依赖的原因。

我将在 Scaffold Hunter（"一个开放源码的基于 Java 的工具，用于数据集的可视化分析"）上使用 JDeps。下面的命令会分析内部依赖关系。

```
$ jdeps --jdk-internals          ◄────┐ 告诉 JDeps 分析内部 API 的使用

    -R --class-path 'libs/*'      ◄────┐ 递归分析所有依赖

    scaffold-hunter-2.6.3.jar     ◄────┐ 从应用程序 JAR 开始
```

输出以包分裂开始（7.2 节将介绍这些包），然后是关于有问题的依赖关系的报告，下面将展示其中一些。输出非常详细并提供了你需要的信息，以便检查相关代码或对应项目中的开放问题。

```
JPEGImageWriter（此处省略了              batik-codec 依赖            阐述问题
包名）依赖于几个不同的类               于已删除的 API               所在
> batik-codec.jar -> JDK removed internal API
>     JPEGImageWriter -> com.sun.image.codec.jpeg.JPEGCodec
>         JDK internal API (JDK removed internal API)
>     JPEGImageWriter -> com.sun.image.codec.jpeg.JPEGEncodeParam
>         JDK internal API (JDK removed internal API)
>     JPEGImageWriter -> com.sun.image.codec.jpeg.JPEGImageEncoder
>         JDK internal API (JDK removed internal API)
# [...]
> guava-18.0.jar -> jdk.unsupported
>     Striped64 -> sun.misc.Unsafe
>         JDK internal API (jdk.unsupported)
>     Striped64$1 -> sun.misc.Unsafe
>         JDK internal API (jdk.unsupported)
>     Striped64$Cell -> sun.misc.Unsafe
>         JDK internal API (jdk.unsupported)
# [...]
> scaffold-hunter-2.6.3.jar -> java.desktop
>     SteppedComboBox -> com.sun.java.swing.plaf.windows.WindowsComboBoxUI
>         JDK internal API (java.desktop)
>     SteppedComboBox$1 -> com.sun.java.swing.plaf.windows.WindowsComboBoxUI
>         JDK internal API (java.desktop)
```

Guava 依赖于 jdk.unsupported

Striped64 依赖于 sun.misc.Unsafe 以及它的两个内部类

Scaffold Hunter 依赖于 java.desktop 的内部类

JDeps 以下面的注释结束，此处为发现的一些问题提供了有用的背景信息和建议。

```
> Warning: JDK internal APIs are unsupported and private to JDK
> implementation that are subject to be removed or changed incompatibly
> and could break your application. Please modify your code to eliminate
> dependence on any JDK internal APIs. For the most recent update on JDK
> internal API replacements, please check:
> https://wiki.openjdk.java.net/display/JDK8/Java+Dependency+Analysis+Tool
>
> JDK Internal API                        Suggested Replacement
> ----------------                        ---------------------
> com.sun.image.codec.jpeg.JPEGCodec      Use javax.imageio @since 1.4
> com.sun.image.codec.jpeg.JPEGDecodeParam Use javax.imageio @since 1.4
> com.sun.image.codec.jpeg.JPEGEncodeParam Use javax.imageio @since 1.4
> com.sun.image.codec.jpeg.JPEGImageDecoder Use javax.imageio @since 1.4
> com.sun.image.codec.jpeg.JPEGImageEncoder Use javax.imageio @since 1.4
> com.sun.image.codec.jpeg.JPEGQTable     Use javax.imageio @since 1.4
> com.sun.image.codec.jpeg.TruncatedFileException
>                                         Use javax.imageio @since 1.4
> sun.misc.Unsafe                         See JEP 260
> sun.reflect.ReflectionFactory           See JEP 260
```

7.1.3　编译内部 API

强封装的目的是使模块系统在默认情况下不能使用内部 API。这将影响 Java 9 以后任何版本的编译和运行时行为。本节将讨论编译部分，7.1.4 节将讨论运行时行为。开始时，强封装主要与平台模块相关，但是随着依赖逐渐被模块化，你将遇到与平台模块相同的问题。

不过，有时可能会遇到这样的情况：你**必须**使用非导出包中的公有类来解决现实问题。幸好，即使在使用模块系统的情况下，人们也可以这么做（尽管这话可能多余，但本书仍要指出，这只是**你的**代码的问题，因为你的依赖已经编译好了——它们仍然会受到强封装的影响，但仅在运行时才会受到影响）。

> **导出到模块**
>
> 　　java 和 javac 命令行选项 --add-exports ${module}/${package}=${reading-module} 导出 ${module} 的 ${package} 到 ${reading-module}，因而 ${reading-module} 中的代码可以访问 ${package} 中的所有公有类型，但是其他模块不可以访问。
>
> 　　当 ${reading-module} 被赋值为 ALL-UNNAMED 时，类路径上的所有代码都可以访问对应的包。在迁移到 Java 9 及以上版本时，你将始终使用该占位符——只有自己的代码在模块中运行时，你才能限制导出到特定的模块。

到目前为止，导出始终没有到具体的目标，因此能够导出到特定模块被认为是一个新功能。这个特性也适用于模块描述符，11.3 节将解释这一点。另外，现在 ALL-UNNAMED 的含义还有点不明确，它与无名模块有关，8.2 节将对此进行详细讨论，但目前"所有来自类路径的代码"是一个不错的解释。

回到导致以下编译错误的代码。

```
> error: package com.sun.java.swing.plaf.nimbus is not visible
> import com.sun.java.swing.plaf.nimbus.NimbusLookAndFeel;
>                               ^
>     (package com.sun.java.swing.plaf.nimbus is declared
>      in module java.desktop, which does not export it)
> 1 error
```

这里，一些类（在输出中省略了，因为它与当前问题不相关）从封装的包 com.sun.java.swing.plaf.nimbus 中导入了 NimbusLookAndFeel，请注意错误消息是如何指出特定问题的，包括包含该类的模块。

这在 Java 9 中显然行不通，但是如果想继续使用它呢？那么你可能会犯错误，因为 javax.swing.plaf.nimbus 中有一个标准化的替代方案。Java 10 中只保留了该版本，并因此删除了内部版本。但是在这个示例中，假设你仍然希望使用内部版本（可能是为了与无法更改的遗留代码进行交互）。

想要成功编译 com.sun.java.swing.plaf.nimbus.NimbusLookAndFeel，你所要做的就是添加命令行选项--add-exports java.desktop/com.sun.java.swing.plaf.nimbus=ALL-UNNAMED。如果手动执行该操作，将与以下内容类似（所有占位符都必须用具体的值替换）。

```
$ javac
    --add-exports java.desktop/com.sun.java.swing.plaf.nimbus=ALL-UNNAMED
    --class-path ${dependencies}
    -d ${target-folder}
    ${source-files}
```

在使用构建工具时，必须将该选项放在构建描述符的某个位置。检查工具的文档，了解如何为编译器添加命令行选项。

这样，代码就可以轻松地编译封装的类了。但你需要意识到，这只是将问题拖延到了运行时！这个命令行选项只会改变编译，而不会在字节码中添加任何额外信息，更不会使该类得以在执行期间访问包。你仍然需要弄清楚如何使它在运行时工作。

7.1.4　运行内部 API

前文提到，至少在 Java 9、Java 10 和 Java 11 中，JDK 内部依赖在运行时仍然可用。根据前文的其他内容，这应该有点令人惊讶。本书一直在强调强封装的好处，并说它和访问修饰符一样重要，那为什么在运行时不强制执行呢？

与许多其他 Java 的奇异特性一样，这个特性源于对向后兼容的执着：针对 JDK 内部的强封装将破坏许多应用程序。即使只是对 NimbusLookAndFeel 的过时使用进行封装，应用程序也会崩溃。如果遗留的应用程序将停止工作，那么有多少终端用户或 IT 部门会安装 Java 9 及以上版本？如果没有用户使用 Java 9 及以上版本，那又会有多少团队使用它进行开发呢？

为了保证模块系统不会导致 Java 生态系统分裂成"Java 9 之前"和"Java 9 之后"，最终的决定是，授予类路径中的代码对 JDK 内部 API 进行非法访问的权限，该权限将至少持续到 Java 11。这其中的每个选择都经过了深思熟虑。

❑ **类路径中的代码……**——运行模块路径中的代码表明它已经为模块系统做好了准备。这种情况下没有必要保留例外。所以它只限于类路径中的代码。

❑ **……对 JDK 内部 API**——从兼容性的角度来说，没有理由授予对应用程序模块的访问权限，因为在 Java 9 之前它们还不存在。所以例外只局限于平台模块。

❑ **……至少持续到 Java 11**——如果例外是永久性的，那么对这些容易造成麻烦的代码进行更新的意愿就会降低。

如你在第 6 章所见，尽管这并没有解决应用程序在 Java 9、Java 10 或 Java 11 中运行时有可能遇到的所有问题，但是运行成功的可能性还是很大的。

1. 管理对 JDK 内部 API 的全面非法访问

要成功进行迁移，理解对 JDK 内部 API 进行全面非法访问的细节是非常重要的，但是对它的探索会让模块系统的思想模型更加复杂。它帮助人们将全局牢记于心：强封装禁止了对所有内部 API 的编译时和运行时访问。除此之外，有一个重要例外，但是这个例外只是为了兼容性而设计的。随着时间的推移，这个例外将消失，把人们带回到更加轮廓清晰的行为上。

在让类路径代码访问 JDK 内部 API 时，对静态依赖的代码和通过反射访问的代码进行了区分。

❑ **反射访问将导致警告**。因为静态分析不可能对所有这样的调用进行准确识别，唯一能够可靠地报告问题的时机是执行。

❑ **静态访问不会导致警告**。人们可以很容易地在编译期间或者通过 JDeps 发现这些访问。由于静态访问广泛存在，这也成为一个对性能敏感的领域——检查并偶尔打印日志信息很容易导致问题。

精确的行为可以通过命令行选项配置。`java` 命令行参数 `--illegal-access=${value}` 可以指定如何处理对 JDK 内部 API 的非法访问，其中 `${value}` 可以是以下几个值之一。

❑ `permit`——允许类路径中的代码访问所有 JDK 内部 API。在使用反射访问时，对某个包的**第一次**访问会产生一条警告。

❑ `warn`——行为与 `permit` 类似，但是**每次**反射访问都会产生一条警告。

❑ `debug`——行为与 `warn` 类似，但是每条警告都带有一个栈跟踪信息。

❑ `deny`——强封装所使用的选项：默认禁止所有非法访问。

在 Java 9 到 Java 11 中，`permit` 是默认值。在将来的 Java 版本中，`deny` 将是默认值，并且某一天整个选项都会消失，但是肯定需要几年的时间。

看上去一旦让有问题的代码通过了编译（不论是使用 Java 8，还是通过添加必要的选项而使用 Java 9 及以上版本），Java 9 及以上版本的运行时就会小心翼翼地执行它。为了实践 `--illegal-access` 选项，现在是时候最终看一下调用内部类 `NimbusLookAndFeel` 的代码了。

```
import com.sun.java.swing.plaf.nimbus.NimbusLookAndFeel;

public class Nimbus {

    public static void main(String[] args) throws Exception {
        NimbusLookAndFeel nimbus = new NimbusLookAndFeel();
        System.out.println("Static access to " + nimbus);

        Object nimbusByReflection = Class
                .forName("com.sun.java.swing.plaf.nimbus.NimbusLookAndFeel")
                .getConstructor()
                .newInstance();
        System.out.println("Reflective access to " + nimbusByReflection);
    }

}
```

除了试图通过静态或者反射来访问 `NimbusLookAndFeel`，它没有做任何有用的事情。如前文所述，你需要使用`--add-exports` 选项进行编译。执行它则比较简单。

```
$ java --class-path ${class} j9ms.internal.Nimbus

> Static access to "Nimbus Look and Feel"
> WARNING: An illegal reflective access operation has occurred
> WARNING: Illegal reflective access by j9ms.internal.Nimbus
>     (file:...) to constructor NimbusLookAndFeel()
> WARNING: Please consider reporting this to the maintainers
>     of j9ms.internal.Nimbus
> WARNING: Use --illegal-access=warn to enable warnings of
>     further illegal reflective access operations
> WARNING: All illegal access operations will be denied in a
>     future release
> Reflective access to "Nimbus Look and Feel"
```

你可以观察默认选项`--illegal-access=permit` 所定义的行为：静态访问成功了，并且没有任何提示；而反射访问导致了一连串警告。将选项改为 warn 不会有任何改变，因为这里只有一次访问。然后，debug 针对有问题的调用添加了栈跟踪信息。使用 deny 则会得到错误提示，此提示与 3.3.3 节测试访问需求时所展示的提示相同。

```
$ java
    --class-path ${class}
    --illegal-access=deny
    j9ms.internal.Nimbus
> Exception in thread "main" java.lang.IllegalAccessError:
>     class j9ms.internal.Nimbus (in unnamed module @0x6bc168e5) cannot
>     access class com.sun.java.swing.plaf.nimbus.NimbusLookAndFeel (in
>     module java.desktop) because module java.desktop does not export
>     com.sun.java.swing.plaf.nimbus to unnamed module @0x6bc168e5
```

还有一个细节需要讨论：对 Java 9 引入的 JDK 内部代码的非法访问会怎么处理？`--illegal-access` 选项的引入本是为了简化迁移过程，如果由于它的存在，人们开始依赖**新的**内部 API，导致最终的迁移过程更加**复杂**，那真是太尴尬了。这确实是个风险！

要点　为了减小依赖新的 JDK 内部 API 的风险，`--illegal-access` 对 Java 9 所引入的包不会产生效果。这缩小了项目可能意外依赖的新 API 的范围，现在只有 Java 9 之前就存在的包中增加的新类才有这种风险。

　　为了兼容性而做的那些事情，如前文所述，会变得更加复杂。但是这还不是终点，因为人们可以更有针对性地管理非法访问（参见下一节）。7.1.5 节中的表 7-1 将对不同的选项进行比较。

2. 有针对性地管理对指定 API 的非法访问

`illegal-access` 选项具有以下 3 个特征：

- 批量管理非法访问；
- 过渡性的选项最终将被移除；
- 通过警告进行提示。

　　当该选项被移除后会发生什么？强封装会变成强制的吗？答案是否定的。因为永远有一些边缘用例需要访问（平台和应用程序模块的）内部 API，所以需要保留一些机制（也许不是最便于使用的那些），使这样的访问成为可能。再一次转到命令行选项。

 要点　如 7.1.3 节讨论编译过程中的内部 API 时所述，`java` 命令也支持 `--add-exports` 选项。它有相同的工作机制，使某一个包可被指定的模块或是所有代码访问。这意味着这样的代码可以使用这些包中公有类型的公有成员，其中包括所有静态访问。

　　`NimbusLookAndFeel` 类是公有的，所以要正确地访问它，只需要导出包含它的包。为了确保可以观察到 `--add-exports` 的效果，先用 `--illegal-access=deny` 关闭非法访问的默认权限。

```
$ java
    --class-path ${class}
    --illegal-access=deny
    --add-exports java.desktop/com.sun.java.swing.plaf.nimbus=ALL-UNNAMED
    j9ms.internal.Nimbus

> Static access to ${Nimbus Look and Feel}
> Reflective access to ${Nimbus Look and Feel}
```

　　反射访问得以通过。同时需要注意，你没有收到警告——后文很快会谈到它。

　　这个例子包含了对公有类型的公有成员的访问，但是反射可以做到更多：调用 `setAccessible(true)`，它可以实现与非公有类以及非公有字段、构造函数和方法的交互。即使是在被导出的包中，这些成员也是被封装的，所以要成功地对它们进行反射访问，还需要一些其他配置。

　　`--add-opens` 选项使用了与 `--add-exports` 相同的语法，使指定的包对反射开放，这意味着可以忽略该包中所有的类型和成员的访问修饰符——它们都可以被访问。因为这个选项主要与反射相关，所以 12.2.2 节将正式介绍它。

这个选项的用例仍然是访问内部 API，所以有必要在此看一个例子。一个常见的例子来自基于其他形式的表述生成类实例的工具，比如 JAXB 可以基于 XML 文件创建一个 `Customer` 实例。许多这样的类库依赖于类加载机制的内部实现，通过反射来访问 JDK 的 `ClassLoader` 类的非公有成员。需要注意的是，Oracle 有计划在将来的 Java 版本中删除`-illegal-access` 选项，但具体是哪一个版本尚未确定。

如果用`--illegal-access=deny` 执行这样的代码，会得到一条错误信息。

```
> Caused by: java.lang.reflect.InaccessibleObjectException:
>   Unable to make ClassLoader.defineClass accessible:
>   module java.base does not "opens java.lang" to unnamed module
```

错误信息很明确——解决方案是在启动应用程序时使用`--add-opens` 选项。

```
$ java
    --class-path ${jars}
    --illegal-access=deny
    --add-opens java.base/java.lang=ALL-UNNAMED
    ${main-class}
```

与`--illegal-access` 及其当前的默认值 `permit` 不同，`--add-exports` 和 `--add-opens` 选项可以被视为访问内部 API 的"恰当的方式"（或者某种意义上说是"最合法的方式"）。开发者小心翼翼地使用它们来满足项目的需求，并且 JDK 会对它们进行长期支持。相应地，模块系统对这些选项所允许的访问不会产生任何警告。

除此之外，如果这两个选项指定某个包是可访问的，`illegal-access` 就不会发出警告。如果觉得这些警告非常烦人，但是你又无法解决潜在的问题，通过这种方式将包导出或开放后，这些警告就会被消除。如果这对项目仍然不起作用（比如无法访问命令行），看一下 Stack Overflow 里面的这篇文章："How to hide warning 'Illegal reflective access' in Java 9 without JVM argument?"。

> **注意**　如 7.1.2 节中所解释的那样，JDeps 在查找针对 JDK 内部 API 的静态访问方面是一种非常优秀的工具。但是在查找反射访问方面呢？没有简单的方式可以查找对 API 基于反射的调用。但是对 `java.lang.reflect.AccessibleObject::setAccessible` 的逐级调用，或者对 setAccessible 的全文检索会将代码中的大部分访问暴露出来。要将项目作为一个整体来验证，可以用`--illegal-access=debug` 或 deny 运行测试套件或者整个应用程序，搜索出所有基于反射的非法访问。

7.1.5　访问内部 API 的编译器和 JVM 选项

在阅读完本节后，你会获得极大的鼓舞。整个内部 API 的问题表面上看起来很简单，但是如果考虑到生态系统的遗留系统和兼容性，问题就会变得稍微复杂些。表 7-1 展示了相关选项以及它们的行为。

表 7-1　对使人们在运行时可以访问内部 API 的几种机制进行对比；按照静态访问（直接基于这样的类或成员对代码进行编译）和反射访问（使用反射 API）进行分类

静态访问				
类或成员	公　　有		非　公　有	
包	导　出　的	非导出的	导　出　的	非导出的
强封装	✔	✗	✗	✗
在Java 9中是默认行为，由于	✔	✔	✗	✗
--illegal-access=permit				
--illegal-access=warn	✔	✔	✗	✗
--illegal-access=debug	✔	✔	✗	✗
--illegal-access=deny	✔	✗	✗	✗
--add-exports	✔	✔	✗	✗
--add-opens	✔	✔	✗	✗

反射访问				
类或成员	公　　有		非　公　有	
包	导　出　的	非导出的	导　出　的	非导出的
强封装	✔	✗	✗	✗
在Java 9中是默认行为，由于	✔	✗	在Java 9之前：△对第一个/其他的 ✗	✗
--illegal-access=permit				
--illegal-access=warn	✔	✗	在Java 9之前：△对所有的/其他的 ✗	✗
--illegal-access=debug	✔	✗	在Java 9之前：△对所有的，以及栈跟踪/其他的 ✗	✗
--illegal-access=deny	✔	✗	✗	✗
--add-exports	✔	✔	✗	✗
--add-opens	✔	✔	✔	✔

　　除了技术细节，为实现 Java 9 的兼容性而将这些选项与其他选项进行绑定的策略也很重要。这是 9.1 节将要讲述的。如果不希望在命令行中指定选项（比如，因为你正在构建一个可执行 JAR），请仔细阅读 9.1.4 节，它展示了其他 3 种方法。

7.2　修复包分裂

　　非法访问内部 API、未解析的 JEE 模块和前文讨论过的大多数其他问题虽然制造了不少麻烦，但并非没有解决的办法：它们的底层概念易于理解；归功于精确的错误信息，这些问题很容易识别。但是包分裂的情况与它们完全不同。在最坏的情况下，人们只能得到一种提示：尽管某个类明确地存在于类路径中的某个 JAR 中，但是编译器或 JVM 由于找不到某个类而抛出错误。

　　作为示例，现在看一下 MonitorServer 类，它使用了 JSR 305 的 @Nonnull 注解（如果从未使用过这个注解，请不要着急，后文很快会介绍它）。以下是在尝试编译它时出现的情况。

```
> error: cannot find symbol
>    symbol:   class javax.annotation.Nonnull
>    location: class monitor.MonitorServer
```

尽管 jsr305-3.0.2.jar 存在于类路径中，还是发生了这样的错误。

发生了什么呢？为什么有些类型在类路径包含它们的情况下仍然没有得到加载？仔细观察，就会发现有一点非常重要：这些类型所在的包也存在于某一个模块中。现在来研究一下为什么会有这样的不同，以及这种不同如何导致这些类无法加载。

当不同的工件包含相同包（导出的或非导出的）中的类时，它们被认为是**分裂**了包。如果至少其中一个模块化 JAR 没有将该包导出，那么这种情况也叫作**隐藏式包冲突**。这些工件也许包含相同完全限定类名的类（这种情况下的分裂是重叠的），也许类名不同，只共享包名的前缀。不论包分裂是否隐藏以及是否重叠，本节所讨论的影响都是相同的。图 7-2 展示了一个分裂且隐藏的包。

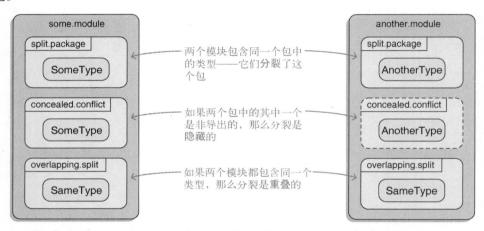

图 7-2   当两个模块包含同一个包中的类型时，它们分裂了这个包

包分裂和单元测试

包分裂问题是不单独为单元测试创建模块的两个原因之一。通常单元测试代码被维护在另一棵源代码树中，但是与产品代码在同一个包中。（另一个原因是强封装，因为单元测试经常对非公有的或者未导出的类和方法进行测试。）

应用程序服务器中存在大量包分裂的例子，它通常会使用不同的 JDK 技术。拿 JBoss 应用程序服务器以及 jboss-jaxb-api_2.2_spec 工件举例。它包含诸如 javax.xml.bind.Marshaller、javax.xml.bind.JAXB 以及 javax.xml.bind.JAXBException 这样的类。这些类很明显地与 java.xml.bind 模块中的 javax.xml.bind 包重叠并且将之分裂。（顺便提一句，JBoss 没有做错任何事情——像 6.1.1 节所讲的那样，JAXB 是一项独立的 JEE 技术，该工件还包含一套完整的实现。）

　　一个非重叠但问题更大的包分裂的例子来自于 JSR 305。Java 规范提案（JSR）305 想将"软件缺陷检查注解"引入 JDK。它定义了一些注解，例如 @Nonnull 和 @Nullable，希望将它们加入 javax.annotation 包中；它还创建了一个参考实现，并成功地通过了 Java 社区流程（JCP）的审核，之后一切顺利。那时是 2006 年。

　　另一方面，社区很喜欢这些注解，所以一些像 FindBugs 这样的静态分析工具对它们进行了支持，而且很多项目采用了它们。它们虽然不是标准实践，但在整个 Java 生态系统中得到了广泛使用。即使在 Java 9 中，它们也不是 JDK 的一部分。而不幸的是，它的参考实现将大多数注解放在了 javax.annotation 包中。这制造了一个与 java.xml.ws.annotation 模块的非重叠包分裂。

7.2.1　包分裂的问题是什么

　　包分裂出了什么问题？为什么它会导致明显存在的类无法被找到？这个问题的答案并不是很直观。

　　包分裂的一个技术因素是，Java 类加载机制的实现基于这样一个前提：至少在同一个类加载器中，任何完全限定类名都是唯一的。但是由于整个应用程序的代码在默认情况下只有一个类加载器，因此没有有意义的方法能够让这个需求宽松一些。除非重新设计、重新实现 Java 的类加载，否则这个前提禁止重叠的包分裂。（13.3 节将展示如何通过创建多个类加载器来解决此问题。）

　　另一个技术因素是，JDK 开发小组想利用模块系统来改进类加载的性能。6.2.1 节描述了它的细节，大意是它需要了解每个包属于哪个模块。如果每个包仅属于一个单独的模块，那么它将更加简单和高效。

　　于是，包分裂和模块系统的一个重要目标是相冲突的，这就是跨模块边界的强封装。当不同的模块产生包分裂时会发生什么？它们不应该能够访问彼此的包可见的类和成员吗？允许这样做会严重破坏封装性；但不允许这样做，又会与人们对访问修饰符的理解发生正面冲突。在这方面的设计上，真的很难做出合适的决定。

　　不过，也许最重要的层面是概念上的。一个包应该包含一个目的一致的类集合，而一个模块应该包含一个（虽然是稍微更大一点的）目的一致的包集合。从这个意义上讲，如果两个模块中有同样的包，这与初衷是相违背的。也许它们应该是一个模块，然后……

　　尽管没有针对包分裂的禁止选项，但它们具有的很多（人们不想要的）特性会导致不一致和歧义。因此，模块系统对它们持怀疑态度，并希望阻止它们。

7.2.2　包分裂的影响

　　考虑到包分裂可能引起的不一致和歧义，模块系统实际上禁止它们发生。

❑ 不允许一个模块从两个不同的模块读取相同的包。

❑ 同一层中的两个模块均不允许包含相同的包（不论是否已导出）。

什么是**层**？如 12.4 节所述，这是一个将类加载器与整个模块图捆绑在一起的容器。到目前为止，本书一直隐含地处于单层的情况，在这种情况下第二个项目符号已完全包含第一个。因此，除非涉及不同的层，否则包分裂始终是遭到禁止的。

就像下文将要展示的那样，分裂发生的位置不同，模块系统的行为也会有所不同。讨论完这些之后，就可以开始修复分裂了。

1. 模块之间的分裂

当两个模块（例如平台模块和应用程序模块）发生包分裂时，模块系统将检测到该情况并抛出错误，这可能在编译时或运行时发生。

举例来说，先研究一下 ServiceMonitor 应用程序。你可能还记得，monitor.statistics 模块包含 monitor.statistics 包。现在，在 monitor 中创建一个（同类 SimpleStatistician）具有相同名称的包。当编译该模块时，会出现以下错误。

```
> monitor/src/main/java/monitor/statistics/SimpleStatistician.java:1:
>     error: package exists in another module: monitor.statistics
>         package monitor.statistics;
>         ^
> 1 error
```

当尝试编译一个模块，而该模块带有同样从必需模块导出的包时，编译器会注意到该错误。但是当包没有导出，即存在隐藏的包冲突时，会发生什么呢？

为了找到答案，我向 monitor.statistics 中添加了一个 monitor.Utils 类，这意味着我将 monitor 包分裂为了 monitor 和 monitor.statistics。这里的包分裂是隐藏的，因为 monitor.statistics 并不导出 monitor。

结果有点令人惊讶，在这种情况下可以正常编译 monitor。由于这种情况直到运行时才会报告错误，因此当应用程序启动时，错误自然地产生了。

```
> Error occurred during initialization of boot layer
> java.lang.reflect.LayerInstantiationException:
>     Package monitor in both module monitor.statistics and module monitor
```

如果两个模块（两者都不需要另一个）包含相同的包，那么情况也是如此：在运行时而非编译时发现错误。

2. 模块和类路径之间的分裂

本章的重点是在 Java 9 及以上版本中编译和运行类路径上的应用程序，所以让我们回到对应的用例上。有趣的是，模块系统的行为有所不同。类路径上的所有代码最终都在**无名模块**（更多内容参见 8.2 节）中；为了最大限度地提高兼容性，一般来说，它不会受到仔细检查，也不会受到与模块相关的检查。因此，模块系统不会发现包分裂，这使人们可以编译和启动应用程序。

这一开始听起来可能很棒：可以少一样要操心的事情。然而问题依旧存在，它只是没有那么明显了，所以最终结果可以说更糟糕了。

模块系统知道每个具名模块（与无名模块相对）：知道它包含哪些包，并且每个包只属于一个模块。正如 6.2.1 节所解释的那样，新的类加载策略受益于此。每当加载一个类时，类加载器会查找包含该包的模块并尝试从中加载。如果它包含所需的类，那很好；如果不包含，则抛出 `NoClassDefFoundError`。

如果模块和类路径之间存在包分裂，那么类加载器将**始终并且只在**从该包加载类时查看对应的模块（如图 7-3 所示）。

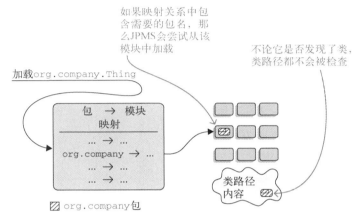

图 7-3　类路径内容未暴露给模块检查，并且其中的包未被索引。如果它与某模块之间存在包分裂，类加载器只会知道那个模块并从中查找所需的类。此图中类加载器寻找 org.company 并检查相应的模块，同时忽略包在类路径上的部分

在类路径那部分包中的类实际上是不可见的！这不仅适用于平台模块和类路径之间的包分裂，在应用程序模块（即从模块路径加载的 JAR）和类路径之间也是如此。

是的，你的理解是正确的。如果某些代码包含来自 `javax.annotation` 包的类，那么类加载器将查看唯一含有该包的模块：`java.xml.ws.annotation`。如果找不到对应的类，则会抛出 `NoClassDefFoundError`，**即使该类存在于类路径上也是如此**。

可以想象，莫名缺失的类可能会导致一些令人头疼的问题。这也正是可能造成包分裂问题的 JEE 模块在默认情况下不会受到解析的原因（6.1 节已详细解释过）。尽管如此，这些模块仍可造成最奇怪的包分裂案例。

考虑一个使用 `@Generated` 注解和 `@Nonnull` 注解的项目，其中，前者出现在 Java 8 中，后者是项目在类路径上的 JSR 305 实现，两者都在 `javax.annotation` 包中。这种情况下，在 Java 9 及以上版本中进行编译会发生什么？

```
> error: cannot find symbol
>     symbol:   class Generated
>     location: package javax.annotation
```

这是因为缺少 Java 类吗？是的，因为该类属于 JEE 模块 java.xml.ws.annotation，在默认情况下不会受到解析。但错误信息有所不同：它没有提示解决方案。幸好，前文提到可以使用

--add-modules java.xml.ws.annotation 选项，添加包含它的模块，解决此问题。于是得到如下结果。

```
> error: cannot find symbol
>     symbol:   class Nonnull
>     location: class MonitorServer
```

编译器之前发现了这个类，为什么现在反而发现不了？因为现在有一个含有 javax.annotation 包的模块，所以类路径上的部分变得不可见了。

重复一遍如下（图 7-4 中也可以看到）。

❑ 第一个错误是 JEE 模块默认无法解析引起的。

❑ 第二个错误是模块系统忽略包分裂的类路径部分引起的。

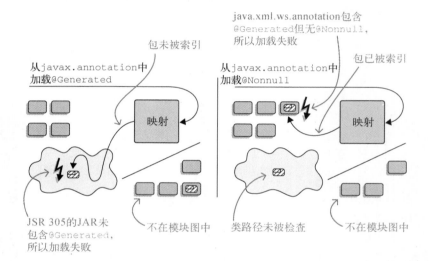

图 7-4 从同一个包中加载会由于不同的原因而失败。如左侧所示，未手动添加 JEE 模块 java.xml.ws.annotation，因此 @Generated 加载失败，因为类路径上的 JSR 305 工件未包含它。如右侧所示，在添加了模块后，将从该模块加载所有的 javax.annotation 里的类，即使 @Nonnull 也是如此，然而只有 JSR 305 包含它。最终，两种方案都导致所需的注解加载失败

这就说得通了。（对吗？）既然你已经对此有了全面的了解，现在看看如何解决此问题。

7.2.3 处理包分裂的多种方法

有很多方法可以让包分裂正常工作。这里按照推荐顺序一一介绍：

❑ 重命名其中一个包；

❑ 将包分裂的所有部分移到同一个工件中；

❑ 合并工件；

❏ 把两个工件都放置在类路径上；

❏ 基于工件升级 JDK 模块；

❏ 利用工件的内容扩展已有模块。

注意 在迁移期间，只有最后两种方法适用于典型的包分裂场景，即平台模块和类路径上的工件之间的包分裂。

第一种方法适用于包名称冲突是偶然现象的情况。它应该是最明显的选择，请尽量采用此方案。当包分裂是有意的时，这种方法就不太可行了。如果那样，可以尝试通过移动几个类或者合并工件进行修复。前 3 个选项都是最合理的长期解决方案，但显然只在你有控制包分裂的工件时才有效。

如果与包分裂相关的代码不属于你，或者前 3 个解决方案不适用，就需要启用其他选项，使模块系统在分裂的包依然存在的情况下正常工作。一个较为直观的解决方案是将两个工件都保留在类路径上，被捆绑进同一个无名模块中，其最终行为与 Java 9 之前版本相同。这是一个有效的中间策略，在详细讨论处理方案之前，可以先使用这个方案进行修复。

很遗憾，到目前为止讨论的所有解决方案都不适用于涉及 JDK 模块的包分裂，因为你无法直接控制 JDK。要克服这个问题，就需要更强大的武器。如果你足够幸运，发生包分裂的工件不仅含有随机的 JDK 包中的一些类，还提供了可升级的 JDK 模块的完整替代品。在这种情况下，请阅读 6.1.3 节，其中介绍了如何使用 `--upgrade-module-path` 选项。

如果以上方案都没有作用，那么只能使用最后的且最极客的方案：扩展已有模块。

7.2.4 扩展模块：处理包分裂的最后手段

这是一种几乎可以修复所有包分裂问题的技术，但该技术始终应该作为最后万不得已的手段。它可以使模块系统假装认为，类路径上那些烦人的类属于含有分裂包的模块。编译器和运行时选项 `--patch-module ${module}=${artifact}` 会将 `${artifact}` 里的所有类合并到 `${module}` 中。这里仍有一些需要注意的事项，但在此之前先看一个例子。

前文展示了使用注解@Generated(来自 java.xml.ws.annotation 模块)和@Nonnull(来自 JSR 305 实现)的项目示例。它说明了 3 件事：

❏ 因为两个注解都位于 `javax.annotation` 包中，所以产生了包分裂；

❏ 人们需要手动添加模块，因为它是 JEE 模块；

❏ 手动添加模块会导致包分裂 JSR 305 的部分变得不可见。

现在你知道可以使用 `--patch-module` 来修复包分裂。

```
javac
    --add-modules java.xml.ws.annotation
    --patch-module java.xml.ws.annotation=jsr305-3.0.2.jar
    --class-path 'libs/*'
    -d classes/monitor.rest
    ${source-files}
```

这样，jsr305-3.0.2.jar 中的所有类都成了模块 java.xml.ws.annotation 的一部分，可以被加载，并最终得到成功编译（或者可以用 java 命令执行）。真棒！

有几点需要注意。首先，扩展模块不会自动添加到模块图中。如果没有明确要求，可能仍需要使用--add-modules 选项（参见 3.4.3 节）。

接下来，使用--patch-module 选项添加到模块中的类遵循一般可访问性规则（参见 3.3 节和图 7-5）。

❑ 依赖于这些类的代码需要读取扩展的模块，该模块必须导出所需的包。

❑ 同样，这些类的依赖需要存在于被扩展模块读取的模块已导出的包中。

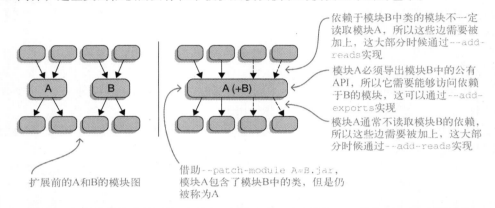

图 7-5　如果将模块中的类扩展到另一个模块（此处为模块 B 到模块 A），必须手动编辑已扩展模块的传入和传出依赖以及导出包才能使包含的类正常工作

此处可能需要使用命令行选项来操作模块图，例如--add-reads（参见 3.4.4 节）和--add-exports（参见 11.3.4 节）。由于具名模块无法访问类路径中的代码，因此可能还需要创建一些自动模块（参见 8.3 节）。

7.2.5　使用 JDeps 查找分裂的包

通过反复试错寻找分裂的包是一项乏味的工作，幸运的是，JDeps 会报告分裂的包。附录 D 对该工具进行了概述。了解概述即可，因为几乎任何输出都包含包分裂的详细信息。

现在看看 JDeps 报告示例：应用程序使用了来自 java.xml.ws.annotation 的 javax.annotation.Generated 和来自 JSR 305 的 javax.annotation.Nonnull 注解。在把所有的依赖复制到 lib 目录之后，可以按照如下方式执行 JDeps。

```
$ jdeps -summary
    -recursive --class-path 'libs/*' project.jar

> split package: javax.annotation
>    [jrt:/java.xml.ws.annotation, libs/jsr305-3.0.2.jar]
>
# 以下省略了更多的项目依赖
```

结果很明确，对吧？如果好奇什么依赖于分裂的包，你可以使用`--package`和`-verbose:class`选项。

```
$ jdeps -verbose:class
    --package javax.annotation
    -recursive --class-path 'libs/*' project.jar

# 省略了分裂的包
# 省略了来自 javax.annotation 的依赖

> rest-1.0-SNAPSHOT.jar -> libs/jsr305-3.0.2.jar
>    monitor.rest.MonitorServer -> Nonnull jsr305-3.0.2.jar
```

7.2.6　关于依赖版本冲突的说明

如 1.3.3 节所述，Java 8 对同时运行的同一个 JAR 的多个版本（例如应用程序同时传递地依赖于 Guava 19 和 Guava 20）没有开箱即用的支持。之后，1.6.6 节指出，模块系统并不会改善这一行为。在阅读了前文关于包分裂的讨论后，你应该清楚为什么会这样。

Java 模块系统改变了类加载策略（查看特定的模块代替了扫描类路径），但它没有改变基本的假设和机制。每个类加载器仍然只能接受一个具有相同完全限定类名的类，即同一工件的多个版本不可能同时使用。模块系统对版本支持的更多详细信息，可以参见第 13 章。

提示　你已经了解了所有常见的和一些不常见的迁移挑战。如果渴望将所学知识付诸实践并将项目升级到 Java 9 及以上版本，请直接跳到第 9 章（讨论了解决这个问题的最好方法）。一旦应用程序在 Java 9 及以上版本中运行，你就可以利用 jlink 基于所需模块来定制运行时镜像——参见 14.1 节。如果你对接下来的步骤，即把现有代码库转化为模块感兴趣，请阅读第 8 章。

7.3　小结

❑ 如果想知道在模块系统下项目中的类如何得到访问，那么了解在模块系统的新时代下它们是如何组织的非常重要。

- `java.*`包和`javax.*`包中的所有公有类都是标准化的。这些包由`java.*`模块导出，可以被安全地依赖，因此不需要进行任何更改。
- `com.sun.*`包中的公有类由 Oracle 提供支持。这些包由`jdk.*`模块导出，因此能否继续依赖它们，受限于提供代码库的 JDK 供应商。
- `sun.*`包中的一些可选择的类暂时由 Oracle 提供支持，直到未来的 Java 版本引入相应的替代者。它们由 jdk-unsupported 模块导出。
- 所有其他类都不受支持且无法访问。想使用它们只能通过命令行标志，但如果这样做，那代码可能无法在不同小版本或不同供应商的 JVM 上运行。因此，通常情况下，本书不建议这么做。

❑ 有些内部 API 已经遭到删除，因此即使借助命令行选项也没有办法继续使用它们。

❑ 虽然强封装通常禁止访问内部 API，但是有一个例外：访问 JDK 内部 API 的类路径上的代码。这可以大大简化迁移过程，也会使模块系统的行为变得复杂。

  ■ 在编译期间，强封装完全处于活动状态，阻止对 JDK 内部 API 的访问。但是，如果需要某些 API，可以使用--add-exports 授予访问权限。

  ■ 在运行时，默认情况下 Java 9 到 Java 11 允许对未导出的 JDK 包中的公有类进行静态访问。这使得现有应用程序更有可能开箱即用，但将来的版本中这可能会发生变化。

  ■ 在默认情况下，可以对所有 JDK 内部 API 进行反射访问，但在首次访问包（默认行为）或每次访问时（使用--illegal-access=warn）会发出警告。分析它的最佳方法是使用--illegal-access=debug，这样每个警告中都将包含栈跟踪的详细信息。

  ■ 只要指定--illegal-access=deny 选项，同时在必要时使用--add-exports 和--add-opens 访问严格依赖的包，就可以更加严格地限制静态和反射访问。尽早实现该目标可以更轻松地迁移到未来的 Java 版本。

❑ 模块系统禁止（同一层中的）两个模块含有相同的包，并且不论包导出与否都是如此。但这并不是为了检查类路径上的代码，所以平台模块和类路径代码之间存在未发现的包分裂是有可能的。

❑ 如果在模块和类路径之间存在包分裂，那么类路径上的部分基本是不可见的。这会导致令人惊讶的编译时和运行时错误。最好的解决方案是移除分裂的包，如果做不到，可以考虑借助--upgrade-module-path（如果它是可升级的模块）用包分裂的工件来升级替换原有的模块，或者使用--patch-module 扩展其内容。

## 第 8 章

增量模块化现有项目

本章内容
- 处理无名模块
- 借助自动模块进行模块化
- 增量模块化代码库
- 混搭类路径和模块路径

根据向 Java 9 及以上版本迁移的顺利程度（参见第 6 章和第 7 章），在向一个有一定年头的生态系统引入模块系统并让其正常工作的过程中，你可能会遇到一些比较麻烦的问题。好消息是这样做是值得的！正如 1.7.1 节简单介绍的那样，Java 9 及以上版本除了模块系统外还有很多其他功能。如果你的项目支持 Java 9，就可以立即使用这些功能。

最终，你还可以将项目模块化。通过将工件转化为模块化 JAR，你和你的用户可以受益于可靠配置（参见 3.2.1 节）、强封装（参见 3.3.1 节）、用服务来解耦模块（参见第 10 章）、运行时镜像（包括整个应用程序的运行时镜像，参见 14.2 节），以及与模块相关的许多其他优点。如 9.3.4 节所述，你甚至可以对运行在 Java 8 及更早版本中的项目进行模块化。

模块化 JAR 有两种方法：
- 在所有的依赖都被模块化后，统一为所有的工件创建模块描述符；
- 先对一部分工件进行模块化（可能一次只有几个）。

结合第 3 章、第 4 章和第 5 章所讨论的内容，第一种方案比较直截了当。你可能还需要第 10 章和第 11 章介绍的一些更高级的模块系统功能，但除此之外，你可以放心继续进行：为正在构建的每个工件创建一个模块声明，并用之前所学的知识为它们的关系建模。

也许你的项目位于一棵层级很深的依赖树之上，你不想等待所有依赖都完成模块化。或者你的项目太大，以至于无法一口气将所有的工件都转化为模块。在这些情况下，你可能会倾向于第二个选项，即对工件进行增量模块化，而不管它们依赖的是模块化 JAR 还是普通 JAR。

能够同时使用模块化工件和部分模块化工件不仅对各个项目非常重要，还意味着整个生态系统可以彼此独立地包含模块。否则，整个生态系统的模块化可能要花费数十年的时间——只有这样，每个人才能在可控时间内完成模块化工作。

本章将介绍一些特性，借助这些特性可以实现对现有项目的增量模块化。我们将首先讨论类路径和模块路径的组合，接着检测无名模块，然后通过查看自动模块进行总结。完成以上动作后，尽管可能存在部分模块化的依赖关系，但你的项目或项目的一部分仍将从模块系统中受益。你还将为第 9 章做好准备，该章讨论了模块化应用程序的策略。

8.1　为什么选择增量模块化

在讨论如何增量模块化项目之前，先来思考一下为什么这是一个可选项。模块系统通常要求所有内容都是模块。但是，如果出现得太晚（比如 JPMS），或仅被生态系统的某一小部分所使用（比如 OSGi 或 JBoss 模块），那么现实肯定不能像理论一样完美。因此，人们必须找到一种与部分模块化工件交互的方法。

在本节中，首先要考虑如果每个 JAR 都必须模块化才能在 Java 9 及以上版本中运行，会发生什么情况，从而得出必须将普通 JAR 和模块化 JAR 混搭运行的结论（参见 8.1.2 节）。然后本节将展示如何并行使用类路径和模块路径，以实现这种混搭运行方法（参见 8.1.3 节）。

8.1.1　如果每个 JAR 都必须是模块化的……

如果 JPMS 非常严格，要求所有内容都必须是模块，那么只有在所有 JAR 都包含模块描述符时才能使用它。而且由于模块系统是 Java 9 及以上版本不可或缺的一部分，由此可推论，如果不对所有代码和依赖进行模块化，你甚至无法升级到该版本。想象一下，如果真是这样的话，后果会如何？

有些项目可能会早早更新到 Java 9 及以上版本，迫使项目的所有用户将自己的代码库模块化或停止使用该项目。而另一些项目可能不想被迫做出决定，或者由于其他原因不想迈出这一步，而这些都会阻碍用户的更新。如果我不希望项目中有决策不一致的依赖项，那该怎么办？

此外，一些项目也许会分别发布附带模块描述符和不带模块描述符的版本，并将其提供给用户，因此他们不得不使用两个完全不相交的依赖关系集（一个带有模块描述符，另一个不带模块描述符）。此外，除非它们向后兼容旧的主要版本和次要版本，否则为了跳转到 Java 9 及以上版本，用户将被迫一次执行很多（可能很耗时的）更新。而且，这还没有考虑那些不再受到维护的项目。即使本身没有任何依赖，这些项目也将很快在 Java 9 及以上版本中变得不可用。

唯一避免前功尽弃和彻底分裂的方法，就是等待整个生态系统上的**每一个**项目都更新到 Java 9 及以上版本，并且发布模块化的 JAR。但是这一定行不通。并且，无论通过哪种方式对依赖进行分割，任何执行某个 JAR 的人都必须知道该 JAR 是为哪个 Java 版本创建的，否则该 JAR 无法在 Java 8 和 Java 9 中运行。总而言之，人们会遇到巨大的麻烦！

8.1.2　让普通 JAR 和模块化 JAR 混搭

为了避免上述麻烦，模块系统必须提供一种在模块化 JVM 上运行部分模块化代码的方法。第 6 章的引言解释了模块系统确实如此：类路径上普通 JAR 的工作方式和 Java 9 之前版本一样（如第 6 章和第 7 章所述，它们包含的代码可能无法运行，但这是另一回事）。8.2 节将详细说明

类路径模式的工作方式。

仅仅知道它的工作原理就已经是一条重要的启示：模块系统可以正确处理部分模块化的工件，并且知道如何定位它们与清晰模块之间的边界。这是个好消息，而且不止于此：该边界不是一成不变的。因此，不必将应用程序 JAR 与 JVM 模块分开。本章其余部分将继续对此进行探讨。模块系统让你可以移动该边界，并根据项目需要将模块化和部分模块化的应用程序 JAR 与平台模块混搭，如图 8-1 所示。

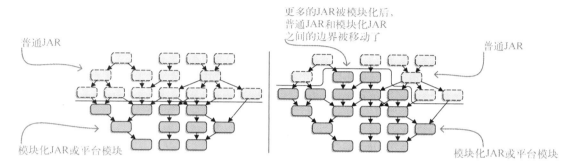

图 8-1　模块系统允许部分模块化代码在模块化的 JDK 上运行（左）。更重要的是，它为你提供了移动该边界的工具（右）

8.1.3　增量模块化的技术基础

使增量模块化成为可能的基本原理是类路径和模块路径可以并行使用。无须一次性将所有的应用程序 JAR 从类路径移至模块路径，取而代之的是，鼓励现有项目从类路径开始，随着模块化工作的进行，将其工件缓慢地移至模块路径。

同时在两种路径上使用普通 JAR 和模块化 JAR 需要对这些概念之间的关系有一个清晰的了解。你可能会认为缺少模块描述符的 JAR 应该在类路径上运行，而模块化 JAR 应该在模块路径上运行。尽管前文从来没有这样提过，但你可能会因为字里行间的"暗示"产生这个理论。不管怎样，这个理论是错误的，是时候忘记它了。

以下两种机制使该理论无效，并且使增量模块化成为可能。

❏ **无名模块**被模块系统隐式地创建并包含了从类路径中加载的所有内容，其中，类路径上的混乱依旧存在（8.2 节将详细说明）。

❏ **自动模块**由模块系统为在模块路径上找到的每个普通 JAR 创建（8.3 节将专门讨论此概念）。

类路径对普通 JAR 和模块化 JAR 不做任何区分：它们只要在类路径上，最终都会变成无名模块。同样，模块路径对于普通 JAR 和模块化 JAR 也不做任何区分：它们只要在模块路径上，最终都会变成自己的具名模块（针对普通 JAR，模块系统将创建一个自动模块；针对模块化 JAR，模块系统将根据模块描述符创建一个清晰模块）。

要理解本章其余部分并开始进行模块化，完全掌握模块化内部的行为是非常重要的。表 8-1

展示了一个二维表格，从中可以看出，JAR 是否成为无名模块或具名模块的一部分不由 JAR 的类型（普通或模块化）决定，而由其所放置的路径（类路径或模块路径）决定。

表 8-1   JAR 是否成为无名模块或具名模块的一部分不由 JAR 的类型决定，而由其所放置的路径决定

	类 路 径	模块路径
普通 JAR	无名模块（参见 8.2 节）	自动模块（参见 8.3 节）
模块化 JAR		清晰模块（参见 3.1.4 节）

当决定是将 JAR 放在类路径上还是放在模块路径上时，与**代码的来源**无关，（和 JAR 是否模块化有关吗？）但与你需要将**代码放在哪里**有关（在无名模块或具名模块中）。如果希望代码进入"大泥球"，可以使用类路径；如果希望代码成为模块，可以使用模块路径。

但是，如何确定把代码放在哪里呢？通用准则是：无名模块与**兼容性**相关，可以让使用类路径的项目在 Java 9 及以上版本中运行；自动模块与**模块化**相关，它使项目在依赖尚未模块化的情况下也可以使用模块系统。

如果想知道更详细的答案，可以仔细研究一下无名模块和自动模块。第 9 章将定义更广泛的模块化策略。同时，如果想知道现有项目是否值得进行模块化，可以参见 15.2.1 节。

注意   尽管构建工具可能会帮你做出很多决定。但是，你最终仍然有可能遇到一些问题。在这种情况下，可以应用本章中探讨的内容来对构建进行正确配置。

8.2   无名模块（类路径）

有一个方面本书还没有详细解释：模块系统和类路径是如何一起工作的？本书第一部分清晰地介绍了模块化应用程序如何将所有内容放置在模块路径上并在模块化 JDK 上运行。接着，第 6 章和第 7 章阐述了如何编译部分模块化代码并从类路径中运行应用程序。但是类路径上的内容是如何与模块系统交互的？处理了哪些模块？是如何解决的？为什么类路径上的内容可以访问所有平台模块？无名模块回答了这些问题。

探索这些问题不仅仅具有学术价值。除非确实非常小，否则实际中的应用程序一般无法一次性全部模块化。但是增量模块化同时涉及 JAR 和模块、类路径和模块路径。了解模块系统的类路径模式工作的基本原理和细节非常重要。

注意   围绕无名模块的机制通常在编译时和运行时均适用，但是总提这两者会稍显啰唆。所以，本书通常只描述运行时的行为，并且仅在两者不完全相同时才提及编译时的行为。

无名模块包含所有的部分模块化类，即：
❑ 在编译时，正在被编译的（不包含模块描述符）类；
❑ 在编译时和运行时，所有从类路径加载的类。

如 3.1.3 节所述，所有模块都具有 3 个主要属性，无名模块也是如此。

- □ **名称**——无名模块没有名称，（可以理解吧？）这意味着没有其他模块可以在其声明中提及它（比如，依赖它）。
- □ **依赖**——无名模块读取进入模块图的所有其他模块。
- □ **导出**——无名模块导出其所有包，并且开放它们以支持反射（开放式包和开放式模块的详细信息，参见 12.2 节）。

与无名模块相反，所有的其他模块都可称为**具名模块**。META-INF/services 中提供的服务对于 `ServiceLoader` 来说均可用。服务的相关介绍，参见第 10 章；服务与无名模块交互的相关介绍，参见 10.3.6 节。

尽管不是很直接，但无名模块的概念很有意义。在这里，你可以看到有序的模块图，从另一个侧面，你可以看到类路径上的混乱状况，这些 JAR 带着自己独特的属性融入到了模块系统中（如图 8-2 所示）。（为了不使事情变得不必要地复杂，我在当时没有告诉你，无名模块是第 6 章和第 7 章的基础，现在你可以把每处的**类路径上的内容用无名模块**来替换了。）

让我们回到 ServiceMonitor 应用程序，并假设它是在 Java 9 之前编写的。该代码及其组织结构与前文讨论的相同，但是缺少模块声明，因此你将创建普通 JAR 而非模块化 JAR。

假设 jars 目录包含所有的应用程序 JAR，而 libs 目录包含所有的依赖，那么可以按以下方式启动应用程序。

```
$ java --class-path 'jars/*':'libs/*' monitor.Main
```

这不仅适用于 Java 9 及以上版本，而且除了 `--class-path` 选项的替代形式，它与 Java 8 及更早版本完全一致。图 8-2 展示了模块系统为该启动配置创建的模块图。

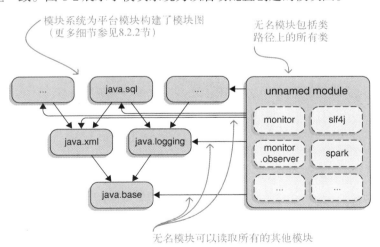

图 8-2 在类路径上启动所有应用程序 JAR 的情况下，模块系统从平台模块（左）构建模块图，并将类路径上的所有类分配给无名模块（右），后者可以读取所有其他模块

有了这种理解，你就可以从类路径运行简单的部分模块化应用程序了。除了基本的用例，尤其是在缓慢地对应用程序进行增量模块化时，无名模块的微妙之处也变得非常重要，因此我们接下来将介绍它们。

8.2.1   无名模块捕获的类路径混乱

无名模块的主要目标是捕获类路径内容，并使其在模块系统中工作。因为类路径上的 JAR 之间从来没有任何界限，所以现在建立界限是没有意义的。因此对于整个类路径而言，只生成单一的无名模块是很合理的决定。就像在类路径上一样，其中所有的公有类都是可访问的，并且包分裂的概念在这里是不存在的。

无名模块的独特作用及其对向后兼容性的关注为它提供了一些特殊的属性。如 7.1 节所述，大多数平台模块在运行时为无名模块中的代码禁用了强封装（至少在 Java 9、Java 10 和 Java 11 中）。7.2 节在讨论包分裂时曾提到，无名模块不会受到扫描，因此无名模块与其他模块之间的包分裂是不会被发现的，并且其类路径上的那部分是不可用的。

无名模块的组成这一细节不仅有点违反直觉还很容易出错。这似乎显而易见：模块化 JAR 成为模块而普通 JAR 组成无名模块。这正确吗？如 8.1.3 节所述，这是错误的。无名模块负责在**类路径上的所有 JAR**，无论其模块化与否，都是如此。

因此，模块化 JAR 并不一定要作为模块加载！如果一个类库开始提供模块化 JAR，它的用户不必一定将其当作模块使用。用户可以将它们留在类路径中，这种情况下它们的代码将被捆绑进无名模块中。就像 9.2 节将深入解释的那样，这使生态系统得以在不对其他 JAR 的模块化有任何依赖的情况下完成对某一个 JAR 的模块化。

举个例子，启动完全模块化版本的 ServiceMonitor，并且一次从类路径启动，另一次从模块路径启动。

```
$ java --class-path 'mods/*':'libs/*' -jar monitor
$ java --module-path mods:libs --module monitor
```

在两种启动方法下应用程序都可以正常工作，并且没有明显的差异。

有一种方法可以查看模块系统如何处理这两种场景，就是使用 12.3.3 节将详细介绍的 API。可以在类上调用 getModule，获取其所属的模块，然后在该模块上调用 getName，查看其被调用的内容。针对无名模块，getName 返回 null。

使 Main 包含以下代码。

```
String moduleName = Main.class.getModule().getName();
System.out.println("Module name: " + moduleName);
```

从类路径启动时，输出为 Module name: null，这表示类 Main 最终存在于无名模块中。从模块路径启动时将获得 Module name: monitor，符合预期。

5.2.3 节曾讨论过模块系统如何将资源封装在包中。这仅部分适用于无名模块：模块内没有访问限制（因此，类路径上的所有 JAR 都可以访问彼此的资源），并且无名模块将所有包开放以支持反射（因此，所有模块都可以访问来自类路径上 JAR 中的资源）。但是，强封装确实适用于从无名模块到具名模块的访问。

8.2.2 无名模块的模块解析

无名模块与其余模块图关系的一个重要方面是它可以读取哪些其他模块。如前文所述，它可以读取进入模块图的所有模块。但是具体是哪些呢？

请记住，在 3.4.1 节中，模块解析是从根模块（尤其是初始模块）开始，逐一添加其所有直接依赖和传递依赖，进而完成模块图构建的。在编译代码时，或应用程序的 main 函数在无名模块中时（即从类路径上启动应用程序），这项工作将如何进行？毕竟，普通 JAR 不表达任何依赖关系。

如果初始模块是无名模块，那么模块解析将从一组预定义的根模块开始。根据经验，这些模块是系统模块（参见 3.1.4 节），且不包含 JEE API，但是实际规则更为详细。

❑ java.*模块集中哪些能成为根模块取决于 java.se 模块是否可见（该模块呈现整个 Java SE API——它在完整的 Java 镜像中可见，但在由 jlink 创建的自定义运行时镜像中可能不是这样）。

■ 如果 java.se 可见，则它将成为根模块。

■ 如果 java.se 不可见，那么升级模块路径中的每个 java.* 系统模块和 java.*模块，只要至少导出一个不限定的包（意味着不限制谁可以访问该包，参见 11.3 节），就可以成为根模块。

❑ 除了 java.*模块之外，其他所有系统模块和升级模块路径上（除孵化模块外）至少导出一个不限定包的模块都会成为根模块。这与 jdk.* 和 javafx.*模块尤其相关。

❑ 由--add-modules 定义的模块（参见 3.4.3 节）始终是根模块。

这略微有点复杂（可视化效果如图 8-3 所示），但在极端情况下可能变得很重要。根据经验，解析所有系统模块（JEE 和孵化模块除外）应涵盖至少 90%的情况。

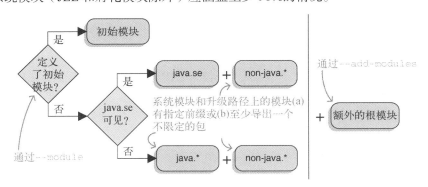

图 8-3 哪些模块成为模块解析的根（参见 3.4.1 节），取决于是否使用--module 定义了初始模块（如果未定义，那么无名模块为初始模块）以及 java.se 是否可见。无论如何，用--add-modules 定义的模块始终是根模块

例如，你可以运行 java --show-module-resolution 并观察输出的前几行。

```
> root java.se jrt:/java.se
> root jdk.xml.dom jrt:/jdk.xml.dom
> root javafx.web jrt:/javafx.web
> root jdk.httpserver jrt:/jdk.httpserver
> root javafx.base jrt:/javafx.base
> root jdk.net jrt:/jdk.net
> root javafx.controls jrt:/javafx.controls
> root jdk.compiler jrt:/jdk.compiler
> root oracle.desktop jrt:/oracle.desktop
> root jdk.unsupported jrt:/jdk.unsupported
```

这不是全部输出，并且在不同系统上其顺序可能不同。但是从它的顶部开始，可以看到 java.se 是唯一的 java.*模块。然后是一系列 jdk.*模块和 javafx.*模块（jdk.unsupported 参考 7.1.1 节），以及一个 oracle.*模块（可以忽略）。

 要点 请注意，在以无名模块为初始模块的情况下，根模块集始终是运行时镜像中包含的系统模块的子集。除非使用--add-modules 显式添加，否则模块路径上存在的模块将永远无法解析。如果对模块路径进行了手动处理，以完全包含所需的模块，那么如 3.4.3 节中所述，你可能需要使用--add-modules ALL-MODULE-PATH 添加所有模块。

可以通过从模块路径启动 ServiceMonitor 而不定义初始模块来轻松观察该行为。

```
$ java --module-path mods:libs monitor.Main

> Error: Could not find or load main class monitor.Main
> Caused by: java.lang.ClassNotFoundException: monitor.Main
```

使用--show-module-resolution 运行相同的命令，可以证实没有 monitor.*模块遭到解析。要解决此问题可以使用--add-modules monitor，这样 monitor 模块将被加到根模块列表中；或者使用--module monitor/monitor.Main，这样 monitor 模块将成为唯一的根模块（初始模块）。

8.2.3 取决于无名模块

模块系统的主要目标之一是实现可靠配置：模块必须表达其依赖，并且模块系统必须能够保证它们存在。3.2 节曾讨论过带有模块描述符的可见模块的问题。如果尝试将可靠配置扩展到类路径，会发生什么？

先来进行一个思想实验。假设模块依赖于类路径上的内容，比如其描述符中使用了类似 requires class-path 的内容。那么模块系统可以为这种依赖提供什么保证呢？事实证明，几乎没有。只要类路径上至少有一个类，模块系统就必须假定已满足其所有依赖关系，所以这是无济于事的（如图 8-4 所示）。

更糟糕的是，这将严重破坏配置的可靠性，因为最终你的模块可能需要 requires class-path。

好吧，它几乎不包含任何信息：类路径**究竟**需要什么（再看一下图 8-4）？

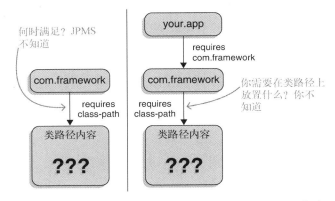

图 8-4　如果 com.framework（通过 `requires class-path` 语句）依赖于一些类路径
　　　　上的内容，那么模块系统无法判断依赖是否得到满足（左）。如果你在该框架
　　　　上构建应用程序，你将不知道如何满足这种依赖关系（右）

　　让这个假设更进一步。设想，模块 com.framework 和 org.library 依赖于相同的第三方模块，
比如 SLF4J。一个依赖于模块化之前的 SLF4J，因此需要 `requires class-path`；另一个依赖
于模块化的 SLF4J，因此需要 `requires org.slf4j`（假设这是模块名）。同时依赖于 com.framework
和 org.library 的人，会如何放置 SLF4J 的 JAR 呢？无论选择哪一种，模块系统必然无法满足其中
一个传递依赖，图 8-5 显示了这种假设的情况。

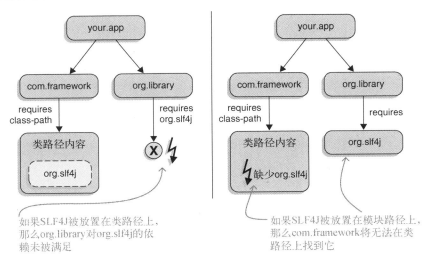

图 8-5　假设 com.framework 依赖于 SLF4J（`requires class-path`），org.library 依赖于 SLF4J
　　　　模块（`requires org.slf4j`），没有办法同时满足这两项要求。无论 SLF4J 是放在类路
　　　　径上（左）还是模块路径上（右），这两个依赖中有一个被认为是无法满足的

如果想要可靠的模块,那么依赖哪个类路径的内容都不是好主意,因此无须 `requires class-path`。

在模块系统中, 模块使用名称引用其他模块。那么, 如何更好地表示最终包含类路径内容的模块不能被依赖? 不给这个模块命名——也就是说无名——听起来很合理。

于是, 得到一个没有名称的无名模块,因为没有模块能用 `requires` 指令或任何其他指令引用它。没有 `requires` 就没有可读性边;没有可读性边, 模块就无法访问无名模块中的代码。

总之, 清晰模块要依赖某个工件, 该工件必须位于模块路径上。正如 8.1.3 节中提到的, 这可能意味着将普通 JAR 放在模块路径上, 把它们转换为自动模块。接下来将探讨这个概念。

8.3　自动模块：模块路径上的普通 JAR

任何模块化工作的长期目标都是将普通 JAR 升级为模块化 JAR,并将它们从类路径移动到模块路径。一种方法是, 等到所有依赖都以模块的形式出现后再模块化自己的项目——这是一种自下而上的方法。不过, 这可能需要很长时间, 因此模块系统也允许自上而下的模块化方法。

9.2 节将详细解释这两种方法, 但是要采用自上而下的方法, 首先需要一种新的技术手段。考虑一下：如果依赖以普通 JAR 的形式出现,你将如何声明模块? 正如 8.2.3 节所述, 如果将它们放在类路径上, 它们最终会出现在无名模块中, 而你的模块无法访问该模块。但是, 8.1.3 节曾提到过, 普通 JAR 也可以放在模块路径上, 模块系统将自动为它们创建模块。

> **注意**　围绕自动模块的机制通常适用于编译时和运行时。前文曾说过, 如果总是提到这两个词的话, 不仅增加的信息量很少, 而且会使文章更难阅读。

针对模块路径上每个没有模块描述符的 JAR, 模块系统都将创建一个**自动模块**。它与任何其他具名模块一样, 有 3 个核心属性（参见 3.1.3 节）。

- **名称**——可以在 JAR 的 manifest 文件中使用 `Automatic-Module-Name` 头来确定自动模块的名称。如果未填写, 模块系统将基于文件名生成一个名称。
- **依赖**——自动模块可以读取其他所有进入模块图的模块,包括无名模块（你很快就会看到, 这一点很重要）。
- **导出**——自动模块导出它的所有包并开放它们以方便反射（开放式包和模块的详细信息, 参见 12.2 节）。

此外, 可执行 JAR 会生成**可执行模块**, 这些模块的主类将被标记（参见 4.5.3 节）。`META-INF/services` 中提供的服务对 `ServiceLoader` 而言是可用的。对服务的介绍, 参见第 10 章。请特别关注 10.3.6 节, 了解它们与自动模块的交互。

再次假设 ServiceMonitor 还没有模块化, 但此时你仍然可以将其工件放在模块路径上。如果目录 jar-mp 包含 `monitor.jar`、`monitor.observer.jar` 和 `monitor.statistics.jar`, 而目录 jars-cp 包含所有其他应用程序和依赖 JAR, 你可以用如下命令启动 ServiceMonitor。

```
$ java
  --module-path jars-mp
  --class-path 'jars-cp/*'
  --module monitor/monitor.Main
```

可以在图 8-6 中看到最终的模块图。有些细节可能还不清楚，（比如，为什么在命令行只引用 monitor 的情况下，所有 3 个自动模块都出现在图中？）别担心，下一节将进行解释。

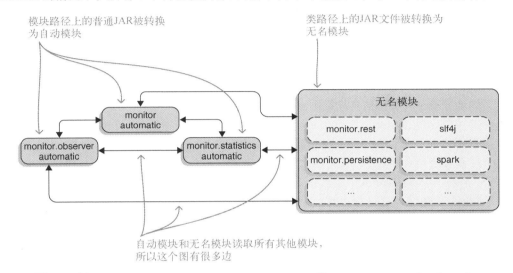

图 8-6　把 `monitor.jar`、`monitor.observer.jar` 和 `monitor.statistics.jar` 这几个普通 JAR 放在模块路径上，JPMS 为它们创建了 3 个自动模块。类路径上的内容像以前一样被视为无名模块。请注意自动模块如何相互读取，以及它们如何读取无名模块，并且在图中创建许多循环

自动模块是功能完备的具名模块，这意味着：
❑ 可以在其他模块的声明中通过名称引用它们，例如通过 `requires` 指令；
❑ 强封装使它们不能使用平台模块的内部功能（与无名模块不同）；
❑ 它们接受包分裂检查。
另一方面，它们确实有一些独特之处。9.2 节将开始使用自动模块，在此之前本章先讨论一下它。

8.3.1　自动模块名称：小细节，大影响

将普通 JAR 转换为模块的主要目的是在模块声明中依赖它们。为此，它们需要一个名称，但是缺少模块描述符，名称从何而来？

1. 首先是 `manifest` 条目，然后是文件名
确定普通 JAR 模块名称的一种方法是基于其 manifest 文件，即 JAR 中 META-INF 目录下的

MANIFEST.MF 文件。manifest 文件包含**头值对**（header-value pairs）形式的各种信息，其中最重要一个头是 `Main-Class`，它通过命名包含 `main` 函数的类定义了一个部分模块化应用程序的入口点。这使得通过 `java -jar app.jar` 来启动应用程序成为可能。

如果模块路径上的 JAR 文件不包含模块描述符，模块系统将通过以下两步确定自动模块的名称。

(1) 在 manifest 文件中查找 `Automatic-Module-Name` 头，如果找到它，就使用对应的值作为模块的名称。

(2) 如果没有在 manifest 文件中找到对应头，那么模块系统将根据文件名推断模块名称。

从 manifest 文件中推断模块的名称是一种值得推荐的方式，因为这样比较稳定，详细信息参见 8.3.4 节。

从文件名推断模块名称的具体规则有点复杂，但细节并不太重要。要点如下：

❑ JAR 文件名通常以版本字符串结尾（比如-2.0.5），版本是可以识别和忽略的；

❑ 除字母和数字外，每个字符都被转换成一个点。

这个过程可能导致不好的结果，令产生的模块名称无效。字节码操作工具 Byte Buddy 就是一个例子：它在 Maven Central 中的名称为 `byte-buddy-${version}.jar`，这导致自动模块名为 byte.buddy。很遗憾，这是非法的，因为 `byte` 是一个 Java 关键字（9.3.3 节提出了关于解决这些问题的建议）。

为了避免对模块系统为给定的 JAR 选择了哪个名称进行猜测，你可以使用 `jar` 工具查看。

```
$ jar --describe-module --file=${jarfile}
```

如果 JAR 缺少模块描述符，前部分输出如下。

```
> No module descriptor found. Derived automatic module.
>
> ${module-name}@${module-version} automatic
> requires java.base mandated
```

`${module-name}`是实际名称的占位符，你需要查找实际名称。很遗憾，这并不能告诉你名称是从 `manifest` 条目还是文件名中获取的。要找到答案，有如下几个选择：

❑ 使用命令 `jar --file ${jarfile} --extract META-INF/MANIFEST.MF` 获取 manifest 文件，然后手动查看；

❑ 在 Linux 系统上，命令 `unzip -p ${jarfile} META-INF/MANIFEST.MF` 打印 manifest 文件内容到控制台，然后保存在文件中；

❑ 重命名文件，然后再次运行 `jar --describe-module`。

这里以 Guava 20.0 为例。

```
$ jar --describe-module --file guava-20.0.jar

> No module descriptor found. Derived automatic module.
>
> guava@20.0 automatic
```

```
> requires java.base mandated
# 省略了一些包
```

作为一个自动模块，Guava 20.0 被称为 **guava**。这是通用的还是基于模块名的？通过 `unzip` 工具，查看 manifest 文件的内容。

```
Manifest-Version: 1.0
Build-Jdk: 1.7.0-google-v5
Built-By: cgdecker
Created-By: Apache Maven Bundle Plugin
[……省略了与 OSGi 相关的条目……]
```

可以看到，`Automatic-Module-Name` 没有经过设置。将文件重命名为 com.google.guava-20.0.jar，生成模块名称 com.google.guava。

如果使用一个不太过时的版本，比如 Guava-23.6，会得到如下输出。

```
$ jar --describe-module --file guava-23.6-jre.jar

> No module descriptor found. Derived automatic module.
>
> com.google.common@23.6-jre automatic
> requires java.base mandated
# 省略了一些包
```

从所选名称和文件名不相同的事实可以看出，Google 选择 com.google.common 作为 Guava 的模块名称。用 `unzip` 来查看一下。

```
Manifest-Version: 1.0
Automatic-Module-Name: com.google.common
Build-Jdk: 1.8.0_112-google-v7
```

好了，`Automatic-Module-Name` 得到了设置。

2. 何时设置 `Automatic-Module-Name`

如果你正在维护一个公开发布的项目，这就意味着它的工件可以通过 Maven Central 或其他公共仓库获得，那么你应该仔细考虑何时在 manifest 文件中设置 `Automatic-Module-Name`。正如 8.3.4 节将解释的那样，这可以让作为自动化模块使用的项目更加可靠，但同时也带来了一个承诺，那就是将来要以清晰模块代替当前的 JAR。你实际上是在说："模块就是这样，只是还没来得及发布。"

定义一个自动模块名称会让用户开始把你的工件视作模块。这一事实有几个重要的含义。

❑ 未来模块的名称必须与现在声明的名称完全相同（否则，由于缺少模块，不可靠配置会影响你的用户）。

❑ 工件结构必须保持不变，因此不能将受支持的类或包从一个 JAR 移动到另一个 JAR（即使没有模块系统，本书也不建议这样做。对于类路径而言，哪个 JAR 包含某个类并不重要，因为这不会影响对它的使用。然而在使用模块系统时，类的所属模块很重要，因为可访问性要求用户找到正确的模块）。

❑ 该项目在 Java 9 及以上版本中运行得相当好。如果它需要命令行选项或其他变通方式，这些都已经被很好地文档化了（否则，你不能确定代码中是否隐藏了其他问题，而这些问题可能导致承诺失去意义）。

当然，软件开发"有时是不可预测的"，所以这些都不能保证万无一失。但是你应该相信自己可以坚持这些承诺。如果没有足够的精力在 Java 9 及以上版本中进行测试，或者发现将导致模块化结果不可预测的问题，那么请诚实地面对这种情况，暂且不要设置 `Automatic-Module-Name`。如果你设置了它，并且无论如何都必须进行这样的更改，那么进行一次主要版本升级就可以了。图 8-7 展示了设置 `Automatic-Module-Name` 的示例。

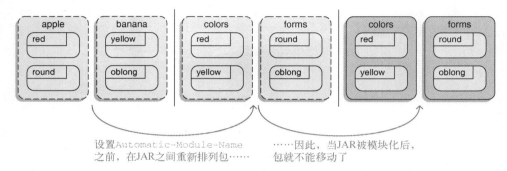

设置`Automatic-Module-Name`之前，在JAR之间重新排列包……　　……因此，当JAR被模块化后，包就不能移动了

图 8-7　如果你计划在模块化项目之前，在包之间移动类或在 JAR 之间移动包，请暂缓设置 `Automatic-Module-Name`，直到该工作完成。在这里，项目的 JAR（左）在使用自动模块名发布之前进行了重构（中），因此当它们进行模块化（右）时，结构不会再发生改变

要设置 `Automatic-Module-Name`，你的项目不需要针对 Java 9 及以上版本。JAR 中可能包含为 JVM 老版本编译的字节码，但是定义模块名称对于模块系统的用户仍然有帮助，模块描述符也是如此，正如 9.3.4 节所讲的那样。

8.3.2　自动模块的模块解析

理解模块系统如何在模块解析期间构建模块图是理解和预测模块系统行为的一个关键因素。对于显式模块而言，这很简单（`requires` 指令，参见 3.4.1 节）；但是对于无名模块，它更加复杂（参见 7.2.2 节），因为普通 JAR 不能表达依赖关系。

自动模块也是由普通 JAR 创建的，因此它们也没有显式的依赖关系，这就引出了一个问题：它们在解析期间的行为是什么样的。后文将马上回答这个问题，但是正如后文所述，这将导致一个新的问题：你应该将自动模块的依赖放在哪里，类路径或模块路径上吗？阅读完本节，你就会知道答案。

1. 解析自动模块的依赖
第一个要回答的问题是，在模块解析期间，如果 JPMS 遇到一个自动模块会发生什么。自动模块是为了解决部分模块化依赖的模块化问题而创建的, 因此在开发人员积极把项目模块化的情况下, 可以使用它们。在这种情况下, 如果每个平台模块都引入自动模块（就像无名模块那样）将很糟糕, 所以一般人们不会这样做（需要说明的是, 他们也不显式引入任何应用程序模块）。

尽管如此, 但通常 JAR 会互相依赖; 如果模块系统只解析了显式依赖的自动模块, 那么所有其他的自动模块都必须用 --add-modules 添加到图中。对于有数百个依赖的大型项目而言, 将这些依赖项放在模块路径上的情形是难以想象的。为了防止手动添加模块这种繁重而琐碎的操作, JPMS 一旦遇到**第一个自动模块**, 就会引入所有的自动模块。

一旦解析了一个自动模块, 所有其他模块也都被解析。你可以将所有普通 JAR 添加为自动模块（至少依赖或添加一个）, 也可以一个也不添加（相反）。这解释了为什么图 8-6 中虽然只添加了不能表达依赖关系的 monitor 模块, 却因为将其设置为根模块而有 3 个 monitor.* 模块。

请注意, 自动模块对其他自动模块而言是可读的（参见 9.1 节）, 这意味着任何模块**只要能读取一个, 就能读取全部**。在确定自动模块的依赖关系时, 请记住这一点——反复试错可以减少所需的 requires 指令。

在 ServiceMonitor 应用程序中, monitor.rest 模块依赖 Spark Web 框架, 在本例中它也依赖于 Guava。这两个依赖都是普通的 JAR, 所以 monitor.rest 需要将它们作为自动模块。

```
module monitor.rest {
    requires spark.core;
    requires com.google.common;
    requires monitor.statistics;

    exports monitor.rest;
}
```

问题是, 尽管 spark.core 或 com.google.common 中可能缺少一个 requires 指令, 一切却可以正常运行。当模块系统解析第一个自动模块时, 将解析其他所有自动模块; 任何模块只要读取了其中一个, 都可以读取其他所有自动模块。

因此, 即使没有 requires com.google.common 指令, guava.jar 也会与 spark.core.jar 一起作为自动模块出现, 因为 monitor.rest 能读取 spark.core, 所以它也能读取 guava。请确保依赖关系正确（比如使用 JDeps, 参见附录 D）。

模块图中的循环

"自动模块读取其他所有模块"中隐藏了一个重要细节：这种方法会在模块图中创建循环。显然, 至少有一个模块依赖于自动模块, （否则它为何会出现在模块图中呢？）并且读取它; 同样, 自动模块也读取该模块。

虽然这不会造成实质上的不良后果, 但此处需要澄清, 这并不违背禁止静态依赖循环的规则（参见 3.2.1 节）, 因为由自动模块引起的循环不是静态声明导致的, 而是由模块系统动态引入的。

如果自动模块只能读取其他具名模块，那么任务就完成了。一旦将普通 JAR 放在模块路径上，那么它的所有直接依赖也必须放到模块路径上，然后这些直接依赖的依赖也是如此，以此类推，直到所有传递依赖都被视为模块（显式的或自动的）。

不过，将所有普通 JAR 转换成自动模块也有缺点（更多信息参见 8.3.3 节），所以最好将它们放在类路径上，并加载为无名模块。模块系统允许自动模块读取无名模块，这意味着它们的依赖关系可以在类路径上**或**模块路径上。

2. 选择传递依赖的路径

对于自动模块的依赖，通常有两个选项（请记住，也可以使用 JDeps 列出它们）：类路径或模块路径。遗憾的是，并非在所有环境下都可以自由选择，在某些情况下，你需要做的不仅仅是决定采用哪种方式。

根据其他模块是否依赖这些模块，以及它们是平台模块、普通 JAR 还是模块 JAR，表 8-2 列出了将这些依赖引入模块图的选项。如下几幅图反映了具体情况。

❑ 图 8-8 展示了在默认情况下，仅被自动模块所依赖的平台模块是不会得到解析的。

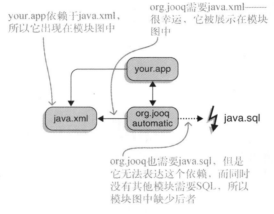

图 8-8   如果一个项目（本例中是 `your.app`）使用了自动化模块（`org.jooq`），你将无法确定模块图是否与期望一致。因为自动模块不能表达依赖，所以它们所需要的平台模块可能不会出现在模块图中（本例中这发生在了 java.sql 上），而是需要通过 `--add-modules` 来添加

❑ 图 8-9 涵盖了自动模块所需要的普通 JAR 的几种不同情况。

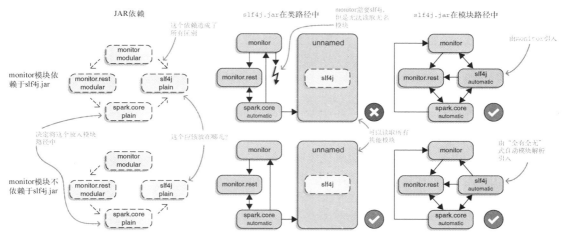

图 8-9 从 monitor.rest（模块化 JAR）对 spark.core（普通 JAR）的依赖开始，后者需要被放置在模块路径中。但是它的依赖 slf4j（另一个普通 JAR）呢？此处可以看到，由此产生的模块图依赖于 slf4j 是否被另一个模块化 JAR 所依赖（上下两行对比），或者它被放置在哪个路径中（中间一列与右边一列对比）。看上去模块路径占了绝对优势，但是再看一下图 8-10

❏ 图 8-10 展示了当一个传递依赖由普通 JAR 转换为模块化 JAR 时模块图的演进。

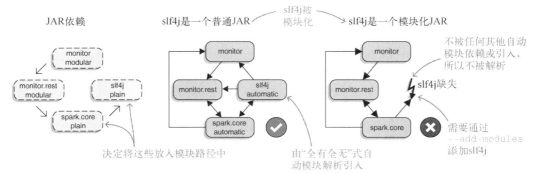

图 8-10 在与图 8-9 右下角相同的场景下，如果放置在模块路径中的某个自动模块的传递依赖（slf4j）被模块化后，会发生什么？它将不再被默认解析，而是需要通过 --add-modules 手动添加以解析

表 8-2 如何将自动模块的依赖添加到模块图中

另一个清晰模块所需要的依赖		
	类 路 径	模块路径
平台模块		✔
普通JAR	✘（依赖未满足）	✔
模块化JAR	✘（依赖未满足）	✔

（续）

清晰模块不需要的依赖		
	类　路　径	模块路径
平台模块		!（手动解析）
普通JAR	✔	✔（自动化解析）
模块化JAR	✔	!（手动解析）

　　仔细观察平台模块后，我们发现自动模块无法表达对它们的依赖。结果是，模块图不一定会包含它们。如果没有包含它们，那么自动模块在运行时很可能会由于缺少相关类而失败。

　　这个问题唯一的解决方法是，项目的维护者将所需要的模块发布到公开文档中，这样用户就可以确保所需要的模块存在。用户既可以明确声明依赖（比如，在依赖于自动模块的模块当中声明），也可以使用 --add-modules 选项来达到这个目的。

　　在检查完对平台模块的依赖后，来看一下应用程序模块。如果某个自动模块的依赖被清晰模块所需要，那么它们需要被放置到模块路径中，以方便模块系统对其解析，而且不需要任何其他步骤。如果没有清晰模块需要它们，那么 JAR 既可以被放置在类路径中（它们会被转化为无名模块，因此一直可被访问），也可以被放置在模块路径中（它们会被其他的机制放入模块图中）。

  □ 普通 JAR 由自动模块解析按照"全有全无"的方式引入。
  □ 平台模块和清晰应用程序模块在默认情况下不会得到解析，需要利用其他模块对它们进行依赖或是通过 --add-modules 进行手动添加（参见 3.4.3 节）。

　　考虑到多数甚至所有依赖在某个时间将从普通 JAR 转换成模块化 JAR，这两种现象非常引人注意：它们暗示着模块路径中的传递依赖在作为普通 JAR 时工作正常；一旦被模块化，它们就会从模块图中消失。

　　现在关注第二点，并且考虑部分模块化依赖需要访问的模块。如果你或其他模块都不需要，它们就不会出现在模块图中，这导致依赖无法访问它们。在这种情况下，你可以在模块描述符中指定对它们的依赖（别忘了加一个注释说明为什么要这样做），也可以在编译时和启动时用命令行参数添加它们。9.2.2 节和 9.2.3 节将根据具体场景简要讨论相应的利弊。

　　另外一个障碍是自动模块通过公有 API 公开的类型。假设某个项目（一个模块化 JAR）依赖于一个类库（一个普通 JAR），这个类库有一个返回 Guava（同样是一个普通 JAR）中 ImmutableList 对象的方法。

```
public ImmutableList<String> getAllTheStrings() {
    // ...
}
```

　　如果将这个项目连同这个类库放置于模块路径中，并将 Guava 放置于类路径中，会得到图 8-11 中展示的模块图：这个项目（清晰模块）读取这个类库（自动模块），后者又读取无名模块（包含 Guava）。此时如果代码调用返回 ImmutableList 对象的方法，那么针对这个类型的可访问性检查就不会按照你的期望完成，因为你的模块不会读取这个无名模块。

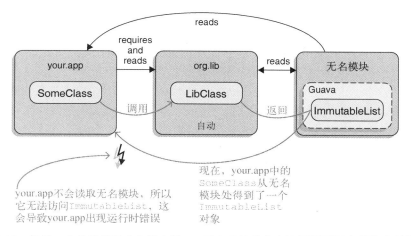

图 8-11　如果一个自动模块（本例中是 org.lib）中的某个方法返回了无名模块中的类型
　　　　（ImmutableList），那么具名模块（your.app）将无法访问它，因为它们不会
　　　　读取无名模块。如果该方法声明返回无法访问的类型（ImmutableList），这
　　　　将导致应用程序崩溃，而声明一个超类型（这里很可能是 List）则可以正常
　　　　工作

　　这并不是全新的概念。如果 ImmutableList 是该类库中的一个非公有类型，那么由于缺乏
可见性，你也无法调用这个方法。与本例中一样，它与所声明的返回类型相关。如果该方法声明
返回一个 List 类型，并且选择 ImmutableList 作为具体返回类型，那么一切正常。这与 API
声明的类型相关，而非其返回的类型。

　　因此，如果一个自动模块公开了来自于另一个 JAR 的类型，那么这个 JAR 也需要被放入模
块路径中。否则，它的类型会包含在无名模块中，无法被清晰模块访问。这会导致
IllegalAccessError 错误，原因是缺少可读性边，正如 3.3.3 节所讲述的那样。

　　如果具名模块需要访问无名模块的情况无法避免，那么你只剩下一个选项——照这个需求的
字面意义去做。3.4.4 节介绍的命令行选项 --add-reads 在指定目标值为 ALL-UNNAMED 时，可
以添加一个从具名模块到无名模块的可读性边。这将使你的模块化代码与不可预测的类路径中的
内容耦合到一起，所以这是万不得已的选项。

　　使用 --add-reads 后，前面提到的例子（Guava 在类路径中并且自动模块返回一个
ImmutableList）终于可以工作了。如果所接收的 ImmutableList 实例（并且接下来无法通
过可访问性检查）的清晰模块名为 app，那么对编译器和运行时添加 --add-reads
app=ALL-UNNAMED 选项，可以保证应用程序正常工作。

　　介绍了这么多，那么在各种情况下应该选择何种路径呢？应该无条件选择自动模块，还是应
该倾向于在类路径中保留尽可能多的依赖？下文会对这个问题进行讨论。

8.3.3　无条件选择自动模块

有了将普通 JAR 放置到模块路径中将它们转变为自动模块的方法，人们是否仍然需要类路径？难道不能将所有 JAR 放置到模块路径中，（根据是否包含描述符）将它们转变为清晰模块或自动模块吗？从技术上说，是的，可以这么做。尽管如此，本书并不推荐这种做法，下面来解释原因。

1. 普通 JAR 无法构造良好的模块

总的来说，普通 JAR 无法构造良好的模块，原因如下：

- 它们可能访问 JDK 内部 API（参见 7.1 节）；
- 它们可能在自身和 JEE 模块间造成包分裂（参见 7.2 节）；
- 它们无法表达自身的依赖。

如果它们转变为自动模块，模块系统就会将相应的规则强加于这些自动模块，这样你就要花大量时间来解决由此带来的诸多问题。而这些问题中最典型一个就是，一旦某个普通 JAR 被升级为模块化 JAR，它就不再被默认解析（参见表 8-2 和图 8-10），所以针对项目依赖树上每个这样的升级，你将不得不手动添加依赖。自动模块的唯一好处是，它们可以被清晰模块所需要，但是如果你不需要这一特性，那么将所有普通 JAR 转变为自动模块所带来的回报与麻烦相比将不值一提。

另一方面，如果将它们保留在类路径中，那么这些 JAR 会被转化为无名模块，这样一来：

- 在至少一个 Java 发行版本中，非法访问在默认情况下得到了允许；
- JAR 之间的分裂不会造成影响，但 JAR 和平台模块间的分裂仍会导致问题；
- 如果它们包含应用程序入口，则可以读取所有 Java SE 平台模块；
- 当普通 JAR 被升级为模块化 JAR 时，不用做任何事情。

这让开发工作变得更简单。

 要点　尽管把任何事情都作为模块处理很让人兴奋，但本书仍然建议你尽量少（项目可以正常工作即可）把普通 JAR 放在模块路径中，其余的仍应放置在类路径中。

从另一方面讲，一个自动模块的模块化依赖需要被放置在模块路径中。因为它们是作为模块化 JAR 出现的，所以不需要模块系统像对待无名模块那样宽大地对待它们。如果作为模块加载，它们会从可靠配置和强封装中得到好处。

2. 自动模块作为连接类路径的桥梁

针对更少使用自动模块，有一个哲学观点：这将它们转变为连接模块化世界和混乱的类路径世界的桥梁。诸多模块处于桥的这一侧，它们的直接依赖为自动模块，而间接依赖在桥的另一侧。每当有一个依赖被转变为清晰模块时，它就从桥上移动到模块化的那一侧，并将它的直接依赖作为自动模块拉到桥上。这就是前文提到过的自上而下的方式，9.2 节在讨论模块化策略时将进一步对其进行观察。

8.3.4 依赖自动模块

自动模块唯一的目标是让代码可以依赖于普通 JAR，这样无须等待所有依赖都被模块化就能创建清晰模块。但这里有一条重要的忠告：如果 JAR 的 manifest 文件中没有包含 Automatic-Module-Name 字段，那么依赖会很脆弱。

正如 8.3.1 节所解释的，没有这个字段，自动模块的名称就是由文件名推断出来的。但是，根据设置，不同的项目中同一个 JAR 会使用不同的名称。此外，大多数项目会使用一个基于 Maven 的本地仓库。在仓库中，JAR 文件会按照${artifactID}-${version}的方式命名，而模块系统很可能将其中的${artifactID}作为自动模块的名称。这就会造成问题，因为工件 ID 通常不遵循3.1.3 节定义的反向域名命名规则：一旦项目被模块化，模块名很有可能会改变。

由于 Google 的 Guava 被广泛使用，本书仍然会将它作为一个典型的例子。如之前所见，对于 guava-20.0.jar，模块系统推导出 guava 作为自动模块名称。这是 Maven 本地仓库中的文件名称，但是在其他项目中可能会有不同的设置。

假设命名规则为${groupID}-${artifactID}-${version}，这样，JAR 文件将被命名为com.google.guava-guava-20.0.jar，而自动模块名称为 com.google.guava.guava。另外，一个模块化的 Guava 会被命名为 com.google.common，所以没有一个自动模块的名称是正确的。

总的来说，同一个 JAR 在不同项目（依赖于项目设置）中，或者在不同时间（模块化前后）可能会有不同的模块名。这有可能造成很大的问题。

思考一下你最喜欢的项目。想象一下，某个依赖以自动模块的形式引用了它的一个依赖，而这个自动模块的名称没有遵循项目设置（如图 8-12 所示）。也许这个依赖以${groupID}-${artifactID}-${version}命名文件，而你所使用的 Maven 的命名规则为${artifactID}-${version}。现在这个依赖需要自动模块${groupID}.${artifactID}，但是模块系统会在你的项目中用${artifactID}进行推断。这会让构建失败——虽然有一些办法能够将其修复（参见 9.3.3 节），但没有一个是令人愉快的。

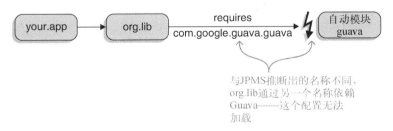

图 8-12　依赖 org.lib 通过构建过程中得到的自动模块名称（com.google.guava.guava）依赖于 Guava。但很不幸，在系统中，这个工件叫作 guava.jar，所以模块名为 guava。如果不进一步采取措施，模块系统会抱怨依赖丢失

不仅如此，事情还会变得更糟糕！还是在同一个项目中，如果添加另一个依赖，而这个依赖需要同一个自动模块，但是使用了不同的名称（如图 8-13 所示），这就是 3.2.2 节提到的模块的

死亡之眼：同一个 JAR 无法满足针对不同名称的模块的需求，并且多个相同内容的 JAR 由于针对包分裂的规则而无法工作。请不惜一切代价来避免这种情况！

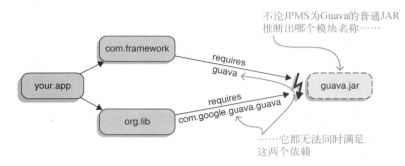

图 8-13   另一个依赖，即 com.framework，也依赖于 Guava，但是使用了不同的名称
（guava）。现在，同一个 JAR 需要以两个不同的具名模块的形式出现——这是
不可能的

看起来，关键性的错误在于通过一个基于文件名的模块名称来依赖一个普通 JAR。但实际情况并不是这样——如果开发者能完全掌控此类自动模块的模块描述符，那这种方法在应用程序中或者其他场景中是没问题的。

"压垮骆驼的最后一根稻草"是将带有这种依赖的模块**发布**到一个公共仓库。只有在这种情况下，用户才有可能将模块明确依赖到无法控制的细节上，进而不得不采取额外的措施，甚至导致无法解决的冲突。

结论是，如果模块依赖于 manifest 文件中不包含 `Automatic-Module-Name` 字段的普通 **JAR**，请**永远不要**将这样的模块发布到可公开访问的仓库，因为只有带有这个字段，自动模块的名称才足够稳定、值得依赖。

是的，这也许意味着你不能为类库或者框架发布模块化的版本，而只能等待依赖添加这个字段。这很不幸，但是草率地发布模块化版本会对你的用户产生很大伤害。

提示   关于迁移和模块化，本书目前已经介绍了能够影响现有代码的所有挑战和机制。第 9 章将继续探索对它们的最佳实践。之后，第三部分会讲授模块系统更高级的特性。

8.4   小结

❑ 在增量模块化的过程中，人们往往会使用类路径和模块路径。理解以下两点非常重要：类路径中的任何 JAR（普通 JAR 或模块化 JAR）都会被转换成无名模块；模块路径中的任何 JAR 都会被转换成具名模块，即自动模块（对于普通 JAR 来说）或者清晰模块（对于模块化 JAR 来说）。这使 JAR 的用户（而非它的创建者）能够决定它是否要变成一个具名模块。

❑ 无名模块是一种兼容性特性，能够让模块系统与类路径一起工作。

- 它没有名称，会抓取类路径中的内容、读取所有其他模块、导出和开放所有包。

- 因为没有名称，清晰模块无法在模块描述符中对其进行引用。一个后果就是，它们无法读取无名模块，并因此无法使用类路径中定义的类型。

- 如果无名模块是一个初始模块，就会有一系列特定规则保证正确的模块集合得到解析。总体上说，这些都是非 JEE 模块及其依赖。这使得类路径中的代码无须进一步配置即可读取所有的 Java SE API，以实现兼容性的最大化。

❑ 自动模块是一种迁移特性，能够使模块依赖于普通 JAR。

- 模块系统会为模块路径中的每个 JAR 创建一个自动模块。它的名称通过 JAR manifest 文件中的 `Automatic-Module-Name` 字段定义，如果没有这个字段，则从 JAR 的文件名中获取。它读取包括无名模块在内的所有其他模块，并且导出和开放所有包。

- 由于它是一个普通的具名模块，因此可以在模块声明中被引用，比如指明对它的依赖。这使正在被模块化的项目可以依赖于尚未被模块化的项目。

- 一个自动模块的依赖可以放置在类路径中或者模块路径中。尽管用哪个路径要取决于项目的具体情况，但是默认方式是将模块化依赖放置在模块路径中，将普通依赖放置在类路径中，这也是较为合理的方式。

- 随着第一个自动模块得到解析，其他自动模块也将逐一被解析。进而，任何模块只要读取一个自动模块，就会根据隐式可读性读取所有自动模块。在测试对自动模块的依赖时，这个情况要考虑在内。

8

## 第 9 章

迁移和模块化策略

本章内容
- 准备迁移到 Java 9 或更高版本
- 持续集成变化
- 增量模块化项目
- 利用 JDeps 生成模块声明
- 用 jar 工具破解第三方 JAR
- 为 Java 8 或更早版本发布模块化 JAR

第 6 章、第 7 章和第 8 章讨论了迁移到 Java 9 及以上版本，以及将已有代码转化为模块化代码的技术细节。本章视角更广，主要探寻如何将这些细节整合为成功的迁移和模块化成果。首先，本章将讨论如何进行渐进式迁移，实现迁移与开发过程的良好配合，尤其是构建工具和持续集成。接下来，本章会探寻如何使用无名模块和自动模块作为特定模块化策略的构成要素。最终，本章会全面介绍将 JAR 进行模块化的不同选项（不论是自己项目的 JAR 还是受依赖的 JAR）。完成本章后，你不仅会理解迁移挑战和模块化特性背后的机制，也会掌握在自己的项目中利用它们的方法。

9.1 迁移策略

有了在第 6 章和第 7 章积累的知识，你已经准备好迎接 Java 9 及以上版本在各个方面提出的挑战了。现在是时候扩展你的视野并制定一个更宏大的策略了。如何安排这些代码和碎片才能使迁移尽可能地彻底和可控？本节将针对迁移准备、迁移工作量评估、基于 Java 9 及以上版本的持续构建搭建，以及命令行选项的缺点给出建议。

注意 本节的很多话题与构建工具相关。由于各种工具已尽量保持通用，因此本节不要求你了解任何**特定**的工具。但同时，我想分享使用 Maven（到目前为止我在 Java 9 及以上版本中用过的唯一构建工具）的经验，所以本节会不时地指出哪些 Maven 的特性可以满足相应的需求。这部分内容不会涉及任何细节，所以你需要自己挖掘这些特性的工作原理。

9.1.1 更新准备

首先，如果还未使用 Java 8，那你应该先升级到 Java 8。循序渐进，不要一次跳跃两个或更多版本，这是为了你自己好。先进行一次升级，让所有工具和流程正常工作，并在生产环境中运行一段时间，然后开始下一步升级。如果想从 Java 8 升级到 Java 11，也是同样的道理——每次前进一步。如果遇到问题，你**一定**想知道是哪个 Java 版本或依赖升级所导致的。

谈到依赖，还有一件事不需要了解 Java 9 及以上版本就可以做：升级这些依赖以及你所用的工具。除了持续更新的常见好处，你还可能无意间从一个在 Java 9 及以上版本中会出现问题的版本升级到能在 Java 9 及以上版本中正常工作的版本。这时你甚至不会注意到曾经**遇到过**问题。如果你的依赖或工具还没有发布与 Java 9 及以上版本兼容的版本，让它们处于最新的版本，这在将来仍然会使更新到 Java 9 及以上版本的兼容版本更容易。

> **AdoptOpenJDK 质量延伸**
>
> AdoptOpenJDK，"一个由 Java 用户组成员、Java 开发者和倡导 OpenJDK 的供应商组成的社区"，列出了一系列开源项目以及它们在最新的和下一个 Java 版本中的工作成就。

9.1.2 工作量评估

有几种方法可以帮助你了解接下来会有哪些工作，我们首先会关注这些方法；然后会对发现的问题进行评估和分类；最终，本节会以一个具体的估算数字结束。

1. 寻找问题

以下是在收集问题时可以采用的一些明显选项。

- ❑ 将构建配置为对 Java 9 及以上版本进行编译和测试（Maven：toolchain）。最好能让人们收集所有错误方式，而不是遇到错误就退出（Maven：`--fail-never`）。
- ❑ 在 Java 9 及以上版本中运行整个构建（Maven：`~/.mavenrc`）。同样，收集所有错误。
- ❑ 如果正在开发一个应用程序，请像平时一样构建它（即不在 Java 9 及以上版本中构建），然后在 Java 9 及以上版本中运行。使用`--illegal-access=debug` 或 `deny` 来获取关于非法访问的详细信息。

仔细分析这些输出，记录下新的警告和错误，并试着将它们与前面章节中所讨论的内容联系起来。留意 6.5.3 节描述的那些被移除的命令行选项。

最好应用一些快速修复方法，比如添加导出或 JEE 模块，这样你将有机会看到藏匿于表面问题之下的"顽疾"。在这个阶段，任何修复都不会显得草率或者不合理——任何能够让构建抛出新错误的办法都是一次胜利。如果遇到了太多的编译错误，你则可以基于 Java 8 进行编译，然后在 Java 9 及以上版本中执行测试（Maven：`mvn surefire:test`）。

接下来，对项目以及**依赖**执行 JDeps。对 JDK 内部 API 进行依赖分析（参见 7.1.2 节），并对 JEE 模块进行记录（参见 6.1 节）。同时寻找平台模块与应用程序 JAR 之间的包分裂（参见 7.2.5 节）。

最后，在代码中搜索对 `AccessibleObject::setAccessible` 的调用（参见 7.1.4 节）、对 `URLClassLoader` 的类型转换（参见 6.2 节）、对 `java.version` 系统属性的解析（参见 6.5.1 节），或者手动完成的资源 URL（参见 6.3 节）。将找到的所有内容放到一个大列表中——现在是时候对它进行分析了。

2. 这有多糟糕

你找到的问题可以归结为两类："我在本书中见过它"和"这是什么鬼玩意"。前者可以进一步归类为"这里至少有临时的解决方案"和"这是个很棘手的问题"。下面是两个最难解决的问题：

(1) 被移除的 API；

(2) 平台模块和某些 JAR 之间的包分裂，而这些 JAR 没有实现授权标准或独立技术。

千万不要将普遍性与重要性混淆！也许你会遇到 1000 个关于 JEE 模块缺失的错误，但是修复这样的错误非常容易。而另一方面，如果核心功能依赖于应用程序类加载器对 `URLClassLoader` 的类型转换，你会麻烦缠身。当然也有这样的情况：尽管你对某个被移除的 API 有关键性依赖，但是由于良好的设计，这可能只在某个子项目中造成了一两个编译错误。

一个更好的办法是，在面对每个不知道如何解决的问题时都问一下自己："如果删掉有问题的代码以及所有依赖于这些代码的功能会有多糟糕？"这将对你的项目产生什么样的影响？同样，有没有可能临时屏蔽掉有问题的代码？测试代码可以忽略，功能也可以通过开关临时关掉。请具备这样的意识：推迟对问题的修复，先试着在没有某个功能的情况下构建并运行应用程序。

当完成以上工作后，你会得到包含如下 3 类问题的一个列表：

❑ 容易修复的已知问题；

❑ 不容易修复的已知问题；

❑ 需要调研的未知问题。

对于后两类问题，你需要了解它们对项目的危害程度，以及如何绕开这些问题，避免现在就进行修复。

3. 关于具体估算数字

有时你可能要对项目进行评估，并提供一些不易给出的数字，也许是工时，也许是工作量。进行这样的评估通常很难，而对迁移工作进行评估尤其困难。

向 Java 9 及以上版本进行迁移会让你重新面对一些比较久远的决定。也许你的项目紧耦合于某个 Web 框架的早期版本，而几年前你就想升级它；或者它已经积累了很多技术债，而这些技术债都围绕着某个不再维护的库。很不幸，它们在 Java 9 及以上版本中都不再继续工作。你现在需要偿还这些技术债，每个人都知道这些债务的成本和利率很难评估。最后，就像通关游戏一样，最终 BOSS——也就是最难对付的敌人——也许隐藏在很多其他麻烦之后，如果不摆平前面的卒子，就无法看到他。不是说这样的场景一定会出现，而是它**有可能**出现，所以在猜测迁移到 Java 9 需要多长时间时，请尽量小心。

9.1.3　基于 Java 9 及以上版本持续构建

如果你在持续构建项目，那么下一步就是成功搭建一个基于 Java 9 及以上版本的构建。这需要做很多决定。

- ❏ 构建哪个分支？
- ❏ 是否应该创建单独的版本？
- ❏ 如果你的应用程序无法完全基于 Java 9 及以上版本运行，那么要如何对构建进行切分？
- ❏ 如何同时支持 Java 8 和 Java 9 及以上版本的构建？

最后将由你来找出答案，并使它们适应你的项目和持续集成（CI）设置。下面我来分享一些经验，它们曾经在我的迁移工作中表现良好，你可以随意对它们进行组合。

1. 构建哪个分支

你也许希望为迁移工作创建自己的分支，并意图让 CI 服务器基于 Java 9 及以上版本构建这个分支，同时（和以前一样）基于 Java 8 构建其他分支。但是迁移需要时间，所以这可能会导致该分支生命周期很长。通常我会尽量避免这种情况，原因如下：

- ❏ 你独自进行迁移工作，你的改动不会被整个团队持续检查，但他们的工作基于这些改动；
- ❏ 因为两个分支都会产生很多改动，所以更新或合并 Java 9 及以上版本分支时的冲突概率会增加；
- ❏ 如果需要很长时间来将主开发分支中的改动合并到 Java 9 及以上版本分支，那么其余的团队成员可以自由添加更多代码，这会带来针对 Java 9 及以上版本的新问题，但是得不到任何及时的反馈。

虽然可以在单独的分支上对迁移进行最初的调研，建议你还是尽早切换到主开发分支，并在那里搭建 CI 流程。这确实需要对构建工具进行更多的调校，因为你需要通过 Java 版本（Java 编译器不喜欢未知选项）对配置的一些部分（例如，编译器的命令行选项）进行隔离。

2. 基于哪个版本构建

在 Java 9 及以上版本中进行构建时，应该为工件创建单独的版本（类似于-JAVA-LATEST-SNAPSHOT）吗？如果已经决定创建单独的 Java 9 及以上版本分支，你很可能不得不同时创建一个单独的版本。否则你很容易将来自于不同分支的快照（snapshot）工件混淆，进而破坏构建，分支的偏差越大越是如此。如果你已经决定在主开发分支上进行构建，那么创建单独的版本也许并不容易；但是我并没有这样尝试过，因为发现没有理由这么做。

不论如何管理版本，在尝试让代码在 Java 9 及以上版本中工作时，你都有可能偶尔地在 Java 8 中构建同一个子项目的相同版本。我反复在做的一件事情（即便我决心不这样做）就是，将在 Java 9 及以上版本中构建的工件安装到我的本地仓库。像膝跳反射那样使用 `mvn clean install` 命令？这并非一个好主意：之后你将无法在 Java 8 中使用这些工件，因为它不支持 Java 9 及以上版本的字节码。

当在本地基于 Java 9 及以上版本进行构建时，记得不要安装这些工件！我使用 `mvn clean verify` 来代替。

3. 基于 Java 9 及以上版本构建什么

你最终的目标是基于 Java 9 及以上版本运行构建工具，并且跨越所有的阶段或任务来构建所有的项目。根据之前创建的问题列表中问题的数量，你可能仅需要做很少的改动就能达成这个目标。这种情况下，大胆一试吧——没有必要把过程复杂化。如果你的问题列表很长，下面有几个办法可以将 Java 9 构建进行切分：

- ❑ 可以在 Java 8 中执行构建，而仅在 Java 9 及以上版本中执行编译和测试，很快本章将对其进行讨论；
- ❑ 可以按照目标或任务进行迁移，即在进行测试之前，先尝试基于 Java 9 及以上版本编译整个项目；
- ❑ 可以按照子项目进行迁移，即先尝试为一个完整的子项目进行编译、测试和打包，然后再切换到下一个。

总的来说，对于庞大且不可拆分的项目，本书推荐"按照目标或任务"的方式；而对于可以拆分得足够小的项目（每个子项目都可以一次性搞定），本书推荐"按照子项目"的方式。

在选择按照子项目构建时，只要其中一个子项目因为某种原因无法在 Java 9 及以上版本中进行构建，你就无法容易地构建依赖于它的子项目。我曾遇到过这种情况，并因此决定将 Java 9 构建设置为两次执行：

(1) 在 Java 8 中构建一切；

(2) 在 Java 9 及以上版本中构建一切，有问题的子项目除外（依赖于它的其他子项目将基于它在 Java 8 中构建的版本进行构建）。

4. 基于 Java 9 及以上版本的构建工具

在项目被完全迁移到 Java 9 及以上版本之前，你也许经常需要将构建在 Java 8 和 Java 9 及以上版本之间切换。下面看一下如何为你所选择的构建工具配置 Java 版本，而不需要为整个机器（Maven：`~/.mavenrc` 或者工具链）设置默认 Java 版本。之后，考虑如何将切换自动化。我最终写了一个小脚本，用来将 `$JAVA_HOME` 设置为 JDK 8 或 JDK 9 及以上版本，以便可以快速选择需要的版本。

接下来，同时也是个小的中间过程，构建工具也许不能在 Java 9 及以上版本中正常工作：也许构建工具需要一个 JEE 模块，也许某个插件使用了被移除的 API。（我在使用 Maven 的一个 JAXB 插件时遇到了这个问题，它需要 java.xml.bind 并且依赖于其内部代码。）

这种情况下，可以考虑在 Java 8 中执行构建，并在 Java 9 及以上版本中仅执行编译和测试。但是如果构建在自身的流程中（Java 8）使用所创建的 Java 9 及以上版本字节码进行了操作，这个办法将不会起作用。（我在使用 Java 远程方法调用编译器 `rmic` 时遇到了这个问题；它迫使我们在 Java 9 及以上版本中执行整个构建，尽管我们并不想这么做。）

如果你决定在 Java 9 及以上版本中执行构建，而该工作并不顺利，你将不得不用一些新的命令行选项来配置构建流程。这么做可以帮助团队成员更容易地（没人愿意手动添加选项）使它在 Java 8（不支持新的选项）中继续工作，但是这并不是一件容易的事情（Maven：`jvm.config`）。我发现如果不更改文件名，就无法让它在两个版本中同时工作，所以不得不在"切换 Java 版本"脚本中加入了更改文件名的逻辑。

5. 如何配置 Java 9 及以上版本的构建

当必须为编译器、测试运行时或者任何其他构建任务添加与版本相关的配置选项时，你如何确保 Java 8 构建和 Java 9 及以上版本构建都可以执行？你的构建工具应该可以帮忙。它很有可能带有某个特性，方便你将总的配置针对不同的情况进行适配（Maven：profiles）。熟悉一下这个功能，因为你将很可能经常用到它。

在使用针对 JVM 的与版本相关的命令行选项时，有一个选项是使用构建工具对它们进行分类：使用非标准 JVM 选项 `-XX:+IgnoreUnrecognizedVMOptions`，你可以命令正在启动的虚拟机忽略未知的命令行选项（这个选项对编译器不可用）。虽然这使得你可以对 Java 8 和 Java 9 及以上版本使用相同的命令行选项，但本书还是不建议把它作为首选项，因为其关掉了有助于避免错误的检查。相反，本书推荐尽可能通过版本来隔离这些选项。

6. 在两个路径上都进行测试

如果你正在处理一个库或框架，那么无法控制用户将你的 JAR 放置到类路径上还是模块路径上。在不同的具体项目中，这可能会导致一些区别。因此就有必要对两种情况分别进行测试。

很抱歉，此处我尚无法给出任何建议。在撰写本书的时候，不论是 Maven 还是 Gradle，都不支持在两个路径上各执行一次测试，所以你也许不得不创建第二个构建配置。希望工具支持能够随着时间推移得到改善。

7. 先修复，后解决

在典型情况下，Java 9 及以上版本问题列表中的大多数问题比较容易借助命令行标志来修复。例如，导出一个内部 API 非常容易，但这并没有解决潜在问题。有时候，解决方案也很简单，比如将内部的 `sun.reflect.generics.reflectiveObjects.NotImplementedException` 替换为 `UnsupportedOperationException`（不是开玩笑：我曾经多次不得不这么做），但通常并不是这样。

应该采用简单的快速修复，还是使用彻底的但需要更长时间的解决方案？在尝试让完整构建正常工作的阶段，建议选择简单的快速修复：

❑ 在必要的地方增加命令行标志；
❑ 关闭测试，最好仅针对 Java 9 及以上版本（这在 JUnit 4 中可以轻松地使用"假设"来实现；在 JUnit 5 中推荐使用"条件"）；
❑ 如果一个子项目使用了被移除的 API，那么将它的编译和测试切换为基于 Java 8；
❑ 如果所有其他方法都失败了，那么跳过整个项目。

一个可以正常工作的构建，如果能够针对项目对 Java 9 及以上版本的兼容性（包括能够实现兼容性的临时捷径）给予整个团队及时的回馈，将是非常有价值的。为了稍后对这些临时修复进行改进，本书建议使用某种方式来标记它们。

我用类似于 // [JAVA LATEST, <PROBLEM>]: <explanation> 的注释来标记临时修复，这样对 JAVA LATEST, GEOTOOLS 进行全文检索就可以找出由于 GeoTools 的版本与 Java 9 不兼容而需要被关闭的所有测试。

在某些较早出现的构建错误背后，人们经常发现新问题。如果出现了这种情况，记得将它们添加到你的 Java 9 及以上版本问题列表中。同样，划掉那些已经解决的问题。

8. 保持绿色

一旦搭建好一个成功的构建，你就应该对所有面对过的 Java 9 及以上版本的挑战有一个完整的认识。现在是时候逐一解决它们了。

有些问题也许很棘手，或者解决起来很耗时；甚至你会认为它们当下无法解决——也许等到一个重要的版本被发布，或者预算有了一些回旋余地，才有可能得到解决。如果解决问题很耗时，请不要着急。因为团队中的每个开发者都可以对构建修修补补，所以你不可能迈向错误的方向。即使要处理的工作总量很大，你的每一步仍将很小。

9.1.4　关于命令行选项的领悟

在使用 Java 9 及以上版本时，你可能会比以前应用更多的命令行选项——我就遇到过这样的情况。关于以下几点，我有一些领悟可以分享：

- ❑ 应用命令行选项的 4 种方式；
- ❑ 依赖弱封装；
- ❑ 命令行选项中的陷阱。

下面将逐一进行讲解。

1. 应用命令行选项的 4 种方式

要应用命令行选项，最显而易见的方式是使用命令行，并将选项追加到 java 或 javac 之后。但你是否知道，除此之外还有另外 3 种可能的方式。

如果你的应用程序是以可执行 JAR 的形式交付的，那么使用命令行就不是一个很好的方式。在这种情况下，可以使用新的清单项 Add-Exports 和 Add-Opens。这两个选项会接收由一个逗号分隔的 ${module}/${package} 对的列表，并将相应的包针对类路径中的代码进行导出或公开。因为 JVM 仅在应用程序的可执行 JAR（通过运行时的 -jar 选项指定的 JAR）中扫描这些清单项目，所以没有必要将它们添加到库函数 JAR 中。

另一种设置永久命令行选项的方式是借助环境变量 JDK_JAVA_OPTIONS（至少对于 JVM 是这样的）。因为这个环境变量由 Java 9 及以上版本引入，所以 Java 8 不会与它不兼容。你可以随意添加任何针对 Java 9 及以上版本的命令行选项，每次在机器上执行 java 命令时都要使用这些选项。这个方式不会成为一种长期方案，却会让一些实验变得更容易。

最后，命令行选项不必通过命令行直接输入。有一种替代方式被称为**参数文件**（或者**@-files**），这是一个纯文本文件，可以由命令行通过@${filename}引用。编译器和运行时会将文件内容当作命令行参数处理。

7.2.4 节展示过如何编译使用了 JEE 和 JSR 305 注解的代码。

```
$ javac
    --add-modules java.xml.ws.annotation
    --patch-module java.xml.ws.annotation=jsr305-3.0.2.jar
    --class-path 'libs/*'
    -d classes/monitor.rest
    ${source-files}
```

在这里，`--add-modules` 和`--patch-module` 可以让这些代码在 Java 9 及以上版本中编译通过。你可以将这两行放到一个叫作 java-LATEST-args 的文件中，并用下面的命令执行编译。

```
$ javac
    @java-LATEST-args
    --class-path 'libs/*'
    -d classes/monitor.rest
    ${source-files}
```

Java 9 及以上版本中的新功能之一是 JVM 可以识别参数文件，因此人们可以在编译和执行之间共享该文件。

Maven 和参数文件

很遗憾，参数文件不适用于 Maven。这是因为编译器插件已经为它的所有选项创建了对应的文件，而 Java 不支持嵌套参数文件。

2. 依赖弱封装

正如 7.1 节详细说明的那样，默认情况下，在 Java 9 至 Java 11（或更高版本）的运行时进行非法访问，仅仅会引发警告。这对于运行未准备好的应用程序非常有用，但是本书不建议在真正的构建过程中依赖于此，因为它会引起容易被忽视的新非法访问。相反，本书建议在添加所有需要的`--add-exports` 和`--add-opens` 选项后，在运行时开启强封装选项：`--illegal-access=deny`。

3. 命令行选项中的陷阱

在使用命令行选项时，有一些陷阱需要避免。

- ❏ 这些选项在某种意义上具有传递性：如果一个 JAR 需要它们，那么它所有的依赖项也需要它们。
- ❏ 如果一些类库和框架需要使用特殊的选项，其开发人员往往会在文档中加入描述，提醒用户使用它们，然而在发送无法挽回的错误之前，这些文档往往无人阅读。
- ❏ 应用程序开发人员必须维护一个选项列表，并且该列表包含了他们所使用的类库和框架对选项的要求。

❑ 在不同构建阶段和执行之间以共享的方式来维护选项并不是一件容易的事情。

❑ 在升级到兼容 Java 9 的版本时很难确定可以删除哪些选项。

❑ 将选项应用于正确的 Java 进程可能很棘手，例如，把一个构建工具插件应用于不在同一个进程中运行的构建工具。

这些陷阱清楚地表明了一件事：尽管命令行选项是一种解决方案，但它不是最好的，并且使用它具有"长期成本"。这绝非偶然——它们旨在使不太可能的事情成为可能。但是，这并不容易，否则人们不会有动力去解决根本问题。

所以尽最大的努力，仅依赖于公有的和受支持的 API，不要造成包分裂，并且尽量避免本章提到的麻烦。更重要的是，如果有类库和框架也能做到这些，就奖励它们吧！但是，好心办坏事的现象时有发生，因此，如果所有其他操作都失败，请使用所有可用的命令行标志。

9.2　模块化策略

在第 8 章中，你学习了所有有关无名模块、自动模块，以及混合普通 JAR、模块化 JAR、类路径和模块路径的知识。但是，如何将其付诸实践呢？增量模块化代码库的最佳策略是什么？要回答这些问题，请先将整个 Java 生态系统想象成一个巨大的工件分层图（如图 9-1 所示）。

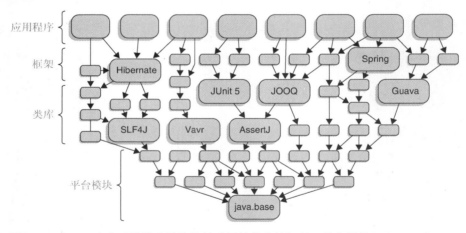

图 9-1　对 Java 生态系统的全局依赖关系图的艺术性解释：最底层是 Java.base 和 JDK 的其余部分，它们之上是没有第三方依赖的类库，再往上是更复杂的类库和框架，最顶层是应用程序（请不要过于关注图中任何单独的依赖项）

图的最底层是 JDK，这里曾经只是一个独立的节点，但是在模块系统诞生后，现在这层由以 java.base 为基础的约 100 个节点组成。它们之上是除 JDK 之外没有运行时依赖的那些类库（例如 SLF4J、Vavr 和 AssertJ），再往上是只有少量依赖的类库（例如 Guava、JOOQ 和 JUnit 5）。图的中间部分是层级更深的框架（例如 Spring 和 Hibernate）。图的最顶层是应用程序。

除 JDK 之外，在 Java 9 出现时，这些工件都是普通的 JAR，并且其中的大多数需要几年时间才能添加模块描述符。但这是如何实现的？生态系统如何在不分裂的情况下经历如此巨大的变化？解决方案是通过无名模块（参见 8.2 节）和自动模块（参见 8.3 节）启用的模块化策略。它们使 Java 社区几乎可以彼此独立地将生态系统模块化。

对于开发者来说，最容易维护的项目除 JDK 之外没有其他任何依赖关系，也可能其依赖已得到模块化，因为这样可以实施**自下而上**的策略（参见 9.2.1 节）。对于应用程序，**自上而下**的方法（参见 9.2.2 节）也提供了一种演进途径。对于类库和框架的维护人员而言，维护未模块化的依赖关系会更加困难，并且需要**由内而外**地进行操作（参见 9.2.3 节）。

如果把生态系统看成一个整体，那么项目在其中的位置决定了你必须使用的策略。图 9-2 将帮你选择正确的答案。但正如 9.2.4 节所述，这些方法也在各个独立项目的**内部**适用。在这种情况下，你可以选择这三种方法中的任何一种。但是在做出选择之前，先假设你准备一次性模块化所有工件，这样学习这些策略会更加容易。

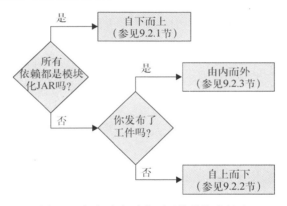

图 9-2 如何确定适合项目的模块化策略

只要 JAR 中包含模块描述符，你就可以宣传该项目已经可以在 Java 9 及以上版本中作为模块使用。但是只有在已经采取了所有可能的步骤，确保它能够顺利运行时，你才应该这样做。第 6 章和第 7 章介绍了与此相关的大多数挑战，但是如果代码使用了反射，你还应该阅读第 12 章。

如果用户必须做某些事才能使模块正常工作（比如在他们的应用程序中添加命令行标志），你应该对此进行详细的文档描述。请注意，你可以创建能在 Java 8 和更早版本中无缝运行的模块化 JAR，9.3.4 节将介绍该内容。

正如本书经常提到的，模块具有 3 个基本属性：名称、清晰定义的 API 和明确的依赖。在创建模块时，显然必须为其命名。尽管人们可能会对导出吹毛求疵，但是大多数情况下它是根据需要访问的类预先确定的。真正的挑战，以及生态系统的其余部分发挥作用的地方就是依赖。本节将重点介绍这一方面。

了解你的依赖

　　你必须相当了解直接和间接依赖关系才能成功地将项目模块化。请记住，你可以使用 JDeps 来确定依赖关系（尤其是平台模块，参见附录 D），还可以使用 `jar --describe-module` 来检查 JAR 的模块化状态（参见 4.5.2 节和 8.3.1 节）。

　　了解了以上内容后，现在该看看这 3 种模块化策略是如何工作的了。

9.2.1　自下而上的模块化：如果项目的所有依赖都已模块化

　　将项目的 JAR 转换为模块的最简单情况是假设代码仅（直接地和间接地）依赖于清晰模块。不管是平台模块还是应用程序模块都没有关系，你可以直接开始。

　　(1) 创建模块声明，其中包含所有需要的直接依赖。

　　(2) 将含有非 JDK 依赖的 JAR 放在模块路径上。

　　现在你的项目已经得到了完全的模块化——恭喜！如果你正在维护一个类库或是框架，而用户将你的 JAR 放置在了模块路径上，那么它们将成为清晰模块，用户可以从模块系统中受益。自下而上的模块化示例如图 9-3 所示。

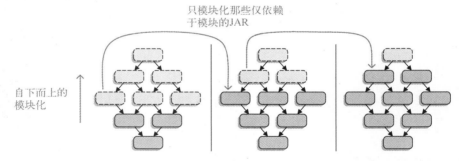

图 9-3　依赖于模块化 JAR 的工件可以立即进行模块化，进而导致自下而上的迁移

　　几乎同样重要但不那么明显的是，由于类路径上的所有 JAR 最终都成了无名模块（参见 8.2 节），因此没有人被迫将其作为模块使用。如果坚持使用类路径，那么项目会正常运行，仿佛其中的模块描述符不存在一样。如果你想对类库进行模块化，但它的依赖还不是模块，请参阅 9.2.3 节。

9.2.2　自上而下的模块化：如果应用程序无法等待其依赖

　　如果应用程序开发人员希望尽快进行模块化，那么项目的所有依赖不太可能都已经发布了模块化 JAR。如果它们真的都已经发布了模块化 JAR，那么很幸运，你可以采用前文描述的自下而上的方法；否则，你必须使用自动模块，并着手混合模块路径和类路径。

　　(1) 创建模块声明，其中包含所有需要的直接依赖。

　　(2) 将所有模块化 JAR（包括你构建的和所有依赖）放在模块路径上。

(3) 将所有被模块化 JAR 直接依赖的普通 JAR 放在模块路径上，它们将被转换为自动模块。

(4) 思考如何处理其余的普通 JAR（参见 8.3.3 节）。

最简单的方法可能是将其余所有 JAR 放在构建工具或 IDE 中的模块路径上并尝试让其工作。尽管本书通常认为这不是最好的方法，但它可能对你有用。如果确实是这样，那就采用这种方法吧。

如果遇到包分裂或者访问 JDK 内部 API 的问题，你可以尝试将这些 JAR 放在类路径上。因为只有自动模块才需要它们，而且它们可以读取无名模块，所以可以正常工作。

将来，一旦一个之前的自动模块被模块化，该设置可能会失败。因为现在该模块是位于模块路径上的模块化 JAR，因此无法从类路径访问其代码。我认为这是一件好事，因为通过它可以更好地了解哪些依赖是模块，哪些依赖不是模块——这也是检查其模块描述符并了解项目的好机会。要解决此问题，请将模块的依赖移至模块路径。自上而下的模块化示例如图 9-4 所示。

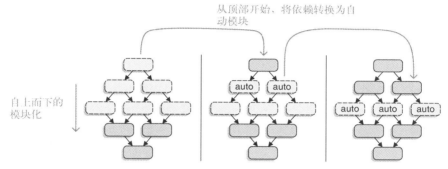

图 9-4　通过自动模块，可以对依赖于普通 JAR 的工件进行模块化。应用程序可以使用这种方式进行自上而下的模块化

注意，不必担心自动模块名称的来源（参见 8.3.4 节）。的确，如果它们基于文件名，那么一旦它们获得了明确的模块名称，你就必须更改一些 `requires` 指令。但是由于你可以控制所有的模块声明，因此这没什么大不了的。

那么如何确保非模块化依赖项需要的模块正确地进入模块图呢？应用程序可以在模块声明中添加它们，也可以使用 `--add-modules` 在编译时和启动时手动添加。后者仅当你对启动命令有控制权时才是一个选项。构建工具也许能够帮你做出决定，但是你仍然需要了解这些选项以及如何进行配置，方便在出现问题时加以解决。

9.2.3　由内而外的模块化：如果项目位于中间层级

大多数类库和（尤其是）框架既不在软件栈的底部也不在其顶部，这该怎么办？答案是由内而外地模块化。这个过程有些自下而上（参见 9.2.1 节）的部分，因为发布模块化 JAR 并不意味着强迫用户将其用作模块。除此之外，其工作原理类似于自上而下（参见 9.2.2 节）的方法，但有一个重要区别：你计划**发布**所构建的模块化 JAR。由内而外模块化的示例如图 9-5 所示。

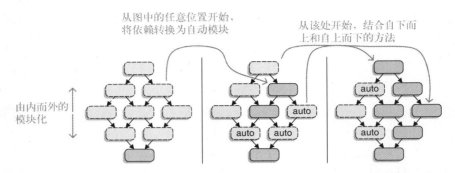

图 9-5   如果谨慎地使用自动模块，那么层级中间的类库和框架可以发布模块化的 JAR，
        即使它们的依赖及其用户可能仍然停留在普通的 JAR，也是如此，用这样的方式
        可以对生态系统进行由内而外的模块化

正如 8.3.4 节详细讨论的那样，你应该只在那些普通的 JAR 在 manifest 文件中定义了 `Automatic-Module-Name` 条目时，发布依赖于自动模块的模块，否则当模块名称更改时，很容易引起问题。

这可能意味着项目尚不能模块化。如果遇到这种情况，请注意选择正确的处理方式，否则可能会给用户带来麻烦。

本书还要进一步阐明：检查你的直接和间接依赖关系，并确保没有对名称源自 JAR 文件名的自动模块进行依赖。你需要寻找不是模块化 JAR，并且没有定义 `Automatic-Module-Name` 条目的依赖。我不会发布能够引入**任何**此类 JAR 的模块描述符的工件，无论自己的依赖还是他人的依赖都是如此。

当涉及你的非模块依赖项需要而你本身不需要的平台模块时，这里也存在一些细微差异。应用程序可以轻松使用命令行选项，类库或框架则不能，它们只能为用户提供说明文档，但是某些用户一定会忽略这些文档。因此，本书建议明确引用非模块化依赖项需要的所有平台模块。

9.2.4   在项目中应用这些策略

具体使用三种策略中的哪一种，取决于你的项目在整个生态系统的巨大依赖关系图中的位置。但是，如果一个项目过大，无法立即全部模块化，你可能想知道如何逐步将其模块化。好消息是：你可以较小规模地应用类似的策略。

通常，将自下而上的策略应用于项目是最容易的，首先模块化仅依赖于你代码库之外的代码的子项目。如果你的依赖项均已被模块化，此方法将特别有用，但也不仅限于这种情况；如果你的依赖项没有被模块化，则需要将自上而下的逻辑应用于子项目的最低层级，让它们使用自动模块来依赖于普通的 JAR，然后从该处开始构建。

自上而下的方法在应用于单个项目时，其工作原理与应用于整个生态系统时相同：在图的顶部对工件进行模块化，将其放置在模块路径上，并将它的依赖项转换为自动模块，之后慢慢地对整个依赖树执行同样的动作。

你甚至可以由内而外地进行模块化。第 10 章将介绍"服务"，一种使用模块系统分离项目内部以及不同项目之间依赖关系的好方法。这是从项目的依赖关系图中间的某处开始模块化，并从那里向上或向下移动的好理由。

 要点 请注意，无论在内部选择哪种方法，你都不能发布依赖于自动模块的清晰模块，因为这些自动模块的名称不是由 JAR 文件名定义的，而应与 `Automatic-Module-Name` 的 manifest 条目相对。

尽管可能性很多，但你不需要将事情复杂化。确定了方法之后，请尝试快速而有条理地对项目进行模块化。根据该过程制定策略并尝试在各处创建模块，意味着你理解项目依赖关系图将比较艰难。这与模块系统的重要目标之一——可靠配置——也是相对立的。

9.3 将 JAR 模块化

将普通 JAR 转换为模块化 JAR 所要做的就是向其源文件中添加模块声明。容易吧？是的，但是需要注意的具体步骤不止下面这几点。

- ❑ 你可能要考虑创建开放式模块（对此的简单介绍参见 9.3.1 节）。
- ❑ 创建数十个甚至数百个模块声明可能会让人手忙脚乱，你希望有一种工具可以为你做这件事（参见 9.3.2 节）。
- ❑ 你需要进行模块化的 JAR 可能不是自己构建的；或者依赖项可能破坏了其模块描述符，而你需要对其进行修复（参见 9.3.3 节）。
- ❑ 你可能想了解 JAR 中为 Java 8 或更早版本构建的模块描述符。这有可能吗（参见 9.3.4 节）？本节讨论了这些主题，绝对值得你花时间阅读。

9.3.1 作为中间步骤的开放式模块

在应用程序的增量模块化期间，一个很有用的概念是**开放式模块**。12.2.4 节将对此进行详细介绍，但核心是开放模块不再遵守强封装规则：模块中的所有包都被导出并开放以支持反射，这意味着在编译期间，人们可以访问其所有公有类型，并且可以通过反射访问所有其他类型和成员。可以在模块声明中使用 `open module` 并创建它。

当你对 JAR 的包布局不满意时，开放式模块可以派上用场。你也许不希望访问某些包或者许多包中的公有类型，因为在这两种情况下，重构可能会花费太多时间。或者，在该模块中，反射被大量地使用，而你不想逐个确定所有需要开放的包。

在这种情况下，开放整个模块是将这些问题延迟到未来的好方法。关于偿还技术债的注意事项——这些模块不选择使用强封装，使得它们无法获得随之而来的好处。

 要点 因为将一个开放式模块转换为常规的、封装的模块是一种不兼容的更改，所以类库和框架在开始时永远不要采用开放式模块（因为目标是稍后将其关闭）。很难想象这样的项目发布一个开放式模块的理由。最好只在应用程序中使用它。

9.3.2　使用 JDeps 生成模块声明

如果你有一个大项目，可能需要创建几十个甚至数百个模块声明，这是一项艰巨的任务。幸好，大部分工作可以使用 JDeps 完成，因为这些工作是机械性的。

- 模块名称通常可以从 JAR 名称推断。
- 可以通过跨 JAR 边界扫描字节码来分析项目的依赖关系。
- 导出与此分析相反，这意味着其他 JAR 依赖的所有包都需要导出。

除了这些基本属性，还可能需要进行一些微调，以确保所有的依赖关系都能被记录；同时保证服务（参见第 10 章）或更详细的依赖和 API（参见第 11 章）能够正确地配置和使用。但到目前为止，所有内容都可以由 JDeps 生成。

使用`--generate-module-info ${target-dir} ${jar-dir}`选项，JDeps 会分析`${jar-dir}`中的所有 JAR，并为`${target-dir}/${module-name}`中的每个 JAR 生成 module-info.java 文件。

- 模块名来自于 JAR 文件名，就像自动模块的文件名一样（包括`Automatic-Module-Name`头，参见 8.3.1 节）。
- 依赖关系是基于 JDeps 的依赖性分析派生出来的，公开的依赖关系用`transitive`关键字标记（参见 11.1 节）。
- 通过分析，包含其他 JAR 所依赖类型的包被导出。

当 JDeps 生成 module-info.java 文件时，由你来检查并调整它们，并将它们移至正确的源代码目录中，以便下一个构建可以编译和打包。

再次假设 ServiceMonitor 还未模块化，你可以使用 JDeps 生成模块声明。为此，你构建了 ServiceMonitor 应用程序，并将它的 JAR 和依赖放在了 jars 目录中。然后调用 `jdeps --generate-module-info declarations jars`，生成模块声明，并将其写入如图 9-6 所示的目录结构中。

图 9-6　调用 `jdeps --generate-module-info declarations jars` 之后，JDeps 分析 jars 目录中所有 JAR 之间的依赖关系（未显示），并在 declarations 目录中创建模块声明（非 ServiceMonitor 项目的模块声明未显示）

　　JDeps 会为每个模块创建一个目录，并在其中放置与前面手动编写的模块声明类似的模块声明（可以在代码清单 2-2 中找到它们，但是这里细节并不重要）。

　　JDeps 还可以使用--generate-open-module 选项为开放式模块生成模块声明（参见 12.2.4 节）。模块名称和 requires 指令的确定方法像以前一样，但是，由于开放式模块不能封装任何东西，所以不需要导出，因而不会生成任何模块声明。

1. 检查生成的声明

　　尽管 JDeps 在自动生成模块声明方面做得很好，但你仍然应该手动检查它们。你喜欢模块名称吗（可能不喜欢，因为 JAR 名称很少遵循反域命名的方案，参见 3.1.3 节）？依赖关系构建是否正确（更多选项参见 11.1 节和 11.2 节）？你希望的共有 API 是否得到了正确导出？也许你需要添加一些服务（参见第 10 章）。

　　如果你开发的应用程序中有太多的 JAR 文件，无法手动检查所有声明，而你不介意一些磕磕绊绊，那么还有一个更好的选择：信任测试、持续集成流程，并相信开发人员和测试人员能够发现这些小问题。在这种情况下，请在下一个版本发布之前留有一些时间，以便确认所有问题已经修复。

　　但是，如果打算发布工件，那么你必须非常小心地检查声明！这些是公开的 API，通常对它们的更改是不兼容的——如果没有充分的理由，请尽量防止这种情况发生。

2. 当心依赖丢失

　　为了让 JDeps 正确地生成 JAR 的 requires 指令，所有的 JAR 及其直接依赖必须位于扫描目录中。如果缺少依赖项，JDeps 会报告如下错误。

```
> Missing dependence: .../module-info.java not generated
> Error: missing dependencies
>     depending.type -> missing.type    not found
>     ...
```

　　为了避免生成错误的模块声明，在缺少依赖的模块中不会生成任何模块声明。

　　为 ServiceMonitor 生成模块声明时，我忽略了这些消息。Maven 认为一些间接依赖是可选的，这造成了它们的缺失，但并不妨碍正确生成 ServiceMonitor 的模块声明。

```
> Missing dependence:
>     declarations/jetty.servlet/module-info.java not generated
# 省略了更多的日志信息
> Missing dependence:
>     declarations/utils/module-info.java not generated
# 省略了更多的日志信息
> Missing dependence:
>     declarations/jetty.server/module-info.java not generated
# 省略了更多的日志信息
> Missing dependence:
>     declarations/slf4j.api/module-info.java not generated
# 省略了更多的日志信息
> Error: missing dependencies
```

```
>    org.eclipse.jetty.servlet.jmx.FilterMappingMBean
>        -> org.eclipse.jetty.jmx.ObjectMBean            not found
>    org.eclipse.jetty.servlet.jmx.HolderMBean
>        -> org.eclipse.jetty.jmx.ObjectMBean            not found
>    org.eclipse.jetty.servlet.jmx.ServletMappingMBean
>        -> org.eclipse.jetty.jmx.ObjectMBean            not found
>    org.eclipse.jetty.server.handler.jmx.AbstractHandlerMBean
>        -> org.eclipse.jetty.jmx.ObjectMBean            not found
>    org.eclipse.jetty.server.jmx.AbstractConnectorMBean
>        -> org.eclipse.jetty.jmx.ObjectMBean            not found
>    org.eclipse.jetty.server.jmx.ServerMBean
>        -> org.eclipse.jetty.jmx.ObjectMBean            not found
>    org.slf4j.LoggerFactory
>        -> org.slf4j.impl.StaticLoggerBinder            not found
>    org.slf4j.MDC
>        -> org.slf4j.impl.StaticMDCBinder               not found
>    org.slf4j.MarkerFactory
>        -> org.slf4j.impl.StaticMarkerBinder            not found
```

3. 仔细地分析导出

导出指令完全基于对其他 JAR 需要哪些类型的分析，这将导致类库 JAR 被导出的包较少。在检查 JDeps 输出时，请记住这一点。

类库或框架的开发人员可能不愿意只因为几个模块需要就发布只在项目内使用的工件。参见 11.3 节中的合规导出来解决这个问题。

9.3.3　黑客破译第三方 JAR

有时，人们需要更新第三方 JAR。人们可能需要一个清晰模块，或者至少具有特定名称的自动模块；也许它已经是一个模块，但是模块描述符有错误，或者引入了人们不希望使用的错误依赖。在这种情况下，可以采用一些趁手的工具（注意不要伤到自己）。

像 Java 这样的大型生态系统中必然存在一些边缘情况，字节码操作工具 Byte Buddy 就是一个很好的例子。它在 Maven Central 中以 `byte-buddy-${version}.jar` 的形式发布。当你尝试将它用作自动模块时，会从模块系统中得到如下提示。

```
> byte.buddy: Invalid module name: 'byte' is not a Java identifier
```

糟糕，`byte` 不是有效的 Java 标识符，因为它与基本类型的名称相冲突。这种特殊情况在 Byte Buddy 的 1.7.3 版或更高版本中得到了解决（使用 `Automatic-Module-Name`），但是你可能会遇到类似的边缘情况，因此需要做好准备。

一般来说，对已发布的 JAR 进行本地修改是不可取的，因为要以可靠并且自描述的方式进行修改非常困难。如果你的开发过程中包含本地工件公共仓库，比如所有开发人员都能连接的 Sonatype 的 Nexus，那么事情就会变得简单一些。在这种情况下，可以创建一个修改后的变体，通过更新版本使得修改更加明显（例如添加 `-patch`），然后将其上传到内部公共仓库。

你也可以在构建过程中进行修改。在这种情况下，可以根据需要动态地使用和编辑标准 JAR。这样，修改会成为构建脚本的一部分。

注意，永远不要发布依赖于已修改 JAR 的工件，因为用户无法轻松地进行相同的修改，他们只能面对一个无法工作的依赖。这使得以下将要介绍的建议仅适用于应用程序。

有了这些注意事项，下面看看如果第三方 JAR 不能满足你的项目需求，如何对其进行修改适配。我将向你展示如何添加和编辑自动模块名称、添加和编辑模块描述符以及向模块中添加类。

1. 添加和编辑自动模块名称

向 JAR 中添加自动模块名称的一个很好的理由是，如果项目已经在较新的版本中定义了一个模块名称，但是由于某种原因，你还不能对其进行更新，那么可以将该模块名称添加到 JAR 中，而不是采用 JPMS 推断的名称。在这种情况下，编辑 JAR 允许你在模块声明中使用未来不会过时的名称。

`jar` 工具中有 `--update`（即 `-u`）选项，它使人们能修改现有的 Java 归档。将其与 `--manifest=${manifest-file}` 选项结合在一起，你可以将任何内容附加到现有的 manifest 中，例如 `Automatic-Module-Name` 条目。

以 Byte Buddy 的旧版本 1.6.5 为例，确保它作为一个自动模块可以正常工作。首先，创建一个纯文本文件，比如 manifest.txt（你可以选择任何想要的名称），其只包含一行代码。

```
Automatic-Module-Name: net.bytebuddy
```

然后，使用 `jar` 将这一行代码追加到现有的 manifest 文件中。

```
$ jar --update --file byte-buddy-1.6.5.jar --manifest=manifest.txt
```

现在看看是否有效。

```
$ jar --describe-module --file byte-buddy-1.6.5.jar

> No module descriptor found. Derived automatic module.
>
> net.bytebuddy@1.6.5 automatic
> requires java.base mandated
```

结果非常整洁：没有错误，并且模块名称与预期一致。

可以使用相同的方法编辑现有的自动模块名称。尽管 `jar` 工具会抱怨 `Duplicate name in Manifest`（Manifest 中的名称重复），但是新值仍然会替换旧值。

2. 添加和编辑模块描述符

如果仅将第三方 JAR 转换为正确命名的自动模块还不够，或者清晰模块有问题，那么可以使用 `jar --update` 添加或覆盖模块描述符。后者的一个重要用例是解决 8.3.4 节描述的模块的死亡之眼。

```
$ jar --update --file ${jar} module-info.class
```

这会把 module-info.class 文件添加到 `${jar}` 中。注意，`--update` 不执行任何检查，因此容易出现模块描述符和类文件不一致的 JAR（这可能是故意的，也可能是意外），例如两者需要的依赖不一致。因此，请小心使用！

更复杂的任务是创建模块描述符。为了让编译器创建一个模块描述符，你不仅需要一个模块声明，还需要所有依赖（对此的检查可以作为可靠配置的一部分）和 JAR 的代码（作为源代码或字节码，否则编译器会提示包不存在）。

你的构建工具应该能够帮助处理依赖（Maven：copy-dependencies）。对于代码而言，重要的是编译器能看到整个模块，而不仅仅是模块声明。在编译声明时，最好通过--patch-module 选项更新 JAR 的字节码。7.2.4 节介绍过这个选项，下面的例子展示了如何使用它。

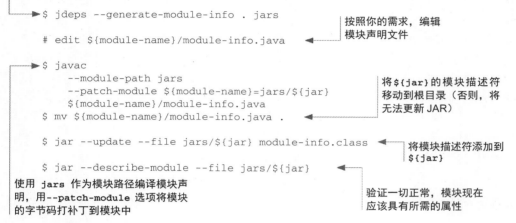

为所有 JAR 生成模块声明
（尽管只对`${jar}`感兴趣）

```
$ jdeps --generate-module-info . jars
```
按照你的需求，编辑
模块声明文件
```
# edit ${module-name}/module-info.java
```

```
$ javac
    --module-path jars
    --patch-module ${module-name}=jars/${jar}
    ${module-name}/module-info.java
$ mv ${module-name}/module-info.java .
```
将`${jar}`的模块描述符
移动到根目录（否则，将
无法更新 JAR）

```
$ jar --update --file jars/${jar} module-info.class
```
将模块描述符添加到
`${jar}`

```
$ jar --describe-module --file jars/${jar}
```
验证一切正常，模块现在
应该具有所需的属性

使用 **jars** 作为模块路径编译模块声明，用**--patch-module** 选项将模块的字节码打补丁到模块中

3. 向模块中添加类

如果需要向依赖的包中添加一些类，那么你可能已经将它们放在了类路径上。但是，一旦该依赖项转移到模块路径，规避包分裂的规则将导致此方法无法工作。7.2.4 节展示过如何使用--patch-module 选项动态处理这种情况。如果你正在寻找一个终极解决方案，可以再次使用 jar --update。本例中，它将添加类文件。

9.3.4　发布 Java 8 及更老版本的模块化 JAR

无论你维护的是应用程序、类库还是框架，都可能需要支持多个 Java 版本。这是否意味着不能使用模块系统？幸好不是这样。有两种方法可以用于交付在 Java 9 以前版本中运行良好的模块化工件。

无论选择哪种方法，首先都需要为目标版本构建项目。设置-source 和-target 后，可以使用对应的 JDK 编译器，也可以使用更新版本的编译器。如果选择 Java 9 及以上版本的编译器，请查看 4.4 节中的新标志--release。像往常一样创建 JAR 即可完成这步操作。注意，尽管这个 JAR 在你想要的 Java 发行版中运行得很好，但是它尚不包含模块描述符。

下一步是用 Java 9 及以上版本编译模块声明，最好且最可靠的方法是使用 Java 9 及以上版本编译器构建整个项目。现在，在将模块描述符放入 JAR 方面，有下面描述的两个选项。

1. 使用 `jar --update`

可以使用 `jar --update`（参见 9.3.3 节）将模块描述符添加到 JAR 中。因为版本 9 之前的 JVM 会忽略模块描述符，所以这个方法行得通。因为 JVM 只看其他类文件，并且你用正确的版本构建了 JAR，所以一切运行正常。

虽然对于 JVM 来说这是正确的，但并不是所有处理字节码的工具都可以这样做。有些工具会卡在 `module-info.class` 上，最终变得对模块化 JAR 毫无用处。想避免这种情况，必须创建多版本的 JAR。

2. 创建多版本的 JAR

从 Java 9 开始，`jar` 允许创建**多版本的 JAR**（Multi-Release JAR，MR-JAR），而其中包含不同 Java 版本的字节码。附录 E 详细介绍了这个新特性，要充分理解本节，你应该读一读附录 E。本节主要关注如何使用 MR-JAR，以使 JAR 的根目录不包含模块描述符。

假设你有一个普通 JAR，并希望将其转换为一个多版本的 JAR，以便在 Java 9 及以上版本中加载模块描述符。下面，使用 `--update` 和 `--release` 选项来做到这一点。

```
$ jar --update
    --file ${jar}
    --release 9
    module-info.class
```

你也可以一次性创建多版本的 JAR。

```
$ jar --create
    --file mr.jar
    -C classes .
    --release 9
    classes-9/module-info.class
```

前 3 行是基于 classes 中的类文件创建 JAR 的常规方法，然后是 `--release 9`，随后是 Java 9 及以上版本要加载的模块描述符文件。如图 9-7 所示，根目录不包含 module-info.class。

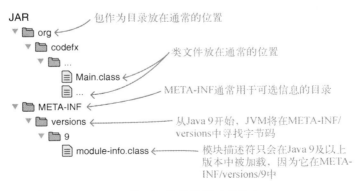

图 9-7　通过创建多版本的 JAR，你可以将模块描述符放在 META-INF/versions/9 中，而不是工件的根目录中

9.4 小结

❑ 如果你还没有使用 Java 8，请先更新到该版本。如果初步分析显示，有一些依赖关系在
Java 9 及以上版本中会出问题，那么接下来先更新它们。这将确保一次只执行一个步骤，
将复杂性降到最低。

❑ 你可以采取以下措施来分析迁移中的问题。

■ 使用 Java 9 及以上版本构建应用程序，并实施快速修复（`--add-modules`、`--add-exports`、`--add-opens`、`--patch-module` 和其他选项）来获取更多信息。

■ 使用 JDeps 查找包分裂和针对内部 API 的依赖关系。

■ 搜索导致问题的特定模式，比如：`URLClassLoader` 的强制转换和使用已删除的 JVM
机制。

❑ 在收集完这些信息之后，进行正确评估很重要。快速修复的风险是什么？正确地解决这
些问题有多难？受影响的代码对项目有多重要？

❑ 当开始迁移时，要不断地对变更进行构建。最好从团队其他成员使用的相同分支开始，
以确保 Java 9 及以上版本工作和常规开发能够很好地集成。

❑ 命令行选项使你能够快速地解决在 Java 9 及以上版本中进行构建时所面临的挑战。但是
注意不要使用它们太久，因为它们容易使人忽略问题，导致未来的 Java 版本将问题恶化。
相反，要朝着长期解决方案努力。

❑ 有 3 种模块化策略。整个项目采用哪一种策略，要取决于项目的类型和依赖关系。

■ **自下而上**适用于只依赖模块的项目。创建模块声明，并将所有依赖项放在模块路径上。

■ **自上而下**适用于依赖尚未全部模块化的应用程序。可以创建模块声明并将所有直接依
赖放在模块路径上，这样普通的 JAR 会被转换为可以依赖的自动模块。

■ **由内而外**适用于依赖关系尚未全部模块化的类库和框架。它的工作方式类似自上向下，
但是有一个限制，即只能使用定义了 `Automatic-Module-Name` 的 manifest 条目的自
动模块。否则，自动模块名称在不同的构建和时间上都是不稳定的，这可能会给用户
带来严重的问题。

■ 在项目中，你可以选择符合其特定结构的任何策略。

❑ 在 JDeps 中可以使用 `jdeps --generate-module-info` 自动生成模块声明。这对大型
项目尤其有用，因为手动编写模块声明将花费大量时间。

❑ `jar` 工具的`--update` 选项可以用于修改已有的 JAR，例如：设置 `Automatic-Module-Name`、添加或覆盖模块描述符。如果依赖的 JAR 有问题，无法修复，那么这将是解决问
题的最佳利器。

❑ 通过为更早 Java 版本的源代码进行编译和打包，然后添加模块描述符（在 JAR 根目录中
或使用 `jar --version` 指定 Java 9 及以上版本具体的子目录），你可以创建支持多 Java
版本的模块化 JAR。并且，如果将其放在 Java 9 模块路径上，它将作为模块而存在。

Part 3

模块系统高级特性

本书第一部分和第二部分类似于拥有前菜、主菜、汤和甜点的正餐，而第三部分更像是自助餐，它介绍了模块系统的高级功能，你可以按自己喜欢的顺序随意选择最感兴趣的章节。

第 10 章介绍了服务，这是一种将用户和 API 实现解耦的好机制。如果你对优化 requires 和 exports 指令更感兴趣（例如，对可选依赖建模），请阅读第 11 章。接下来再阅读第 12 章，准备让你的模块接受框架的反射访问，并学习如何更新与反射相关的代码。

模块系统不处理模块版本信息，但是你可以在构建模块时记录版本，并在运行时进行评估。第 13 章探讨了这一点，以及没有对版本提供进一步支持的原因，比如为什么不支持同时运行一个模块的多个版本。

第 14 章从模块开发中后退一步，将模块视为创建自定义运行时镜像（其中包含运行项目所需的模块）的输入。更进一步，你甚至可以囊括整个应用程序，并创建单一的可部署单元，以交付给客户或服务器。

最后，第 15 章综合上述内容，展示了 ServiceMonitor 应用程序的另一个版本（该版本使用了模块系统的大多数高级特性），给出了设计和维护模块化应用程序的技巧，并对 Java 的未来进行了大胆描述：成为一个模块化生态系统。

顺便说一下，这些特性并不比基本机制更复杂，只是它们构建在基础机制之上，因此需要更多关于模块系统的背景知识。如果你已经读了第一部分（特别是第 3 章），就可以开始阅读本部分了。

（尽管前面已经多次提到，但是这里仍要再次强调：请记住，本书使用的模块名称被缩短了，以便于对其进行描述。在真实的代码中，请使用 3.1.3 节中描述的反向域命名方案。）

用服务来解耦模块

10

本章内容
- 通过服务改进项目设计
- 在 JPMS 中创建服务、消费者和提供者
- 通过 `ServiceLoader` 消费服务
- 开发设计良好的服务
- 在不同的 Java 版本之间用普通 JAR 和模块化 JAR 来部署服务

目前为止，本书用 requires 指令表示模块之间的依赖关系，其中模块必须按名称引用每个特定的依赖。正如 3.2 节详细解释的那样，这是可靠配置的核心，但有时你需要更高层次的抽象。

本章将探讨模块系统中的服务，以及如何使用服务消除模块之间的直接依赖关系，以实现模块之间的解耦。使用服务解决问题的第一步是掌握基础知识。接下来，本章将研究其细节，特别是如何正确地设计服务（参见 10.3 节），以及如何使用 JDK 的 API 来消费服务（参见 10.4 节）。（要了解服务实践，请查看 ServiceMonitor 仓库的 feature-services 分支。）

读完本章，你将了解如何设计好服务、如何为使用或提供服务的模块编写模块声明，以及如何在运行时加载服务。借助这些技能，你可以使用 JDK 或第三方依赖中的服务，以及移除自己项目中的直接依赖。

10.1 探索对服务的需求

如果本书讨论的是类而不是模块，你是否乐于总是依赖于具体的类型？或者必须在类中实例化每个依赖？如果你喜欢诸如控制反转和依赖注入之类的设计模式，那么此时应该强烈地摇头。将代码清单 10-1 和代码清单 10-2 进行比较，后者看起来不是更好吗？调用者可以选择最合适的流处理工具，甚至可以自由选择任何 InputStream 的实现。

代码清单 10-1 依赖于具体类型建立依赖关系

```
public class InputStreamAwesomizer {

    private final ByteArrayInputStream stream;        ◀── 依赖于具体类型
```

```
public AwesomeInputStream(byte[] buffer) {
        stream = new ByteArrayInputStream(buffer);
}
```
← 直接建立
　依赖关系

```
// [……与本类相关的方法……]
}
```

代码清单 10-2　依赖于抽象类型；调用者建立依赖关系

```
public class InputStreamAwesomizer {

    private final InputStream stream;
```
← 依赖于抽象类型

```
    public AwesomeInputStream(InputStream stream) {
        this.stream = stream;
```
← 调用者建立
　依赖关系

```
    }

    // [……与本类相关的方法……]
}
```

　　依赖接口或抽象类，让其他人选择具体实例的另一个重要好处是，这样做会逆转依赖关系的方向。与高级概念（比如 `Department`）依赖于低级细节（`Secretary`、`Clerk` 和 `Manager`）不同，两者都可以依赖于抽象（`Employee`）。如图 10-1 所示，这打破了高级概念和低级概念之间的依赖关系，从而将它们解耦。

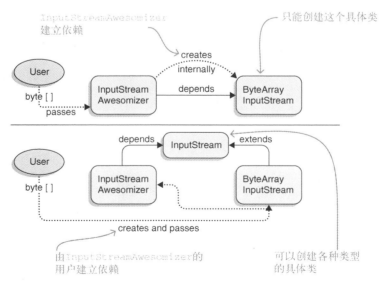

图 10-1　如果一个类型建立了自己的依赖关系（上），用户就不能对这些关系进行更改。
　　　　　如果在构造期间传递类型的依赖（下），那么用户可以选择最适合的实现

　　回到模块，`requires` 指令很像代码清单 10-1 中的代码，但是它们在不同的抽象级别上。
❑ 模块依赖于其他具体模块。

　　❑ 用户无法更改依赖。

　　❑ 没有办法反转依赖关系。

　　幸运的是，模块系统没有这样做。模块系统提供了**服务**，一种让模块表示其依赖于抽象类型，或可以提供实现依赖的具体类型的方法，而模块系统位于中间，在它们之间进行协商（如果你现在想到的是服务定位器模式，那就完全正确了）。下文将提到，尽管服务并不能完美地解决所有问题，但它确实已经解决了许多问题，图 10-2 展示了两种类型的依赖关系。

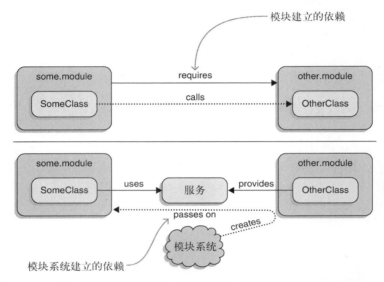

图 10-2　如果一个模块依赖于另一个模块（上），那么依赖是固定的，不能
　　　　 从外部改变；另一方面，如果模块使用服务（下），那么在运行时
　　　　 可选择最合适的具体实现

10.2　JPMS 中的服务

　　当在 JPMS 的背景中讨论服务时，会涉及想要使用的特定类型，它通常是一个接口，但是人们没有将它的实现实例化。相反，模块系统采用宣称实现了对应功能的其他模块，并将实现实例化。本节将详细介绍该流程的工作原理，以便你了解应该在模块描述符中放入什么、如何在运行时获取实例，以及这将如何影响模块解析。

10.2.1　使用、提供和消费服务

　　服务是一个模块想要使用的可访问类型，而另一个模块提供了实现实例。

　　❑ **消费服务**的模块在其模块描述符中使用 `uses ${service}` 指令表示其需求，其中 `${service}` 是服务类型的完全限定名。

❑ **提供服务的模块**用 `provides ${service} with ${provider}` 指令来表示其提供服务，其中`${service}`与 uses 指令中的类型相同，而`${provider}`是另一个类的完全限定名称。该类可以是以下两个类中的任何一个。

- 扩展或实现`${service}`，并具有公有无参构造函数（被称为**提供程序构造器**）的具体类。
- 使用公有、静态、无参数的方法并返回任意类型，该类型扩展或实现了`${service}`（被称为**提供者方法**）。

运行时，依赖模块可以通过 ServiceLoader 类调用 `ServiceLoader.load(${service}.class)`，以获取服务的所有提供者实现。然后，模块系统为模块图中声明的每个提供者返回一个 `Provider<${service}>`，图 10-3 演示了提供者的实现。

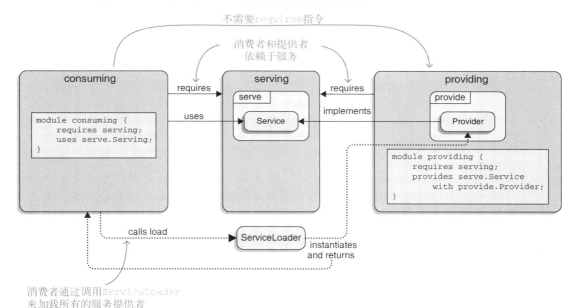

图 10-3　使用服务的核心是特定的类型，这里称为 `Service`。`Provider` 类实现了 `Service`，其模块声明包含 `provides -with` 指令。消费服务的模块需要使用 `uses` 指令。在运行时，可以使用 `ServiceLoader` 获取给定服务的所有提供者实例

尽管围绕服务有很多细节需要考虑，但一般来说，服务是一个很好的抽象概念，并且在实践中使用很方便，所以本节从这里开始。实施服务比输入一个 `requires` 或 `exports` 指令要花长的时间。

ServiceMonitor 应用程序为实践服务提供了一个完美的示例。monitor 模块中的 `monitor` 类需要 `List<ServiceObserver>`与其监视的服务之间进行通信。到目前为止，`Main` 的工作如下。

```
private static Optional<ServiceObserver> createObserver(String serviceName) {
    return AlphaServiceObserver.createIfAlphaService(serviceName)
        .or(() -> BetaServiceObserver.createIfBetaService(serviceName));
}
```

代码的具体工作方式并不十分重要。与之相关的是，它使用 monitor.observer.alpha 模块中的具体类型 `AlphaServiceObserver` 和 monitor.observer.beta 模块中的类型 `BetaService-Observer`。因此 monitor 模块需要依赖于这些模块，并且这些模块需要导出相应的包。图 10-4 展示了模块图中的相关部分。

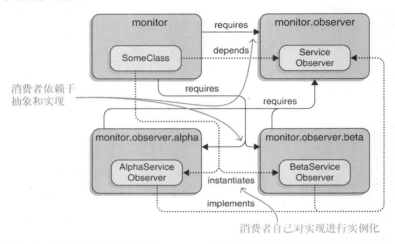

图 10-4　在没有服务的情况下，monitor 模块需要依赖所有其他相关的模块：
observer、alpha 和 beta，如部分模块图所示

现在把注意力转向服务。第一步，创建这些 observer 的模块需要声明依赖一个服务，并且使用 `ServiceObserver`，因此 monitor 的模块声明如下。

```
module monitor {
    // [……省略了 requires 指令……]
    // 移除了对 monitor.observer.alpha 和 monitor.observer.beta 的依赖！
    uses monitor.observer.ServiceObserver;
}
```

下一步是提供者模块 monitor.observer.alpha 和 monitor.observer.beta 进行 `provides` 指令声明。

```
module monitor.observer.alpha {
    requires monitor.observer;
    // 移除了 monitor.observer.alpha 的导出！
    provides monitor.observer.ServiceObserver
        with monitor.observer.alpha.AlphaServiceObserver;
}
```

这样并不能正常工作，编译器会报告如下错误。

```
> The service implementation does not have
> a public default constructor:
>      AlphaServiceObserver
```

提供者构造函数和提供者方法必须是无参数的，但是 `AlphaServiceObserver` 需要观察服务的 URL，这该怎么办？你可以在创建后再设置 URL，但这样不仅会让类变得不确定，还会产生一个问题：如果服务不是 alpha 该怎么办？因此，不应该这样做，而应该创建 observer 的工厂方法，该方法仅在 URL 正确的情况下返回一个实例，这样更简洁。

因此，在 monitor.observer 中创建一个新的接口 `ServiceObserverFactory`。它只有一个方法 `createIfMatchingService`，该方法接收服务 URL 并返回一个 `Optional<Service-Observer>`。在 monitor.observer.alpha 和 monitor.observer.beta 模块中分别创建实现，以执行 `AlphaServiceObserver` 和 `BetaServiceObserver` 上的静态工厂方法应该做的工作，图 10-5 显示了模块图的对应部分。

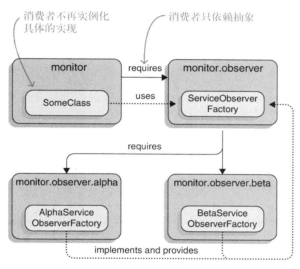

图 10-5 通过服务，monitor 只依赖定义服务的模块 observer，而不再直接依赖提供服务的模块 alpha 和 beta

使用这些类，你能以服务的方式提供和消费 `ServiceObserverFactory` 类。代码清单 10-3 展示了 monitor、monitor.observer、monitor.observer.alpha 和 monitor.observer.beta 的模块声明。

代码清单 10-3 使用 `ServiceObserverFactory` 的 4 个模块

消费者模块 monitor 依赖于 monitor.observer，因为它
包含 `ServiceObserverFactory`；多亏了这些服务，
现在它既不依赖于 alpha 也不依赖于 beta

```
module monitor {
    requires monitor.observer;
```

monitor.observer 没有任何变化：不知道它被用作
服务，所需要的只是包含 ServiceObserver 和
ServiceObserverFactory 的包的常规导出

```
    // [... truncated other requires directives ...]
    uses monitor.observer.ServiceObserverFactory;
}
```

消费者模块 monitor 使用
服务的接口 Service-
ObserverFactory

```
module monitor.observer {
    exports monitor.observer;
}
```

两个提供者模块都依赖于 monitor.observer
模块，因为它们实现了它所包含的接口——
服务没有改变任何东西

```
module monitor.observer.alpha {
    requires monitor.observer;
    provides monitor.observer.ServiceObserverFactory
        with monitor.observer.alpha.AlphaServiceObserverFactory;
}
```

每个提供者模块都向服务
ServiceObserverFactory
提供其具体实现类

```
module monitor.observer.beta {
    requires monitor.observer;
    provides monitor.observer.ServiceObserverFactory
        with monitor.observer.beta.BetaServiceObserverFactory;
}
```

最后一步是在 monitor 中获得 observer 工厂。为此，调用 ServiceLoader.load(Service-ObserverFactory.class)，对返回的提供者进行流处理，得到服务实现。

```
List<ServiceObserverFactory> observerFactories = ServiceLoader
    .load(ServiceObserverFactory.class).stream()
    .map(Provider::get)
    .collect(toList());
```

Provider::get 实例化
提供者（参见 10.4.2 节）

就是这样：有一堆服务提供者，而模块消费者和模块提供者对彼此一无所知，它们唯一的联系是二者依赖于 API 模块。

平台模块还声明和使用了大量的服务。一个特别有趣的例子是由 java.sql 模块声明和使用的 java.sql.Driver。

```
$ java --describe-module java.sql

> java.sql
# 省略了 exports
# 省略了 requires
> uses java.sql.Driver
```

这样，java.sql 可以访问其他模块提供的所有 Driver 实现。

平台中使用服务的另一个典型例子是 java.lang.System.LoggerFinder。这是 Java 9 中新添加的一个 API，它使用户能将 JDK（而不是 JVM）的日志消息导入所选择的日志框架（例如 Log4J 或 Logback）。JDK 使用 LoggerFinder 创建 Logger 实例，然后用这些实例记录所有消息，而不是输出到标准输出中。

在 Java 9 及以上版本中，日志框架可以实现日志的工厂方法，并在工厂方法中利用框架的基础设施。

```
public class ForesterFinder extends LoggerFinder {

    @Override
    public Logger getLogger(String name, Module module) {
        return new Forester(name, module);
    }

}
```
← 属于虚拟的 Forester
　　日志框架

但是日志框架如何将 `LoggerFinder` 的实现通知给 `java.base` 呢？很简单，它们为
`LoggerFinder` 服务提供自己的实现。

```
module org.forester {
    provides java.lang.System.LoggerFinder
        with org.forester.ForesterFinder;
}
```

这之所以行得通，是因为基本模块使用 `LoggerFinder`，然后调用 `ServiceLoader` 来定位
`LoggerFinder` 的实现。它获得了一个特定于框架的查找器，借助它创建 `Logger` 实现，然后使
用这些实现来记录消息。

这将使你对创建和使用服务在细节上有一个更加清晰的认识。

10.2.2　服务的模块解析

如果你曾经启动过一个简单的模块化应用程序，并且观察过模块系统正在做什么（例如，使
用`--show-module-resolution`，如 5.3.6 节所述），那么可能会对所解析的平台模块的数量感
到惊讶。对 ServiceMonitor 这样的简单应用程序而言，唯一的平台模块应该是 java.base，最多有
一两个其他模块。那么为什么有这么多其他模块呢？答案就是服务。

 要点　请记住，3.4.3 节曾介绍过，只有在模块解析期间进入模块图的模块在运行
时才可用。为了确保对服务的所有可见提供者而言都是这样，解决方案需要考虑
`uses` 和 `provides` 指令。除 3.4.1 节描述的解析行为外，一旦解析到一个使用服
务的模块，它将把所有可观察的模块添加到提供该服务的图中，这被称为**绑定**。

用选项`--show-module-resolution`启动 ServiceMonitor 应用程序会出现大量的服务绑定。

```
 $ java
    --show-module-resolution
    --module-path mods:libs
    --module monitor

> root monitor
> monitor requires monitor.observer
# 省略了很多模块解析
> monitor binds monitor.observer.beta
> monitor binds monitor.observer.alpha
> java.base binds jdk.charsets jrt:/jdk.charsets
```

10

```
> java.base binds jdk.localedata jrt:/jdk.localedata
# 省略了大量对 java.base 的绑定信息
# 省略了其余模块解析
```

monitor 模块绑定了 monitor.observer.alpha 和 monitor.observer.beta 模块，但是并不依赖于它们中的任何一个。归因于 java.base 和其他平台模块，同样的情况也适用于 jdk.charsets、jdk.localedata 以及更多模块。图 10-6 展示了相关的模块图。

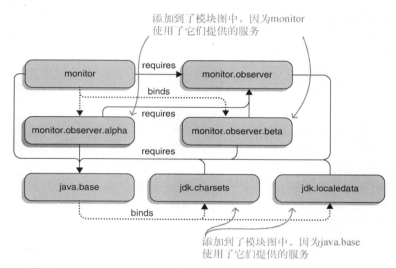

图 10-6   服务绑定是模块解析的一部分：一旦某个模块（比如 monitor 或 java.base）被解析，它的 uses 指令会被分析，并且提供所对应的服务的所有模块（alpha 和 beta 以及 charsets 和 localedata）都会被添加到模块图中

用 --limit-modules 排除服务

服务和 --limit-modules 选项之间具有有趣的交互。如 5.3.5 节所述，--limit-modules 将可见模块全集限制到指定的范围(包括传递依赖)，但这并不包含服务！除非 --limit-modules 选项所列出的模块传递性地依赖于提供的服务，否则它们是不可见的，也不会被放入模块图中。在这种情况下，对 ServiceLoader::load 的调用通常会一无所获。

如果像检查模块解析那样启动 ServiceMonitor，但是将可见模块的范围限制为所有依赖 monitor 的模块，输出则会更简单。

```
$ java
    --show-module-resolution
    --module-path mods:libs
    --limit-modules monitor
    --module monitor
root monitor
# 省略了 monitor 的传递依赖
```

就是这样了：输出中没有任何服务——既没有 observer 工厂，也没有平台模块通常绑定的那些服务。图 10-7 展示了本示例简化的模块图。

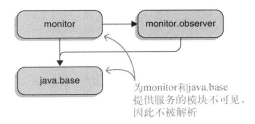

为monitor和java.base
提供服务的模块不可见，
因此不被解析

图 10-7 通过选项--limit-modules monitor，可见模块全集被限制为 monitor 模块
的传递依赖，不包含图 10-6 中被解析的服务提供者

--limit-modules 和--add-modules 的结合体尤为强大：前者可被用于排除所有服务，后者可以用来将所期望的服务添加回来。这使人们在启动期间可以尝试不同的服务配置，而不用修改模块路径。

为什么 uses 指令是必须的

说些题外话，在此回答开发者们一个关于 uses 指令的问题。为什么它是必需的？一旦 ServiceLoader::load 被调用，模块系统就不能直接查找服务提供者了吗？

如果模块通过服务被恰当解耦，那么提供服务的模块很可能不是任何根模块的传递依赖。如果没有进一步的措施，按惯例，服务提供者模块不会被放入模块图中。因此，在运行时，当某个模块尝试使用服务时，它将不可用。

为了让这些服务正常工作，服务提供者模块必须被放入模块图中，即使它们不受任何根模块传递地依赖也是如此。但是模块系统如何分辨哪个模块提供服务？这是否意味着所有带 provides 指令的模块都可以？那样就太多了。答案是否定的，只有所需服务的提供者才会受到解析。

这样就有必要分辨服务的**使用情况**。分析调用 ServiceLoader::load 的字节码既耗时又不可靠，所以人们需要一个更加清晰的机制来确保其高效、正确，这就是 uses 指令。模块系统要求人们声明模块使用的服务，从而可靠且高效地使所有服务提供者模块可用。

10.3 良好地设计服务

如 10.2 节所述，服务有 4 个要素。

❑ 服务（service）——在 JPMS 中即一个类或者一个接口。
❑ 消费者（consumer）——期望使用服务的任何代码片段。
❑ 提供者（provider）——服务的一个具体实现。

❑ 定位器（locator）——它由消费者的请求触发，对提供者进行定位并将其返回。在 Java 中就是 `ServiceLoader`。

`ServiceLoader`（10.4 节将进一步介绍）由 JDK 提供，但是在创建服务时，另外 3 个由你负责。你为服务选择哪些类型（参见 10.3.1 节），如何对它们进行良好的设计（参见 10.3.2 节）？消费者依赖于危险的全局状态（参见 10.3.3 节），这难道不是很奇怪吗？包含服务、消费者和提供者的模块该如何与另一个模块进行关联（参见 10.3.4 节）？为了设计优雅的服务，你需要能够回答这些问题。

本书也将深入解析如何通过服务来解决模块间的循环依赖问题（参见 10.3.5 节）。最后，本书将讨论服务如何在跨越普通 JAR 和模块化 JAR 的情况下正常工作（参见 10.3.6 节），对于计划在不同的 Java 版本中使用服务的开发者来说，这一点非常重要。

10.3.1   可以作为服务的类型

服务可以是具体类（甚至最终类）、抽象类或者接口。虽然只有枚举没有被包含在内，但是使用具体类（尤其是最终类）作为服务不符合惯例，这主要是因为模块的依赖应该是抽象的。除非特殊用例要求这么做，否则服务应该永远是抽象类或者接口。

关于抽象类

就个人而言，我并不喜欢过深的类层级结构，因此很自然地对抽象类有些抵触。由于 Java 8 使人们能在接口中实现方法，抽象类的一大用例消失了：为具有良好默认行为的接口方法提供基本实现。

现在我主要使用它们为实现复杂接口提供本地支持（通常是包范围内或者内部类），但这里要注意：在不必要的情况下请避免将它们渗透到公有 API 中。我以这种方式创建的任何服务——属于某个模块的公有 API 的一部分——都是对接口的实现。

10.3.2   将工厂用作服务

回到 10.2.1 节中最初重构服务观察者架构以让其使用 JPMS 服务的尝试。这个尝试进行的不太顺利，因为将 `ServiceObserver` 接口用作服务，并将它的 `AlphaServiceObserver` 和 `BetaServiceObserver` 实现用作服务提供者，会有一些问题。

❑ 服务提供者需要一些无参数的提供者方法或构造函数，但是我们想使用的类需要以一个具体且不能改变的状态来完成初始化。

❑ 尽管观察者实例可以处理 alpha 或者 beta API，但要让它们自己决定是否适合某一种网络服务还是有些困难。我更倾向于直接用正确的状态创建这些实例。

❑ 服务加载器会缓存服务提供者（10.4 节中会有更多讨论），所以取决于你如何使用这些 API，也许每个服务提供者只有一个实例。在本例中有一个 `AlphaServiceObserver` 实例和一个 `BetaServiceObserver` 实例。

这使得直接创建所需要的实例变得不太现实，所以取而代之，可以使用工厂来创建。正如它所表现的，这并不是一个特殊的例子。

对于消费者来说，不论要连接的是 URL 还是日志的名称，配置所使用的服务都是必要的。消费者或许也想为特定的服务提供者创建更多实例。如果将服务加载器对于无参构造函数的需求以及自由缓存实例的需求放在一起考虑，那么将所使用的 ServiceObserver 或者 Logger 的真实类型作为服务就不现实了。

相反，为需要的类型创建工厂，比如 ServiceObserverFactory 或者 LoggerFinder，并且将它用作服务是很常见的办法。根据工厂模式，工厂有责任用正确的状态创建实例。因此，这些服务的设计通常变得很简单，以至于它们自己没有状态，你也无须关心有多少种这样的服务。这使得工厂与 ServiceLoader 的特点非常匹配。

并且这里还有至少两个额外的收获。

❑ 如果实例化所需类型的代价很高，那么为它实现一个工厂作为服务将是消费者控制创建实例时机的最简单的方式。

❑ 如果需要检查某个提供者是否可以处理一个特定的输入或者配置，那么工厂可以提供一个方法来指明检查结果，或者返回一个类型用来指明创建某个对象（例如，一个 Optional 对象）是不可能的。

本书将展示两个根据对某种情况的适用性选择服务的例子。第一个来自 ServiceMonitor，在这个例子中，ServiceObserverFactory 没有返回 ServiceObserver 的 create(String) 方法，但是有 createIfMatchingService(String) 方法，能够返回一个 Optional<Service-Observer>对象。这样，人们就可以传递任何 URL 给任意工厂，然后返回值会提示是否可以处理这个 URL。

另一个例子是不使用 ServiceLoader，而使用 JDK 中一个类似但不常用的 API，即 ServiceRegistry。此 API 是专门为 Java 的 ImageIO API 创建的，用来根据编码器为指定的图像选择适当的 ImageReader，比如 JPEG 或 PNG。

Image IO 通过向注册表请求抽象类 ImageReaderSpi 的实现来选择读取者，而注册表会返回诸如 JPEGImageReaderSpi 或者 PNGImageReaderSpi 类的实例。接着对每一个 ImageReaderSpi 实现调用 canDecodeInput(Object)，如果文件头表明图像使用了相应的编码器，则返回 true。只有当某个实现返回 true 时，Image IO 才会调用 createReaderInstance (Object)来为该图像创建一个真正的读取者。图 10-8 展示了使用工厂的例子。

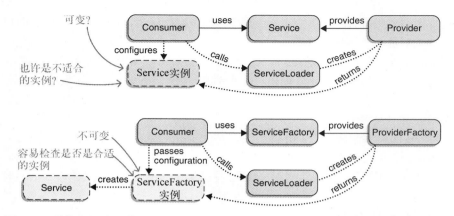

图 10-8　将期望的类型作为服务，在 JDK 的特性下通常不会很顺利。相反，请考虑设
计一个工厂，用正确的配置创建实例，并将其服务化

ImageReaderSpi 扮演了一个工厂服务，使用 canDecodeInput 来选择正确的提供者，并
使用 createReaderInstance 来创建所需的类型：一个 ImageReader 对象。正如 10.4.2 节所
述，有另一种方法来选择一个合适的提供者。

总的来说，通常人们应该考虑不把所使用的类型作为服务，而将能够返回要使用的实例的工
厂作为服务。这样的工厂应该不依赖自己的状态，以便正常工作（如果你的用例与之相关，这也
更容易实现线程安全）。工厂能够将人们想使用的类型的原始需求与服务基础设施的特定需求区
分开来，而不需要将它们混淆为同一个类型。

10.3.3　从全局状态中隔离消费者

调用 ServiceLoader::load 的代码很难测试，因为它依赖于全局的应用程序状态，即项
目启动时加载了哪些模块。当使用服务的模块不依赖于提供服务的模块（通常如此）时，这很容
易成为一个问题，因为接下来，构建工具在测试的模块路径中不会包含提供服务的模块。

为单元测试手动准备 ServiceLoader 以返回一个特定的服务提供者列表，这需要做很多工
作。对单元测试来说，这很不友好，因为单元测试应该可以独立运行并且仅调用很小的代码单元。

除此之外，针对 ServiceLoader::load 的调用通常不会解决应用程序使用者所关心的任
何问题，只是**针对这种方案的一项必要的技术手段**。这使得它相较于服务提供者的代码而言，成
了一种不同级别的抽象。单一职责原则的拥护者们会指出，这样包含了两个职责（请求服务提供
者以及实现业务需求）的代码似乎太多了。

这些属性建议,处理服务加载的代码不应该与实现应用程序业务需求的代码混在一起。幸好，
让它们保持独立不是一件复杂的事情。最终使用服务提供者的实例在某处得到了创建，而这通常
是一个调用 ServiceLoader 并且传递服务提供者的好地方。ServiceMonitor 也是同样的结构：
为了在主类中运行应用程序（包括加载 ServiceObserver 的实现）而创建了所有需要的实例，
然后将它们传递给 Monitor，由 Monitor 完成监控服务的实际工作。

代码清单 10-4 和代码清单 10-5 展示了一种对比。在代码清单 10-4 中，`IntegerStore` 自己实现了繁重的服务任务，将两个职责混在一起。这也使得使用 `IntegerStore` 的代码很难测试，因为相关测试需要了解对 `ServiceLoader` 的调用，并且确保它能够返回期望的整数创建者。

在代码清单 10-5 中，`IntegerStore` 得到了重构，并且期望构造它的代码能够返回 `List<IntegerMaker>`。这使得自身的代码可以聚焦于所关注的业务（创建整数），并且移除了所有对 `ServiceLoader` 以及全局应用程序状态的依赖。这样一来，相应的测试就变成轻而易举的事情了。有时人们仍然需要处理服务加载，但是在应用程序设置过程中调用 `create...` 方法才是更正确的做法。

代码清单 10-4 由于职责太多而不易测试

```java
public class Integers {

    public static void main(String[] args) {
        IntegerStore store = new IntegerStore();
        List<Integer> ints = store.makeIntegers(args[0]);
        System.out.println(ints);
    }

}

public class IntegerStore {

    public List<Integer> makeIntegers(String config) {
        return ServiceLoader
            .load(IntegerMaker.class).stream()
            .map(Provider::get)
            .map(maker -> maker.make(config))
            .distinct()
            .sorted()
            .collect(toList());
    }

}

public interface IntegerMaker {

    int make(String config);

}
```

这个调用的结果直接依赖于模块路径的内容，使得它很难进行单元测试

解决了加载整数制造者的技术需求

解决了业务问题：制造唯一的整数并对它们排序

代码清单 10-5 重写以改进设计和可测试性

```java
public class Integers {

    public static void main(String[] args) {
        IntegerStore store = createIntegerStore();
        List<Integer> ints = store.makeIntegers(args[0]);
        System.out.println(ints);
    }
}
```

```
    private static IntegerStore createIntegerStore() {
        List<IntegerMaker> makers = ServiceLoader
            .load(IntegerMaker.class).stream()
            .map(Provider::get)
            .collect(toList());
        return new IntegerStore(makers);
    }

}

public class IntegerStore {

    private final List<IntegerMaker> makers;

    public IntegerStore(List<IntegerMaker> makers) {
        this.makers = makers;
    }

    public List<Integer> makeIntegers(String config) {
        return makers.stream()
            .map(maker -> maker.make(config))
            .distinct()
            .sorted()
            .collect(toList());
    }

}

public interface IntegerMaker {

    int make(String config);

}
```

解决了在设置过程中加载整数制造者的技术需求

IntegerStore 在构造过程中得到了制造者，并且对 ServiceLoader 没有依赖

makeIntegers 方法可以聚焦于它的业务需求

根据特定的项目和需求，你也许不得不将服务提供者传递给多个方法或构造函数，并将它包裹进另一个对象，直到最后一刻才加载，或者配置你的依赖注入框架，但它应该可行。这种努力是值得的——你的单元测试和同事都将从中受益。

10.3.4　将服务、消费者和提供者组织成模块

随着服务的类型、设计以及消费都确定下来，问题就浮现了出来：你如何将服务以及另外两个参与者，即消费者和提供者，组织到模块中？显而易见，服务需要被实现，并且为了让它有价值，提供服务的模块之外的其他模块应该可以实现这个服务。这意味着服务类型必须是公有的，并且在一个已导出的包中。

消费者没必要是公有或者导出的，因此可以是其模块内部的。它必须访问服务类型，所以需要依赖于包含服务（服务，而不是实现它的类）的模块。消费者和服务在同一个模块中并不罕见，正如 java.sql 和 Driver 以及 java.base 和 LoggerFinder。

最后来看提供者。由于提供者实现了服务，因此它就不得不读取定义服务的模块——这很明

显。一个有趣的问题是，除了被 `provides` 指令命名，提供者类型是否应该属于模块公有 API 的一部分？

服务提供者必须是公有的，但是技术上并不需要将所在的包导出——实例化不可访问的类，对于服务加载器来说是没有问题的。这样，将含有提供者的包导出，会不必要地扩大模块 API 的范围。它也会让消费者做一些多余的事情，比如将某个服务强制转换为它的真实类型，以访问一些额外的功能（与发生在 `URLClassLoader` 上的事情类似，参见 6.2.1 节）。因此本书建议不要使服务提供者可受访问。

总的来说，有如下几点（如图 10-9 所示）。

❏ 服务是公有的，且所在的包被导出。

❏ 消费者可以是内部的，它们需要读取定义服务的模块，甚至属于这个模块。

❏ 提供者必须是公有的，但是不应该在导出的包中，这样可以减少误用、缩小 API 范围，它们需要读取定义服务的模块。

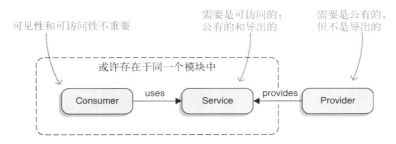

图 10-9 消费者、服务和提供者的可见性和可访问性需求

注意 一个模块只能通过它所拥有的类型提供服务。`provides` 指令命名的服务实现必须与服务声明在同一个模块中。

10.3.5 使用服务打破循环依赖

当在被分成几个子项目的代码库中工作时，总是会有这样的情况发生：其中一个子项目变得太大，因此人们想将它拆分成更小的项目。这需要一些额外的工作，但是如果有足够的时间来整理其中的类，通常人们是可以完成这个目标的，但是有时候代码会混在一起，无法分开。

一个常见原因是类之间的循环依赖。它可以是两个类互相导入，也可以是一个更长的包含多个类的循环，其中每一个类都导入下一个。然而，如果人们希望它的一部分在一个项目中，而其他部分在另一个项目中，就会出现问题。即便没有模块系统，问题依然存在，因为构建工具通常也不喜欢循环依赖，但是 JPMS 在这一点上与其他工具有很大的分歧。

注意 根据可访问性规则，属于不同模块的类之间的依赖，需要以这些模块间的依赖为前提（参见 3.3 节）。如果类依赖存在循环，那模块依赖也一样存在循环，但是可读性规则不允许出现这样的情况（参见 3.2 节）。

怎么办呢？因为本章的主要内容是服务，所以服务可以解决这个问题并不令人惊奇。解决方案是通过在依赖模块中创建服务来实现循环中的一个依赖反转。以下是实现步骤解析（如图 10-10 所示）。

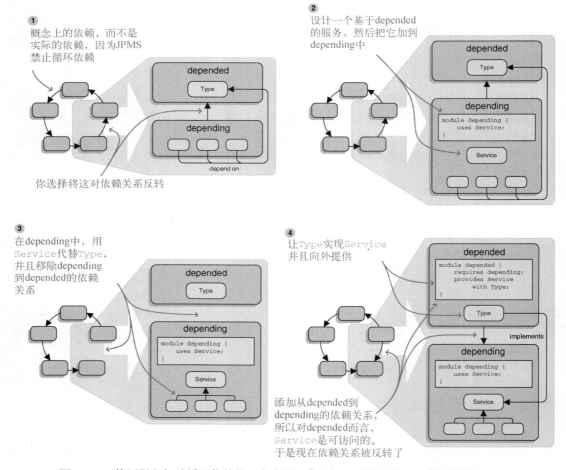

图 10-10　使用服务打破循环依赖的 4 个步骤：❶ 选择一对依赖关系；❷ 在依赖端引入服务；❸ 在依赖端使用该服务；❹ 在被依赖端提供服务

(1) 检查模块依赖中的循环，将想要反转的依赖标识出来。两个相关的模块被称为 depending（带有 requires 指令的模块）和 depended。理想情况下，depending 使用 depend 中的单个类型。此处将重点关注该特殊场景——如果有更多的类型，每个类型都会重复后面的步骤。

(2) 在 depending 中，创建一个服务类型，使用 uses 指令为这个类型扩展模块声明。

(3) 在 depending 中，移除对 depended 的依赖。将因此导致的编译错误记录下来，因为 depended 的类型不再可访问。将所有的引用替换为对应服务的类型，需要进行以下操作。

- 更新导入和类名。
- 方法调用应该不需要任何改动。
- 构造函数调用并非开箱即用，因为你需要来自 depended 的实例。这就是 `ServiceLoader` 的介入点：通过加载刚刚创建的服务类型来替换 depended 类型的构造函数。

(4) 在 depended 中，增加一个到 depending 的依赖，这样服务类型就变成了可访问的。用这个曾经造成麻烦的类型提供服务。

成功了！你将 depending 和 depended（现在后者依赖于前者）之间的依赖反转了，进而打破了循环依赖。以下是需要进一步了解的细节。

- ❑ depending 所使用的 depended 中的类型也许不是一个理想的服务候选类型。如果确实是这样，可以考虑为它创建一个工厂（参见 10.3.2 节），或者寻找另一个可以替换的依赖。
- ❑ 10.3.3 节探索了将 `ServiceLoader` 调用散落在整个模块中带来的问题，这个问题与依赖反转相关。也许你需要重构 depending 的代码，以实现最小化服务加载数量。
- ❑ 服务类型并非一定要在 depending 中。如 10.3.4 节所述，服务类型可以在任何模块中，或者更确切地说，几乎可以在所有模块中，所以你肯定不愿意将其放在会产生循环依赖的模块（比如 depended）中。
- ❑ 最重要的是，应该尝试创建一个独立存在的服务，而不仅仅是循环依赖的"破坏者"，因为现实中可能会有更多的服务提供者和消费者，而不仅仅是本节中所讨论的两个模块。

10.3.6 在不同的 Java 版本中声明服务

服务不是新鲜事物，Java 6 就已经引入了服务，且当时设计的机制至今仍然有效。在没有模块的情况下观察服务的工作方式，尤其是它在普通 JAR 和模块化 JAR 之间如何工作，是非常有意义的。

1. 在 META-INF/services 中声明服务

在模块系统诞生之前，服务的工作原理与现在相同，唯一的区别是，那时没有声明一个 JAR 使用或提供了服务的模块声明。在使用方面，这没问题——所有代码都可以使用它想要的每个服务；但是在服务提供方面，JAR 必须声明其意图，并且必须在 JAR 的专用目录中放置该声明。

要使普通 JAR 声明一个服务，请遵循以下简单步骤。

(1) 在 META-INF/services 目录中，放置一个以该服务的完全限定名称作为文件名的文件。

(2) 在该文件中，列出实现该服务的所有完全限定名称的类。

作为示例，创建一个第三方的 `ServiceObserverFactory` 服务提供者，它位于新假设的普通 JAR monitor.observer.zero 中。要做到这一点，首先需要一个具体类 `ZeroServiceObserver-Factory` 来实现 `ServiceObserverFactory` 并提供无参构造函数。这类似于 alpha 和 beta 的变体，此处不再详细讨论。

普通 JAR 并没有声明所提供服务的模块描述符，但是你可以使用 META-INF/services 目录：在该目录中新建一个简单的文本文件并将其命名为 monitor.observer.ServiceObserverFactory（服务类型的完全限定名称), 文件中仅有一行内容, 即 monitor.observer.zero.ZeroServiceObserverFactory (服务提供类型的完全限定名称)。图 10-11 展示了这些操作结果。

图 10-11　为了不通过模块声明来声明服务提供者，META-INF/services 目录中需要包含
带有服务名称的纯文本文件，其中每一行一个提供者信息

这样做是可行的，并且 Main 函数在处理所有 observer 工厂时，ZeroServiceObserver-Factory 可以得到正确解析。但是其中的细节需要等到讨论普通 JAR 和模块化 JAR 如何交互时才能揭晓。这是之后的话题。

> **注意**　在 META-INF/services 中声明服务和在模块声明中这么做有一个微小的区别：只有后者可以使用提供者中的函数；前者只能使用公有的无参构造函数。

2. JAR 和路径间的兼容性
因为服务加载器 API 在 Java 9 的模块系统诞生之前就已经存在，所以人们对它有一些兼容性方面的顾虑。普通 JAR 和模块化 JAR 中的消费者能否以相同方式使用服务？在多种 JAR 和路径同时使用时，提供者是否可以正常工作？

对于服务消费者而言，情况很简单：清晰模块可以通过 uses 指令声明来使用服务；自动模块 (参见 8.3 节) 和无名模块 (参见 8.2 节) 可以使用所有现有的服务。总之在消费者方面，这些都是可行的。

对于服务提供者而言，情况有些复杂。这里有两个坐标轴，每个轴有两个变量，因此一共有4 种组合。

- JAR 的类型：普通 JAR (在 META-INF/services 中声明的服务) 或模块化 JAR (在模块描述符中声明的服务)。
- 路径的类型：类路径或模块路径。

无论普通 JAR 最终指向哪个路径，服务加载器都将在 META-INF/services 中标识并绑定服务。如果 JAR 位于类路径上，则其内容已经是无名模块的一部分；如果 JAR 位于模块路径上，则服务绑定将导致创建自动模块。如 8.3.2 节所述，这将触发所有其他自动模块的解析。

现在你知道为什么可以在模块化的应用程序 ServiceMonitor 中使用 monitor.observer.zero，即一个在 META-INF/services 中提供服务的普通 JAR 了吧。选择哪个路径没有关系，两者都可以直接正常工作。

要点　模块路径上的模块化 JAR 是在模块系统中实践服务的最佳选择，因此它们可以不受限制地工作。但是，在类路径上，模块化 JAR 可能会引起问题。它们被视为普通 JAR，因此在 META-INF/services 目录中需要有对应的文件。作为一名开发人员，如果你的项目依赖于服务，并且期望模块化工件在两个路径上都可以工作，那么你需要在模块描述符以及 META-INF/services 中声明服务。

从类路径启动 ServiceMonitor 不会产生任何有用的输出，因为它找不到任何 observer 工厂——除非你将 monitor.observer.zero 添加进去。凭借 META-INF/services 中的提供者定义，它将非常适合同无名模块一起工作（这种情况与 alpha 和 beta 提供者不同）。

10.4　使用 `ServiceLoader` API 访问服务

尽管 `ServiceLoader` 自 Java 6 就已经存在，但尚未得到广泛采用。本书希望通过将它与模块系统进行紧密集成，显著提高其使用频率。为了确保大家了解其 API 的使用方法，本节将进行深入探索。

像往常一样，第一步是了解基础知识，这不会花很长时间。但是，服务加载器确实有一些特性，为了确保这些特性不会成为绊脚石，本节也将就此进行讨论。

10.4.1　加载和访问服务

使用 `ServiceLoader` 始终是一个两步的过程。

(1) 为正确的服务创建一个 `ServiceLoader` 实例。

(2) 使用该实例访问服务提供者。

快速浏览每个步骤，以便了解各种选项。同时查看表 10-1，以对 `ServiceLoader` 的所有方法有统一的了解。

表 10-1　`ServiceLoader`API 总览

返回类型	方法名称	描　　述
为给定类型创建新服务加载器的方法		
ServiceLoader<S>	load(Class<S>)	从当前线程的上下文类加载器中开始加载提供者
ServiceLoader<S>	load(Class<S>, ClassLoader)	从指定的类加载器中开始加载提供者
ServiceLoader<S>	load(ModuleLayer, Class<S>)	从指定模块层中的模块里开始加载提供者
ServiceLoader<S>	loadInstalled(Class<S>)	从平台类加载器中加载提供者

10

（续）

返回类型	方法名称	描　　述
访问服务提供者的方法		
Optional<S>	findFirst()	加载第一个可用的提供者
Iterator<S>	iterator()	返回一个迭代器，用于延迟加载和实例化可用的提供者
Stream<Provider<S>>	stream()	返回一个流，用于延迟加载可用的提供者
void	reload()	清空当前加载器的提供者缓存，以便重新加载所有的提供者

1. 创建 **ServiceLoader** 的方式

第一步，创建一个 ServiceLoader 实例，这可以通过它的一些静态 load 方法来实现。最简单的方式是，只需要加载服务的 Class<S>实例［这被称为**类型令牌**（type token），即本例中的 S］。

```
ServiceLoader<TheService> loader = ServiceLoader.load(TheService.class);
```

如果需要处理数个类加载器或模块层（参见 12.4 节），则只需考虑其他 load 方法。这种情况并不常见，所以对此不再讨论。如果有需要，请参考 API 文档。

另一种获得服务加载器的方式是 loadInstalled。这很有趣，因为它具有特定的行为方式：忽略模块路径和类路径，仅从平台模块加载服务，这意味着它仅返回 JDK 模块中所能找到的提供者。

2. 访问服务提供者

有了针对所需服务的 ServiceLoader 实例，是时候开始使用这些提供者了。有两种半方法可以做到这一点。

❑ Iterator<S> iterator()允许你遍历实例化的服务提供者。

❑ Optional<S> findFirst()使用 iterator 迭代并返回**第一个提供者**（如果有提供者被发现的话）。这是一种简易方法，所以作为特殊的**半种方法**。

❑ Stream<Provider<S>> stream()允许你对**服务提供者进行流式访问**，并且这些提供者已包装在 Provider 实例中（想深入了解这是怎么回事？参见 10.4.2 节）。

如果你有特定的延迟或缓存需求（更多信息参见 10.4.2 节），则可能想要保留 ServiceLoader 实例。但是在大多数情况下，这不是必需的，你可以立即遍历提供者或对其进行流式处理。

```
ServiceLoader
    .load(TheService.class)
    .iterator()
    .forEachRemaining(TheService::doTheServiceThing);
```

（类型为 S 的）iterator 和（类型为 Provider<S>的）stream 之间的不一致是有历史原因的。尽管从 Java 6 开始就有了 iterator，但直到 Java 9，stream 和 Provider 才加入。

尽管明显但仍然容易忽略的一个细节是，某个给定的服务可能没有对应的提供者。Iterator 和 stream 可能为空，findFirst 也可能返回空的 Optional。如果采用特定过滤方式（参见

10.3.2 节和 10.4.2 节），则有很大概率最终没有合适的提供者。

所以请确保代码可以正常处理这种情况，并且可以在没有服务的情况下运行（或者快速失败）。如果应用程序忽略了一个很容易检测到的错误，然后在不确定和不理想的状态下持续运行，这是很烦人的。

10.4.2　服务加载的特性

虽然 ServiceLoader API 非常简单，但是也要小心，其幕后发生了一些重要的事情，在使用这些 API 满足各种需求（而非简单的 "Hello, services!"）时，必须要了解它们。你需要了解服务加载器的延迟性、它是否具备并发能力，以及适当的错误处理方法。下文将逐一进行讲解。

1. 延迟加载和选择正确的提供者

让服务加载器尽可能延迟加载。调用 ServiceLoader<S>（其中 S 是 ServiceLoader::load 调用的服务类型），其 iterator 方法会返回 Iterator<S>，并且仅在调用 hasNext 或 next 时查找并实例化下一个提供者。

stream 方法更具有延迟性。它返回的 Stream<Provider<S>>不仅在找到提供者（如 iterator）方面延迟，而且返回的还是 Provider 实例，这进一步延迟了服务的实例化：直到 get 方法受到调用，实例化才完成。它们的 type 方法允许特定的提供者访问 Class<? extends S>实例（意味着**实现该服务的类型，而不是该服务类型**）。

访问提供者的类型对于扫描注解（而没有类的实际实例）的情况很有用。与 10.3.2 节末尾讨论的内容类似，它为你提供了一种工具，可以为给定的配置选择正确的服务提供者，但不必先实例化它（实例化会造成一定的性能影响）。前提是该类带有能够表明提供者适用性的注解。

继续讨论 ServiceMonitor 的例子，ServiceObserver 工厂适用于特定 REST 服务的多种实现，该工厂可以加上@Alpha 注解或@Beta 注解，表明其具体实现。

```
Optional<ServiceObserverFactory> alphaFactory = ServiceLoader
    .load(ServiceObserverFactory.class).stream()
    .filter(provider -> provider.type().isAnnotationPresent(Alpha.class))
    .map(Provider::get)
    .findFirst();
```

在这里，Provider::type 可以用于访问 Class<? extends ServiceObserver>，然后它会经过 isAnnotationPresent，判断是否带有注解@Alpha。只有在调用 Provider::get 时，该工厂才被实例化。

为了让延迟加载更加完美，ServiceLoader 实例会缓存到目前为止已加载的提供者，并始终返回相同的提供者。尽管它确实有一个 reload 方法用于清空缓存，并在下一次调用 iterate、stream 或 findFirst 时触发新的实例化操作，也是如此。

2. 使用并发的服务加载器

ServiceLoader 实例并非是线程安全的。如果多个线程对同一组服务提供者进行并行操作，则每个线程都需要进行相同的 `ServiceLoader::load` 调用，从而获得其自身的 `ServiceLoader` 实例；或者，人们可以对所有线程进行统一的一次调用，并将结果存在一个线程安全的集合容器中。

3. 加载服务时的异常处理

当 `ServiceLoader` 尝试查找或实例化服务提供者时，可能出错的情况有很多。

- 一个提供者可能无法满足全部要求。也许它没有实现服务类型，也许没有合适的提供者方法或构造函数。
- 提供者构造函数或方法可能会抛出异常或（仅方法）返回 null。
- META-INF/services 中的文件可能违反了格式的要求，或者由于其他原因而无法得到处理。

这些只是显而易见的问题。

由于加载是延迟完成的，因此 `load` 调用不会引发任何异常。相反，迭代器的 `hasNext` 和 `next` 方法以及流处理过程和 `Provider` 方法都可能引发错误。这些错误都是 `ServiceConfigura-tionError` 类型，因此捕获该错误可以处理可能发生的所有问题。

10.5　小结

- 服务架构由 4 个部分组成。
  - **服务**（service）是一个类或者接口。
  - **提供者**（provider）是一个具体的服务实现。
  - **消费者**（consumer）是希望使用服务的任何一段代码。
  - `ServiceLoader` 为给定服务的每个提供者创建一个实例，并将之返回给消费者。
- 对服务类型的要求和建议如下。
  - 尽管任何类或接口都可以作为服务，但由于目标是让消费者和提供者拥有最大的灵活性，因此建议使用接口（或至少使用抽象类）。
  - 服务的类型必须是公有的，并且在导出的包中。这使得它们成了其模块的公有 API 的一部分，并且应该进行适当的设计和维护。
  - 模块定义服务的声明中并不包含将类型标记为服务的条目。当消费者或提供者使用时，一个类型成了服务。
  - 服务很少随机出现，它们往往专门针对一些目的而设计。请始终考虑让使用的类型是工厂，而不是服务。这使得搜索合适的实现以及控制实例创建的时机和状态变得更加容易。
- 对提供者的要求和建议如下。
  - 提供服务的模块需要访问服务类型，所以它们必须引用包含该服务的模块。
  - 创建服务提供者的方法有两种：一种是实现服务类型并具有提供者构造函数（一个公有无参构造函数）的具体类；另一种是带有提供者方法（一个公有、静态、无参且名为 `provide` 的方法）并返回实现服务类型实例的一个类型。无论哪种方式，该类型都必须是公有的，但无须导出包含它的包。相反，本书建议不要将提供者类型作为模块公有 API 的一部分。

- 如果模块需要提供服务，则应在它的模块描述符中添加一条 `provides ${service} with ${provider}` 指令。
- 如果模块化 JAR 需要提供服务，即使它在类路径上，也需要在 META-INF/services 目录中添加对应的条目。对于每条 `provides ${service} with ${provider}` 指令，创建一个名为`${service}`的文件，其中每个`${provider}`一行记录（涉及的每个名称都必须是完全限定名）。

❏ 对消费者的要求和建议如下。
- 消费服务的模块需要访问服务类型，因此它们必须引用包含该服务的模块。但是，它们不应该引用提供该服务的模块，因为这与使用服务的初衷（消费者和提供者应该分离）是相违背的。
- 服务类型和服务的消费者位于同一模块中是没有问题的。
- 任何代码都可以消费服务，而不管其自身的可访问性如何，但是包含该代码的模块需要用 `uses` 指令声明所使用的服务。因此这使模块系统能够有效地执行服务绑定，并使模块声明更加明确和可读。
- 调用 `ServiceLoader::load` 消费模块，然后调用 `iterate` 或 `stream` 迭代地或流式地返回实例。很有可能会找不到提供者，所以消费者必须妥善处理这种情况。
- 消费服务代码的行为取决于全局状态，即模块图中存在哪些提供者模块。这给此类代码带来了令人讨厌的特性，如使其难以进行测试。尝试将服务加载到设置代码中，并让其以正确的配置（例如通过依赖注入框架）创建对象，并始终允许常规提供者代码将服务提供者传递给消费类（例如，在构造函数中）。
- 服务加载器会尽可能地延迟实例化提供者。它的 `stream` 方法甚至返回一个 `Stream<Provider<S>>`，其中 `Provider::type` 可用于访问提供者的 `Class` 实例。这使人们得以检查类级别的注解，搜索合适的提供者，而无须实例化。
- 服务加载器实例不是线程安全的。如果并发地使用它们，则必须提供同步机制。
- 在加载和实例化提供者过程中遇到的所有问题均以 `ServiceConfigurationError` 错误抛出。由于加载程序的延迟性，在加载期间不会发生这种情况，但是在之后遇到有问题的提供者时，`iterate` 或 `stream` 方法会抛出问题。所以如果想要处理错误，请务必将与 `ServiceLoader` 交互的整块代码放入 `try` 代码块中。

❏ 以下是与模块解析相关的一些知识。
- 当模块解析处理声明要使用服务的模块时，所有提供此服务的模块都会得到解析，并因此包含在应用程序的模块图中。这被称为**服务绑定**（service binding），并且是与 JDK 中使用的服务绑定在一起。这解释了为什么在默认情况下，即使是小型应用程序也会使用很多平台模块。
- 另一方面，命令行选项`--limit-modules`不进行服务绑定。因此，不是模块传递依赖的服务提供者，在添加这个选项后，也不会进入模块图，并且它们在运行时不可用。该选项可用于排除服务，可以选择与`--add-modules`一起使用，将其中的一些服务添加回去。

完善依赖关系和 API

第 3 章介绍了 requires 和 exports 指令如何成为可读性和可访问性的基础。但是，这些机制是绝对严格的：**每个**模块必须被明确依赖，**所有**被依赖的模块在应用程序编译和运行期间必须存在，并且导出的包必须允许**所有**模块访问。这些解决方案可以满足大多数用例，但对于很大一部分情况而言，仍然过于宽泛。

最明显的用例是可选依赖，模块需要与它一起编译，但在运行时它并非必需。例如，Spring 使用 Jackson 的数据绑定（databind）类库。如果你运行一个 Spring 应用程序，并且想要将 JSON 用作数据传输格式，那么可以通过添加 Jackson 工件来获得支持。如果该工件不存在，Spring 仍然可以正常工作，只是不再支持 JSON。Spring **使用** Jackson 但并不**依赖**它。

但是，常规的 requires 指令并不涵盖此用例，因为一旦使用该指令，就只有依赖的模块存在时才能启动应用程序。在某些情况下，服务是可能的解决方案。但是如果将其用于所有可选依赖的场景，则可能会导致许多尴尬而复杂的实现。因此，简单明了地表示在运行时不需要某依赖项是一个重要功能。11.2 节说明了 JPMS 将如何实现这一点。

模块系统的严格性可能成为障碍的另一个用例是随着时间的推移而重构模块。在任何规模适中的项目中，体系结构都会随着时间而演进，在该过程中，开发人员会希望合并或拆分模块。但是，依赖于旧模块的代码又会发生什么呢？它们会不会缺少功能（如果被拆分为一个新模块的话）甚至丢失整个模块（如果被合并的话）？幸好，模块系统提供了一种名为**隐式可读性**（implied readability）的功能，此功能可以在此时使用。

目前为止，虽然人们所了解的 requires 和 exports 机制提供了一个相对简单的思维模型，但是并没有提供适用于所有场景的一种巧妙的解决方案。本章将研究那些特定场景下的用例，并探索模块系统所能提供的解决方案。

读完本章，你将能够使用更完善的机制来访问依赖和导出功能，并且这将使你能够表达可选依赖（参见 11.2 节）、重构模块（参见 11.1 节）以及在一组定义的模块之间共享代码，并使其对其他代码保持私有（参见 11.3 节）。

11.1 隐式可读性：传递依赖

3.2 节深入探讨了 `requires` 指令如何在模块之间建立依赖关系，以及模块系统如何使用它们来创建可读边（最终产生模块图，如 3.4.1 节和 3.4.2 节所述）。3.3 节展示了可访问性是基于这些边的，当访问一个类型时，访问模块必须读取包含该类型的模块（该类型同时必须是公有的且必须位于已导出的包中，但这与此无关）。

本节将探讨另一种使模块能够访问其他模块的方法。在介绍新机制之前，本节将先讨论一个具有启发性的用例，并为最佳使用方式制定一些准则。到最后你将了解它的强大功能，以及它如何提供比最初示例更多的帮助。

请访问 ServiceMonitor 的 `feature-implied-readability` 分支，以获取与本节相关的代码。

11.1.1 公开模块的依赖

当涉及 `requires` 指令和可访问性之间的交互时，有一个很值得观察的细节：`requires` **指令创建了可读边，但边是可访问性的先决条件**。人们不禁想问：是否有某种其他机制可以建立可读性，解锁类型的访问？这不仅仅是理论上的思考，还是从实际角度出发研究的场景，它们最终将合二为一。

回到 ServiceMonitor 应用程序，尤其是 monitor.observer 和 monitor.observer.alpha 模块。假设有一个名为 monitor.peek 的新模块想直接使用 monitor.observer.alpha 模块。它可以不需要 monitor.observer 或者上一章中的服务体系结构。能否让 monitor.peek 模块只需引用 monitor.observer.alpha 模块就能正常使用该模块？

```
ServiceObserver observer = new AlphaServiceObserver("some://service/url");
DiagnosticDataPoint data = observer.gatherDataFromService();
```

看起来它需要 `ServiceObserver` 和 `DiagnosticDataPoint` 类型。两者都在 monitor.observer 模块中，所以如果 monitor.peek 不引用 monitor.observer 会发生什么？它将无法访问这些类型，进而导致编译错误。正如 3.3.2 节在讨论关于传递依赖的封装时提到的，这就是模块系统的特性。

不过，此时这是一个障碍。没有来自 monitor.observer 的类型，monitor.observer.alpha 实际上是不可用的，每个想要使用它的模块也**必须**读取 monitor.observer（如图 11-1 所示）。那么每个使用 monitor.observer.alpha 的模块也必须引用 monitor.observer 吗？

这不是一种合理的解决方案。要是有另一种机制可以建立可读性，解锁对类型的访问，那就完美了。

这些示例中发生的事情很常见。一个名为 exposing 的模块依赖于另一个模块 exposed，但是在其自己的公有 API（定义参见 3.3 节）中使用了来自 exposed 的类型。在这种情况下，可以说

exposing 将自己对于 exposed 的依赖公开给它的用户，因为这些用户也需要依赖 exposed 才能使用 exposing。

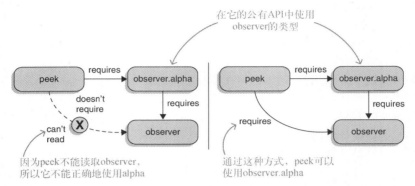

图 11-1   peek 模块使用 observer.alpha 模块，后者在它的公有 API 中使用 observer 的类型。如果 peek 不引用 observer（左），就不能读取其类型，这使得 observer.alpha 变得不可用。如果使用常规的 requires 指令，唯一的解决办法就是让 peek 也引用 observer（右），但是当引入越来越多的模块时，这一切将变得非常烦琐

为了把这件事情描述得没那么复杂，并确保你了解图 11-2 中的那些定义，在描述所涉及的模块时，本书将遵循以下术语。

- 对外公开其依赖的模块，被称为 exposing。
- 被迫公开为依赖的模块，被称为 exposed。
- 依赖混乱的模块，被称为 depending。

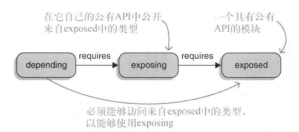

图 11-2   exposed 的依赖问题涉及 3 个模块："无辜的"——提供某些类型的模块（右侧的 exposed）、"有责任的"——在其公有 API 中使用相关类型的模块（中间的 exposing），以及"受影响的"——必须能够访问"无辜的"中类型的模块（左侧的 depending）

在 JDK 中可以找到许多示例。比如 java.sql 模块中包含一个 java.sql.SQLXML 类型（被 java.sql.Connection 等使用），该类型来自于 java.xml 模块，并在其自己的公有方法中使用。java.sql.SQLXML 类型是公有的并且在导出的包中，因此它是 java.sql API 的一部分。这意味着为了让任何相关的依赖模块能够正确地使用已公开的 java.sql 模块，前者必须能读取被迫公开的 java.xml 模块。

11.1.2 传递修饰符：依赖的隐式可读性

在上述情况中，很明显 exposing 模块的开发人员负责解决此问题。毕竟，是他们决定在 exposed 模块自己的 API 中使用类型，迫使依赖于它的模块也必须读取 exposed 模块。

这种情况的解决方案是，在 exposing 模块声明中使用 requires transitive 指令。如果 exposing 声明了 requires transitive exposed，那么任何读取 exposing 的模块也可以隐式地读取 exposed。这一作用被称为**隐式可读性**（implied readability）：在读取 exposing 的同时隐式地读取 exposed。图 11-3 展示了这一指令。

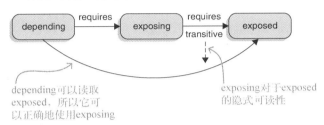

图 11-3 当 exposing 使用 requires transitive 指令以依赖 exposed 时，那么读取 exposing 的同时也能隐式地读取 exposed。结果是，诸如 depending 模块（左）可以读取 exposed 模块，即使它只引用了 exposing 模块

当查看模块声明或描述符时，隐式可读性的使用很明显。借助在 5.3.1 节中学到的技能，可以对 java.sql 进行研究。以下代码清单 11-1 显示，针对 java.xml 的依赖已经被标记为 transitive。

代码清单 11-1 java.sql 模块描述符：java.xml 和 java.logging 的隐式可读性

```
$ java --describe-module java.sql

> java.sql@9.0.4
> exports java.sql
> exports javax.sql
> exports javax.transaction.xa
> requires java.base mandate
> requires java.logging transitive
> requires java.xml transitive
> uses java.sql.Driver
```

这些指令表明，读取 java.sql 的模块也可以读取 java.xml 和 java.logging

可以注意到，针对 java.logging 的依赖项也被标记为 transitive。原因是公有接口 java.sql.Driver 及其方法 Logger getParentLogger()。java.sql 模块的公有 API 中公开了来自 java.logging 的 java.util.logging.Logger 类型，因此 java.sql 暗示了 java.logging 的可读性。注意，虽然 java --describe-module 的输出将 transitive 放在了最后，但是模块声明期望将其放在 requires 和模块名之间（即 requires transitive ${module}）。

再回到启发性的示例上：如何让 monitor.observer.alpha 可用，并使依赖它的模块不需要引用 monitor.observer，解决方案现在很明显了——使用 requires transitive 声明 monitor.observer.alpha 对 monitor.observer 的依赖。

```
module monitor.observer.alpha {
    requires transitive monitor.observer;
    exports monitor.observer.alpha;
}
```

3.2.2 节在探索可靠配置和依赖缺失时，发现尽管运行时要求所有的依赖项（直接的和间接的）都存在，但是编译时仅强制要求直接依赖存在。这意味着可以在依赖并不存在的情况下基于 exposing 编译模块。那么现在，隐式可读性如何融入其中？

 要点　如果一个模块的可读性隐含于正在编译的模块中，则它将被放入"必须可观察到"的列表。这意味着在基于 exposing 编译模块时，每个 exposing 的传递依赖——比如前面示例中的 exposed——必须是可观察的。

不论你是否使用来自 exposed 的类型，都是这样。乍一听可能有点过于严格。但是请记住，在 3.4.1 节中，模块已经得到解析，并且在代码编译之前已经构建了模块图。模块图是编译的基础（而非编译是模块图的基础），基于遇到的类型对其进行变化违反可靠配置的目标。因此，模块图中必须始终包含传递依赖关系。

依赖链

你可能想知道，如果每个 requires 指令都使用了 transitive，在依赖链中会发生什么。较长的路径中会隐含可读性吗？答案是会。不论是由于显式依赖还是隐式可读性而读取了公开的模块，都意味着其依赖项的可读性相同。图 11-4 说明了 transitive 指令的传递性。

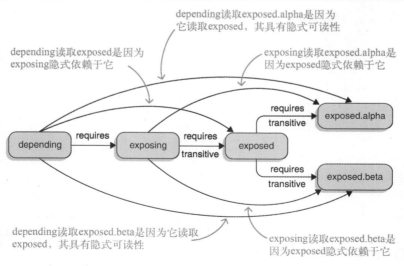

图 11-4　depending 模块引用了 exposing，后者对 exposed 隐式可读，于是又对 exposed.alpha
　　　　和 exposed.beta 隐式可读。隐式可读性是可传递的，所以 depending 模块可以读取
　　　　图中其他所有 4 个模块，即使它仅依赖于其中的 1 个

11.1.3　何时使用隐式可读性

如前文所述，隐式可读性减少了依赖模块中对显式 requires 指令的需求。这可能是一件好事，但是我想回到以前提到过的一些事情上。隐式可读性与模块系统的一个特性背道而驰：3.2.2 节中所讨论的传递依赖的封装。因为存在两个互斥的需求（严格性与便利性）和两个满足需求的特征（requires 与 requires transitive），所以必须认真权衡。

这种情况类似于访问修饰符。为了方便起见，应该将每个类、每个字段和每个方法设为公有。但是我们不这样做，因为知道减少公开内容会减少不同部分代码之间的接触面，从而使修改、替换和复用更加容易。就像公有类型或成员一样，如果将某个依赖公开为该模块公有 API 的一部分，那么客户端代码就可能依赖于隐式可读性。这会使得涉及的模块及其依赖变得更加复杂，因此不应轻易使用。

 要点　按照这个思路，使用 transitive 指令应该是一个例外，并且只能在非常特殊的情况下进行。到目前为止，本书描述的最典型情况是：如果一个模块在自己的公有 API 中使用了另一个模块的类型（如 3.3 节所述），那么它应该使用一条 requires transitive 指令来定义针对后者的隐式可读性。

其他用例场景是模块的聚合、分解和合并，11.1.5 节将对此进行详细讨论。在此之前，这里要探讨一个可能需要使用其他解决方案的类似用例。

到目前为止，本章一直假设 exposing 模块不能在没有 exposed 的情况下运行。有趣的是，事实并非总是如此。exposing 模块可以基于 exposed 模块实现一些工具方法，并且仅在能够使用 exposed 模块的情况下才能调用。

假设一个类库 uber.lib 提供了基于 com.google.common 的工具方法，于是只有 Guava 用户才可以使用 uber.lib。在这种情况下，可选依赖是可行解决方法，参见 11.2 节。

11.1.4　何时依赖隐式可读性

前文已经介绍过如何借助隐式可读性让模块"传递"已公开依赖的可读性，并从编写 exposing 模块的开发人员角度讨论了使用该特性时的注意事项。

现在转换视角，从 depending 模块（依赖模块）的角度来看一下。exposed 模块的可读性被传递给该模块，它应该在多大程度上依赖隐式可读性的模块？应该在什么时候直接依赖 exposed 模块？

如前文所述，在第一次探索隐式可读性时，java.sql 公开了对 java.logging 的依赖。这就引出了一个问题，使用 java.sql 的模块是否也需要引用 java.logging？从技术上讲，这样的声明不是必需的，并且可能是多余的。

在启发性示例中也是如此，对于 monitor.peek、monitor.observer 和 monitor.observer.alpha 模块来说，在最终的解决方案中，monitor.peek 使用了来自其他两个模块的类型，但仅引用了 monitor.observer.alpha 模块（隐式地读取 monitor.observer 模块）。它应该明确地引用 monitor.observer 模块

吗？如果不应该，是仅在这个特殊示例中这样，还是在任何情况下都这样？

　　为了决定何时基于隐式可读性依赖于一个模块，以及何时直接引用该模块，有必要回到模块系统的核心承诺之一：可靠配置（参见 3.2.1 节）。使用 `requires` 指令可以进行显式依赖，这可以使代码更可靠，并且你可以应用这个原则，通过提出另一个问题来做出决定。

　　要点　depending 模块是否不论 exposing 模块存在与否均依赖于 exposed 模块？或者，换句话说，假设 depending 模块不再使用 exposing 模块，那它还需要 exposed 模块吗？

　❑ 如果答案是否定的，则在删除使用 exposing 模块代码的同时也删除了对于 exposed 模块的依赖。可以说 exposed 模块仅在 depending 模块和 exposing 模块之间的**边界**上使用。在这种情况下，无须明确引用它，仅依赖隐式可读性即可。

　❑ 反过来，如果答案是肯定的，那么 exposed 模块将不止可以在 exposing 模块的边界上使用。在这种情况下，需要通过 `requires` 指令明确地引用对应的依赖。

图 11-5 以可视化的方式展示了这两个选项。

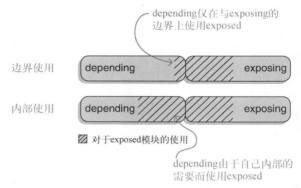

图 11-5　隐式可读性的两种情况，其中涉及了 depending、exposing 和 exposed 模块。图中在两个框相接触的地方，depending 模块使用了 exposing，并且显示依赖于它。两种情况都使用了 exposed 模块（阴影区域），但是程度不同：depending 模块仅在边界上使用 exposed（上），在模块内部使用相关的类型以满足一些需求（下）

　　回到 java.sql 的示例中，你可以基于依赖模块（比如 monitor.persistence）如何使用 java.logging 来回答这个问题。

　❑ 它可能仅需要读取 java.logging，因此可以调用 `java.sql.Driver.getParentLogger()`，改变日志级别，然后一切就绪。在这种情况下，它与 java.logging 的交互仅局限于 monitor.persistence 和 java.sql 的边界，通过这一点就可以发现该情况适用于隐式可读性。

　❑ 另一种情况是，monitor.persistence 可能会在整个代码中使用日志模块功能。于是，来自 java.logging 中的类型会出现在各个地方，而且与 `Driver` 无关，因此这种情况不再被视为局限于边界上。所以，monitor.persistence 应该明确引用 java.logging。

ServiceMonitor 应用程序这一示例可以采用类似的方案。引用了 monitor.observer.alpha 模块的 monitor.peek 是否仅将 monitor.observer 中的类型用于创建 `ServiceObserver` 对象？或者，它是否在与 monitor.observer.alpha 的交互之外独立使用了 monitor.observer 中的类型？

11.1.5　基于隐式可读性重构模块

乍一看，隐式可读性像一个解决特定用例的小特性。有趣的是，它不仅限于这种情况！相反，它解锁了一些有助于重构模块的有用技术。

使用这些技术的动机通常是防止依赖正在重构的模块中发生更改。如果人们完全控制一个模块的所有客户端，并且一次性地编译和部署它们，那么就需要更改它们的模块声明（仅此而已，不需要更复杂的事情）。但是通常，比如在开发一个类库时，人们做不到这一点，因此需要一种在不破坏向后兼容性的情况下重构模块的方法。

1. 通过聚合器模块定义模块集合

假设应用程序具有几个核心模块，并且其他几乎所有模块都必须依赖于它们。虽然可以将必要的 `requires` 指令复制粘贴到每个模块声明中，但这很烦琐。相反，可以使用隐式可读性来创建所谓的聚合器模块。

聚合器模块（aggregator module）本身不包含任何代码，它仅通过 `requires transitive` 隐式可读性的指令定义所有依赖，用于创建一组相关的模块集合，而其他模块仅需要引用聚合器模块就可以轻松地依赖这些模块。

ServiceMonitor 应用程序规模较小，不足以使用聚合器模块，但为了举例，本节决定将 monitor.observer 和 monitor.statistics 作为其核心 API。在这种情况下，可以按如下方式创建 monitor.core。

```
module monitor.core {
    requires transitive monitor.observer;
    requires transitive monitor.statistics;
}
```

现在，所有其他模块都可以通过依赖 monitor.core 模块方便地获得 monitor.observer 和 monitor.statistics 模块的可读性。图 11-6 直观地展示了此示例。

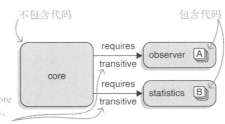

图 11-6　名为 core 的聚合器模块（左）不包含任何代码，并且使用 `requires transitive` 指令聚合 observer 模块和 statistics 模块（右）。这些模块中包含一些需要的功能。由于隐式可读性，聚合器模块的客户端可以使用被聚合的模块中的 API

当然，没有理由将聚合限制于核心功能。每个共同实现同一特性的模块集合都潜在地适用于通过一个聚合器模块来呈现。

但是请稍等，聚合器模块是否将客户端带入了这样一种处境：它们在内部使用了未被显示依赖的模块的 API。是否可以认为，前文在讨论何时依赖隐式可读性时提到，应该在与其他模块的边界上使用它，与此相矛盾？但是，这里的情况有些不同。

聚合器模块具有特定责任，即将相关模块的功能绑定到同一个单元中。修改捆绑包中的内容是一项重要的理念性改动。与此相反，"常规的"隐式可读性通常应用在不直接相关的模块之间（比如 java.sql 和 java.logging），其中被隐式依赖的模块往往使用得更为偶然（尽管更改 API 仍然很麻烦；参见 15.2.4 节）。

如果你对面向对象编程的术语感兴趣，可以将其与关联、聚合和组合进行比较（这种比较还远远不够完美，而且术语也不是整齐划一的，但是如果知道这些术语，它们应该会给你一些直观的感受）。

- ❑ 普通的 requires 指令在两个相关模块之间建立简单的关联。
- ❑ 通过 requires transitive 将此转换为聚合。在聚合中，一个模块使其他模块变为其 API 的一部分。
- ❑ 聚合器模块与组合类似，因为所涉及的模块的生命周期是耦合在一起的——聚合器模块本身没有存在的理由。不过，这并没有完全切中要害，因为在真正的聚合中，受引用的模块没有自己的目的，而聚合器模块通常有自己的目的。

考虑到这些类别，这里需要介绍一下。需要某个聚合的公开依赖关系由 11.1.4 节所介绍的准则控制，而依赖于组合的公开依赖关系总是可以的。为了不使事情变得更复杂，本书的其余部分将不使用**聚合**和**组合**这两个术语。本书将坚持使用**隐式可读性**和**聚合器模块**。

 要点　最后，警告一句：聚合器模块是一个有漏洞的抽象！在这种情况下，它们泄漏服务、合规导出和合规开放。11.3 节和 12.2.2 节将详细介绍合规导出和合规开放，此处对它们仅做如下说明：二者通过命名特定的模块来工作，因此只有它们才能访问一个包。尽管聚合器模块鼓励开发人员使用它而不是它的组合模块，但是将包导出或开放给聚合器模块是没有意义的，因为它不包含自己的代码，组合器模块仍然会看到一个强封装的包。

正如 10.2.2 节所解释的，服务绑定还消除了聚合器模块是完美占位符的幻想。这里的问题是，如果一个组合模块提供了服务，那么绑定将把其引入模块图中。但聚集器模块（因为它没有声明提供该服务）不行，因此其他组合模块也不行。在创建聚合器模块之前，请仔细考虑这些情况。

2. 通过拆分模块来重构

我相信你遇到过这样的情况：曾经认为简单的特性现在已经发展成一个更复杂的子系统。你一次又一次地对其进行改进和扩展，它变得有些纷乱。因此，要清理代码库，可以将其重构为更小的部分，方便更好地进行交互，同时保持其公有 API 的稳定。

 要点 以 ServiceMonitor 应用程序为例，它的统计操作可能有大量代码，因此将其划分为几个较小的子项目（比如 Averages、Medians 和 Percentiles）是有意义的。到目前为止，一切顺利。现在，考虑一下它如何与模块交互。

假设一个简单的特性有自己的模块，而新的解决方案将使用几个模块。依赖原始模块的代码会发生什么？如果不依赖原始模块，那么模块系统将抱怨缺少依赖关系。

在经过刚才的讨论后，为什么不保留原始模块，并将其转换为聚合呢？只要原始模块**所有**导出的包现在都由新模块导出，这就是可能的（否则，新的聚合器模块不能为以前 API 的所有类型提供访问权限）。

 要点 要保持对 monitor.statistics 模块的依赖不变，可以将其变成一个聚合器模块，然后将所有代码都移到新模块中，编辑 monitor.statistics 的模块声明，通过 transitive 关键字添加对新模块的依赖。

```
module monitor.statistics {
    requires transitive monitor.statistics.averages;
    requires transitive monitor.statistics.medians;
    requires transitive monitor.statistics.percentiles;
}
```

请参见图 11-7 来描述这种分解。这是一个很好的机会，可以回顾隐式可读性的传递性：在前面的示例中，所有模块都依赖于假想的 monitor.core 模块，此模块也将读取新的 statistics 模块，因为 monitor.core requires transitive monitor.statistics，而 monitor.statistics requires transitive 新模块。

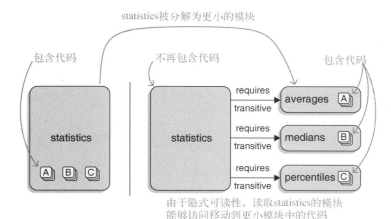

图 11-7　重构之前，statistics 模块包含很多功能（左）。将其分解为包含所有代码的 3 个更小的模块（右）。为了不强制更改依赖 statistics 的模块，这里不会删除 statistics 模块，而是将其转换为一个聚合器模块，这意味着被分割的新模块具有隐式可读性

如果想让客户端用对新模块的更具体的 `requires` 指令来替换对旧模块的依赖，可以考虑废弃聚合器。

```
@Deprecated
module my.shiny.aggregator {
    // ...
}
```

 要点　关于聚合器模块是有漏洞抽象的早期警告仍旧完全适用。如果用户在聚合器模块上使用合规导出或开放，那么新模块将无法从中受益。

11.1.6　通过合并模块来重构

尽管可能比分拆模块的频率要低一些，但是你会遇到想将多个模块合并到一个模块的情况。和以前一样，删除已有的无用模块可能会破坏客户端；同样和以前一样，可以使用隐式可读性来解决这个问题：保留空的旧模块，并确保旧模块声明中有且仅有一行指令，即针对新模块的 `requires transitive` 指令。

 要点　在 ServiceMonitor 应用程序中，你可能会意识到为每个 observer 实现都维护一个模块是多余的，并希望将所有模块都合并到 monitor.observer 中。把 monitor.observer. alpha 和 monitor.observer.beta 中的代码移动到 monitor.observer 比较简单，但为了保持应用程序直接依赖实现模块的部分不需要更改就可以工作，可以使用隐式可读性。

```
@Deprecated
module monitor.observer.alpha {
    requires transitive monitor.observer;
}

@Deprecated
module monitor.observer.beta {
    requires transitive monitor.observer;
}
```

可以在图 11-8 中看到这些模块。你会废弃这些模块，以提醒用户更新依赖。

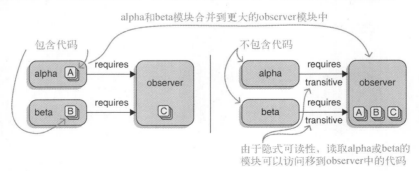

图 11-8　重构之前，代码由 alpha、beta 和 observer（左）3 个模块共享；重构之后，所有的功能都放在 observer 模块中，空的 alpha 和 beta 模块采用隐式可读性，以保证客户端无须更改（右）

要点 不过，请慎重考虑这种方法。这会使依赖较小模块的客户端突然依赖比预期大得多的模块。最重要的是，请记住前面的警告，即聚合器模块是一个有漏洞的抽象。

11.2 可选依赖

在 3.2 节中，可以看到模块系统使用 `requires` 指令来实现可靠配置，方法是在编译时和运行时确保依赖的存在。但是，正如 2.3 节末尾所讨论的，在第一次审视 ServiceMonitor 应用程序之后，这种方法可能显得过于死板。

在某些情况下，代码最终使用的类型不一定在运行时存在——它们**可能**存在，但**不一定**存在。按照目前的情况，模块系统要么要求它们在启动时出现（使用 `requires` 指令），要么根本不允许访问它们（当不使用时）。

本节将展示一些示例，在这些示例中，这种严格依赖的特性将导致一些问题。然后，本节将介绍模块系统的解决方案：可选依赖。不过，针对可选依赖编写代码并不简单，所以本节会仔细研究一下。在本节的最后，你将能够编写代码，使不必要的模块在运行时不存在。ServiceMonitor 仓库中的 `feature-optional-dependencies` 分支演示了如何使用可选依赖。

11.2.1 可靠配置的难题

假设有一个高级的 statistics 类库包含 stats.fancy 模块，后者无法每次部署 ServiceMonitor 应用程序时都在模块路径上存在（原因无关紧要，但假设这是一个许可问题）。

你希望在 monitor.statistics 中编写使用了 fancy 模块中类型的代码，但要实现这一点，就要使用 `requires` 指令来依赖它。如果这样做，当 stats.fancy 模块不存在时，模块系统则不会让应用程序启动，图 11-9 展示了这种死锁（如果这个例子看起来很眼熟，那是因为你以前从另一个角度看过它，在兜完一圈后，本节将告诉你此前何时见过它）。

图 11-9 可靠配置的难题：要么模块系统不授予 statistic 对 stats.fancy 的访问权，因为 statistics 不需要访问（左）；要么 statistics 需要访问，这意味着应用程序启动时 stats.fancy 必须始终存在（右）

另一个例子是工具类库——uber.lib，它集成了一些类库，其 API 提供了依赖库的功能，从而公开了对应的类型。到目前为止，如 11.1 节所讨论的，这可能看起来像是隐式可读性的一个简单案例，但是事情可以从另一个角度来看。

以 com.google.common 为例来演示一下，uber.lib 集成了它。uber.lib 的维护者可能会假设：没有使用 Guava 的用户不会调用库中 Guava 的代码。这是非常合理的。如果你没有任何 com.google.common.graph.Graph 的实现，为何还要调用 uber.lib 中的方法为它的实例创建报告呢？

对于 uber.lib 而言，这意味着它可以在没有 com.google.common 的情况下完美运行。如果 Guava 进入模块图，客户就可以调用 uber.lib 中的相关 API；如果没有，就不会调用，类库照样工作得很好。可以说从自身角度出发，uber.lib 不需要此依赖。

依据本书目前研究的特性，这种可选关系无法实现。根据第 3 章的可读性和可访问性规则，uber.lib 在编译时必须依赖 com.google.common，从而强制要求所有客户端在启动应用程序时，模块路径中必须存在 Guava。

如果 uber.lib 与一些类库集成，将使客户端依赖于所有类库，哪怕它可能永远不会使用这些类库。这对于 uber.lib 而言不是一个好主意。因此，维护人员会寻找一种方法，在运行时将依赖标记为可选。正如下一节所述，模块系统已经涵盖了这种情况。

注意　构建工具也知道这种可选的依赖关系。在 Maven 中，可以将依赖项的<optional>标记设置为 true；在 Gradle 中，可以在 compileOnly 下列出这些依赖。

11.2.2　静态修饰符：标记可选依赖

当一个模块需要根据另一个模块的类型进行编译，但又不想在运行时依赖它时，可以使用一条 requires static 指令来建立这种可选依赖。对于 depending 和 optional 这两个模块，其中依赖的声明包含一行 requires static optional，模块系统在编译和启动时的行为不同。

❏ 在编译时，必须提供 optional 模块，否则将出现错误；在编译期间，depending 模块可以读取 optional 模块。

❏ 在启动时，optional 模块可能不存在，这不会导致错误或警告；如果可选模块存在，则 depending 模块可以读取此模块。

表 11-1 将此行为与常规的 requires 指令进行了比较。注意，尽管模块系统没有发生错误，但是运行时仍然可能发生错误。可选依赖使运行时更有可能发生错误（比如 NoClassDefFound-Error），因为模块编译时所针对的类可能会丢失。在 11.2.4 节中，你将看到防止这种情况出现的代码。

表 11-1 requires 和 requires static 在编译时和启动时针对依赖存在和依赖丢失两种情况的行为对比。唯一的区别是它们在启动时如何处理依赖丢失（最右边一列）

	依赖存在		依赖丢失	
	编 译 时	启 动 时	编 译 时	启 动 时
requires	读取	读取	报错	报错
requires static	读取	读取	报错	忽略

例如，让我们创建一个从 monitor.statistics 到 stats.fancy 的可选依赖。为此，需要使用一条 requires static 指令。

```
module monitor.statistics {
    requires monitor.observer;
    requires static stats.fancy;
    exports monitor.statistics;
}
```

如果编译时缺少 stats.fancy 模块，那么在编译模块声明时会出现如下错误。

```
> monitor.statistics/src/main/java/module-info.java:3:
>    error: module not found: stats.fancy
>         requires static stats.fancy;
>                          ^
> 1 error
```

另外，在启动时，模块系统并不关心是否存在 stats.fancy 模块。
uber.lib 的模块描述符会声明所有依赖为可选依赖。

```
module uber.lib {
    requires static com.google.common;
    requires static org.apache.commons.lang;
    requires static org.apache.commons.io;
    requires static io.vavr;
    requires static com.aol.cyclops;
}
```

既然你已经知道如何声明可选依赖，那么还有两个问题需要回答。

❑ 在什么情况下依赖存在？
❑ 如何针对可选依赖编写代码？

下文将回答这两个问题，在此之后，你就可以使用这个方便的特性了。

11.2.3　可选依赖的模块解析

正如 3.4.1 节所讨论的，模块解析过程是给定一个初始模块和可见模块全集，通过解析 requires 指令来构建模块图。当解析一个模块时，其需要的所有模块都必须是可见的。如果存在，则添加到模块图中；否则，将发生错误。关于模块图，我写了下面这句话：

> 需要注意的是，在解析期间没有进入模块图的模块在编译或执行期间也不可用。

 要点　在编译时，模块解析流程会采用同处理常规依赖一样的方式处理可选依赖。另外，在启动时，requires static 指令通常会被忽略，当模块系统遇到一个这样的模块时，并不会判断其是否满足要求，这意味着它甚至不会检查模块是否可见。

因此，即使模块出现在模块路径上（或者 JDK 中），因为它是可选的依赖，也不会被添加到模块图中。只有它是正在解析的其他模块的一个常规依赖，或是因为命令行选项--add-modules（参见 3.4.3 节）显式添加的依赖时，才会进入图中。图 11-10 演示了这两种行为，使用该选项确保可选依赖的存在。

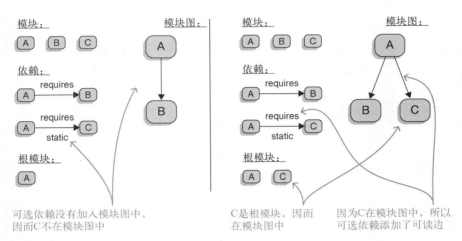

可选依赖没有加入模块图中，因而 C 不在模块图中

C 是根模块，因而在模块图中

因为 C 在模块图中，所以可选依赖添加了可读边

图 11-10　两边都显示了类似的情况。这两种情况都涉及 3 个模块，即 A、B 和 C，其中 A 严格地依赖于 B、可选地依赖于 C。在左侧，A 是初始模块，由它产生的模块图中没有 C，因为可选依赖不会被解析。在右侧，使用命令行选项--add-modules 把 C 加入图中，使其成为另一个根模块，因此可以被解析并且 A 可以读取 C

这就是兜了一圈的地方。本节第一次提到 fancy 统计库时，解释了为什么有时可能需要显式地将模块添加到模块图中。那时并没有特别讨论可选依赖（这并不是该选项的唯一用例），但总体思路与现在相同：由于 fancy 统计模块没有受到强制要求，因此它不会被自动添加到模块图中。如果想将其添加到模块图中，则必须使用--add-modules 选项——或者命名特定的模块，或者使用 ALL-MODULE-PATH。

也许你在模块解析过程中遇到过这样一种情景：可选依赖"通常被忽略"。为什么**通常**这样？如果可选依赖进入模块图，模块系统就会添加一个读取边。因此，如果图中有 fancy 统计模块（可能是由于使用了常规 requires 指令，也可能是由于使用了--add-modules），那么任何可选地依赖于它的模块都可以读取这个模块。这确保了其类型可以受到直接访问。

11.2.4　针对可选依赖编写代码

针对可选依赖编写代码需要考虑更多，因为如果 monitor.statistics 使用 stats.fancy 中的类型，但该模块在运行时不存在，就会出现如下错误。

```
Exception in thread "main" java.lang.NoClassDefFoundError:
    stats/fancy/FancyStats
```

```
        at monitor.statistics/monitor.statistics.Statistician
            .<init>(Statistician.java:15)
        at monitor/monitor.Main.createMonitor(Main.java:42)
        at monitor/monitor.Main.main(Main.java:22)
Caused by: java.lang.ClassNotFoundException: stats.fancy.FancyStats
        ... many more
```

糟糕，你通常不希望代码出现这种情况。

一般来说，当正在执行的代码引用类型时，JVM 会检查该类型是否已经加载。如果没有，则会告知类加载器进行加载；如果加载失败，就会出现 `NoClassDefFoundError`，通常会导致应用程序崩溃，或者正在执行的逻辑块失败。

这就是 JAR 地狱臭名昭著之处（参见 1.3.1 节）。模块系统希望通过在启动应用程序时检查声明的依赖来克服这个问题。但是对于 `requires static` 你选择不进行检查，这意味着最终会得到一个 `NoClassDefFoundError`，对此能做些什么呢？

在寻找解决方案之前，首先需要看看是否真的有问题。以 uber.lib 为例，只有调用的代码已经使用了该类型，你才希望使用来自可选依赖的类型，这意味着该类已经成功加载。换句话说，当调用 uber.lib 时，所有必需的依赖都必须存在，否则调用将不能进行。所以根本没有问题，你不需要做任何事情，图 11-11 说明了这种情况。

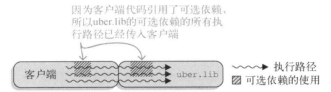

图 11-11　假设只有当客户端已经使用了来自可选依赖的类型时，调用 uber.lib 才有意义。因此，所有依赖于可选依赖的执行路径（弯曲线）都是可用的，uber.lib（上面两个）的可选依赖已经通过客户端代码的依赖引入（阴影区域）。如果加载没有失败，那么 uber.lib 也不会执行失败

但是，一般情况有所不同，如图 11-12 所示。带有可选依赖项的模块很可能首先尝试从可能不存在的依赖项中加载类，因此发生 `NoClassDefFoundError` 的风险非常大。

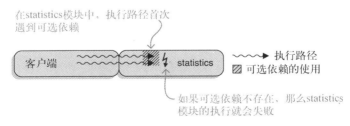

图 11-12　一般情况下，不能保证调用 statistics 模块的客户端代码已经引入了可选依赖。在这种情况下，在 statistics 模块（阴影区域）中，执行路径（弯曲线）可能会首先遇到可选依赖，如果可选依赖没有加载，则会导致失败

11

要点 一种解决方案是在访问依赖项之前对具有可选依赖项的模块进行检查。如图 11-13 所示，该检查点必须评估依赖项是否存在，如果不存在，则执行相关代码的不同路径。

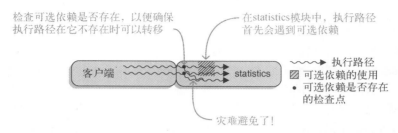

图 11-13 为了确保像 statistics 这样带有一个可选依赖的模块，不论其依赖是否存在都是稳定的，这里需要一些检查点。基于该依赖是否存在，代码的执行路径会不同（波浪线）：或者执行使用该依赖的代码（阴影部分），或者执行不使用该依赖的其他代码

模块系统提供了一个用于检查某个模块是否存在的 API。这里暂时不会详细介绍其工作原理，因为还缺少一些需要理解的前提。所以这将不得不延迟到（你也可以直接跳到）12.4.2 节，查看一个可以实现的工具方法，例子如下所示。

```
public static boolean isModulePresent(String moduleName) {
    // ...
}
```

用类似 "stats.fancy" 这样的参数调用这个方法会返回这个模块是否存在。如果用一个普通依赖的名称（由 requires 指令指定的）进行调用，返回结果将永远是 true，因为如果不是这样，模块系统将不会允许应用程序启动。

如果用一个可选依赖的名称（由 requires static 指令指定的）调用它，那么返回结果将有可能是 true 或者 false。如果某个可选依赖存在，模块系统建立起了对它的可读性，那么沿着使用这个模块中的类型的执行路径走则是安全的。反之，如果该可选依赖不存在，那么选择这个路径将导致 NoClassDefFoundError，因此将不得不使用另一个依赖。

11.3 合规导出：将可访问性限制在指定的模块中

鉴于前两节展示了如何改善依赖，本节将介绍一个可以做出优雅的 API 设计的机制。如 3.3 节所述，通过 exports 指令将包导出我们定义了一个模块的公有 API，在这种情况下，所有读取此模块的其他模块，都可以在编译时和运行时访问这些导出包中的所有公有类型。这是强封装的核心要素——3.3.1 节曾深入介绍过。

在完成上述讨论之后，你需要做出选择：是对包进行强封装，还是使其在任何时间对任何人都可访问。为了处理无法明确适用于二者之一的特殊用例，模块系统提供了两种不是那么直率的方式来导出一个包：合规导出（马上就要讲解）以及开放式包（因为与反射相关，12.2 节将对此进行介绍）。和以前一样，在介绍具体机制之前，本节将先介绍一个例子。在本节末尾，相较于使用普通的 exports 指令，你将可以更精确地对外暴露 API。看一下 ServiceMonitor 仓库的 feature-qualified-exports 分支，以了解合规导出是如何工作的。

11.3.1　公开内部 API

说明 exports 指令过于笼统的最好例子来自于 JDK。如 7.1 节所述，只有一个平台模块导出 sun.*包，而鲜有平台模块导出 com.sun.*包。但这是否意味着所有其他包都只被用于它们声明所在的模块呢？

远不是这样！很多包在不同模块间进行共享。这里有一些例子。

❑ 基础模块 java.base 的内部代码在很多地方得到使用。比如，java.sql（提供 Java 数据库连接 API[JDBC]）使用 jdk.internal.misc、jdk.internal.reflect 以及 sun.reflect. misc。像 sun.security.provider 和 sun.security.action 这样与安全相关的包被 java.rmi（远程方法调用 API[RMI]）或 java.desktop（AWT 和 Swing 用户接口工具包，以及可访问性、多媒体和 JavaBeans API）使用。

❑ java.xml 模块定义 Java API for XML Processing（JAXP），包含了 Streaming API for XML（StAX）、Simple API for XML（SAX）以及 W3C 文档对象模型（DOM）API。它的内部包中有 6 个（大多数以 com.sun.org.apache.xml 和 com.sun.org.apache.xpath 作为前缀）被 java.xml.crypto（XML 加密 API）使用。

❑ 很多 JavaFX 模块访问 javafx.graphics（大多是通过 com.sun.javafx.*），后者依次使用了来自 javafx.swing（集成了 JavaFX 和 Swing）的 com.sun.javafx.embed.swing，而后者又进一步依次使用了 java.desktop（就像 sun.awt 和 sun.swing）的 7 个内部包，而后者又进一步……

我可以继续举例，但我确定你已经明白我的意思了。这带来了一个问题：JDK 如何在模块间共享这些包，而不需要把它们导出给所有这些模块？

虽然 JDK 确定无疑拥有最强大的目的性导出机制的用例，但是并不是只有它才拥有这样的用例。每当一系列模块想要在彼此之间共享一些功能而不将这些功能导出时都是这样的状况——这可以是类库、框架，甚至更大型应用程序的模块子集。

这与在模块系统引入前隐藏工具类的问题很相似。一旦某个工具类必须在不同的包中被使用，就不得不向其赋予公有访问权限。但是在 Java 9 之前，这意味着同一个 JVM 中运行的所有代码都可以访问它。现在你遭遇了类似的问题：想要隐藏一个工具包，但是一旦它必须在不同的模块中得到使用，就必须被导出，进而可以被在同一个 JVM 中运行的所有模块访问——至少在目前所使用的机制中是这样。图 11-14 描述了这种相似性。

11

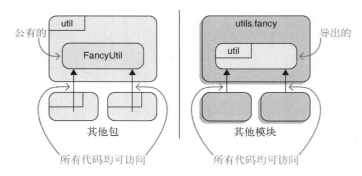

图 11-14   （左）在 Java 9 之前，一旦某个类型是公有的（就像 util 包中的 FancyUtil），
它就可以被所有其他代码访问。（右）一个类似的情况是模块，但是在一个更高的
级别，一旦某个包被导出（就像 utils.fancy 模块中的 util 包），它就可以被所有
其他模块访问

11.3.2   将包导出给模块

exports 指令可以通过在其后面追加 to ${modules}来修饰，其中${modules}是一个由
逗号分隔的模块名列表（里面不允许出现占位符）。对于 exports to 指令所指定的模块来说，
被指定的包可以像普通的 exports 指令一样被访问。对于所有其他模块来说，这个包会被强封
装，如同没有 exports 指令一样。图 11-15 展示了这种情况。

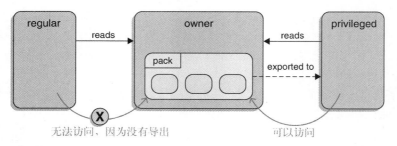

图 11-15   模块拥有者通过合规导出让 pack 包仅可被 privileged 模块访问。对于 privileged
模块来说，该包和普通的导出包一样可访问；但是对于其他模块（比如 regular）
而言，则不可访问

举一个例子，假设 ServiceMonitor 应用程序中所有的观察者实现都需要共享一些工具代码。
首要的问题是，这些类型应该放在哪里。所有的观察者都已经依赖于 monitor.observer，因为它包
含了它们所实现的 ServiceObserver 接口，那么为什么不与它放在一起呢？好的，它们最终被
放进了 monitor.observer.utils 包。

现在，有趣的事情发生了。下面是 monitor.observer 的模块声明，将这个新的包仅导出给实
现模块。

```
module monitor.observer {
    exports monitor.observer;
    exports monitor.observer.utils
        to monitor.observer.alpha, monitor.observer.beta;
}
```

尽管 monitor.observer 被导出给所有模块，但是仅有 monitor.observer.alpha 和 monitor.observer.beta 可以访问 monitor.observer.utils。

这个例子演示了两个有趣的细节。

❑ 被某个包导出到的模块可以依赖于导出模块，这就导致了一个循环依赖。思考一下，除非使用隐式可读性，那么**一定**是这种情况：被某个包指定导出到的模块，如何用其他的方式读取导出模块呢？

❑ 任何时候，一个新的实现想使用这些工具，都需要改动 API 模块，以便它可以被这个新模块访问。虽然让导出模块控制谁可以访问它的导出包属于合规导出的思路，但该过程还是有些复杂。

举一个真实世界中的例子，本节原本希望展示 java.base 所声明的合规导出，但是一共有 65 个，太多了。于是，通过 java --describe-module java.xml（参见 5.3.1 节）来看一下 java.xml 的模块描述符。

```
> module java.xml@9.0.4
# 省略了合规导出之外的所有信息
> qualified exports com.sun.org.apache.xml.internal.utils
>     to java.xml.crypto
> qualified exports com.sun.org.apache.xpath.internal.compiler
>     to java.xml.crypto
> qualified exports com.sun.xml.internal.stream.writers
>     to java.xml.ws
> qualified exports com.sun.org.apache.xpath.internal
>     to java.xml.crypto
> qualified exports com.sun.org.apache.xpath.internal.res
>     to java.xml.crypto
> qualified exports com.sun.org.apache.xml.internal.dtm
>     to java.xml.crypto
> qualified exports com.sun.org.apache.xpath.internal.functions
>     to java.xml.crypto
> qualified exports com.sun.org.apache.xpath.internal.objects
>     to java.xml.crypto
```

上面的输出显示，java.xml 让 java.xml.crypto 和 java.xml.ws 使用了一些内部 API。

现在你已经了解了合规导出，下面可以详细解释在 5.3.6 节分析模块系统日志时留下的一个小细节了。你曾看到过类似这样的信息。

```
> Adding read from module java.xml to module java.base
> package com/sun/org/apache/xpath/internal/functions in module java.xml
>     is exported to module java.xml.crypto
> package javax/xml/datatype in module java.xml
>     is exported to all unnamed modules
```

11

当时本书没有解释为什么日志提及了**导出到一个模块**，但是了解了刚刚所讨论的内容，这个问题就清楚了。如你在最近的例子中所见到的那样，java.xml 将 com.sun.org.apache.xpath.internal.functions 导出到 java.xml.crypto，这恰好是第 2 条信息所提及的。第 3 条信息的意思是将 javax.xml.datatype 导出给"所有无名模块"，这看上去有些奇怪，但这就是模块系统的说明方式。它说明，该包被导出却不需要进一步合规验证，因此可被所有读取 java.xml 的模块（包括无名模块）访问。

 要点 最后，关于编译，有两条小提示。

- 如果编译某个声明了合规导出的模块，并且目标模块不存在于可见模块全集中，编译器就会产生一个警告。这并不是一个错误，因为目标模块虽然被提及，但并非强制需要。
- 在 exports 和 exports to 指令中不允许使用同一个包。如果两个指令都存在，那么后者是没有意义的，因此，这种情况被解释为实现错误，进而导致编译错误。

11.3.3 什么时候使用合规导出

合规导出使多个模块可以共享同一个包，又不至于使该包对同一个 JVM 中的所有其他模块可见。这使得合规导出对于包含多个模块的类库和框架尤为有用，因为它可以用于在它们之间共享代码，也可以避免客户端使用这些代码。对于想限制对特定 API 进行依赖的大型应用程序来说，它也非常有用。

合规导出可被视为将强封装由在工件中对类型进行保护提升为在模块集合中对包进行保护。图 11-16 对此进行了描述。

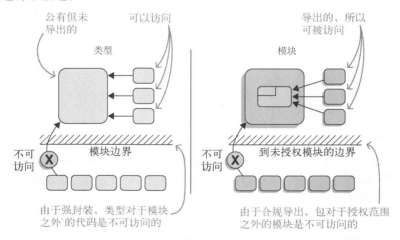

图 11-16　（左）未导出包中的公有类型可以被同一个模块中的其他类型访问，而不能被其他模块中的类型访问。（右）类似地（但是在更高层次），合规导出被用来让某个模块中的包对被指定的一系列模块而言可访问，而对未授权的模块而言不可访问

假设你在设计一个模块，什么时候你会倾向于使用合规导出，而不使用不合规导出呢？要回答这个问题，就需要聚焦在合规导出的核心优势上，即控制谁可以使用某个 API。总的来说，可能产生问题的包离客户端越远，这个优势就变得越重要。

假设你有一个小型或中型应用程序，其由若干模块（不算依赖模块）组成，这些模块由一个开发小组维护，并且进行一次性编译和部署。在这种情况下，控制哪个模块使用哪个 API 还算简单，并且如果某些地方出了错，很容易修复，因为所有的因素都在控制之中。在这样的场景中，合规导出的优势很有限。

在舞台的另一端是 JDK。可以说，它被世界上的每一个 Java 项目所使用，并且对向后兼容有着极致的关注。让外部的代码依赖于一个内部 API 会导致很多问题，并且这些问题难以修复，所以对控制"谁可以访问什么"的需求是非常迫切的。

这两端最明显的分界线是，是否可以自由地对客户端代码进行改动。如果你正在开发某个模块以及它所有的客户端模块，并且可以自由地改动客户端代码，那么普通的导出是不错的选择；如果你维护的是一个类库或者框架，并且无法自由地改动客户端代码，那么只有那些你想让客户端使用且你愿意维护的 API 可以被自由导出。除此之外，尤其是内部工具，应该仅被导出到自己的模块中。

在规模更大的项目中，这条分界线会变得模糊不清。如果一个大型代码库被大型团队维护多年，虽然从**技术**上来说他们可以对所有的客户端进行改动，并且由于一个 API 改动而不得不如此做，但这可能会是相当痛苦的一件事。在这种情况下，使用合规导出不仅能阻止意外依赖于内部包，还能帮助记录某个 API 是为哪个客户端设计的。

11.3.4　通过命令行导出包

如果在编码时没有预见到要使用内部 API（或者更可能的情况是，无意中使用了内部 API），该怎么办？如果代码**不得不**访问所属模块没有（不论合规与否）导出的类型，该怎么办？如果模块系统严格遵守这些规则，那么很多应用程序将无法在 Java 9 及以上版本中编译或加载。但是如果强封装可以轻易绕过，就很难说它是"强"封装了，它也会因此丧失优势。折中的办法是，定义一个命令行选项，将其作为逃生舱，但由于太过复杂，其不适合作为普遍的解决方案。

除了 `exports to` 指令，还有一个命令行选项有着相同的效果，可以用在编译器和运行时命令中：通过 `--add-exports ${module}/${package}=${accessing-modules}`，模块系统将$module 的`${package}`导出到逗号分隔列表`${accessing-modules}`中提到的所有模块中。如果其中包含 `ALL-UNNAMED`，那么无名模块中的代码也可以读取这个包。

3.3 节中呈现的一般可访问性规则适用于通过 `--add-exports` 选项访问某个类型的模块。下面的条件必须得到满足：

- ❑ 类型必须是公有的；
- ❑ 类型必须在`${package}`中；
- ❑ `${accessing-modules}`中提到的模块必须可以读取`${module}`。

举个--add-exports 的例子，在 7.1.3 节和 7.1.4 节中，你曾用这个选项在编译时和运行时得到过对平台模块内部 API 的访问权限。与其他命令行选项一样，让--add-exports 选项以实验之外的身份出现会影响项目的可维护性，细节参见 9.1 节。

11.4　小结

- ❑ 隐式可读性。
  - ■ 通过 requires transitive 指令，一个模块可以让它的客户端代码读取某个模块，即便客户端代码所在模块不明确地依赖于后者也是如此。这使得一个模块可以在它的 API 中使用依赖模块中的类型，而不要求在客户端代码模块中人工地依赖这些模块。最终，这些模块对于客户端代码立即可用。
  - ■ 如果一个模块仅在相应的直接依赖模块的边界使用，那么这个模块应该仅依赖于隐式可读的传递依赖。一旦这个模块开始通过使用传递依赖来实现自己的功能，就应该将传递依赖变成直接依赖。这可以确保模块声明能够反映出真正的依赖关系，并且让这个模块能够更加健壮地应对可能将这个传递依赖移除的重构。
  - ■ 可以利用隐式可读性在模块间移动某段代码，让曾经包含这段代码的模块对目前包含这段代码的模块隐式地表明可读性。这使得客户端代码可以访问所依赖的代码而不用要求它们改变模块声明，因为它们最终仍然可以读取包含这些代码的模块。保持这样的兼容性对于类库和框架尤其重要。
- ❑ 可选依赖。
  - ■ 借助 requires static 指令，模块将标明一个依赖，使模块系统保证这个依赖在编译时存在，在运行时却可以缺席。这就让基于模块的代码不用强制它们的客户端在应用程序中始终包含这些模块。
  - ■ 在启动时，**仅**通过 requires static 指令被需要的模块不会被放入模块图，即便它们是可见的也是如此。人们必须通过--add-modules 手动添加它们。
  - ■ 面向可选依赖的编码需要确保执行路径不会由于模块缺失而失败，因为这会极大地削弱模块的可用性。
- ❑ 合规导出。
  - ■ 通过 exports to 指令，模块中的某个包可以只被指定的模块访问。这是除将包封装和使它可被所有其他代码访问之外的第三个选项，其更有目的性。
  - ■ 导出到指定模块可以在不需要公有 API 的情况下，在一系列被授权模块间共享代码。这减少了类库或模块的 API 范围，提高了可维护性。
  - ■ 借助--add-exports 命令行选项，可以将开发者打算作为内部 API 的包在编译时和运行时导出。一方面，这使得依赖于这些内部 API 的代码可以运行；另一方面，这将引入自身的可维护性问题。

## 第 12 章

模块化世界中的反射

12

本章内容
- ❏ 对反射开放包和模块
- ❏ 模块与反射相结合
- ❏ 反射 API 的替代品
- ❏ 分析和修改模块属性

如果你的工作内容是一个 Java 应用程序，那么你将很有可能需要 Spring、Hibernate、JAXP、GSON 或者同类框架。什么是"同类框架"？"同类框架"指的是那些通过 Java 的反射 API 检查代码、搜索注解、实例化对象或者调用方法的框架。多亏了反射，这些框架可以在无须编译代码的情况下实现上述所有功能。

此外，反射 API 允许框架访问非公有类和非公有成员。它对编译过的代码有着异乎寻常的超能力，为非公有类或成员打破了包的界限。但问题是，在模块化系统中，反射不再开箱即用。它丧失了其超能力，被束缚到与被编译的代码相同的访问规则下，只能访问导出包中公有类的公有成员。另外，这些框架通常会针对非公有的字段和方法，以及你不想导出的类（它们不属于模块的 API）使用反射。那该怎么办？本章全部内容都与这个问题相关。

为了能在本章小有收获，你需要做以下准备。
- ❏ 对反射如何工作（参见附录 B）有基本的理解。
- ❏ 了解这个事实：每次在某个地方添加一个注解都是让某个框架对这个类进行反射访问（具体例子参见代码清单 12-1）。
- ❏ 理解可访问性规则（参见 3.3 节）。

代码清单 12-1 基于反射的标准与框架的代码片段

```
// JPA
@Entity
@Table(name = "user")
public class Book {

    @Id
    @GeneratedValue(strategy = GenerationType.SEQUENCE)
    @Column(name = "id", updatable = false, nullable = false)
```

```
    private Long id;

    @Column(name = "title", nullable = false)
    private String title;

    // [...]

}

// JAXB
@XmlRootElement(name = "book")
@XmlAccessorType(XmlAccessType.FIELD)
public class Book {

    @XmlElement
    private String title;

    @XmlElement
    private String author;

    // [...]

}

// SPRING
@RestController
public class BookController {

    @RequestMapping(value = "/book/{id}", method = RequestMethod.GET)
    @ResponseBody
    public Book getBook(@PathVariable("id") long id) {
        // [...]
    }

    // [...]

}
```

　　掌握了这些，你就可以了解为什么 exports 指令对允许反射访问模块不会有太大帮助（参见 12.1 节），以及怎样做才能提供帮助（参见 12.2 节）。（注意，这仅对清晰模块有意义——如果你的代码从类路径中运行，它就没有被封装，所以无须为此担心。）

　　但是本章"不仅"与准备反射可以访问的模块有关，还包含了另一方面：讨论如何更新反射代码，以及对反射 API 的替代和补充（参见 12.3 节）。本章以如何使用层在运行时动态加载模块（参见 12.4 节）结尾。（这两节是为在 Java 9 之前就遇到此类用例的开发者准备的，所以与本章其他小节相比，阅读它们更需要熟悉反射和类加载机制。）

　　学完本章后，你将了解让项目为模块世界的反射做准备所需要的全部知识，既包括实现反射的项目也包括被反射访问的项目。你也能够通过反射在运行时动态加载代码，比如实现一个基于插件的应用程序。

12.1　为何 **exports** 指令不能很好地适用于反射

在深入讲解如何让代码为反射做准备之前，有必要先说明一下为什么到目前为止本书所讨论的导出类的机制，即 exports 指令（参见 3.3 节），不适用于反射。主要有 3 个原因：

- ❑ 为此类框架而设计的类是否应该属于模块的公有 API 是非常有争议的；
- ❑ 将这些类导出到一个指定的模块会将模块耦合到一个实现而不是标准；
- ❑ 导出无法支持对于非私有字段和方法的深反射。

本节会先回顾一下在模块系统出现之前反射是如何运行的，之后会对上面 3 个原因逐一进行讲解。

12.1.1　深入非模块化代码

假如就像第 6 章和第 7 章中描述的那样，你已经将应用程序成功迁移到 Java 9 及以上版本，但还没有将它模块化，所以它还在类路径中运行。在这种情况下，对代码的反射会像在 Java 8 中一样继续工作。

基于反射的框架会通过访问非公有类型和成员例行地创建和修改类实例。虽然无法基于包可见或私有元素编译代码，但是在将它们标记为可访问后，反射使人们可以使用它们。代码清单 12-2 展示了一个假定持久化框架，它使用反射创建一个实体，并且为一个私有字段指定 ID。

代码清单 12-2　使用反射

```
Class<?> type = ...
Constructor<?> constructor = entityType.getConstructor();
constructor.setAccessible(true);
Object entity = constructor.newInstance();
Field id = entity.getDeclaredField("id");
id.setAccessible(true);
id.set(entity, 42);
```

框架为了得到该类
要做的事情

让很可能为私有的构造函数和
字段对于后面的调用可访问

想象一下，应用程序被模块化，在代码和这些框架之间突然出现了一条模块边界。那么模块系统，尤其是 exports 指令，为了使内部类型可访问，会留下哪些选项呢？

12.1.2　使内部类型强制公有

 要点　根据 3.3 节所讨论的可访问性规则，为了可以被访问，类型必须是公有的，并且存在于一个已导出的包中。这同样适用于访问，所以，在没有使用 exports 指令的情况下，你会得到如下异常。

```
> Exception in thread "main" java.lang.IllegalAccessException:
>   class p.X (in module A) cannot access class q.Y (in module B)
>   because module B does not export q to module A
>       at java.base/....Reflection.newIllegalAccessException
>       at java.base/....AccessibleObject.checkAccess
>       at java.base/....Constructor.newInstance
```

12

这好像在提示，Spring、Hibernate 等框架需要访问的类必须是公有的，并且其所在的包必须被导出。尽管这使得它们被添加为模块的公有 API，但到目前为止我们都一直认为这些类型是内部的，因此这是一个非常严肃的决定。

如果你在写一个只有几千行代码的小服务，那么将这些代码划分到少数几个模块中，也许不是一个大问题。毕竟，在这样的规模下，模块的 API 和关系不太可能引起大规模的混乱，但同样这也不是需要模块发挥所长的场景。

另一方面，如果你面对的是一个规模更大的代码库，该代码库拥有数十万甚至数百万行代码，这些代码被划分到几十个或者上百个模块中，由几十个开发者共同开发，那么问题会变得非常不同。在这种情况下，导出一个包会给其他开发者一个强烈的信号：可以在模块之外使用这些类，它们是专门为跨模块边界使用而设计的。毕竟，这就是导出的目的。

但是，由于本研究的出发点是出于某种原因而**不希望**公开这些类，因此显然很重视封装。如果模块系统迫使人们将不想被访问的元素标记为受支持的，那就太讽刺了，这就是所谓的**弱封装**。

12.1.3   合规导出导致对具体模块的耦合

此时此刻，回想一下 11.3 节，并考虑使用合规导出来确保只有一个模块可以访问这些内部类型。首先，为这次驻足思考喝彩——这确实可以修复刚刚描述的问题。

尽管如此，它**可能**会引入一个新的问题。思考一下 JPA 以及它的诸多实现，比如 Hibernate 和 EclipseLink。依据你的风格，你也许曾努力避免对所选实现的直接依赖，所以不希望通过 `exports ... to concrete.jpa.implementation` 将某一个实现硬编码到模块声明中。如果你依赖合规导出，则无法实现这一点。

12.1.4   不支持深反射

不得不让作为实现细节的类型可以被其他代码访问确实让人头疼，但这还不是最糟糕的。

比如说，你选定了 `exports` 指令（不论合规与否），以便所选框架能够访问所需的类。虽然通常有可能仅对公有成员使用基于反射的框架，但这既不能应对所有情况，也不是最好的方式。作为对比，通常可以依赖私有字段或非公有方法的深反射，避免将与框架相关的细节导出到其他代码。（代码清单 12-1 展示了一些例子，代码清单 12-2 展示了如何通过使用 `setAccessible` 来访问内部代码。）

 要点   尽管总的来说很幸运，但是在这一点上很不幸——将类型设为公有及将包导出不会为非公有成员授予可访问性。如果框架试图调用 `setAccessible` 方法，那么你将得到这样的错误。

```
> Exception in thread "main" java.lang.reflect.InaccessibleObjectException:
>   Unable to make field q.Y.field accessible:
>   module B does not "opens q" to module A
```

```
>       at java.base/java.lang.reflect.AccessibleObject.checkCanSetAccessible
>       at java.base/java.lang.reflect.AccessibleObject.checkCanSetAccessible
>       at java.base/java.lang.reflect.Field.checkCanSetAccessible
>       at java.base/java.lang.reflect.Field.setAccessible
```

如果一定要沿着这条路径往下走，你将不得不让所有被反射访问的成员公有化，而这将让前面所提的"将封装弱化"的结论进一步恶化。

概括来说，对主要用于反射的代码使用 exports 指令，其缺点如下。

□ 仅允许对公有成员的访问，而这通常要求将实现细节公有化。
□ 允许其他模块对公开的类和成员进行编译。
□ 合规导出可能会让你的代码耦合到具体实现而非声明。
□ 将包标记为模块公有 API 的一部分。

以上 4 点哪个最恶劣，你可以自行决定。我选最后一个。

12.2　开放式包和模块：为反射而生

现在，我们已经建立了清晰的认识，exports 用于使代码可被基于反射的类库访问是多么不合适。那么模块系统提供了什么替代方案呢？

答案是 opens 指令，并且在引入相应的合规变体（类似于 exports ... to，参见 12.2.2 节）之前，它是我们首先要考虑的（参见 12.2.1 节）。为了确保你使用了正确的工具，我们将详尽地比较导出模块与开放式模块的效果（参见 12.2.3 节）。最后是授予反射访问权限的利器：开放式模块（参见 12.2.4 节）。

12.2.1　为运行时访问开放式包

定义：opens 指令

在模块声明中添加 opens ${package}指令可以将一个包**开放**。在编译时，开放式包是强封装的：开放式包和非开放式包之间没有任何区别。在运行时，开放式包完全可以被访问，包括非公有类、方法和字段。

monitor.persistence 模块使用 Hibernate，所以开放一个包含实体的包，允许对其进行反射。

12

```
module monitor.persistence {
    requires hibernate.jpa;
    requires monitor.statistics;

    exports monitor.persistence;
    opens monitor.persistence.entity;
}
```

这就使 Hibernate 可以与 StatisticsEntity 这样的类共同工作（参见代码清单 12-3）。因为包没有被导出，所以其他 ServiceMonitor 模块无法对它所包含的类型进行编译。

代码清单 12-3   StatisticsEntity 代码片段，被 Hibernate 反射访问

```
@Entity
@Table(name = "stats")
public class StatisticsEntity {

    @Id
    @GeneratedValue(strategy = GenerationType.AUTO)
    private int id;

    @ManyToOne
    @JoinColumn(name = "quota_id", updatable = false)
    private LivenessQuotaEntity totalLivenessQuota;

    private StatisticsEntity() { }

    // [...]

}
```

> Hibernate 会把值注入
> 这些私有字段中

> Hibernate 也可以访问
> 私有构造函数

可以看到，opens 指令为反射的用例而设计，并与 exports 行为迥异：

- 允许访问所有成员，因此不会影响你对可访问性的决定；
- 防止对开放式包中的代码进行编译，仅允许运行时访问；
- 标明该包为基于反射的框架而设计。

除在此特定用例中 exports 的明显技术优势之外，还有最重要的一点：通过 opens 指令，可以用代码清楚地表明，此包并不用于一般用途，仅供特定工具访问。如果愿意的话，你甚至可以让包只对这个工具的模块开放。如 5.2.3 节所述，如果你想针对诸如配置或者媒体文件这样位于包中的资源进行访问授权，你也需要开放它们。

12.2.2   为特定模块开放式包

前文一直讨论的 opens 指令使所有模块可以反射访问一个开放的包。这与 exports 指令使所有模块可以访问导出包类似。同时，正如 exports 可以被限制为仅由特定模块访问（参见 11.3 节），opens 也可以。

> **定义：合规开放**
>
> opens 指令可通过在其后加上 to ${modules} 而受到限定，其中 ${modules} 是一个由逗号分隔的模块名称列表（里面不允许出现占位符）。对于 opens to 指令声明的模块来说，该包将与带有普通 opens 指令时一样可被访问。对于所有其他模块来说，该包会被强封装，仿佛根本没有 opens 指令一样。

为了让封装更强，monitor.persistence 可以仅将它的实体包开放给 Hibernate。

```
module monitor.persistence {
    requires hibernate.jpa;
```

```
        requires monitor.statistics;
        exports monitor.persistence;
        // 假设 Hibernate 是一个清晰模块
        opens monitor.persistence.entity
            to hibernate.core;
    }
```

如果规范和实现是分开的（例如，JPA 和 Hibernate），你可能会认为在模块声明中提及实现有些奇怪。12.3.5 节对这个想法做了解释，结论是：直到为了纳入模块系统而将标准更新，这都是必要的。

12.2.3 节将讨论何时可以使用合规开放，但在此之前，先正式介绍曾在 7.1 节中使用过的一个命令行选项。

定义：--add-opens

--add-opens ${module}/${package}=${reflecting-module} 选项将 ${module} 模块的 ${package} 包开放给 ${reflecting-module}。${reflecting-module} 中的代码因此能够访问 ${package} 中的所有类型和成员，且不论它们是公有的还是非公有的都是如此，但其他模块不能。

当指定 ${reading-module} 为 ALL-UNNAMED 时，类路径中的所有代码，或者更准确地说，无名模块中的所有代码（参见 8.2 节），可以访问该包。在迁移到 Java 9 及以上版本时，你应该永远使用该占位符——一旦代码在模块中运行，你就可以将开放式包限制到指定模块。

如果对相关例子感兴趣，可以去看一下 7.1.4 节中的最后一个例子。

因为 --add-opens 绑定到反射，这是一个纯运行时概念，所以它仅对 java 命令有意义。很有趣的是，它在 javac 命令中也可用，但是会造成一个警告。

```
> warning: [options] --add-opens has no effect at compile time
```

关于为什么 javac 不直接拒绝 --add-opens 选项，我的猜测是，这样做能够在编译和启动之间共享与模块系统相关的命令行选项的参数文件。

注意 什么是参数文件？你可以将编译参数和 JVM 参数放置于一个文件中，并通过 javac @file-name 和 java @file-name 将它们添加到命令中（细节参见 Java 文档）。

12

12.2.3 导出包与开放式包的对比

exports 和 opens 指令有一些共同点：
- 它们都使得包的内容跨模块边界可用；
- 它们都拥有一个合规变体 to ${modules}，可以将访问权限限制为指定的模块列表；
- 它们都有 javac 和 java 的命令行选项，在必要的时候可用其绕过强封装。

二者的不同之处在于何时以及为谁进行访问授权：

□ 导出包在编译时授予对公有类型和成员的访问权限，完美地定义其他模块可以使用的公有 API；
□ 开放式包仅在运行时授予对所有类型和成员（包括非公有的）的访问权限，非常适合为基于反射的框架授权访问本该处于模块内部的代码。

表 12-1 对此做了总结。或许你可以翻回表 7-1，回顾一下如何通过 --add-exports 和 --add-opens 获取对内部 API 进行访问的权限。

表 12-1 对封装包、导出包、开放式包在何时以及为谁授予权限的对比

访 问	编 译 时		运 行 时	
类或成员	公 有	非 公 有	公 有	非 公 有
封装包	✗	✗	✗	✗
导出包	✔	✗	✔	✗
开放式包	✗	✗	✔	✔

也许你会好奇，是否可以将 exports 和 opens 指令，不论合规的还是不合规的，都组合到一起？如果可以，又该怎么做呢？答案很简单：随你喜欢，任何方式都可以。

□ 如果你的 Hibernate 实体是公有 API，那么使用 exports 和 opens。
□ 如果只想让少数几个应用程序模块在编译时访问 Spring 上下文，那么使用 exports ... to 和 opens。

也许这 4 个组合并不是每一个都有相关的用例（并且你应该将代码设计为不需要它们中的任何一个），但如果遇到了其中的某一个用例，你可以相应地组合这些指令。

当谈论到 opens 指令是否应该被限制到特定模块时，本书意见是，这些额外的工作通常不值得去做。虽然合规导出是一个非常重要的工具，能够避免其他同事和用户意外引入对内部 API 的依赖（更多细节参见 11.3.3 节），但是合规开放的"目标听众"是一些框架，它们完全不依赖于你的代码。不论是否仅对 Hibernate 开放某个包，Spring 都不会对它产生依赖。如果你的项目对自己的代码使用了很多反射，事情就会变得不太一样。但是这种情况下本书建议的默认选项是完全开放——不需要合规。

12.2.4 开放式模块：批量反射

最终，如果有一个大型模块，其中很多包被反射使用，你会发现将它们逐一开放非常麻烦。虽然没有 opens com.company.* 这样的通配符，但是该问题有类似的解决办法。

定义：开放式模块

在模块声明的 module 之前添加 open **关键字**可以创建开放式模块。

```
open module ${module-name} {
    requires ${module-name};
    exports ${package-name};
```

```
    // 不允许 opens
}
```

开放式模块将其包含的所有包开放类似于对每个包使用 opens 指令。因此，没有必要再手动开放其中的一些包，因为编译器在开放式模块中不再接受 opens 指令。

使用 opens monitor.persistence.entity 的替代选项是开放 monitor.persistence 模块。

```
open module monitor.persistence {
    requires hibernate.jpa;
    requires monitor.statistics;

    exports monitor.persistence;
}
```

如你所见，开放式模块确实只是一种简便方法，其可以帮助避免对几十个包进行逐一手动开放。然而在理想情况下应该不需要这么做，因为你的模块不会这么大。一种会出现这么多开放式包的场景是，在模块化的过程中，你将一个大的 JAR 在拆分前转变成一个大型模块。这也是为什么 jdeps 可以为开放式模块生成模块声明，参见 9.3.2 节。

12.3 针对模块进行反射

12.1 节和 12.2 节探索了如何将代码开放给反射，以便 Hibernate 和 Spring 这样的框架进行访问。由于大多数 Java 应用程序使用此类框架，因此你将经常遇到这样的场景。

现在切换到另一边，对模块化代码进行反射。了解它的工作原理会很有帮助，你对反射 API 的理解将被刷新。但是大多数开发者很少有编写反射代码的需求，因此你通常不需要这么做。所以，本节将着重讨论针对模块进行反射和相关代码一些值得注意的方面，而不会详尽介绍所有相关的话题和 API。

本节首先会探讨为什么不需要为了使用模块化代码而改变已有的反射代码（参见 12.3.1 节），以及为什么需要切换到一个更加现代的 API（参见 12.3.2 节）。接下来会讨论模块本身，其在反射 API 中有重要的表现，该反射 API 可以被用来对它们进行查询（参见 12.3.3 节）甚至更改（参见 12.3.4 节）。最后本节在结尾处会详细讨论如何更改一个模块，以允许其他模块对它进行反射访问（参见 12.3.5 节）。

12

12.3.1 更新模块的反射代码（或不更新）

在尝试踏入新领域之前，由于模块系统引起的变化，你关于反射的知识储备需要随之更新。尽管了解反射如何处理可读性和可访问性的确不错，但是你会发现在代码中并不需要进行太多的更改。更重要的是，你可以告知用户，在创建模块时他们必须做什么。

1. 对于可读性，没有什么需要做的
本书反复说明的一件事是，反射的可访问性约束规则与静态访问一致（参见 3.3 节）。首先，

这意味着要使一个模块中的代码能够访问另一个模块中的代码，前者必须能够读取后者。尽管如此，一般来说，人们不以这种方式设置模块图——比如 Hibernate 通常不会读取应用程序模块。

　要点　听起来像是反射模块需要添加一条连接被反射模块的可读边，并且确实有一个 API 用于完成该任务（参见 12.3.4 节）。由于反射总是需要该可读边，然而总是添加上它，可能又会陷入不可避免的样板模式，因此反射 API 在其内部进行了这些操作。总而言之，你无须担心可读性。

2. 对于可访问性，没有什么可以做的

访问代码的下一个障碍是它需要被导出或开放。正如 12.2 节详细讨论的那样，这确实是一个问题，就算你是反射库的作者，也对此几乎无能为力。要么模块的所有者开放或导出包，要么什么也做不了。

　要点　模块系统不限制可见性，类似 `Class::forName` 的调用，或者通过反射的方法获得构造函数、方法和字段的引用，都是可行的；可访问性是受限制的，如果没有权限访问被反射的模块，那么**调用**构造函数或方法、**访问字段**以及调用 `AccessibleObject::setAccessible` 都会失败，并且抛出 `Inaccessible-` `ObjectException` 异常。

`InaccessibleObjectException` 扩展了 `RuntimeException`，使它成了**未经检查的异常**（unchecked exception），因此编译器不会强制你捕获它。但是请确保你要执行，并且应该执行捕获的操作——这样可以为用户尽可能地提供更有帮助的错误信息。有关示例，参见代码清单 12-4。

> **定义: `AccessibleObject::trySetAccessible`**
>
> 　如果你希望检查可访问性不会引发异常，那么 Java 9 中新添加的 `AccessibleObject::` `trySetAccessible` 方法就是为你准备的。它的核心功能与 `setAccessible (true)` 类似：使底层成员变得可访问，并且利用其返回值来表明是否能正常工作。如果可访问性已授权，则返回 `true`；否则返回 `false`。代码清单 12-4 展示了其运行方式。

代码清单 12-4　处理无权访问代码的 3 种方法

```
private Object constructWithoutExceptioHandling(Class<?> type)
        throws ReflectiveOperationException {
    Constructor<?> constructor = type.getConstructor();
    constructor.setAccessible(true);
    return constructor.newInstance();
}

private Object constructWithExceptionHandling(Class<?> type)
        throws ReflectiveOperationException, FrameworkException {
    Constructor<?> constructor = type.getConstructor();
```

本次调用会抛出 `InaccessibleObject-` `Exception` 异常，并且因为没有明确捕获，用户被迫要自行处理该问题

```
        try {
            constructor.setAccessible(true);  ◄
        } catch (InaccessibleObjectException ex) {
            throw new FrameworkException(createErrorMessage(type), ex);
        }
        return constructor.newInstance();
}

private Object constructWithoutException(Class<?> type)
        throws ReflectiveOperationException, FrameworkException {
    Constructor<?> constructor = type.getConstructor();
    boolean isAccessible = constructor.trySetAccessible();  ◄
    if (!isAccessible)
        throw new FrameworkException(createErrorMessage(type));
    return constructor.newInstance();
}

private String createErrorMessage(Class<?> type) {
    return "When doing THE FRAMEWORK THING, accessing "
        + type + "'s parameterless constructor failed "
        + "because the module does not open the containing package. "
}
```

此处，异常被转化为框架特有的异常，并且有额外的错误信息描述异常发生的上下文状态

使用 **trySetAccessible** 方法，初始的异常不会再发生，但是在这个例子中依旧抛出了一个框架特有的异常（以用于处理无权访问的情况）

以上方法除了确保你能正确处理无权访问代码的情况外，其他什么也做不了。在更新基于模块系统的项目时，你遇到的不仅是技术上的挑战，更是沟通上的挑战：用户需要知道正在使用的这些项目可能需要访问哪些依赖包，以及应如何处理它们。显而易见，项目的文档是对用户进行指导的好地方。

专用的 JPMS 说明页

说一些稍微偏离主题的内容。本书建议在项目的文档中创建一个专用的说明页，用于向使用模块的用户描述应做的准备工作。这些内容越集中，用户搜索到它们的可能性就越大，因此不要将其埋在繁杂的文档中。本书还建议通过借助 Javadoc 以及访问与失败相关的异常消息等方法广泛传播这些文档资源。

12.3.2 使用变量句柄代替反射

Java 9 引入了一个新的 API，名为**变量句柄**（variable handle），它扩展了 Java 7 的方法句柄，但大多数开发人员不会用它。它以 java.lang.invoke.VarHandle 类为中心，该类的实例是对变量［比如字段（但不限于此）］的强类型引用。它解决了反射、并发和堆外数据存储等领域的问题。与反射 API 相比，它提供了更多的类型安全性和更好的性能。

方法和变量句柄是通用的、复杂的特性，与模块系统关系不大，因此这里不会正式介绍它们。如果你偶尔编写使用反射的代码，那么就应该对它们进行一定的研究，比如可以看看下面这个简单示例（代码清单 12-5）。但是，本节将更深入地讨论一个特别有趣的方面：如何使用变量句柄来访问模块的内部。

12

代码清单 12-5 使用 `VarHandle` 访问字段值

```
Object object = // ...                        给定一个对象及其字段名……
String fieldName = // ...
                                                      ……这是典型的用来获得
                                                      类型和字段的反射代码
Class<?> type = object.getClass();
Field field = type.getDeclaredField(fieldName);
                                              Lookup 和 VarHandle 是方法或
                                              变量句柄 API 的一部分,它们都
Lookup lookup = MethodHandles.lookup();       基于 lookup 技术
VarHandle handle = lookup.unreflectVarHandle(field);
handle.get(object);
```

你已经了解了使用反射 API 要求用户开放一些依赖包,但是反射框架无法在代码中表达这一点。用户要么基于对模块系统的了解而获知,要么必须从项目文档中学习,然而两者都不是最可靠的表达需求的方式。如果框架代码可以让这一切变得更清楚,那么会怎样?

方法和变量句柄为你提供了这样的工具。再看看代码清单 12-5,参见 `MethodHandles.lookup()` 这一调用。它创建了一个 Lookup 实例,该实例最重要的作用是获得了调用者的访问权限(当然,它还有众多其他作用)。

这意味着所有包含该特定 lookup 的代码,无论其属于哪个模块,都可以在与创建 lookup 的代码相同的类上进行深层次反射(如图 12-1 所示)。这样,一个模块可以捕获对其内部组件的访问权限,并将其传递给其他模块。

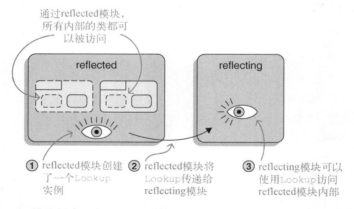

图 12-1 reflected 模块创建一个 Lookup 实例并将其传递给 reflecting 模块,该实例可用于访问所有 reflected 模块能访问的类和成员——当然也包括 reflected 模块内部

你的反射代码可以通过要求用户将 lookup 对象传递给它对其加以利用,例如在框架启动时提出这一要求。当用户必须调用含有一个或多个 Lookup 实例的方法时,他们必然会阅读文档,了解应该做的事情。于是,他们在每个需要被访问的模块中创建一个 Lookup 实例,并将其传递给你,然后你就可以使用它们来访问模块的内部。代码清单 12-6 显示了这一过程的工作原理。

代码清单 12-6　使用 `VarHandle` 通过私有的 `lookup` 访问字段值

```
Lookup lookup = // ...          ◄─────  这里的 lookup 是创建
Object object = // ...                  在模块内部的对象
String fieldName = // ...

Class<?> type = object.getClass();
Field field = type.getDeclaredField(fieldName);        通过基于用户提供的类型创建一个私
                                                       有的 lookup,你就可以从另一个模
Lookup privateLookup = MethodHandles                   块来访问该对象的内部
    .privateLookupIn(type,lookup);      ◄─────
VarHandle handle = privateLookup.unreflectVarHandle(field);
handle.get(object);
```

`lookup` 的有趣之处在于,它们可以在两个模块之间传递。在使用 JPA 及其提供者进行标准与实现分离的情况下,用户可以将所有的 `lookup` 传递给 JPA 的引导方法,从而将它们传递给 Hibernate、EclipseLink 等。这是一种非常简洁地实现 `lookup` 的方式。

❑ 用户意识到他们必须采取一些措施,因为引导方法依赖于 `Lookup` 实例(与开放式包相比,其不能在代码中表示其需求)。

❑ 无须更改模块声明(与 `opens` 指令不同)。

❑ 标准可以将 `lookup` 传递给实现,因此不会强迫用户在代码或模块声明中引用实现(如 12.3.5 节所述,这对于开放式包也是可行的)。

至此,关于使用反射或变量句柄来访问封装在模块中的类型的讨论就结束了。现在,本章将转向模块本身,看看能获得哪些有关信息。

12.3.3　通过反射分析模块属性

如果曾尝试过在运行时分析 JAR,你就会发现要做到这一点并不简单。这可以追溯到对 JAR 的基本解释:单纯的容器(参见 1.2 节)。Java 无法将它们识别为像包和类型那样的一等公民,因此除了一个普通的 Zip 文件外,其在运行时没有任何呈现。

模块系统的关键变化是使 Java 对 JAR 的解释与人们认识的具有名称、依赖关系和清晰 API 的代码单元保持一致。除了本书至今所讨论的内容外,这一理念还应该延续到反射 API 之中:模块不应该像 JAR,而应该与包和类型一样,在反射 API 中有所呈现。事实上确实如此。

定义: `Module` 和 `ModuleDescriptor` 类型

Java 9 引入了用于表示运行时模块的新类型 `java.lang.Module`。`Module` 实例使你能够做到以下几点:

❑ 分析模块的名称、注释、导出(开放)指令和服务使用;

❑ 访问模块包含的资源(参见 5.2 节);

❑ 通过导出和开放包、增加可读边和服务使用来修改模块(如果修改代码在同一模块中的话)。

> 其中一些信息仅在同样为新类型的 `java.lang.module.ModuleDescriptor` 上可用，并返回 `Module::getDescriptor`。

　　获取 `Module` 实例的一种方法是在任意一个 `Class` 实例上调用 `getModule`（这并不出人意料），并返回该类所属的模块。代码清单 12-7 和代码清单 12-8 展示了如何通过查询 `Module` 和 `ModuleDescriptor` 来分析模块，其中，后者展示了一些示例模块的输出。

代码清单 12-7　通过查询 `Module` 和 `ModuleDescriptor` 来分析模块

```
public static String describe(Module module) {
    String annotations = Arrays
        .stream(module.getDeclaredAnnotations())
        .map(Annotation::annotationType)
        .map(Object::toString)
        .collect(joining(", "));
    ModuleDescriptor md = module.getDescriptor();
    if (md == null)
        return "UNNAMED module { }";

    return ""
        + "@[" + annotations + "]\n"
        + md.modifiers() + " module " + md.name()
        + " @ " + toString(md.rawVersion())
        + " {\n"
        + "\trequires " + md.requires() + "\n"
        + "\texports " + md.exports() + "\n"
        + "\topens " + md.opens() + "\n"
        + "\tcontains " + md.packages() + "\n"
        + "\tmain " + toString(md.mainClass()) + "\n"
        + "}";
}

private static String toString(Optional<?> optional) {
    return optional.isPresent()
            ? optional.get().toString()
            : "[]";
}
```

代码清单 12-8　在代码清单 12-7 中调用 `describe(Module)` 的输出

```
> @[]
> [] module monitor @ [] {
>     requires [
>         monitor.observer,
>         monitor.rest
>         monitor.persistence,
>         monitor.observer.alpha,
>         mandated java.base (@9.0.4),
>         monitor.observer.beta,
>         monitor.statistics]
>     exports []
>     opens []
```

```
>       contains [monitor]
>       main monitor.Main
> }
>
> @[]
> [] module monitor.persistence @ [] {
>       requires [
>           hibernate.jpa,
>           mandated java.base (@9.0.4),
>           monitor.statistics]
>       exports [monitor.persistence]
>       opens [monitor.persistence.entity]
>       contains [
>           monitor.persistence,
>           monitor.persistence.entity]
>       main []
> }
>
> @[]
> [] module java.logging @ 9.0.4 {
>       requires [mandated java.base]
>       exports [java.util.logging]
>       opens []
>       contains [
>           java.util.logging,
>           sun.util.logging.internal,
>           sun.net.www.protocol.http.logging,
>           sun.util.logging.resources]
>       main []
> }
>
> @[]
> [] module java.base @ 9.0.4 {
>       requires []
>       exports [... lots ...]
>       opens []
>       contains [... lots ...]
>       main []
> }
```

一些 `ModuleDescriptor` 方法返回与其他模块相关的信息，例如：哪些模块是必需的，哪些模块中的包被导出和开放。这些模块名称只是普通的字符串，而不是真实的 `Module` 实例。然而与此同时，许多 `Module` 的方法需要这样的实例作为输入。你已经知道了如何获得字符串，但需要的却是模块实例——如何在这一鸿沟上架设桥梁？如 12.4.1 节所述，答案是层。

12.3.4　通过反射修改模块属性

除了分析模块的属性，还可以使用 `Module` 中的以下方法来修改这些属性。

❑ `addExports`，向指定模块导出一个包。

❑ `addOpens`，向指定模块开放一个包。

❑ addReads，使模块可以读取另一个模块。

❑ addUses，让模块使用一个服务。

在查看这些内容时，你可能想知道为什么可以导出或开放模块的包。难道这不违背强封装吗？因为反射代码无法破解，所以 12.2 节整节都在讨论模块所有者为反射准备的所有必需的事情。难道这是不对的？

 要点　事情是这样的：这些方法**对调用者敏感**（caller sensitive），这意味着如果调用它们的代码不同，它们的表现就不同。成功的调用要么来自<u>正在</u>被修改的模块，要么来自无名模块。其他情况都将失败并且抛出 IllegalCallerException 异常。

以下面的代码为例。

```
public boolean openJavaLangTo(Module module) {
    Module base = Object.class.getModule();
    base.addOpens("java.lang", module);
    return base.isOpen("java.lang", module);
}
```

如果将其复制到从类路径执行的 main 函数（因此它在无名模块中运行）中，则可以正常工作，并且该方法返回 true。与之相反，如果它在任何具名模块（以下示例中的 open.up）中运行，则将失败。

```
> Exception in thread "main" java.lang.IllegalCallerException:
>     java.lang is not open to module open.up
>     at java.base/java.lang.Module.addOpens(Module.java:751)
>     at open.up/open.up.Main.openJavaLangTo(Main.java:18)
>     at open.up/open.up.Main.main(Main.java:14)
```

你可以让它（再次）正常工作：将代码注入它修改的模块（本例中即 java.base 模块）中，然后使用--patch-module（参见 7.2.4 节）。

```
$ java
    --patch-module java.base=open.up.jar
    --module java.base/open.up.Main
> WARNING: module-info.class ignored in patch: open.up.jar
> true
```

现在你明白了：最后的 true 是由任意平台模块调用 openJavaLangTo 产生的返回值。

即使你正在开发基于反射的框架，也不会定期动态地修改自己模块的属性。那么为什么要介绍上文中的一切？因为下文将介绍这里隐藏的一个有趣细节：在某些情况下，可以开放其他模块中的包。

12.3.5　转发开放式包

前文说过，模块只能通过 Module:addOpens 开放它所有包中的一个，但这并不是完全正确的。如果某个模块的包已经对一组其他模块开放，那么上述所有模块也可以开放该包。换句话说，具有反射访问包权限的模块可以将该包开放给**其他**模块。这意味着什么？

再想一下 JPA。在 12.2.2 节时你可能已经有所退缩，因为在 JPA 的情况下，看起来好像需要无条件或针对需要实际反射的模块开放包，这意味着像如下这样。

```
module monitor.persistence {
    requires hibernate.jpa;
    requires monitor.statistics;

    exports monitor.persistence;
    // 假定 Hibernate 是一个清晰模块
    opens monitor.persistence.entity
        to hibernate.core;
}
```

开放给 JPA 难道不比开放给具体的实现更好？这就是具有反射访问包权限的模块得以开放给其他模块的原因。这样，JPA 的引导代码可以将所有包开放给 Hibernate，即使其中那些仅具有反射访问权限的包也是如此。

因此，尽管只有模块可以添加导出包、可读边和服务使用，但开放包的规则放宽了，开放式包的所有模块都可以将其开放给其他模块。为了使基于反射的框架能够利用这一点，它们当然必须了解模块系统并更新其代码。但是就 JEE 技术而言，这可能还需要一段时间，除非 Eclipse 在 Jakarte EE 上缩短发布周期（可以将此作为参考：从 Java SE 8 到 Java EE 8 花了 3 年多的时间）。

现在本章已经解决了如何反射、分析和修改单个模块的问题，可以进入下一层（layer）了，下一节将介绍这一概念，以及它在整个模块图中的应用。

12.4　动态创建带有层的模块图

12.3 节重点介绍了单独的模块：如何反射模块化代码，以及如何分析和修改单个模块的属性。本节扩大了范围，将介绍整个模块图。

到目前为止，人们已经将模块图的创建工作交给了编译器或 JVM，后者将在开始工作之前生成它们。生成之后，模块图就是几乎完全不变的实体，无法提供添加或删除模块的方法。

尽管这对于许多常规应用程序来说没有问题，但是有些应用程序需要更大的灵活性。以应用程序服务器或基于插件的应用程序为例，它们需要一种动态机制，以方便在运行时动态加载和卸载类。

例如，假设 ServiceMonitor 应用程序提供了一个终端或图形界面，以方便用户指定额外需要观察的服务。这可以通过实例化合适的 `ServiceObserver` 实现来完成，但是如果该实现来自一个启动时未知的模块怎么办？它（以及它的依赖）必须能够在运行时被动态加载。

在模块系统出现之前，这样的容器应用程序通过原生类加载器进行动态加载和卸载。但是如果它们像编译器和 JVM 一样，也可以进入更高的抽象级别并在模块上运行，那不是很好吗？幸好，模块系统通过引入**层**（layer）的概念就可以做到这一点。你需要做的第一件事是了解层，包括一直不知不觉在使用的层（参见 12.4.1 节）。下一步是分析层（参见 12.4.2 节），然后是在运行时动态创建自己的层（参见 12.4.3 节）。

请注意，编写处理层的代码甚至比使用反射 API 还少见。以下是一个简单快捷、一目了然的检验方法：如果你从未实例化过类加载器，则不太可能在不久的将来使用到层。因此，本节为你提供了与它相关的知识框架，方便读者了解学习的方向，但不会进行详细讲解。不论怎么说，你都会看到一些之前认为不可能的事物，并最终得到一些新的想法。

12.4.1   什么是层

定义：模块层

　　模块层（module layer）包括具名模块的完全解析图，以及用于加载模块中类的（所有）类加载器。每个类加载器都有一个与之关联的无名模块（通过 ClassLoader::getUnnamed-Module 访问）。层还引用了一个或多个父层（parent layer）。层中的模块可以读取其祖先层中的模块，但不能反过来。

到目前为止，本书讨论的所有与模块之间的解析和关系相关的内容都发生**在单个模块图中**。借助层，人们可以根据需要堆叠任意数量的图，因此从概念上讲，层为二维概念的模块图增加了三维的解释。父层在创建层时定义，创建后不允许更改，因此没有创建循环层的方法。图 12-2 展示了带有层的模块图。

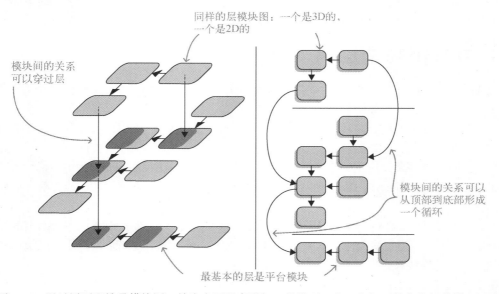

图 12-2   通过层可以堆叠模块图，并为应用程序增加三维模型。由于它们不共享类加载器，因此各层之间的隔离度很好（就像每一个好的计算机科学图一样，只不过这个看起来可能是颠倒的。父层位于其子层之下，因此包含平台模块的层位于最底部）

在 ServiceMonitor 中,这意味着要动态加载新的观察者实现,因此就需要创建一个新层,12.4.3 节将讨论这一点。在此之前,先仔细研究一下现有的层以及如何分析它们。

所有模块都包含在某个层中吗? 差不多。如上文所述,从技术上讲,无名模块不在其中。还有所谓的**动态模块**,其一定非要属于某个层,但本书不涉及这种模块。除了这些,所有模块都属于某个层。

启动层

那么贯穿于本书图中的所有应用程序模块和平台模块呢? 它们也应该属于某个层,对吧?

> **定义:启动层**
>
> 　应用程序模块和平台模块确实属于同一层。启动时,JVM 创建一个初始层,即**启动层**,其包含根据命令行选项解析的应用程序模块和平台模块。

启动层没有父层,它包含 3 个类加载器。

- **启动类加载器**为加载的所有类赋予全部安全权限,所以 JDK 团队尽最大努力减少其负责的模块。这是一些核心平台模块,主要是 java.base 模块。
- **平台类加载器**从所有其他平台模块加载类,可以使用静态方法 `ClassLoader::getPlatformClassLoader` 来访问。
- **系统或应用程序类加载器**从模块和类路径中加载所有类,意味着它负责所有应用程序模块,可以使用静态方法 `ClassLoader::getSystemClassLoader` 访问。

因为只有系统类加载器可以访问类路径,所以在这 3 个加载器中,只有系统类加载器的无名模块是非空的。因此 8.2 节在讨论无名模块时总是引用系统类加载器。

如图 12-3 所示,类加载器不是孤立的:每个类加载器都有一个父加载器,而且大多数类加载器的实现(包括刚才提到的 3 个)在尝试自己查找类之前,首先会要求父加载器加载类。至于 3 个启动层中的类加载器,启动类加载器没有父加载器,平台加载器委托给了启动加载器,系统加载器委托给了平台加载器。因此,系统类加载器可以从启动加载器和平台加载器访问所有应用程序和 JDK 类。

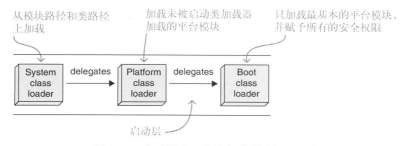

图 12-3　启动层中 3 个类加载器之间的委托

12.4.2　分析模块层

> **定义：`ModuleLayer`**
>
> 　　在运行时，层通过 `java.lang.ModuleLayer` 实例呈现，利用它可以查询层所包含的以下 3 个因素。
>
> 　　□ 模块。
>
> 　　　　■ `modules()` 方法以 `Set<Module>` 的形式返回该层包含的模块。
>
> 　　　　■ `findModule(String)` 方法在该层以及它的所有祖先层中查找具有特定名称的模块。因为有可能无法找到该模块，所以它返回一个 `Optional<Module>`。
>
> 　　□ `parent()` 方法以 `List<ModuleLayer>` 的形式返回该层的父模块层。
>
> 　　□ 每个模块的类加载器可以通过用模块名调用 `findLoader(String)` 的方式确定。
>
> 　　然后是 `configuration` 方法，它返回一个 `Configuration` 实例。更多信息参见 12.4.3 节。

要获得一个 `ModuleLayer` 实例，可以从任意模块获得其所属的层。

```
Class<?> type = // ...... 任意类
ModuleLayer layer = type
    .getModule()
    .getLayer();
```

如果类型来自无名模块或不属于某个层的动态模块，最后一行就返回 `null`；如果希望访问启动层，则可以调用静态方法 `ModuleLayer::boot`。

那么，`ModuleLayer` 实例有什么用呢？毫无疑问，最有趣的是 `modules()` 和 `findModule(String)` 方法，因为与模块上的方法相结合（参见 12.3.3 节），它们可以遍历和分析模块图。

1. 描述模块层

使用代码清单 12-7 中的 `describe(Module)` 方法，可以这样描述整个层。

```
private static String describe(ModuleLayer layer) {
    return layer
        .modules().stream()
        .map(ThisClass::describe)
        .collect(joining("\n\n"));
}
```

2. 在层内和层间查找模块

确定特定模块是否存在，对于可选依赖是非常有用的（通过 `requires static` 指令，参见 11.2 节）。11.2.4 节曾提到过可以通过简单地实现 `isModulePresent(String)` 方法来达到这个目的。这样可以把到目前为止学到的与层相关的知识付诸实践，所以请一步步实现。

起初，这似乎很简单。

```
public boolean isModulePresent(String moduleName) {
    return ModuleLayer
        .boot()
        .findModule(moduleName)
        .isPresent();
}
```

这只是验证模块是否在启动层中，而如果创建了其他层，并且模块在另一个层中该怎么办？可以用包含 isModulePresent 的层替换启动层。

```
public boolean isModulePresent(String moduleName) {
    return searchRootModuleLayer()
        .findModule(moduleName)
        .isPresent();
}

private ModuleLayer searchRootModuleLayer() {
    return this
        .getClass()
        .getModule()
        .getLayer();
}
```

通过这种方式，isModulePresent 将搜索自己所在的层（可以称之为 search 层）和其所有祖先层。但这还不够，调用该方法的模块可能在另一个名为 call 的层中，该层的祖先层是 search 层（困惑吗？如图 12-4 所示）。这样一来，search 就不能查找 call 层，不能搜索所有可能的模块。你需要 caller 的模块将其层用作你搜索的根。

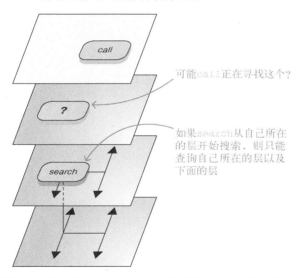

图 12-4　要求查找模块的层只扫描自己所属的层及其父层（在图中是向下的）。因此，如果 search 查询自己所属的层，那么它可能会忽略 caller 模块（发起查找的模块）可以看到的层，因此存在返回错误结果的风险，这就是为什么查询 call 所在的层很重要

代码清单 12-9 实现了 `getCallerClass`，其使用 Java 9 引入的 stack-walking API 来确定 `caller` 的类。

代码清单 12-9　用于遍历调用栈的新 API

```
private Class<?> getCallerClass() {
    return StackWalker
            .getInstance(RETAIN_CLASS_REFERENCE)        ◄── 获取 StackWalker 实例的静
                                                             态工厂方法，其中每个 frame
                                                             都有一个对声明类的引用

            .walk(stack -> stack        ◄── walk 期望传入一个能将 Stream <StackFrame>转换成任
                                            意对象的函数。它为栈创建了一个延迟视图，并通过它立即
        ┌──► .filter(frame ->           调用该函数。该函数返回的对象随后由 walk 返回

                    frame.getDeclaringClass() != this.getClass())
        └──► .findFirst()

            .map(StackFrame::getDeclaringClass)        ◄── 获得类

            .orElseThrow(IllegalStateException::new)    ◄── 如果不存在这样的 frame，
    );                                                      那就太奇怪了……
}
```

你对来自另外一个类（一定是 `caller`，而非这一个）的第一个 frame 感兴趣，现在你有了一个 `Optional<StackFrame>`

有了这个工具箱，你就拥有了 `caller` 的模块。

```
public boolean isModulePresent(String moduleName) {
    return searchRootModuleLayer()
        .findModule(moduleName)
        .isPresent();
}

private ModuleLayer searchRootModuleLayer() {
    return getCallerClass()
        .getModule()
        .getLayer();
}
```

这是用来分析模块层的。现在本节终于可以进入最令人兴奋的部分了：通过创建新层将新代码加载到正在运行的应用程序中。

12.4.3　创建模块层

只有一小部分用 Java 编写的应用程序需要在运行时动态加载代码，同时这些代码也是比较重要的。而最有名的例子是 Eclipse，它专注于插件；像 WildFly 和 GlassFish 这样的应用服务器，必须同时加载一个或多个来自应用程序的代码。正如 15.3.2 节将讨论的，OSGi 还能够动态地加载和卸载 bundle（模块的别名）。

在加载插件、应用程序、bundle 和其他运行 JVM 新片段的机制方面，它们有相同的基本要求。

❑ 必须能够在运行时从一组 JAR 中启动一个片段。

❑ 必须能够与加载的片段交互。

❑ 必须能够将不同的片段隔离。

在模块系统出现之前，这是通过类加载器完成的。简单来说就是为新 JAR 创建一个新的类加载器。它被委托给另一个类加载器（比如系统类加载器），这样就可以访问正在运行的 JVM 中的其他类了。虽然每个类（由其完全限定名标识）在每个类加载器中只能存在一次，但它可以很容易地由多个加载器加载。这样就隔离了片段，并为每个片段提供了维护自己的依赖而不与其他片段产生冲突的可能性。

模块系统没有以任何方式改变这一点。保持现有的类加载器层次结构不变是在类加载器之下实现模块系统的动因之一（参见 15.3.2 节）。模块系统增加的是围绕类加载器的层概念，其支持在启动时与加载的模块进行集成。下面看看如何创建模块层（可以在 ServiceMonitor 应用的 `feature-layers` 分支中找到创建层的例子)。

1. 创建配置

`ModuleLayer` 的一个重要组成部分是 `Configuration`，创建它将触发模块解析过程（参见 3.4.1 节），而所创建的实例表示一个得到成功解析的模块图。创建 `Configuration` 的最基本形式是使用静态工厂方法，即 `resolve` 和 `resolveAndBind`。两者之间唯一的区别是，后者绑定服务（参见 10.2.2 节），而前者不绑定服务。

`resolve` 和 `resolveAndBind` 使用了 4 个相同的参数。

❑ 在查看父配置之前，使用 `ModuleFinder before` 定位模块。

❑ `List<Configuration> parents` 是父层的配置。

❑ 在查看父配置后，使用 `ModuleFinder after` 定位模块。

❑ `Collection<String> roots` 是解析过程的根模块。

为模块路径创建 `ModuleFinder` 与调用 `ModuleFinder.of(Path...)` 一样简单。尝试从父层引用尽可能多的模块是很常见的，`before` 查找器在创建时通常没有参数，因此也就无法找到任何模块。

在创建单个父加载器配置的常见情况下，调用实例的 `resolve` 和 `resolveAndBind` 方法会更容易。它们没有 `List<Configuration> parents` 参数，使用当前配置作为父加载器的配置。

假设要创建一个以启动层为父层的配置，该配置模拟启动命令 `java --module-path mods --module root`，但不需要服务绑定。为此，可以在启动层的配置（使其成为父配置）上调用 `resolve` 方法（这样不会绑定服务），并传递一个模块查找器，该模块查找器将查看 mods 目录。代码清单 12-10 创建了这样的一个配置，并模拟了 `java --module-path mods --module initial`（不包含服务绑定）。

12

代码清单 12-10 模拟 `java --module-path mods --module`

在查看父层模块图之
前无须查找模块

如果模块不在父层模块图，那
么查找器将查找 mods 目录

```
ModuleFinder emptyBefore = ModuleFinder.of();
ModuleFinder modulePath = ModuleFinder.of(Paths.get("mods"));
Configuration bootGraph = ModuleLayer.boot().configuration();
Configuration graph = bootGraph #C
        .resolve(emptyBefore, modulePath, List.of("initial"));
```

通过调用 **resolve** 将启动层的配置定义为
父层（**resolveAndBind** 将绑定服务）

下一个示例，让我们回到希望 ServiceMonitor 在运行时观察新服务的场景。为此，需要加载新的 ServiceObserver 实现。第一步，创建一个配置，将当前层作为父层，查找指定路径上的模块。

因为你在服务中将使用模块系统的服务，所以调用 resolveAndBind 方法。你可以仅依赖该机制来查找所需的所有模块（及其依赖项），因此无须指定根模块。代码清单 12-11 中是实现。

代码清单 12-11 从指定路径绑定所有模块的配置

```
private static Configuration createConfiguration(Path[] modulePaths) {
    return getThisLayer()
        .configuration()
        .resolveAndBind(
            ModuleFinder.of(),
            ModuleFinder.of(modulePaths),
            Collections.emptyList()
        );
}
```

返回类 **createConfiguration**
所属的层

调用，以便解析服务

你依赖服务绑定来完成工作
并获取所需的模块，因此不
需要定义根模块

2. 创建 ModuleLayer

如 12.4.1 节所述，层由模块图、类加载器和对父层的引用组成。创建模块的基本形式是使用静态方法 `defineModules(Configuration`、`List<ModuleLayer>` 和 `Function<String, ClassLoader>)`。

❑ 你已经知道如何获得 Configuration 实例。

❑ `List<ModuleLayer>` 是父层。

❑ `Function<String, ClassLoader>` 将每个模块名映射到你希望负责该模块的类加载器上。

该方法返回一个 Controller，其可以通过添加读取边或在调用 `layer()` 之前导出（或开放）包来进一步编辑模块图。`layer()` 返回 ModuleLayer。

你可以调用 defineModules 的几个变体方法。

❑ `defineModulesWithOneLoader` 对所有模块都使用单个类加载器。作为方法参数给出的类加载器成了父加载器。

□ defineModulesWithManyLoaders 为每个模块使用一个单独的类加载器。作为方法参数给出的类加载器是每个加载器的父加载器。

□ 每个方法都有一个变体，该变体可以在 ModuleLayer 的一个实例上调用，并使用该实例作为父层。它们返回创建的层，而不是 Controller。

继续探索动态加载 ServiceObserver 的实现，下一步是根据配置创建实际的层。这非常简单，如代码清单 12-12 所示。

代码清单 12-12　根据配置创建层

创建如代码清单 12-11 所示的 configuration

getThisLoader 会返回加载 createLayer 的类加载器

```
private static ModuleLayer createLayer(Path[] modulePaths) {
    Configuration configuration = createConfiguration(modulePaths);
    ClassLoader thisLoader = getThisLoader();
    return getThisLayer()
        .defineModulesWithOneLoader(configuration, thisLoader);
}
```

与代码清单 12-11 中的 getThisLayer 相同

只想此层所有模块的单一加载器为父加载器，所以调用 defineModulesWithOneLoader 方法

最后一步，检查新创建的层是否包含一个可以处理需要观察的服务的 ServiceObserver。为此，可以使用 ServiceLoader::load 的重载方法，其除了所查找的服务类型之外，还需要一个 ModuleLayer。这里语义应该是清晰的：在定位提供者时查看该层（及其祖先层），如代码清单 12-13 所示。

代码清单 12-13　在新层中发现服务提供者（及其祖先）

```
private static void registerNewService(
        String serviceName, Path... modulePaths) {
    ModuleLayer layer = createLayer(modulePaths);
    Stream<ServiceObserverFactory> observerFactories = ServiceLoader
        .load(layer, ServiceObserverFactory.class).stream()
        .map(Provider::get);
    Optional<ServiceObserver> observer = observerFactories
        .map(factory -> factory
            .createIfMatchingService(serviceName))
        .flatMap(Optional::stream)
        .findFirst();
    observer.ifPresent(monitor::addServiceObserver);
}
```

创建如代码清单 12-12 所示的层

使用接受新层的 ServiceLoader::load 变体

剩下的就是像往常一样为 serviceName 寻找一个观察者

如果上面做的还不够，这里还有一些人们很少涉及的事情，则可以通过模块层来实现。

□ 创建有多个父层或类加载器的配置和层。

□ 使用层来加载同一模块的多个版本。

□ 使用 Controller 修改模块图（例如，导出或开放模块），然后将其转换为 ModuleLayer。

❑ 直接从创建的层中加载特定的类作为片段的入口点，而不是使用 JPMS 服务。

可以通过 Javadoc，特别是 ModuleLayer 和 Configuration，了解更多的相关方法。或者翻到 13.3 节，其中有利用了这些特性的例子。

12.5 小结

❑ 代码反射所针对的模块。

- 大多数情况下，exports 指令并不适用于使类可被反射访问，因为在基于反射的框架中使用的类很少适合作为模块公有 API 的一部分。在使用合规导出时，你可能被迫将模块绑定到实现而非标准。导出不支持对非私有字段和方法进行深度反射。
- 默认情况下，不应该使用 exports 指令，而应该使用 opens 指令来开放用于反射的包。
- opens 指令的语法与 exports 指令相同，但两者工作方式不同：开放的包在编译时不可访问，但所有类型和成员（包括非公有类型和成员）都可以在运行时访问。这些属性与基于反射的框架的需求密切相关，这使得在准备用于反射的模块时，opens 指令成了默认的选择。
- 合规变体 opens ... to 为具名模块开放了一个包。因为通常哪些框架反射了哪些包是显而易见的，所以合规的 open 指令能否带来很多价值非常值得怀疑。
- 如果反射框架被划分为标准及其实现（就像 JPA 和 Hibernate、EclipseLink 等），那么在技术上可以只向标准开放一个包，然后该标准可以使用反射 API 将其开放到一个特定的实现。但是，这还没有得到广泛实现，所以目前合规开放需要命名特定的实现模块。
- 命令行选项--add-opens 与--add-exports 具有相同的语法，其工作方式类似于合规开放。在迁移到 Java 9 及以上版本期间，在命令行中开放平台模块以访问内部结构是很常见的，但是如果有必要的话，它也可以用来进入其应用程序的模块。
- 如果使用 open module（而不仅仅是 module）声明一个模块，那么该模块中的所有包都会被开放。如果一个模块包含许多需要开放的包，那么这是一个很好的解决方案，但是应该仔细评估这是否真的有必要，或者是否可以补救。理想情况下，在将模块重构为更干净的状态（公开更少的内部信息）之前，open module 通常在模块化过程中使用。

❑ 针对模块进行反射的代码。

- 反射受到与常规代码相同的可访问性规则的约束。在必须读取所访问的模块时，反射 API 可以隐式地添加一条读取边，使事情变得更简单。在导出或开放包时，如果模块所有者没有为此准备模块，那么反射代码的作者对此将无能为力（唯一的解决方案是使用--add-opens 命令行选项)。
- 这使得向用户介绍强封装以及模块需要访问哪些包变得更加必要。可以采取的措施包括好好编写文档以及使源代码易于获得。

- 确保正确处理因强封装而抛出的异常，这样就可以向用户提供信息丰富的错误消息，可能还会链接到对应的文档。
- 考虑使用变量句柄而不是反射 API。变量句柄提供了更多的类型安全性，性能更好，并通过 `Lookup` 实例提供了在引导 API 中表达访问需求的方法。
- `Lookup` 实例为每个人提供了与创建它的模块相同的可访问性。因此，当用户在他们的模块中创建一个 `Lookup` 实例并将其传递给框架时，你可以访问其模块内部。
- 新类 `Module` 和 `ModuleDescriptor` 是反射 API 的一部分，可以访问关于模块的所有信息，比如名称、依赖项以及导出或开放的包。它可以在运行时用来分析实际的模块图。
- 通过使用该 API，模块还可以修改自己的属性、得到导出或开放包，或将读取边添加到其他模块。通常，修改其他模块是不可能的，但是如果一个模块向另一个模块开放了自身的包，那么后者就可以将该包向第三个模块开放。
- 动态加载模块的代码。
  - 类加载器是将代码动态加载到正在运行的程序中的方法。这在模块系统中没有改变，但是确实提供了一个带层的类加载器的模块化包装。层封装类加载器和模块图，创建模块图将加载的模块，暴露给模块系统提供的所有一致性检查和可访问性规则。因此，层可以用来为加载的模块提供可靠配置和强封装。
  - 启动时，JVM 创建启动层。启动层由 3 个类加载器和所有最初解析的平台以及应用程序模块组成。可以使用静态方法 `ModuleLayer::boot` 访问，返回的 `ModuleLayer` 实例可用于分析整个模块图。

12

模块版本：可能和不可能 *13*

正如 1.6.6 节简要提到的，JPMS 不支持模块版本，但是 `jar --module-version` 有什么用呢？12.3.3 节不是说明了 `ModuleDescriptor` 至少可以报告模块的版本吗？本章澄清了这些问题，并从几个不同的角度来看待模块版本。

本章将首先讨论模块系统以哪种方式支持版本以及为什么不支持版本（参见 13.1 节）。然后介绍模块系统允许人们记录和评估版本信息（参见 13.2 节）。最后展示一个必杀技（Holy Grail）：运行同一个模块的不同版本（参见 13.3 节）。虽然没有原生的支持，但是通过一些努力仍可以实现间接的支持。

到本章结束时，你将清楚地了解模块系统对版本的有限支持。这将帮助你分析应用程序，甚至可以用来主动报告可能的问题。也许更重要的是，你还将了解这些限制背后的原因，以及是否可以期望针对版本的支持发生变化。你还将学习如何运行同一个模块的多个版本——但是正如后文所述，这样的付出很不值得。

13.1 JPMS 中缺乏版本支持

Java 8 及之前的版本没有版本的概念。如 1.3.3 节所述，这可能导致意外的运行时行为，而唯一的解决方案可能是选择不同的依赖版本。这很不幸，因此模块系统在最初构思时，目标之一就是纠正这种情况。

然而，上述情况并没有真正改变。目前在 Java 中运行的模块系统仍然对版本没有概念，其改变仅限于记录模块或依赖的版本信息（参见 13.2 节）。

这是为什么呢？模块系统不能支持同一模块的多个版本吗（参见 13.1.1 节）？如果不支持，那么能至少将一堆模块和需求的版本作为输入，并为每个模块选择一个版本吗（参见 13.1.2 节）？这两个问题的答案都是“不”，下文将解释原因。

13.1.1　不支持多版本

解决版本冲突的一个看似简单的方案是允许运行同一个 JAR 的两个版本。该方案简单直接，为什么模块系统不能这样做呢？要回答这个问题，必须了解 Java 如何加载类。

1. 类加载机制如何防止出现多个版本

1.3.2 节曾讨论过覆盖，JVM（或者更准确地说，它的类加载器）通过完全限定名来标识类，比如 `java.util.List` 或 `monitor.observer.ServiceObserver`。要从类路径加载一个类，应用程序类加载器将扫描所有 JAR，直到遇到一个要查找的特定名称的类，然后进行加载。

 要点　关键的观察结果是，无论类路径上的另一个 JAR 是否包含具有完全相同名称的类，都不会被加载。换句话说，类加载器假设每个类（由其完全限定名标识）只存在一次。

回到希望运行同一个模块的多个版本的问题上，这里的障碍是显而易见的：这些模块一般包含具有相同完全限定名称的类，如果不做任何更改，JVM 则只能看到其中的一个。那么应该更改成什么样呢？

2. 更改类加载机制以加载多个版本

使多个类能够具有相同名称的第一个可能选项是重写整个类加载机制，以方便单个类加载器处理这种情况。该工程任务量巨大，因为类加载器假设在整个 JVM 中最多只能加载一个给定名称的类。除了要做大量的工作，它还会带来很多风险：由于这是一种侵入性的变更，因此几乎可以肯定它是向后不兼容的。

第二个选项是允许多个具有相同名称的类来做一些事情，比如 OSGi 所做的：为每个模块使用单独的类加载器（如图 13-1 所示）。这相对比较简单，但可能会导致兼容性问题。

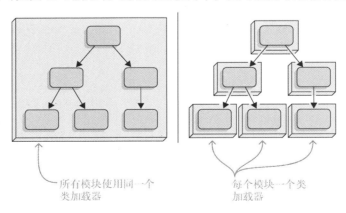

所有模块使用同一个
类加载器

每个模块一个类
加载器

图 13-1　JPMS 对所有应用程序模块使用相同的类加载器（左），但是可以想象，它也可以为每个模块使用单独的类加载器（右）。在许多情况下，这将改变应用程序的行为

13

一个潜在的问题是，一些工具、框架甚至应用程序对类加载器的层次结构做了特定假设（默认情况下，有 3 个相互引用的类加载器，这在 Java 9 中没有改变。12.4.1 节提到启动层时，对具体细节进行过说明）。将每个模块放在它自己的类加载器中会极大地改变层次结构，并可能破坏大多数项目。

在改变层次结构的过程中还隐藏着另一个不易发现的细节。即使你愿意让项目适应从模块路径运行，当它们从类路径运行时，又会发生什么呢？来自类路径的 JAR 有单独的类加载器吗？

- ❑ 如果是这样，那么那些在更改后的类加载器层次结构中遇到问题的项目，不仅不能作为模块运行，而且不能在 Java 9 及以上版本中运行。
- ❑ 如果不是这样，那么它们需要知道两个不同的类加载层次结构，并根据所在的路径正确地与每个层次结构交互。

如果将其应用于整个生态系统，那么这些对兼容性或迁移路径的影响都是不可接受的。

注意　这些关注点的权重与 OSGi 不同，它提供的功能对大多数使用它的应用程序而言是必不可少的，因此可以期望相应的开发人员对其投入更多的精力。然而，Java 9 及以上版本也需要考虑不关心模块系统的项目。因为 OSGi 是可选的，所以到了紧要关头，如果它对任何特定项目都不起作用，就可以忽略它，但显然 Java 9 及以上版本不是这种情况。

 要点　每个 JAR 所拥有的特定类加载器可能出问题的另一个原因与类相等有关。让我们假设同一个类由两个不同的类加载器加载。它们的 Class<?>实例不相等，因为类加载器总是包含在该检查中，但是谁在乎呢？

如果对于每个类，你都有一个实例，并对它们进行比较，那么在 equals 比较中首先会发生什么呢？会发生 this.getClass() == other .getClass()或 instanceof 检查。在本例中，这将始终为 false，因为这两个类不相等。

这意味着对于有两个版本的 Guava 来说，multimap1.equals(multimap2)总是错误的，不管这两个 Multimap 实例包含什么元素。你也不能将从一个加载器加载的类转换成从另一个加载器加载的同一个类，所以(Multimap) multimap2 可能会失败。

```
static boolean equalsImpl(
        Multimap<?, ?> multimap,
        @NullableDecl Object object) {
    if (object == multimap) {
        return true;
    }
    if (object instanceof Multimap) {
        Multimap<?, ?> that = (Multimap<?, ?>) object;
        return multimap.asMap().equals(that.asMap());
    }
    return false;
}
```

调用实例 Multimap 的 equals 方法，该方法在其类加载器的上下文中执行

传递给 equals 方法的 Object 对象，它被认为是来自不同类加载器的 Multimap 实例

object 是来自另一个类加载器的 Multimap 类型，因此这个 instanceof 检查总是失败

如果能知道有多少项目会因为这个细节而出错就好了，可是没办法知道，但我猜有很多。与之相比，第 6 章和第 7 章的方案完全是良性的。

注意　顺便说一下，刚才讨论的所有内容也适用于包分裂（参见 7.2 节）。如果模块系统不关心两个模块是否包含相同的包，并且可以将它们分开，这不是很好吗？是的，但这样会遇到前文刚刚讨论过的问题。

到目前为止，我们所确定的只是模块系统不允许同一模块出现多个版本。但是，没有原生支持，并不意味着绝对不可能，13.3 节将介绍如何解决该问题。

13.1.2　不支持版本选择

如果模块系统不能加载同一个模块的多个版本，为什么它不能至少为人们选择正确的版本呢？当然，理论上是可能的，但很遗憾这不具有可行性，下面解释一下原因。

1. 构建工具如何处理版本

像 Maven 和 Gradle 这样的构建工具总是使用版本化的 JAR，它们知道每个 JAR 的版本及其依赖的版本。考虑到它们是许多项目所依赖的基础框架，所以很自然地，它们拥有很深的依赖树，这些树可能多次纳入相同的 JAR，而这些 JAR 可能有不同的版本。

虽然知道受依赖的 JAR 有多少个不同的版本这一点很好，但并不能改变这样一个事实：它们最好不要都在类路径上。如果都在，你将遇到覆盖（参见 1.3.2 节）和直接的版本冲突（参见 1.3.3 节）这样的问题，这将威胁项目的稳定性。

要点　当需要编译、测试或启动一个项目时，构建工具必须将树展平，使其成为只包含每个 JAR 一次的列表（如图 13-2 所示）。实际上，必须为每个工件**选择一个版本**。这是一个重要的过程，如果工件可以为每个依赖定义一系列可接受的版本，该过程尤其重要。因为这个过程并非无足轻重，也不是特别透明。人们很难预测 Maven 或 Gradle 会选择哪个版本，所以在相同的情况下，不一定选择相同的版本也就不足为奇了。

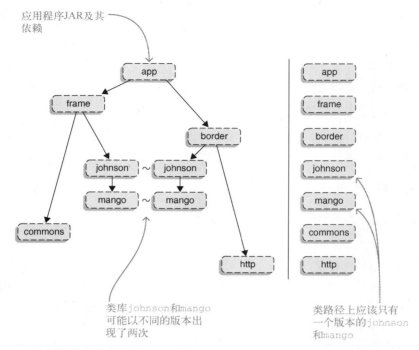

图 13-2 应用程序的依赖树（左）可能不止一次地包含相同的 JAR，就像 johnson 和 mango 一样，可能有不同的版本。要在类路径上工作，必须将这个树展平为只包含每个 JAR 一次的集合（右）

2. 为什么模块系统不选择版本

现在抛开构建工具来谈谈模块系统。就像 13.2 节将要展示的，模块可以记录自己的版本以及各依赖的版本。假设模块系统无法运行同一个模块的多个实例，难道它不能为每个实例选择一个独立的版本吗？

下面推演一下。在这个假定的场景中，JPMS 需要在模块路径中接受同一个模块的不同版本。而在构建模块图时，它需要为每个模块决定选择哪一个版本。

要点 这意味着 JPMS 需要重复构建工具已经做过的事情。由于它们采用的方式不同，因此模块系统的行为将略有差异。更糟糕的是，由于 Java 基于一种标准，精确的行为需要被标准化，这使其难以随着时间的推移而发展。

除此之外，还要考虑实现和维护版本选择算法的成本。"压垮骆驼的最后一根稻草"是性能：如果编译器和 JVM 在开始它们的实际工作之前不得不运行这个算法，则会极大地增加编译和启动时间。如上文所述，版本选择并不廉价，所以 Java 不采用它是合理的。

13.1.3 未来会怎样

简而言之，模块系统与版本无关，这意味着版本信息不会影响其行为。这是当前的状况。但很多开发者希望将来 Java 能够支持这些特性。我无意泼冷水，如果你也是其中一员，尽管当前的状况不意味着将来模块系统不会支持版本，但我对此持保留意见。

 要点 作为 Oracle Java 平台小组首席架构师以及模块系统规范的领导者，Mark Reinhold 曾经反复公开声明，他不认为 Java 在未来会支持模块版本。考虑到这样的特性所需要的巨大投入，以及回报的不确定性，我可以理解他是如何做出这个决定的。

这意味着我们仍然不得不为版本问题头疼，但这种头疼并非徒劳无益（这听起来有些像斯德哥尔摩综合征[①]发作）。在整个项目中统一版本范围，并且确保应用程序由一系列唯一的 JAR 来提供支持，这样的努力（有时候确实很难）实际上会提供很多好处。

想一下，其实你并不想这么做。你的项目需要把多少额外的 JAR 放到类路径或模块路径中？它会因此变得多大？调试会变得多复杂？算了吧，允许同时使用多个有冲突的版本将是一个非常糟糕的主意。

尽管如此，因版本冲突导致重要工作突然僵死，或者为了某个关键升级不得不在同一时刻更新大量其他依赖，这些问题依然存在。为此，最好提供一个命令行选项，比如 `java --one-class-loader-per-module`，供你在事情不顺时进行尝试。可惜的是，这个命令（目前）并不存在。

13.2 记录版本信息

就像刚刚详细讨论的，模块系统不处理版本信息。但很有趣的是，它**确实**允许人们记录和访问版本信息。乍听起来似乎有些不可思议，但版本信息在调试应用程序时会有帮助。

在讨论从哪里可以看到版本信息以及它提供了哪些好处（参见 13.2.2 节）之前，首先了解一下如何在编译和打包过程中记录版本信息（参见 13.2.1 节）。记录和评估版本信息的例子存放在 ServiceMonitor 的 `feature-versions` 分支中。

13.2.1 在构建模块时记录版本

定义：--module-version

`javac` 和 `jar` 命令接收命令行选项 `--module-version ${version}`。它将给定版本（可以是任意字符串）嵌入到模块描述符中。

[①] 斯德哥尔摩综合征，指被害者对于犯罪者产生情感，甚至协助犯罪者的一种情结。——译者注

不论这个选项是否得到使用，只要模块编译所用的某个依赖记录了版本，编译器就会把这个信息加入到模块描述符中。这意味着模块描述符不仅包含模块自己的版本信息，也包含模块编译时所使用的所有依赖的版本信息。

如果模块原本就带有版本信息，那么 jar 命令可以将它覆盖。因此，如果 jar 和 javac 都使用了--module-version，那么只有传给 jar 的值会生效。

前文中，代码清单 2-5 显示过如何编译和打包 monitor 模块，但不必翻回去看。修改对应的 jar 命令以记录版本非常简单。

```
$ jar --create
    --file mods/monitor.jar
    --module-version 1.0
    --main-class monitor.Monitor
    -C monitor/target/classes .
```

如以上代码所示，这简单到只需一个--module-version 1.0 选项。因为脚本会对模块进行编译并马上将其打包，所以没有必要在 javac 中也增加这个选项。

要检查编译打包是否成功，仅需要执行 jar --describe-module（参见 4.5.2 节）。

```
$ jar --describe-module --file mods/monitor.jar

> monitor@1.0 jar:.../monitor.jar/!module-info.class
> requires java.base mandated
> requires monitor.observer
# 省略了 requires 的输出
> contains monitor
> main-class monitor.Main
```

版本就在第一行：monitor@1.0。为什么依赖模块的版本没有显示？因为本例没有记录它们。但是java.base绝对拥有版本，它也没有显示。实际上，--describe-module 选项不会打印这个信息，不论 jar 还是 java 命令都是这样。

要访问依赖模块的版本，需要采取不同的方式。下面看一下版本信息在哪里显示，以及如何访问它。

13.2.2   访问模块版本

编译和打包过程中所记录的版本信息会在不同地方显示。如上文所述，jar --describe-module 和 java --describe-module 都会打印模块版本。

1. 栈跟踪中的版本信息

栈跟踪也是重要的位置。如果代码在模块中运行，那么模块的名字会与包名、类名以及方法名一起被打印到每条栈帧中。好消息是，模块版本也在其中。

```
> Exception in thread "main" java.lang.IllegalArgumentException
>       at monitor@1.0/monitor.Main.outputVersions(Main.java:46)
>       at monitor@1.0/monitor.Main.main(Main.java:24)
```

这不是一种革命性的进化，但绝对是一条很好的附加信息。如果代码由于不明的原因而行为不当，那么版本问题可能是潜在的原因。如果可以在这样显眼的地方看到版本信息，则会让人们更容易注意到它，从而发现可疑之处。

 要点　我已经认同版本信息可以带来巨大的帮助。强烈建议你更新构建工具的配置以记录版本。

2. 反射 API 中的模块版本信息

可以认为，处理版本信息最有趣的地方是反射 API。（要继续阅读，需要了解 `java.lang.ModuleDescriptor`。如果尚不了解它，请查阅 12.3.3 节。）

 要点　如代码清单 12-7 和代码清单 13-1 所示，`ModuleDescriptor` 类包含一个 `rawVersion()` 方法。它返回了一个 `Optional<String>` 对象，该对象极可能包含版本字符串（与传给 `--module-version` 的一模一样），也可能是空的（如果没有使用这个选项的话）。

除此之外，还有 `version()` 方法，该方法返回一个 `Optional<Version>` 对象，其中 `Version` 是一个 `ModuleDescriptor` 的内部类，将原始版本信息解析成了一个可对比的描述。如果没有原始版本信息，或者解析失败，`Optional` 则是空的。

代码清单 13-1　访问模块的原始版本和解析版本

```
ModuleDescriptor descriptor = getClass()
    .getModule()
    .getDescriptor();
String raw = descriptor        如果--module-version 未被使用，则返
    .rawVersion()              回一个空的 Optional<String>对象
    .orElse("unknown version");
                               如果 rawVersion()是空的，或者原始版
String parsed = descriptor     本信息无法被解析，则返回一个空的
    .version()                 Optional<Version>对象
    .map(Version::toString)
    .orElse("unknown or unparsable version");
```

3. 反射 API 中依赖模块的版本信息

前文已经介绍了如何获取模块自己的版本，但仍然不知道如何获取依赖模块的版本。代码清单 12-8 展示过打印 `ModuleDescriptor` 输出的所有内容，其中包含下面这个片段。

```
[] module monitor.persistence @ [] {
    requires [
        hibernate.jpa,
```

13

```
        mandated java.base (@9.0.4),
        monitor.statistics]
    [...]
}
```

看到其中的 `@9.0.4` 了吗？那是 `Requires::toString` 输出的部分内容。`Requires` 是 `ModuleDescriptor` 的另一个内部类，在模块描述符中呈现了一个 `requires` 指令。

 要点 针对一个给定的模块，可以通过调用 `module.getDescriptor().requires()` 得到一个 `Set<Requires>` 对象。`Requires` 实例包含了一些信息，最典型的是所需模块的名字（`name()` 方法），以及编译所用的原始版本和解析版本（相应的 `rawCompiledVersion()` 和 `compiledVersion()` 方法）。代码清单 13-2 展示了获得模块描述符，然后对所记录的 `requires` 指令进行流处理的代码。

代码清单 13-2 打印依赖的版本信息

```
module
    .getDescriptor()
    .requires().stream()
    .map(requires -> String.format("\t-> %s @ %s",
            requires.name(),
            requires.rawCompiledVersion().orElse("unknown")))
    .forEach(System.out::println);
```

这段代码产生的输出如下。

```
> monitor @ 1.0
>     -> monitor.persistence @ 1.0
>     -> monitor.statistics @ 1.0
>     -> java.base @ 9.0.4
# 省略了更多依赖的输出
```

这些就是编译 monitor 模块依赖所需的版本信息！

写一个类，利用这个信息比较编译所用的模块版本和在运行时依赖的实际版本非常容易。如果实际版本更低，那么它可以为这种潜在的问题提供警告，或者将所有信息打印到日志中，方便在出问题时分析原因。

13.3 在不同的层中运行同一个模块的多个版本

13.1.1 节曾提到，模块系统对运行同一个模块的多个版本没有原生支持。但前文已经暗示过，这并不意味着不可能同时存在多个版本。在 JPMS 登场之前，人们的处理方法如下。

❑ 构建工具将依赖隐藏到一个 JAR 中，这意味着该依赖中的所有类文件都被复制到了目标 JAR 中，但用的是一个新的包名。对这些类的引用也被替换为了新的类名。这样，带有 `com.google.collect` 包的独立 Guava JAR 就不再被需要了，因为它的代码已经被移动到了 `org.library.com.google.collection` 中。如果每个项目都这么做，那么不同版本的 Guava 就不再会冲突了。

- 一些项目使用 OSGi 或者其他原生支持多个版本的模块系统。
- 另外一些项目创建自己的类加载器层级,以避免不同实例间的冲突(OSGi 也是这么做的)。

上述每个方法都有自身的不便之处,但这里不会对它们进行详细研究。如果你确实**不得不**运行同一个 JAR 的不同版本,就需要找到一个对你的项目而言值得这样做的方案。

 要点 这就是说,模块系统会将已有方案重新打包,这是本节关注的重点。然而,虽然这样做人们**能够**同时运行多个版本,但是仍将发现其有些复杂,所以也许就**不想做了**。这更像是一个论证,而不是有实际意义的方案。

13.3.1 为什么需要一个添加额外层的启动器

如 12.4 节所述,模块系统引入了层这个概念,从根本上将模块图与类加载器关联在了一起。永远都至少会存在一个层,即模块系统在启动时根据模块路径内容创建的启动层。

除此之外,层可以在运行时创建,并需要一系列模块作为输入:例如,从文件系统中的某个目录开始,然后根据可靠性规则对其进行评估,以确保生成一个可靠配置。如果一个层包含同一个模块的多个版本,则它无法被创建。这样的话,唯一可以实现同一个模块的多个版本的方式,就是将它们安排在不同的层中。

 要点 这意味着不必启动应用程序,只需在一个启动器中输入以下内容并启动。

- 所有应用程序模块的路径。
- 模块之间的关系,同时要考虑它们的不同版本。

然后需要创建放置层的图,这些图的排列使得每个层仅包含每个模块一次,而不同的层可以包含同一模块的不同版本。最后一步是填满实际的层,然后调用 main 函数。

开发这样一个作为通用解决方案的启动器是一项艰巨的工程,并且这实际上意味着要重新实现现有的第三方模块系统。创建仅解决特定问题的启动器则容易得多,因此本节将重点关注这一方面。在本节的最后,你将了解如何创建一个简单的层结构,使你能运行同一模块的两个版本。

13.3.2 为你的应用程序、Apache Twill 和 Cassandra Java Driver 启动层

假设你依赖两个项目:Apache Twill 和 Cassandra Java Driver。它们对 Guava 的版本要求有冲突:Apache Twill 无法使用 Guava 13 之后的任何版本,而 Cassandra Java Driver 无法使用 Guava 16 之前的任何版本。你已经尝试了所有可以解决此问题的方法,但是没有任何效果,现在想通过层来解决这个问题。

这意味着基础层仅包含应用程序启动器。启动器需要使用 Guava 13 创建一个层,使用 Guava

16 创建另一个层，而它们都需要引用基础层才能访问平台模块。接着是第四层，其中包含应用程序的其余部分和依赖，且由于它引用了启动器创建的其他两层，因此可以在其中查找依赖关系。

不过，它并非完全这样工作。当完成 Apache Twill 的依赖解析后，模块系统将两次查看 Guava：顶层引用的每个层中各一次，但是一个模块不能多次读取另一个模块，因为这样将不清楚应该从哪个版本中加载类。

因此，将这两个模块及所有依赖放到各自的 Guava 层中，这就很好地完成了工作。这两个模块都公开了各自对 Guava 的依赖，因此你的代码也需要查看 Guava。如果该代码位于顶层，那么你最终会遇到与以前相同的情况：模块系统将警告代码遇到了两个版本的 Guava。

如果将 Twill 和 Cassandra 特定的代码也拉到相应的层中，则会得到如图 13-3 所示的层图。现在，创建这些层。为此，假定你已将应用程序模块组织到 3 个目录中。

- ❑ mods/twill，包含 Apache Twill 及其所有依赖，以及与其直接交互的模块（在本示例中为 app.twill）。
- ❑ mods/cassandra，包含 Cassandra Java Driver 及其所有依赖，以及与其直接交互的模块（在本示例中为 app.cassandra）。
- ❑ mods/app，包含应用程序的其余部分及其依赖（在本示例中，主模块为 app）。

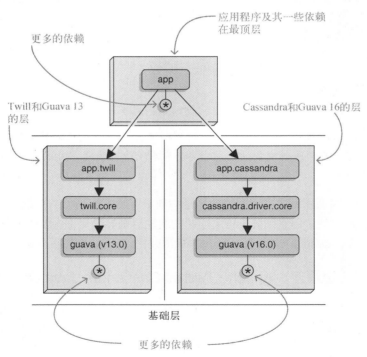

图 13-3　Apache Twill 和 Cassandra Java Driver 对 Guava 的依赖相冲突。为了让使用这两个类库的应用程序正常启动，每个类库（包括其各自的依赖）必须进入它自己的层。在它们之上是包含应用程序其余部分的层，之下是基础层

然后启动器就可以执行了，如代码清单 13-3 所示。

(1) 使用 mods/cassandra 中的模块创建一个层。请仔细选择正确的模块作为解析过程的根结点，同时选择引导层作为父层。

(2) 对 mods/twill 中的模块执行相同的操作。

(3) 使用 mods/app 中的模块创建一个层，然后选择主模块作为根。使用另外两层作为父层：这样，你的应用程序对 mods/cassandra 和 mods/twill 中模块的依赖就可以得到正确解析。

(4) 完成所有操作后，获取上层主模块的类加载器，并调用其 `main` 函数。

代码清单 13-3 为 Cassandra、Apache Twill 和应用程序创建层的启动器

```
public static void main(String[] args)
        throws ReflectiveOperationException {
    createApplicationLayers()
        .findLoader("app")
        .loadClass("app.Main")
        .getMethod("main", String[].class)
        .invoke(null, (Object) new String[0]);
}
```

应用程序层创建后，加载其主类并调用 `main` 函数

```
private static ModuleLayer createApplicationLayers() {
    Path mods = Paths.get("mods");

    ModuleLayer cassandra = createLayer(
        List.of(ModuleLayer.boot()),
        mods.resolve("cassandra"),
        "app.cassandra");
    ModuleLayer twill = createLayer(
        List.of(ModuleLayer.boot()),
        mods.resolve("twill"),
        "app.twill");

    return createLayer(
        List.of(cassandra, twill),
        mods.resolve("app"),
        "app");
}
```

为 Twill 和 Cassandra 各创建一个层，其中各自包含整个项目以及你的模块与其交互的部分

主应用程序层首先在你的主模块中开始解析，并且把 twill 层和 cassandra 层作为父层

```
private static ModuleLayer createLayer(
        List<ModuleLayer> parentLayers,
        Path modulePath,
        String rootModule) {
    Configuration configuration = createConfiguration(
        parentLayers,
        modulePath,
        rootModule);
    return ModuleLayer
        .defineModulesWithOneLoader(
            configuration,
            parentLayers,
            ClassLoader.getSystemClassLoader())
        .layer();
```

`createLayer` 和 `createConfiguration` 方法与 12.4.3 节中的部分类似，主要区别是它们指定了用于解析的根模块（之前没必要，因为你依赖于服务绑定——但是此处不同）

```
    }

private static Configuration createConfiguration( #D
        List<ModuleLayer> parentLayers,
        Path modulePath,
        String rootModule) {
    List<Configuration> configurations = parentLayers.stream()
        .map(ModuleLayer::configuration)
        .collect(toList());
    return Configuration.resolveAndBind(
        ModuleFinder.of(),
        configurations,
        ModuleFinder.of(modulePath),
        List.of(rootModule)
    );
}
```

就是像上面这样！理解这些需要一些时间，并且可能也需要花一些时间才能使其工作（对于我而言是这样）。但是如果这是唯一的解决方案，那么它还是值得尝试的。

13.4   小结

❑ javac 和 jar 命令使人们可以使用--module-version ${version}选项指定模块版本。它将指定版本嵌入模块声明中，人们可以使用命令行工具（比如 jar --describe-module）和反射 API（ModuleDescriptor::rawVersion）读取版本信息。另外栈跟踪信息也会显示模块版本。

❑ 如果一个模块知道自己的版本，而另一个模块基于该模块进行了编译，那么编译器会将版本信息记录到后者的描述符中。此信息仅在由 ModuleDescriptor::requires 返回的 Requires 实例上可用。

❑ 模块系统不以任何方式处理模块版本信息，如果模块路径中包含多个模块版本，模块系统不会尝试为其选择特定的版本，而会退出并显示错误信息。这样可以将代价高昂的版本选择算法排除在 JVM 和 Java 标准之外。

❑ 模块系统没有对运行同一模块的多个版本提供开箱即用的支持。根本原因在于类加载机制。该机制假定每个类加载器对于任何给定名称最多只知道一个类。如果需要运行多个版本，就需要多个类加载器。

❑ OSGi 通过为每个 JAR 创建一个单独的类加载器来完成这项工作。虽然创建类似的通用解决方案是一项艰巨的任务，但是针对具体问题定制一个更简单的方案是可行的。要运行同一模块的多个版本，可以通过创建层和关联的类加载器将冲突的模块分开。

## 第 14 章

通过 jlink 定制运行时镜像

本章内容

- ❑ 基于选定内容创建镜像
- ❑ 生成本地应用程序启动器
- ❑ 判断镜像的安全性、性能和稳定性
- ❑ 生成和优化镜像

讨论 Java 模块化的一个主要动机一直是当前所谓的物联网（Internet of Thing，IoT）。对 OSGi 来说确实如此，它是 Java 使用最广泛的第三方模块系统，于 1999 年成立，旨在改进嵌入式 Java 应用程序的开发。Jigsaw 项目也是如此，它开发了 JPMS，并且期望通过以下方式使平台更具扩展性：仅使用（嵌入式）应用程序所需的代码即可创建尺寸很小的运行时镜像。

这就是 jlink 的由来。它是一个 Java 命令行工具（位于 JDK 的 bin 目录中），可用于选择需要的平台模块，并将它们链接到同一个运行时镜像中。这样的运行时镜像的行为完全类似于 JRE，但仅包含所选择的模块和需要的依赖项（通过 requires 指令）。在链接阶段，可使用 jlink 进一步优化镜像大小并改善 Java 虚拟机性能，尤其是缩短启动时间。

不过，自 Jigsaw 项目诞生以来的几年里，已经发生了很多变化。一方面，嵌入式设备中的磁盘空间不再那么昂贵。另一方面，我们已经看到了虚拟化的兴起，其中最显著的是 Docker，它再次引起了人们对容器大小的关注（尽管这不是主要问题）。容器化的兴起也给简化和自动化部署带来了压力，因为现在部署的频率要高出几个数量级。

jlink 在这里也能提供帮助。它不仅可以链接平台模块，还可以创建应用程序镜像：其中包括应用程序代码，以及类库和框架模块。这使得构建过程可以生成一个完全独立的可部署单元，该单元由整个应用程序以及所需的平台模块组成，根据需要可对镜像大小和性能进行优化，并且可以简单地通过调用本地脚本来启动。

如果你是一位专注于桌面应用程序的开发者，当我提到 IoT 和 Docker 时，你可能不太关心，但 jlink 肯定能让你兴奋。通过 jlink，用户可以非常容易地发布一个无须进一步设置即可启动的 Zip 文件。而且，如果你一直在使用 javapackager，那么会很高兴听到它现在在内部调用 jlink，因为这会让你很容易使用它的所有功能（虽然我不打算介绍集成，但 javapackager 文档中已经介绍过了）。

因此, 开始使用 jlink 吧! 本章先从基于平台模块创建运行时镜像开始 (参见 14.1 节), 利用该机会深入探索链接过程的细节、研究生成的镜像, 并讨论如何选择正确的模块; 然后讨论如何包含应用程序模块和创建自定义启动器 (参见 14.2 节); 接下来讨论如何跨操作系统生成镜像 (参见 14.3 节); 最后会关注镜像大小和性能优化 (参见 14.4 节)。

关于代码, 请查看 ServiceMonitor 代码库中的 feature-jlink 分支。在本章的最后, 你将了解如何为各种操作系统创建优化后的运行时镜像 (其中可能包含整个应用程序)。通过这种方式, 你就可以构建一个在服务器或客户的计算机上可直接部署的单元了。

14.1 创建自定义运行时镜像

jlink 的一大用例是创建 Java 运行时镜像, 并且该镜像仅包含应用程序所需的模块。创建的结果就是量身定制的 JRE, 其中完美地仅包含你的代码所需的模块, 不多不少。然后, 你可以像使用其他 JRE 一样, 通过该镜像中的 java 可执行文件启动应用程序。

自定义运行时镜像具有一系列优点: 可以节省一些磁盘空间 (镜像尺寸较小)、可以节省网络带宽 (如果远程部署的话)、通常更安全 (类越少意味着攻击面越小), 甚至可以启动得更快 (更多细节参见 14.4.3 节)。

> **注意** 话虽如此, 但 jlink "只是" 链接了字节码, 不会将其编译为机器码。你可能已经听说, 从 Java 9 开始, Java 进行了 AOT (ahead-of-time) 编译实验, 但 jlink 与之无关。要了解 Java 中的 AOT, 请查看 Java 增强建议 295。

 要点 一旦在 Java 9 及以上版本中运行, 便可以创建针对你的应用程序的自定义运行时镜像, 而无须先对其进行模块化。

为了了解如何使用 jlink 创建运行时镜像, 本章将从最简单的镜像 (参见 14.1.1 节) 开始, 然后检查结果 (参见 14.1.2 节)。接下来, 本章将讨论服务的特殊处理方式 (参见 14.1.3 节), 并且以真实的用例结束该部分: 如何创建专用于运行指定应用程序的镜像 (参见 14.1.4 节)。

14.1.1 jlink 入门

> **定义: jlink 的必要信息**
> 要创建镜像, jlink 需要 **3** 条信息, 每条信息都有一个对应的命令行选项:
> ❏ 哪里可以找到可用的模块 (由 --module-path 指定);
> ❏ 使用哪些模块 (由 --add-modules 指定);
> ❏ 在哪个目录中创建镜像 (由 --output 指定)。

最简单的运行时镜像仅包含基础模块。代码清单 14-1 显示了如何使用 jlink 创建它。

代码清单 14-1 创建仅包含基础模块的运行时镜像

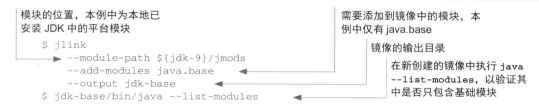

模块的位置,本例中为本地已
安装 JDK 中的平台模块

需要添加到镜像中的模块,本
例中仅有 java.base

镜像的输出目录

```
$ jlink
    --module-path ${jdk-9}/jmods
    --add-modules java.base
    --output jdk-base
$ jdk-base/bin/java --list-modules
```

在新创建的镜像中执行 `java
--list-modules`,以验证其
中是否只包含基础模块

```
> java.base
```

你需要告诉 `jlink` 在哪里可以找到平台模块,这似乎有些奇怪。对于 `javac` 和 `java` 来说这不是必需的,那么 `jlink` 为什么不知道在哪里找到它们?答案是跨平台链接,14.3 节将对其进行讨论。

注意 从 Java 10 开始,模块路径上不再放置平台模块。如果不包含任何路径选项,那么 `jlink` 将隐含地从 $JAVA_HOME/jmods 中加载。

要点 无论平台模块是被显式还是隐式引用,建议你仅从与 `jlink` 可执行文件完全相同的 JVM 版本中加载它们。例如,如果 `jlink` 是 9.0.4 版本,那么请确保它从 JDK 9.0.4 中加载平台模块。

给定这 3 个命令行选项,`jlink` 会按照 3.4.1 节中的描述解析模块:模块路径中的内容被视为可观察模块的全集,`--add-modules` 指定的模块被视为解析过程的根。但是 `jlink` 有一些特点。

要点 默认情况下,服务(参见第 10 章)未被绑定。14.1.3 节将说明原因,并探讨解决方法。

- ❏ 通过 `requires static`(参见 11.2 节)指定的可选依赖不会被解析。它们需要手动添加。
- ❏ 不允许使用自动模块。这一点在 14.2 节中变得很重要,该节将进行详细说明。

除非遇到诸如丢失或重复模块之类的问题,否则已解析的模块(根模块加上传递依赖)将最终出现在新的运行时镜像中。下面来看看。

14.1.2 镜像内容和结构

要事第一:与 263 MB 的完整 JRE 相比,此镜像在 Linux 上仅占用约 45 MB(据说在 Windows 上甚至更少)——甚至还没进行 14.4.2 节中将讨论的镜像大小优化。那么该镜像什么样呢?6.3 节曾介绍过新的 JDK/JRE 目录结构,`jlink` 创建的运行时镜像与其相似,如图 14-1 所示。这不是巧合:你下载的 JDK 和 JRE 也由 `jlink` 组装。

14

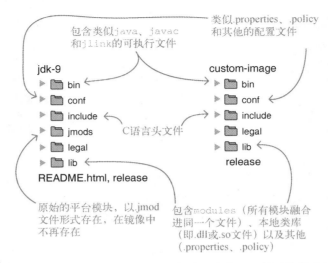

图 14-1   JDK 的目录结构（左）与用 jlink 创建的自定义运行时镜像（右）之间
的比较。相似并非偶然——JDK 是使用 jlink 创建的

请注意，jlink 将选取的模块融合到 lib/modules 中，然后从最终镜像中删除 jmods 目录。
这与 JRE 的生成方式一致，JRE 也不包含 jmods。原始的 JMOD 文件仅包含在 JDK 中，以便 jlink
可以处理它们：将模块优化至 lib/modules 是一个不可逆操作，并且 jlink 无法从已优化的镜像
中生成其他的镜像。

查看 bin，你可能想知道在其中可以找到哪些可执行文件。事实证明，jlink 很聪明，只会
在生成的镜像中包含所需模块的可执行文件。例如，用于编译的可执行文件 javac 是随着
jdk.compiler 模块一起提供的，如果不包含该模块，则该可执行文件将不存在。

14.1.3   在运行时镜像中包含服务

如果仔细查看代码清单 14-1，可以看到该镜像仅包含 java.base，这似乎有点奇怪。在 10.2.2
节中，你了解到基础模块使用了许多其他平台模块提供的服务，并且在模块解析期间绑定服务时，
所有这些提供者都被拉入了模块图。所以，为什么它们没有出现在镜像中呢？

定义：--bind-services

为了创建小型的、专用的运行时镜像，默认情况下 jlink 创建镜像时不执行任何服务绑
定。相反，必须在--add-modules 中指定，以便手动包含需要的服务提供者模块。另外，
--bind-services 选项**可用于包含提供一个服务的所有模块**，该服务是由另一个已解析的模
块所使用的。

让我们以 ISO-8859-1、UTF-8 或 UTF-16 等字符集为例。基础模块知道你通常需要的模块，
但是有一个特殊的平台模块，其中包含一些其他模块：jdk.charsets。基础模块和 jdk.charsets 通过

服务解耦。以下是其模块声明的相关部分。

```
module java.base {
    uses java.nio.charset.spi.CharsetProvider;
}

module jdk.charsets {
    provides java.nio.charset.spi.CharsetProvider
        with sun.nio.cs.ext.ExtendedCharsets
}
```

当 JPMS 在常规启动期间解析模块时，服务绑定将拉入 jdk.charsets，因此其字符集在标准 JRE 中并不总是可用。但是当你通过 `jlink` 创建一个运行时镜像时，服务绑定并不会将其拉入，所以镜像默认将不包含 charsets 模块。如果你的项目依赖于此，则可能会以非常痛苦的方式发现这个问题。

一旦你确定要依赖一个通过服务解耦的模块时，就可以使用 `--add-modules` 将其包含在镜像中。

```
$ jlink
    --module-path ${jdk-9}/jmods
    --add-modules java.base,jdk.charsets
    --output jdk-charsets
$ jdk-charsets/bin/java --list-modules

> java.base
> jdk.charsets
```

定义：`--suggest-providers`

　　手动识别服务提供者模块可能很麻烦。幸运的是，`jlink` 可以帮助你。`--suggest-providers ${service}`选项列出了所有提供`${service}`实现的可见模块，其中`${service}`必须指定完全限定名。

假设你已经创建了一个仅包含 java.base 的最小运行时镜像，并且由于缺少字符集在执行应用程序时遇到了问题。你定位到的问题是 java.base 使用了 `java.nio.charset.spi.Charset-Provider`，现在想知道哪些模块提供了该服务。下面该`--suggest-providers` 出场了。

```
$ jlink
    --module-path ${jdk-9}/jmods
    --suggest-providers java.nio.charset.spi.CharsetProvider

> Suggested providers:
>   jdk.charsets
>       provides java.nio.charset.spi.CharsetProvider
>       used by java.base
```

另一个可能导致静默缺失模块的例子是语言环境（locale）。除英语语言环境外，所有其他语言都包含在 jdk.localedata 模块中，并通过服务将它们提供给基础模块使用。考虑以下代码：

```
String half = NumberFormat
    .getInstance(new Locale("fi", "FI"))
    .format(0.5);
System.out.println(half);
```

上面的代码将打印什么输出？ Locale("fi", "FI")创建芬兰语语言环境，而芬兰语格式使用带逗号的浮点数，因此结果为 0,5——至少在芬兰语语言环境可用时是这样。如果你在不包含 jdk.localedata 的运行时镜像上执行此代码（比如你之前创建的那个镜像），则得到 0.5。因为 Java 悄无声息地回退到了默认语言环境。是的，这不是错误，而是静默的不良行为。

和之前一样，解决方案是显式包括那些已解耦的模块，在本例中为 jdk.localedata。但是，由于它包含许多语言环境数据，因此使得镜像大小增加了 16 MB。幸运的是，正如你将在 14.4.2 节中看到的那样，jlink 可以帮助减少额外的负载。

注意　如果应用程序的行为在通用的 Java 版本中和在自定义的运行时镜像上运行时有所不同，则应考虑一下服务。行为不正常是由于 JVM 的某些功能不可用引起的吗？也许其中的模块已通过服务解耦，但现在在运行时镜像中丢失了。

下面是基础模块会使用并由其他平台模块提供的一些服务，你可能隐式依赖于它们：

❑ jdk.charsets 中的字符集
❑ jdk.localedata 中的语言环境
❑ jdk.zipfs 中的 Zip 文件系统
❑ java.naming、java.security.jgss、java.security.sasl 和 java.smartcardio、java.xml.crypto、jdk.crypto.cryptoki、jdk.crypto.ec、jdk.deploy 和 jdk.security.jgss 中的安全服务提供者
作为逐个手动标识和添加模块的替代方法，可以使用更方便的--bind-services 选项。

```
$ jlink
    --module-path ${jdk-9}/jmods
    --add-modules java.base
    --bind-services
    --output jdk-base-services
$ jdk-base-services/bin/java --list-modules

> java.base
> java.compiler
> java.datatransfer
> java.desktop
# 以下省略了另外的 30 多个模块信息
```

但是，这会将所有提供服务的模块绑定到基础模块，从而创建一个相当大的镜像——（未经优化下）该镜像约为 150 MB。所以你应该仔细考虑是否要这样做。

14.1.4 用 `jlink` 和 `jdeps` 调整镜像大小

到目前为止，你仅创建了由 java.base 和其他一些模块组成的小型镜像。但是真实世界的用例呢？你如何确定维持大型应用程序所需的平台模块？不能再用试错法了，对吧？

这就引出了另一个工具——JDeps。关于 JDeps 的完整介绍，请参见附录 D——此时仅需了解以下命令将列出应用程序所依赖的所有平台模块即可。

```
jdeps -summary -recursive --class-path 'jars/*' jars/app.jar
```

为此，jars 目录必须包含运行应用程序所需的所有 JAR（你的代码以及相关依赖；构建工具将对此提供帮助），而 jars/app.jar 必须包含用于启动的 `main` 函数。命令的结果会显示工件之间的诸多依赖关系，并且还会显示平台模块的依赖。以下示例列出了 Hibernate Core 5.2.12 使用的平台模块及其依赖项。

```
antlr-2.7.7.jar -> java.base
classmate-1.3.0.jar -> java.base
dom4j-1.6.1.jar -> java.base
dom4j-1.6.1.jar -> java.xml
hibernate-commons-annotations-5.0.1.Final.jar -> java.base
hibernate-commons-annotations-5.0.1.Final.jar -> java.desktop
hibernate-core-5.2.12.Final.jar -> java.base
hibernate-core-5.2.12.Final.jar -> java.desktop
hibernate-core-5.2.12.Final.jar -> java.instrument
hibernate-core-5.2.12.Final.jar -> java.management
hibernate-core-5.2.12.Final.jar -> java.naming
hibernate-core-5.2.12.Final.jar -> java.sql
hibernate-core-5.2.12.Final.jar -> java.xml
hibernate-core-5.2.12.Final.jar -> java.xml.bind
hibernate-jpa-2.1-api-1.0.0.Final.jar -> java.base
hibernate-jpa-2.1-api-1.0.0.Final.jar -> java.instrument
hibernate-jpa-2.1-api-1.0.0.Final.jar -> java.sql
jandex-2.0.3.Final.jar -> java.base
javassist-3.22.0-GA.jar -> java.base
javassist-3.22.0-GA.jar -> jdk.unsupported
jboss-logging-3.3.0.Final.jar -> java.base
jboss-logging-3.3.0.Final.jar -> java.logging
slf4j-api-1.7.13.jar -> java.base
```

现在你需要做的就是提取这些行，删除 `... ->` 部分，并且扔掉重复项。对 Linux 用户来说，需执行以下代码。

```
jdeps -summary -recursive --class-path 'jars/*' jars/app.jar
    | grep '\-> java.\|\-> jdk.'
    | sed 's/^.*-> //'
    | sort -u
```

最终，你得到了应用程序所依赖的完整的平台模块列表。将它们输到 `jlink --add-modules` 中，你将获得支持该应用程序的最小运行时镜像，如图 14-2 所示。

14

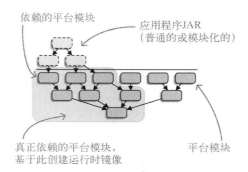

图 14-2   通过给定应用程序 JAR（上）及其在平台模块上的依赖（下），
jlink 可以仅基于需要的平台模块创建运行时镜像

 要点   以下是一些注意事项。

❑ JDeps 偶尔会报告... -> not found，这意味着在类路径上没有某些传递依赖。所以，请确保 JDeps 的类路径包含运行应用程序时所有需要使用的工件。

❑ JDeps 无法分析反射，因此，如果你的代码或你的依赖代码仅通过反射与 JDK 中的类进行交互，JDeps 则不会对此进行处理。这可能导致所需的模块无法放入镜像中。

❑ 如 14.1.3 节所述，默认情况下，jlink 不绑定服务，但是你的应用程序可能隐式依赖于某些 JDK 内部提供者。

❑ 考虑添加支持 Java 代理所需的 java.instrument 模块。如果你的生产环境使用代理来观察正在运行的应用程序，则这是必须添加的。即使不是这种情况，你也会发现自己陷入了困境，而 Java 代理是分析问题的最佳方法。况且它只有 150 KB 左右，所以没什么大不了的。

注意   为应用程序创建运行时镜像后，建议你在其上运行单元测试和集成测试。这将使你确信确实包括了所有必需的模块。

下一步是在镜像中包含应用程序模块——但要做到这一点，你的应用程序及其依赖需要完全模块化。如果不是这种情况，并且你正在寻找更直接可用的知识，请跳至 14.3 节以生成跨操作系统的运行时镜像，或跳至 14.4 节以优化镜像。

14.2   创建独立的应用程序镜像

到目前为止，你已经创建了支持应用程序的运行时镜像，但没有理由就此止步。jlink 使创建包含整个应用程序的镜像变得容易得多。这意味着，你最终将获得一个包含应用程序全部模块（应用程序本身及其依赖）和支持它的平台模块的镜像。你甚至可以创建一个适合的启动器，因此可以使用 bin/my-app 运行你的应用程序！同时，分发应用程序也变得更加容易。

> **定义：应用程序镜像**
>
> 　　为了清楚地描述我在说的内容，我将包含应用程序全部模块的镜像称为**应用程序镜像**（application image，与之相对的是运行时镜像），尽管其不是官方术语。毕竟，生成的结果更类似于应用程序，而非通常的运行时环境。

要点　请注意，jlink 仅在清晰模块上运行，因此无法将依赖于自动模块的应用程序（参见 8.3 节）链接到镜像中。如果你确实**必须**为应用程序创建镜像，请参阅 9.3.3 节中有关如何使第三方 JAR 模块化的方法，或使用类似 ModiTect 这样的工具。

　　对清晰模块的这种限制没有技术依据——这是由设计所决定的。应用程序镜像应该是自包含的，但是如果它依赖于不表达依赖关系的自动模块，则 JPMS 无法进行验证，因此可能会导致 NoClassDefFoundError。这与模块系统所追求的可靠性相违背。

　　先决条件解决了，让我们开始吧。首先创建一个包含应用程序模块的镜像（参见 14.2.1 节），然后通过创建启动程序来简化工作（参见 14.2.2 节），最后考虑一下应用程序镜像的安全性、性能和稳定性（参见 14.2.3 节）。

14.2.1　在镜像中包含应用程序模块

　　创建应用程序镜像所要做的就是将应用程序模块添加到 jlink 模块路径中，并从中选择一个或多个作为根模块。生成的镜像包含所有需要的模块（再无其他模块，如图 14-3 所示），可以使用 bin/java --module ${initial-module} 命令启动。

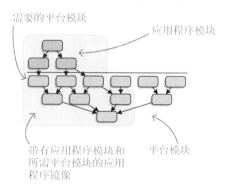

　　图 14-3　给定应用程序模块（上）及与平台模块的依赖关系（下），jlink 可以仅使用
　　　　　　所需的模块（包括应用程序和平台代码）创建运行时镜像

14

　　作为示例，再次回到 ServiceMonitor 应用程序。因为它依赖于自动模块 spark.core 和 hibernate.jpa，但 jlink 不支持，所以我不得不去掉这些功能。这就给我们留下了 7 个模块，所

有的模块都只依赖于 java.base：

- ❑ monitor
- ❑ monitor.observer
- ❑ monitor.observer.alpha
- ❑ monitor.observer.beta
- ❑ monitor.persistence
- ❑ monitor.rest
- ❑ monitor.statistics

我将这些模块放入名为 mods 的目录中，并创建了一个镜像，如代码清单 14-2 所示。不幸的是，我忘记了观察者的实现，即 monitor.observer.alpha 和 monitor.observer.beta 模块，已经通过服务与应用程序的其余部分进行了解耦，并且在默认情况下不受约束（关于服务请参考第 10 章；关于 jlink 是如何处理服务的请参考 14.1.3 节）。因此，我必须在代码清单 14-3 中再次尝试显式添加。或者，也可以使用 --bind-services 选项，但我不喜欢由于包含了所有 JDK 内部服务提供者而导致镜像变得过大。

代码清单 14-2 创建包含 ServiceMonitor 的应用程序镜像

```
$ jlink
    --module-path ${jdk-9}/jmods:mods
    --add-modules monitor
    --output jdk-monitor
$ jdk-monitor/bin/java --list-modules

> java.base
> monitor
> monitor.observer
> monitor.persistence
> monitor.rest
> monitor.statistics
```

除了平台模块，我还在 mods 目录中指定了应用程序模块。在 Windows 中使用 "；" 而不是 "："

以 monitor 开始解析模块

服务实现模块 monitor.observer.alpha 和 monitor.observer.beta 丢失

代码清单 14-3 创建包含服务的应用程序镜像

```
$ jlink
    --module-path ${jdk-9}/jmods:mods
    --add-modules monitor,
        monitor.observer.alpha,monitor.observer.beta
    --output jdk-monitor
$ jdk-monitor/bin/java --list-modules

> java.base
> monitor
> monitor.observer
> monitor.observer.alpha
> monitor.observer.beta
> monitor.persistence
> monitor.rest
> monitor.statistics
```

以初始模块（monitor）开始模块解析，并包含所有需要的模块（其他两个）

定义：系统模块

总的来说，镜像包含的平台和应用程序模块称为**系统模块**。稍后你将看到，在启动应用程序时仍然可以添加其他模块。

---

1. 当心模块解析的独特性

请记住，在 14.1 节中，jlink 创建了一个最小镜像：

❑ 它不绑定服务；

❑ 它不包含可选依赖。

 要点 尽管你会记得检查自己的服务是否存在，但可能会忘记依赖（例如 SQL 驱动）或平台模块（语言环境数据或不常用的字符集）。对于可选的依赖也是如此，你可能想要包含这些依赖项，但是忘记了一个事实，即可选依赖不会因为出现在模块路径上而被解析（参见 11.2.3 节）。务必确保真正包含了所有需要的模块！

ServiceMonitor 应用程序使用芬兰语语言环境格式化其输出，因此需要向镜像中添加 jdk.localedata 模块（参见代码清单 14-4）。这将使镜像大小增加 16 MB（达到 61 MB）。14.4.2 节将介绍如何减小镜像大小。

代码清单 14-4 用语言环境数据创建 ServiceMonitor 应用程序镜像

```
$ jlink
    --module-path ${jdk-9}/jmods:mods
    --add-modules monitor,
        monitor.observer.alpha,monitor.observer.beta,
        jdk.localedata    ◄————————
    --output jdk-monitor
```
平台模块 locales 也被添加到镜像中

2. 在启动应用程序时使用命令行选项

一旦创建了镜像，就可以像往常一样使用 java --module ${initial-module} 启动应用程序（使用镜像 bin 目录中的 java 可执行文件）。但因为你在镜像中包含了应用程序模块，所以不需要指定模块路径——JPMS 可以在镜像中找到它们。

在 jdk-monitor 中创建 ServiceMonitor 镜像之后，就可以使用一个简短的命令启动应用程序了。

```
$ jdk-monitor/bin/java --module monitor
```

但如果你愿意，则**可以**使用模块路径。在这种情况下，请记住系统模块（镜像中的模块）始终覆盖模块路径上的同名模块——就好像模块路径上的模块不存在一样。你能够对模块路径所做的是向应用程序中添加**新**模块。添加的模块可能是额外的服务提供者，这样不但可以发布应用程序的镜像，还能让用户在本地轻松地扩展镜像。

假设 ServiceMonitor 发现了一个需要观察的新的微服务，即 monitor.observer.zero 模块。此外，该模块实现了所有正确的接口，其描述符声明它可以提供 ServiceObserver。然后，如代码清

14

单 14-5 所示，你可以使用之前的镜像，并添加 monitor.observer.zero 模块。

代码清单 14-5　用额外的服务提供者启动应用程序镜像

把服务提供者放置在
模块路径中

并不是真正启动应用程序，而是查看模块解析，
以检查是否选中提供者（同时，查看这些选项是
否与常规 JRE 一样工作）

```
$ jdk-monitor/bin/java
    --module-path mods/monitor.observer.zero.jar
    --show-module-resolution
    --dry-run
    --module monitor
> root monitor jrt:/monitor
# 省略了 monitor 的依赖
> monitor binds monitor.observer.alpha jrt:/monitor.observer.alpha
> monitor binds monitor.observer.beta jrt:/monitor.observer.beta
> monitor binds monitor.observer.zero file://...
```

jrt: 字符串表示这些模
块是从镜像内部加载的

额外的模块从 file: 指定
的模块路径加载

 要点　如果你想替换系统模块，那么必须将它们放在升级模块路径上（参见 6.1.3
节）。除了模块路径的特殊情况外，本书提到的所有其他 java 选项，在自定义应
用程序镜像中都是相同的。

14.2.2　为应用程序生成一个本地启动程序

如果把创建一个包含应用程序及其一切所需的镜像（而不包含其他东西）看作一块蛋糕，那
么自定义添加启动程序就像是蛋糕上的糖衣。自定义启动程序是镜像 bin 目录中的可执行脚本
（Unix 系统上的 shell；Windows 系统上的 batch），并且预先配置了使用具体模块和主类来启动 JVM。

> **定义：--launcher**
> 要创建一个启动程序，需使用 --launcher ${name}=${module}/${main-class} 选项：
> ❑ ${name} 是你为可执行文件选择的文件名；
> ❑ ${module} 是想要启动的模块名称；
> ❑ ${main-class} 是模块的主类名。
> 后两项通常放在 java --module 之后，在这种情况下，如果模块定义了一个主类，那么
> 就可以省略 /${main-class}。

如代码清单 14-6 所示，通过使用 --launcher run-monitor=monitor，你可以让 jlink
在 bin 中创建一个 run-monitor 脚本，该脚本将以与 java --module monitor 等价的方式启
动应用程序。因为 **monitor** 声明了主类（monitor.Main），所以不必再通过 --launcher 指定。
如果你想要指定主类，可以使用 --launcher run-monitor=monitor/monitor.Main。

代码清单 14-6　使用启动程序创建应用程序镜像并稍加留意

```
$ jlink
    --module-path ${jdk-9}/jmods:mods        生成如代码清单 14-3 所示的镜像……
    --add-modules monitor,
        monitor.observer.alpha,monitor.observer.beta    ……除了添加一个启动 monitor 模块
    --output jdk-monitor                             （定义主类）的名为 run-monitor 的
    --launcher run-monitor=monitor                   启动程序
$ cat jdk-monitor/bin/run-monitor
                                         只是为了好奇而查看脚本
                                         （cat 打印文件内容）
> #!/bin/sh              指示这是一个
> JLINK_VM_OPTIONS=      shell 脚本
> DIR=`dirname $0`                                      调用脚本时
> $DIR/java $JLINK_VM_OPTIONS -m monitor/monitor.Main $@    执行的命令

$ jdk-monitor/bin/run-monitor           如何使用启动程序
```

注意　你是否注意到代码清单 14-6 中的 JLINK_VM_OPTIONS？如果想为应用程序指定任何命令行选项，例如调优垃圾收集器，可以将相应的选项放在这里。

不过，使用启动程序有一个缺点：启动 JVM 的所有选项都会被解释为放在 --module 选项之后，并视为程序的参数。这意味着在使用启动程序时，你不能临时配置模块系统，例如，不能像前面讨论的那样添加其他服务。

但有一个好消息：java 命令仍然可用，因而你不必使用启动程序。即使创建了一个启动程序，代码清单 14-5 的工作方式也完全相同——只要不用它就好了。

14.2.3　安全性、性能和稳定性

创建应用程序镜像可以通过最大限度地减少 JVM 中的代码量来提高应用程序的安全性，从而减少攻击面。正如 14.4.3 节将讨论的，其还会改善启动耗时。

尽管听起来很简单，但它只适用于可以对应用程序完全控制并定期重新部署的情况。如果你将镜像交付给客户，或者无法控制何时以及多久替换新镜像，那么情况就会发生变化。

要点　用 jlink 生成的镜像并不适合修改，它没有自动更新功能，手动打补丁也是不现实的。如果用户更新了系统的 Java，你的应用程序镜像则不会受到影响。总之，它永远绑定到链接期间平台模块的 Java 版本。

好处是 Java 补丁更新不会影响应用程序，但更严重的坏处是，应用程序不能从 Java 新版本带来的安全补丁或性能改进中受益。如果在新的 Java 版本中修补了一个关键的漏洞，那么客户在部署你提供的新应用程序镜像之前，仍将暴露在该漏洞所带来的威胁之下。

注意　如果你决定交付应用程序镜像，建议你将其作为一种**附加**的交付机制，而不是唯一的交付机制。让用户决定是要部署镜像，还是在自己的运行时上运行 JAR，这样他们可以完全控制运行时环境，并且可以独立更新。

14.3　生成跨操作系统的镜像

尽管应用程序和类库 JAR 包含的字节码独立于任何操作系统，但是它需要一个特定于操作系统的 JVM 来执行。这就是为什么要下载专门针对 Linux、macOS 或 Windows 的 JDK 和运行时。重要的是，要认识到 jlink 是在特定于操作系统上操作的！图 14-4 显示了特定于操作系统的部分。

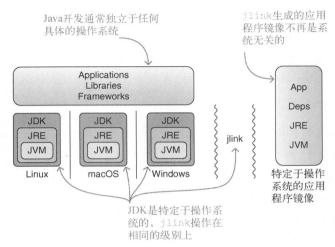

图 14-4　与应用程序、类库和框架 JAR（上）不同，应用程序镜像（右）
就像 JVM（下），是特定于操作系统的

仔细想想就会发现：jlink 用于创建镜像的平台模块来自特定于系统的 JDK 或 JRE，因此生成的镜像也是特定于操作系统的。因而，运行时或应用程序镜像总是绑定到某个具体的操作系统。

这是否意味着，你必须在一堆不同系统的机器上执行 jlink 才能创建所需的各种运行时或应用程序镜像？幸运的是，不需要这样做。正如你在 14.1.1 节中看到的，在创建镜像时，可以将 jlink 指向你希望包含的平台模块。实际情况是：这些不一定是执行 jlink 所在的操作系统！

要点　如果你下载并解压了一个不同操作系统的 JDK，那么在系统 JDK 上运行 jlink 时，可以将它的 jmods 目录放在模块路径上。链接器将确定要为该操作系统创建镜像，并创建在该操作系统上工作的镜像（当然，不是在另一个操作系统上）。因此，给定应用程序支持的所有操作系统的 JDK，就可以在同一台机器上为不同系统生成运行时或应用程序镜像。

我使用 Linux，但是我想生成一个在 macOS 上运行的 ServiceMonitor 应用程序镜像。jlink 可以方便地支持这些场景——所需的只是一个用于目标操作系统的 JDK。

事实证明，最难的部分是将 JDK 在不同的系统上解包。在这种情况下，我必须解压 Oracle 为 macOS 发布的 *.dmg 文件——在这里不做详细介绍，但在搜索引擎上，可以找到关于{Linux、 macOS、Windows}和{rpm/tar.gz, dmg, exe}各种组合的建议。最后，我在某个目录中保存了 macOS JDK，将其表示为${jdk-9-mac-os}。

接下来要做的事情与 14.2.1 节相同，将 JDK 9 目录（${jdk-9}）替换为包含 macOS JDK 的目录（${jdk-9-mac-os}）。这意味着我使用的 jlink 可执行程序来自 Linux JDK，但 jmods 目录来自 macOS JDK。

```
$ jlink
    --module-path ${jdk-9-mac-os}/jmods:mods
    --add-modules monitor,
        monitor.observer.alpha,monitor.observer.beta
    --output jdk-monitor
    --launcher run-monitor=monitor
```

上面代码的运行应该没问题。

14.4　使用 `jlink` 插件优化镜像

"使之工作，工作得正确，工作得快速"，Kent Beck（极限编程的创建者和《测试驱动开发：实战与模式解析》的作者）如是说。因此，在介绍了创建运行时和应用程序镜像（甚至跨操作系统）的细节之后，我们将转向优化。这可以极大地减小镜像尺寸，并略微提高运行时性能，特别是启动时间。

在 jlink 中，优化由插件处理。因此，在使镜像更小（参见 14.4.2 节）和更快（参见 14.4.3 节）之前，有必要先讨论一下插件架构（参见 14.4.1 节）。

14.4.1　`jlink` 的插件

jlink 的核心是它的模块化设计。除了选择正确的模块并生成镜像的基本步骤之外，jlink 将镜像的进一步处理留给了插件。你可以通过 jlink --list-plugins 查看可用的插件，或者查看表 14-1（我们将在 14.4.2 节和 14.4.3 节中查看每个插件）。

表 14-1　字母序的 `jlink` 插件列表，指明插件是减小镜像大小还是提高运行时性能

名　称	描　述	大　小	性　能
class-for-name	用静态访问替换 Class::forName		✔
compress	共享字符串，压缩 lib/modules	✔	
exclude-files	排除文件，例如二进制文件	✔	
exclude-resources	排除资源，例如 META-INF 目录	✔	
generate-jli-classes	预生成方法句柄		✔
include-locales	从 jdk.localedata 中剥离非本地的语言	✔	
order-resources	对 lib/modules 中的资源排序		✔
strip-debug	从镜像字节码中删除调试符号	✔	
system-modules	准备系统模块图以便快速访问		✔

14

注意 文档和 `jlink` 本身也列出了 vm 插件，让你能从几个 HotSpot 虚拟机（客户机、服务器或最小虚拟机）中选择一个，并包含在镜像中。理论上这是可行的，因为 64 位 JDK 只与服务器 VM 一起发布。大多数情况下，你只有一个选择。

1. 为 `jlink` 开发插件

在本书出版时，只有支持的插件是可用的，但当添加更多的实验功能时，这一点在未来可能发生改变。优化镜像的工作还处在开发早期，很多工作仍在进行中。由于没有标准化，也没有在 Java 9 及以上版本中导出，因此插件的 API 将来可能会改变。

这使得为 `jlink` 开发插件变得非常复杂[1]，也意味着在社区真正开始贡献插件之前，你必须等待一段时间。这样做的意义是什么？首先，编写 `jlink` 插件有点像编写代理程序或构建工具插件，而不是在开发典型的应用程序。对类库、框架和工具的支持是一项专门的任务。

但是让我们回到社区提供的插件可以做什么的问题上。一个用例来自 profilers，它使用代理将性能跟踪代码注入正在运行的应用程序中。使用 `jlink` 插件，你可以在链接的时候完成注入，而不是在执行应用程序时将时间花费于此。如果你需要快速加载，那么这可能是一个明智的选择。

另一个用例是增强 Java Persistence API（JPA）实体的字节码。例如，Hibernate 已经使用代理来跟踪哪些实体发生了变化［所谓的**脏检查**（dirty checking）］，而不必检查每个字段。这在链接时而非启动时是有意义的，这就是为什么 Hibernate 已经为构建工具和 IDE 提供了可以在它们构建过程中实现这些功能的插件。

最后一个例子是一个非常好的、有潜力的 `jlink` 插件，此插件在链接时索引注解并使该索引在运行时可用。这将大大减少应用程序的启动时间，这些应用程序将扫描模块路径以查找带注解的 `bean` 实体。

2. 使用 `jlink` 插件

> **定义：插件命令行选项 `--${name}`**
> 掌握了理论知识，现在让我们真正使用一些插件吧。插件的使用非常简单：`jlink` 根据每个插件的名称**自动创建一个命令行选项**`--${name}`。进一步的参数传递取决于插件，并在 `jlink --list-plugins` 中进行了描述。

去除调试符号是减小镜像尺寸的好方法，为此，使用`--strip-debug`来创建镜像。

```
$ jlink
    --module-path ${jdk-9}/jmods
    --add-modules java.base
    --strip-debug
    --output jdk-base-stripped
```

这样就可以了：lib/modules 中的基本模块大小从 23 MB 压缩到了 18 MB（在 Linux 上）。

---

[1] 如果你有兴趣对此进行代码走查，请参见 Gunnar Morling 的博客文章 "Exploring the jlink Plug-in API in Java 9"。

通过把重要文件放在前面来对 lib/modules 中的内容进行排序可以减少启动时间（尽管我怀疑效果是否明显）。

```
$ jlink
    --module-path ${jdk-9}/jmods
    --add-modules java.base
    --order-resources=**/module-info.class,/java.base/java/lang/**
    --output jdk-base-ordered
```

这样，首先是模块描述符，然后是 `java.lang` 包中的类。

既然你已经知道了如何使用插件，现在就该测试一些插件了。我们将分两个部分进行讲解，第一部分关注缩减尺寸（参见 14.4.2 节），第二部分关注性能改进（参见 14.4.3 节）。因为这是一个不断演变的特性，同时也是相当专业的特性，所以我不会详细介绍官方的 `jlink` 文档和 `jlink --list-plugins`，而是尽量用尽可能少的文字进行讲解，但更精确地展示它们的用法。

14.4.2　减小镜像尺寸

让我们逐个检查缩小尺寸的插件并测量它们的效果。我本想在应用程序镜像上测试它们，但 ServiceMonitor 只有大约 12 个类，所以减小它的尺寸毫无意义。我找不到一个可以免费使用且完全模块化的应用程序，包括它的依赖。（在镜像中没有自动模块，还记得吗？）相反，我将对这 3 个不同的运行时镜像上的工作量进行衡量（括号中为变更前的尺寸）：

- ❑ base——仅包含 java.base（45 MB）；
- ❑ services——java.base 加上所有的服务提供者（150 MB）；
- ❑ java——所有 java.* 和 javafx.* 模块，但不包括服务提供者（221 MB）。

有趣的是，java 相对于 services 具有更大的尺寸并不是由于更多的字节码（lib/modules 在 java 中比在 services 中更小一些），而是由于本地库，尤其是为 JavaFX 的 `WebView` 所捆绑的 WebKit 代码。这将在试图减小镜像尺寸时帮助你理解插件的行为。（顺便提一下，我正在为 Linux 做这件事情，但是其他操作系统的比例应该也差不多。）

1. 压缩镜像

> **定义：压缩插件**
>
> 　压缩插件意在减小 lib/modules 的尺寸。它通过 `--compress=${value}` 选项来控制，包含 3 个合法值：
>
> - ❑ 0——不压缩（默认）；
> - ❑ 1——去重并且共享字符串内容（意为 `String s = "text";` 中的 `"text"`）；
> - ❑ 2——利用 Zip 对 lib/modules 进行压缩。
>
> 　可以通过 `--compress=${value}:filter=${pattern-list}` 来包含一个可选样式列表，用来仅压缩匹配这些样式的文件。

14

该命令创建了一个仅包含基础模块的压缩后的运行时镜像。

```
$ jlink
    --module-path ${jdk-9}/jmods
    --add-modules java.base
    --output jdk-base
    --compress=2
```

很明显，你不需要尝试 0。对于 1 和 2，我得到了以下结果：

❑ base——45 MB → 39 MB（1）→ 33 MB（2）

❑ services——150 MB → 119 MB（1）→ 91 MB（2）

❑ java——221 MB → 189 MB（1）→ 164 MB（2）

可以看到，压缩率对于每个镜像是不一样的。services 镜像尺寸可以被减小将近 40%，但更大的 java 镜像只减小了 25%。这是由于 compress 插件仅对 lib/modules 有效，正如我们所讨论的，它在两个镜像中几乎都是相同的尺寸。因此，减小的绝对尺寸是相近的：对于每个镜像都是大约 60 MB，超过 lib/modules 初始尺寸的 50%。

> **注意**　通过--compress=2 指定的 Zip 压缩会增加启动时间——总的来说，镜像越大，增加的时间越多。如果启动时间对你来说很重要，那么请确保关注它所带来的影响。

2. 排除文件和资源

> **定义：exclude-files 与 exclude-resources 插件**
>
> 　exclude-files 和 exclude-resources 插件允许将文件从镜像中排除。相应的选项--exclude-files=${pattern-list}和--exclude-resources=${pattern-list}接受一个样式列表，用来匹配要排除的文件。

如同我在比较 services 和 base 镜像的初始尺寸时所指出的，主要是 JavaFX WebView 的二进制字节码导致了 java 的尺寸变大。在我的机器上，它是一个 73 MB 的 lib/libjfxwebkit.so 文件。下面演示了如何通过--exclude-files 将它排除。

```
$ jlink
    --module-path ${jdk-9}/jmods
    --add-modules java.base
    --output jdk-base
    --exclude-files=**/libjfxwebkit.so
```

这实现了将镜像减小 73 MB 的效果。下面是两个告诫：

❑ 这与人工将它们从镜像中删除有着相同效果；

❑ 这使得只包含 WebView 的 javafx.scene.web 模块几近于无用，所以更好的选择是不要包含这个模块。

除了实验和学习，排除来自于平台模块的内容是糟糕的实践。一定要对任何这样的决定进行深入研究，因为这有可能影响 JVM 的稳定性。

对这些插件更好的用法是，将应用程序或依赖 JAR 所包含但在应用程序镜像中不需要的文件进行排除。可以是文档、不需要的源代码文件、不需关心的针对操作系统的二进制字节码、配置或者任何被别具匠心的开发者放入归档文件中的东西。对于压缩尺寸的比较也是没有意义的：被排除文件所占的空间会被节省出来。

3. 排除不需要的语言环境

语言环境确实是值得删除的来自于平台模块的内容。正如你在 14.1.3 节所发现的，基础模块仅能在英语语言环境中工作，而 jdk.localedata 模块包含了 Java 所支持的所有其他语言环境。很不幸，这些语言环境加在一起大约有 16 MB。如果你只需要一个或者几个非英语语言环境，那这个尺寸还是有点大。

> **定义：include-locales 插件**
>
> include-locales 插件的作用是这样的——通过 --include-locales=${langs} 选项生成的镜像将仅包含它所指定的语言环境，其中 ${langs} 是一个逗号分隔的 BCP 47 语言标签（类似于 en-US、zh-Hans 和 fi-FI）列表。
>
> 该插件只在某个语言环境被 jdk.localedata 模块放入镜像时才有效果，所以它不会**包括**除基础模块所附带的语言环境之外的其他语言环境，这是因为它会**排除** jdk.localedata 中的所有其他语言环境。

代码清单 14-4 创建了一个 ServiceMonitor 的应用程序镜像，其包含了所有的 jdk.localedata，因为该应用程序在输出中使用了芬兰语格式。这使得镜像尺寸额外增加了 16 MB，而你清楚如何将它减小回来。代码清单 14-7 通过使用 --include-locales=fi-FI 来达到此目的。相对于没有使用 jdk.localedata 的镜像，由此创建的镜像的尺寸只进行了最小限度的增加（准确地说，168 KB）。成功！

代码清单 14-7　创建带有芬兰语语言环境的 ServiceMonitor 应用程序镜像

```
$ jlink
    --module-path ${jdk-9}/jmods:mods
    --add-modules monitor,
        monitor.observer.alpha,monitor.observer.beta,
        jdk.localedata
    --output jdk-monitor
    --include-locales=fi-FI
```

除 fi-FI（芬兰语）之外的所有语言环境都被从 jdk.localedata 中剥离

需要显式（如同本例）或隐式（通过 requires 指令或者 --bind-services 选项）地将语言环境的平台模块添加到镜像中

通过排除语言环境能够减少多少镜像尺寸依赖于你需要多少种语言环境。如果是将一个国际化的应用程序交付给一个全球性的客户，那么将无法节省太多尺寸，但我认为这种情况并不常见。如果应用程序只支持少数或者甚至十几种语言，那么将其他语言排除会节省几乎 16 MB。这个努力是否值得由你做主。

4. 剥离调试信息

当你用 IDE 调试 Java 代码时，通常会看到精致的被格式化、命名甚至注释过的源代码。这是由于 IDE 获取了相应的真实源文件，将它们绑定到当前正被执行的字节码，并且适宜地显示了出来。这是最佳场景。

在没有源文件时，如果除了字段和方法参数名（必定存在于字节码中）还能看到变量名（不是必须存在于字节码中），也许你仍然可以看到具有良好可读性的代码。如果反编译代码包含**调试符号**，就会出现这种情况。这个信息使得调试更容易，但当然也会占用空间。而 `jlink` 允许你将这些符号剥离。

> **定义：strip-debug 插件**
>
> 如果通过 `--strip-debug` 选项激活 `jlink` 的 strip-debug 插件，那么它将从镜像的字节码中删除所有的调试信息，进而减小 lib/modules 文件的尺寸。此选项没有其他参数。

我在 14.4.1 节中使用过 `--strip-debug` 选项，所以在此就不赘述了。来看一下它是如何减小镜像尺寸的：

- ❑ base——45 MB → 40 MB
- ❑ services——150 MB → 130 MB
- ❑ java——221 MB → 200 MB

这相当于镜像总尺寸的 10%，但是请记住，这只影响了 lib/modules，其减小了大约 20%。

 要点 一点警告：在没有源文件和调试符号的情况下调试代码是一件非常可怕的事情。也许你偶尔会通过远程调试连接到一个正在运行的应用程序，并且分析出现的问题，如果放弃了那些调试符号，你则不会很开心，尤其是当节省的那几兆字节对你来说并不重要的时候。小心考虑 `--strip-debug`！

5. 将这些选项放在一起

虽然将文件和资源排除对于应用程序模块来说会更好，但其他选项在纯运行时镜像中运行良好。让我们把它们放在一起，并且尝试为挑选出来的这 3 个模块创建最小的镜像。下面仅是 java.base 的命令行。

```
$ jlink
    --module-path ${jdk-9}/jmods
    --add-modules java.base
    --output jdk-base
    --compress=2
    --strip-debug
```

这是执行的结果：

- ❏ base——45 MB → 31 MB
- ❏ services——150 MB → 75 MB（我同时删除了除 fi-FI 之外的所有语言环境）
- ❏ java——221 MB → 155 MB（或者 82 MB，如果去除 JavaFX WebKit 的话）

这个结果不坏，是吧？

14.4.3　提高运行时性能

如你所见，减小应用程序或运行时镜像尺寸的方法有很多。我的猜测是，大多数开发者在急切地盼望着性能的提高，尤其是在 Spectre 和 Meltdown 抢走了一些 CPU 周期后。

 要点　很不幸，在这个领域我没有太多好消息：基于 jlink 的性能优化仍然处于早期阶段，而已有的大多数或者已经预期的优化集中于提升启动时性能，而非长期运行时的性能。

一个现有的插件是 system-modules。它默认被打开，会预先计算系统模块图并且将之存储，以便快速访问。这样，JVM 就不需要在每次启动时都解析和处理模块声明以及验证可靠配置了。

另一个插件是 class-for-name，它用 some.Type.class 来替换诸如 Class.forName("some.Type")这样的字节码，进而相对昂贵且基于反射的按名称对类进行的搜索则可以避免。我们简要地看过 order-resources，其并没有对性能有较大的改善。

目前，唯一支持的其他性能相关的插件是 generate-jli-classes。合理配置后，它可以将初始化 lambda 表达式的代价从运行时移动到链接时，但需要对方法句柄有很好的理解后，才能有效对它进行学习，所以我不会在此过多涉及这个话题。

这就是性能提升相关的所有内容。如果你对于在此领域没有获得太多帮助而很失望，对此我表示理解。但是请让我指出，JVM 已经优化的非常彻底了。所有低垂的果实（以及一些相对较高的果实）都已经被摘掉了，而要摘取剩下的果实还需要精巧的设计、大把的时间以及专业的工程能力。jlink 工具仍然年轻，我相信 JDK 开发团队和社区会在适当的时候对它加以利用。

> **Java 10 的应用程序类数据共享**
>
> Java 10 引入了一个与 jlink 间接相关的优化：应用程序类数据共享。[①]实验证实，它可以使得应用程序启动加快 10%到 50%。有趣的是，你可以**在应用程序镜像中**应用这项技术，创建一个更加优化的部署单元。

14.5　jlink 选项

方便起见，表 14-2 列出了本书讨论的所有 jlink 命令行选项。更多信息可以参见官方文档，或者使用 jlink --help 和 jlink --list-plugins。

14

---

① 参见我的博客文章 "Improve Launch Times on Java 10 with Application Class-Data Sharing" 来了解更多信息。

表 14-2   经筛选的 `jlink` 字母序选项列表，包括插件。描述列基于官方文档，引用列指向本书中详细解释如何使用这些选项的章节

选　项	描　述	引　用
`--add-modules`	为镜像内容定义根模块	14.1.1 节
`--bind-services`	包含所解析模块使用的所有服务提供者	14.1.3 节
`--class-for-name`	用静态访问（插件）替换 `Class:forName`	14.4.3 节
`--compress`、`-c`	共享字符串内容，压缩 **lib/modules**（插件）	14.4.2 节
`--exclude-files`、`--exclude-resources`	排除指定的文件和资源（插件）	14.4.2 节
`--generate-jli-classes`	预生成方法句柄（插件）	14.4.3 节
`--include-locales`	从 jdk.localedata 中剥离所有语言环境，指定的语言环境除外（插件）	14.4.2 节
`--launcher`	在 **bin** 中为应用程序生成一个本地启动器脚本	14.2.2 节
`--list-plugins`	列出可用插件	14.4.1 节
`--module-path`、`-p`	指定从哪儿查找平台和应用程序模块	14.1.1 节
`--order-resources`	在 **lib/modules** 中预定资源（插件）	14.4.1 节
`--output`	在指定位置生成镜像	14.1.1 节
`--strip-debug`	从镜像字节码中移除调试镜像（插件）	14.4.2 节
`--suggest-providers`	为指定服务列出可见模块	14.1.3 节

14.6　小结

- ❑ 命令行工具 `jlink` 基于指定的平台模块创建运行时镜像（使用 `jdeps` 来确定应用程序需要哪些平台模块）。要从这个工具中受益，应用程序需要运行于 Java 9 及以上版本，但模块化不是必需的。

- ❑ 一旦应用程序和依赖被完全模块化（而非利用自动模块），`jlink` 就可以为它创建应用程序镜像，其中包含应用程序的模块。

- ❑ 所有对 `jlink` 的调用都需要指定以下参数。
  - ■ `--module-path`，从哪里查找模块（包括平台模块）。
  - ■ `--add-modules`，所解析的根模块。
  - ■ `--output`，生成镜像的输出目录。

- ❑ 注意 `jlink` 如何解析模块。
  - ■ 不会默认绑定服务。
  - ■ `requires static` 指定的可选依赖不会被解析。
  - ■ 不允许使用自动模块。
  - ■ 确保通过 `--add-modules` 单独地增加依赖的服务提供者或者可选依赖，或者通过 `--bind-services` 绑定所有服务提供者。

- 当心那些无须实现就可以隐式依赖的平台服务。比如字符集（jdk.charsets）、语言环境（jdk.localedata）、Zip 文件系统（jdk.zipfs）以及安全提供者（多个模块）。
- 由 jlink 生成的运行时镜像。
  - 绑定到通过 --module-path 选择的平台模块构建所针对的操作系统。
  - 与 JDK 和 JRE 有相同的目录结构。
  - 将平台和应用程序模块（统称为系统模块）融合进 lib/modules。
  - 仅包含所需模块的二进制文件（在 bin 目录中）。
- 使用 bin/java --module ${initial-module}（无须模块路径，因为系统模块被自动解析）或者通过 --launcher ${name}=${module}/${main-class} 创建的启动器来启动应用程序镜像。
- 利用应用程序镜像，模块路径可以用来增加额外的模块（尤其是那些提供服务的模块）。模块路径中与系统模块同名的模块会被忽略。
- 当你很难对所交付应用程序镜像的安全、性能以及稳定性进行更新时，请仔细评估这些指标。
- 很多 jlink 选项通过激活相关插件提供减少镜像尺寸（例如 --compress、--exclude-files、--exclude-resources、--include-locales 以及 --strip-debug）或者改进性能（大多数是启动时，--class-for-name、--generate-jli-classes 以及 --order-resources）的方法。未来可以期待更多，此领域现在仍然处于早期阶段。
- 在早期阶段，jlink 插件 API 尚未被标准化以推动其演进，所以开发和使用第三方插件的难度很大。

14

## 第 15 章

完成拼图

本章内容

❑ 一个精心装饰过的 ServiceMonitor 版本
❑ 是否使用模块
❑ 理想的模块什么样
❑ 使模块声明保持整洁
❑ 模块系统与构建工具、OSGi 和微服务对比

既然本书已经涵盖了有关模块系统的几乎所有知识，那么现在就该进行总结了。在最后这一章，我想把这些"碎片"连接起来，并针对如何创建出色的模块化应用程序提出一些建议。

本章会先展示一个 ServiceMonitor 应用程序的例子，以说明本书讨论的各种特性是如何在一起协同工作的（参见 15.1 节）。然后会深入探讨一些更常见的问题，来帮助你决定是否要创建模块、这样做的目的，以及如何小心地改进模块声明以使它们保持整洁（参见 15.2 节）。最后我会回顾模块系统的技术全貌（参见 15.3 节），以及对 Java 模块化生态系统的愿景（参见 15.4 节），并以此来结束全书。

15.1 为 ServiceMonitor 添加装饰

第 2 章剖析过 ServiceMonitor 应用程序的内部细节。在 2.2 节，你创建了仅使用 `requires` 和 `exports` 基本指令的简单模块。至此，本书不但讨论了相关的细节，还探索了一些更高级的模块系统特性，对它们逐一进行了学习，但是现在我想把它们放到一起。

为了全面感受 ServiceMonitor 应用程序，请签出代码库中的 `features-combined` 分支。代码清单 15-1 包含了 ServiceMonitor 中所有模块的声明。

代码清单 15-1　使用了贯穿本书所有高级特性的 ServiceMonitor 应用程序

monitor.observer.utils 主要用于观察者的实现，所以它
仅被导出到（部分）观察者的实现（参见 15.1.2 节）

```
module monitor.observer {
    exports monitor.observer;
    exports monitor.observer.utils
```

```
            to monitor.observer.alpha, monitor.observer.beta;
}

module monitor.observer.alpha {
    requires monitor.observer;
    provides monitor.observer.ServiceObserverFactory
        with monitor.observer.alpha.AlphaServiceObserverFactory;
}

// [...]


module monitor.statistics {
    requires transitive monitor.observer;
    requires static stats.fancy;
    exports monitor.statistics;
}

module stats.fancy {
    exports stats.fancy;
}

module monitor.persistence {
    requires transitive monitor.statistics;
    requires hibernate.jpa;
    exports monitor.persistence;
    opens monitor.persistence.entity;
}

module monitor.rest {
    requires transitive monitor.statistics;
    requires spark.core;
    exports monitor.rest;
}

module monitor {
    requires monitor.observer;
    requires monitor.statistics;
    requires monitor.persistence;
    requires monitor.rest;
    uses monitor.observer.ServiceObserverFactory;
}
```

通过服务来将消费者（monitor）和观察者
API 的实现（例如 monitor.observer.alpha）
进行解耦（参见 15.1.3 节）

monitor.observer.beta 和 monitor.observer.gamma 没有
在此展示，它们和 monitor.observer.alpha 很相像

某些模块通过API将另一个模块的类
型公开，并且没有另外那个模块就无
法工作，所以它们隐式表明可读性
（参见 15.1.1 节）

stats.fancy 没有出现在每个部署中，相应
地，monitor.statistics 将对这个模块的依
赖标识为可选依赖（参见 15.1.1 节）

某些模块通过API将另一个模块的类
型公开，并且没有另外那个模块就无
法工作，所以它们隐式表明可读性
（参见 15.1.1 节）

monitor.persistence 将包含其持久化实体的
包对反射公开（参见 15.1.2 节）

不论是 Hibernate 还是 ServiceMonitor 所使用的
Spark 版本都不是模块化的，所以 hibernate.jpa 和
spark.core 都是自动模块（参见 15.1.5 节）

某些模块通过 API 将另一个模块
的类型公开，并且没有另外那个模
块就无法工作，所以它们隐式表明
可读性（参见 15.1.1 节）

通过服务来将消费者（monitor）
和观察者 API 的实现（例如
monitor.observer.alpha）进行解
耦（参见 15.1.3 节）

不论是 Hibernate 还是 ServiceMonitor 所使用的 Spark
版本都不是模块化的，所以 hibernate.jpa 和 spark.core
都是自动模块（参见 15.1.5 节）

　　如果将代码清单 12-1 与代码清单 2-2 进行对比，或者参见图 15-1，就可以发现，ServiceMonitor
的基本结构几乎保持不变。但是仔细观察就能发现一系列改进。下面来逐一回顾。

15

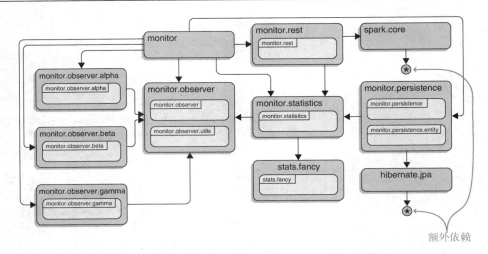

图 15-1a   对使用不同特性的 ServiceMonitor 应用程序的模块图进行对比。基础版本仅
            使用了普通的 exports 和 requires 指令（a），高级版本则完整使用了改
            善过的依赖、导出以及服务（b）。（基础版本已经被扩展为包含与高级版本
            相同的模块和包。）

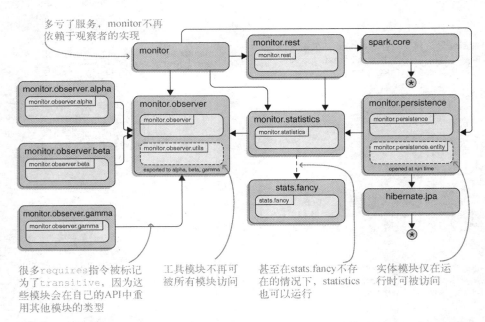

图 15-1b   对使用不同特性的 ServiceMonitor 应用程序的模块图进行对比。基础版本仅
            使用了普通的 exports 和 requires 指令（a），高级版本则完整使用了改
            善过的依赖、导出以及服务（b）。（基础版本已经被扩展为包含与高级版本
            相同的模块和包。）

15.1.1　多样化依赖

一个容易辨认的改变是 `requires transitive` 和 `requires optional` 指令。虽然在大多数情况下，普通 `requires` 指令是正确的选择，但是很大一部分依赖有些复杂。

最显著的例子是可选依赖，即某个模块使用其他模块中的类型，并因此需要基于后者进行编译，但是该依赖模块在运行时仍有可能不存在。monitor.statistics 和 stats.fancy 正是这种情况，所以该依赖是通过 `requires static` 指令建立的。

接下来，模块系统将在编译 monitor.statistics 时强制 stats.fancy 存在（这是合理的，否则编译会失败），如果后者进入模块图则添加一条从 monitor.statistics 到 stats.fancy 的可读边（这也是合理的，否则 monitor.statistics 无法访问 stats.fancy 中的类型）。但是 stats.fancy 有可能不在模块图中，在这种情况下，monitor.statistics 需要处理 stats.fancy 不存在的情形，如代码清单 15-2 所示。

代码清单 15-2　检查可选依赖 stats.fancy 是否存在

```
private static boolean checkFancyStats() {
    boolean isFancyAvailable = isModulePresent("stats.fancy");
    String message = "Module 'stats.fancy' is"
            + (isFancyAvailable ? " " : " not ")
            + "available.";
    System.out.println(message);
    return isFancyAvailable;
}

private static boolean isModulePresent(String moduleName) {
    return Statistician.class
        .getModule()
        .getLayer()
        .findModule(moduleName)
        .isPresent();
}
```

可选依赖的讨论细节参见 11.2 节。

另一种情况相较于可选依赖则不那么明显，但一样常见——也许更常见。例如 monitor.rest 模块，在它的公有 API 中有这样一个方法。

```
public static MonitorServer create(Supplier<Statistics> statistics) {
    return new MonitorServer(statistics);
}
```

但是 `Statistics` 来自于 monitor.statistics，所以任何使用 rest 的模块都需要读取 statistics，否则它将无法访问 `Statistics` 并因此无法创建 `MonitorServer` 实例。换一个说法，rest 对于不读取 statistics 的模块来说是无用的。在 ServiceMonitor 应用程序中，这种情况频繁得超乎想象：每个模块，如果至少需要一个其他模块，并且会导出一个包，都是这种情况。

这种情况发生得如此频繁，只是因为这些模块都很小，以至于几乎所有代码都是公有 API——如果它们**没有**通过自身的 API 持续导出依赖的类型，那才会很意外。所以，虽然现实中这种情况相对少见，但是基本上每天也都可以见到——在 JDK 中，大概有 20% 左右的依赖是被公开的。

15

让用户猜测需要显式依赖哪些其他的模块是一件很麻烦的事情，并且会让模块声明变得臃肿。为了避免这种情况，模块系统提供了 `requires transitive` 指令。由于 rest `requires transitive` statistics，任何读取 rest 的模块也都读取 statistics，因此 rest 的用户避免了对依赖的猜测。隐式可读性的细节在 11.1 节中讨论过。

15.1.2　降低的可见性

相对于 2.2 节所展示的最初版本，该应用程序的另一个变化是，其模块尽量减少 API 的范围。更新后的模块明显减少了普通 `exports` 指令的使用。

❑ 多亏了服务，观察者不再需要将它们的实现导出。

❑ 通过合规导出，monitor.observer 中的 `monitor.observer.utils` 包只可以被若干指定的模块访问。

❑ monitor.persistence 将实体包公开，而非导出，使得它仅在运行时可用。

这些变化减少了容易被其他随机的模块访问的代码量，意味着开发者可以在模块内部改变更多的代码，而无须担心对下游用户产生影响。通过这种方式减小 API 的范围，对于框架和类库的可维护性来说是个极大的恩惠，同时包含大量模块的大型应用程序也能从中受益。11.3 节介绍过合规导出，12.2 节探寻过开放式包。

15.1.3　通过服务解耦

与 2.2 节相比，模块图唯一的结构性改变在于 monitor 不再直接依赖于观察者的实现。相反，它仅依赖于提供 API 的模块——monitor.observer，并且将 `ServiceObserverFactory` 用作服务。3 个实现模块都用它们自己的实现来提供此项服务，并且模块系统将两边连接了起来。

这不仅仅是审美上的提高。多亏了服务，我们才有可能在启动时配置应用程序的行为，即它可以观察哪些类型的服务。通过增加或删除提供服务的模块，可以增加新的实现，或者删除过期的实现——不需要对 monitor 进行任何改动，因此可以继续使用相同的工件而不需要重新构建。请查阅第 10 章来了解服务的相关内容。

15.1.4　在运行时通过层来加载代码

虽然服务允许我们在启动时定义应用程序的行为，但现在我们甚至可以走得更远。虽然在模块声明中不可见，但是通过让 monitor 模块创建新的层，我们使应用程序在启动时甚至没有 `ServiceObserver` 实现的情况下也可以在运行时观察服务。按照需求，monitor 将创建一个新的模块图以及类加载器，并加载额外的类，进而更新它的观察者列表，如代码清单 15-3 所示。

代码清单 15-3　基于为这些路径上的模块创建的模块图来创建一个新的层

```
private static ModuleLayer createLayer(Path[] modulePaths) {
    Configuration configuration = createConfiguration(modulePaths);
    ClassLoader thisLoader = getThisLoader();
```

```
        return getThisLayer()
            .defineModulesWithOneLoader(configuration, thisLoader);
    }

    private static Configuration createConfiguration(Path[] modulePaths) {
        return getThisLayer()
            .configuration()
            .resolveAndBind(
                ModuleFinder.of(),
                ModuleFinder.of(modulePaths),
                Collections.emptyList()
            );
    }
```

这样的行为对于不经常重新部署且不容易重新启动的应用程序来说尤为有趣。这让我想起了复杂桌面应用程序，但是对于运行在客户数据中心且需要高可配置性的 Web 后端服务来说也是一样的。请参考 12.4 节来了解层的定义以及如何创建层。

15.1.5 处理对普通 JAR 的依赖

另一个模块声明中不太显见的细节是 ServiceMonitor 中第三方依赖的模块化程度。它所使用的 Hibernate 和 Spark 的版本都尚未模块化，仍然以普通 JAR 发布。因为清晰模块需要它们，所以其必须被放置在模块路径中，进而被模块系统转变为自动模块。

所以，虽然 ServiceMonitor 已被完全模块化，但是它仍然依赖于尚未模块化的 JAR。从整个生态系统的视角来看待此问题，JDK 模块在最底层，而应用程序模块在最顶层，这是一个有效的自顶向下的模块化进程。

8.3 节介绍过自动模块，而且整个第 8 章也都适用于此。如果想了解更多的模块化策略，请参阅 9.2 节。

15.2 模块化应用程序小贴士

本书用大量篇幅介绍了如何使用模块系统的各种工具来解决不同的问题。这对一本关于 JPMS 的图书来说，无疑是很重要的，但是在你读完本书之前，让我们整体回顾一下工具箱清单。

首要问题是，你是否想使用这些工具？在没有提示的情况下，你是否想创建模块（参见 15.2.1节）？一旦答案确定了，我们将尝试对理想的模块进行定义（参见 15.2.2 节）。接下来会聚焦于如何让模块声明保持一流的形态（参见 15.2.3 节），以及哪些改动可能会破坏用户的代码（参见 15.2.4 节）。

15.2.1 是否模块化

至此，你已经学习了模块系统的所有内容——它的特性、缺陷、承诺以及限制——也许你还在问自己，是否需要将你的 JAR 模块化。最终，只有你和你的团队可以针对你的项目来回答这

15

个问题，但是我可以提供一些对这个问题的思考。

就像本书中所表达的那样，我认为模块系统提供了很多好处，它们对类库、框架以及大多数具有一定规模的应用程序来说很重要。尤其是强封装、通过服务解耦（虽然不需要模块也能实现，即使并不是很方便）以及应用程序镜像都能很好地支持我的观点。

但我最欣赏的是模块声明本身：在任何时候，它们都是你的项目架构的真实反映，并且会对每个工作于系统中相关方面的开发者和架构师带来大量好处，以至于可以提高整体的可维护性（15.2.3 节将进行更深入的讨论）。

要点　基于这些原因，在开始每一个针对 Java 9 及以上版本的项目时，我默认会采用模块（理论上来说，一些项目相关的原因会使我有另外的想法，但没有足够的力量使我改变策略）。如果放置到模块路径时依赖开始制造过多的问题（例如，它们可能会导致包分裂——参见 7.2 节），那么很容易用类路径来替换模块路径以放弃模块系统。如果一开始你就使用模块系统，对它们的创建和更新几乎不消耗任何额外的时间，那么相对而言，改善过的可维护性将极大地减少随着项目规模增长而不得不做的整理。

如果你还没被说服，那就先尝试一下。用模块构建一个演示项目，或是最好构建一个拥有真实用户和需求的小型应用程序。非关键的、公司内部的工具是非常合适的实验对象。

当来到模块化已有项目时，答案更倾向于"视情况而定"。需要的工作量显而易见，但是好处也触手可得。事实上，越是有更多的工作需要做，通常越是会有更多的回报。想象一下：哪些应用程序最难模块化？就是那些包含更多工件、乱成一团以及不易维护的应用程序。但是这些也正是能够从中得到更多好处的应用程序。所以，当有人认为将某个现有项目模块化的成本很低而好处很多（或者相反），则需要当心了。

要点　在最后，一个项目的预期生命时长可以作为决策的关键。项目需要被维护的时间越长，模块化的相对代价就越低，好处就越大。换句话说，剩余"寿命"越长，模块化的意义越大。

如果你正在工作的项目（比如类库或者框架）中有一些用户不属于你的团队，你也需要将他们的需求考虑进去。即便模块化对你来说不是那么值得，这些团队外的用户也可以从中获得大量好处。

15.2.2　理想的模块

假设你已经做了决定并开始使用模块。理想的模块什么样子？分割模块和撰写模块定义是为了达到什么样的效果？这个问题依旧没有标准答案，但是一系列信号值得你注意：

❏ 模块尺寸

❑ API 范围

❑ 模块间的耦合

在依次讨论每个标志信号之前，我想补充一点，即使你对理想的模块有一定概念，也不太可能保证所创建的每个模块都是完美的。特别是如果从模块化现有项目开始，那么在这个过程中，你可能会创建一些较为丑陋的模块。

如果你正在开发应用程序，则不必担心——你可以在进行过程中轻松地重构模块。对于类库和框架开发人员而言，难度会更大一些。正如我们将在 15.2.4 节中看到的，许多重构步骤会破坏用户代码，导致其开发自由度大大降低。

现在，我们通过可以观察到的 3 个信号来判断模块的质量：大小、接口和耦合度。

1. 保持模块足够小（越小越好）

模块声明为你提供了一个很好的工具来分析和雕刻模块之间的边界，但它们对模块**内部**发生的事情相对并不了解。包之间存在循环依赖吗？所有的类和成员都是公有的吗？这是一个"大泥球"吗？这些可能会影响开发过程，但模块声明并不会将它们反映出来。

这意味着你拥有的模块声明越多，对代码结构的了解和控制就越多（如图 15-2 所示）。另一方面，模块、JAR 以及（通常情况下的）构建工具项目之间存在一一对应的关系，因此更多的模块声明也意味着会增加维护工作和消耗更长的构建时间。显然这是一个需要权衡的决策。

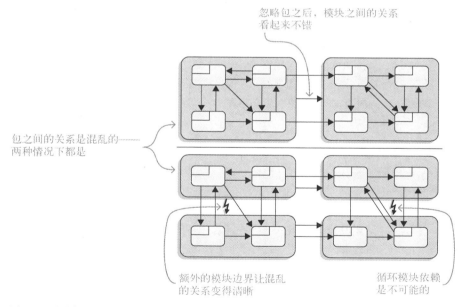

图 15-2　图中这些包之间的关系可以说有些混乱。尽管只有两个模块（上），但关系并不明显。只有在尝试创建更多模块（下）时，问题才变得清晰起来。附加的模块边界提供了这种深入分析的手段

15

总体而言，还是选择较小的模块而不是较大的。一旦模块的代码行达到 5 位数，你就可能需要考虑将其拆分。当模块代码跨入 6 位数时，建议你认真考虑一下。如果是 7 位数，那么你可能需要先进行一些认真的重构工作（如果你无法打破类之间的循环依赖关系，请参阅 10.3.5 节，通过使用服务来做到这一点）。

要点　话虽这么说，但不要相信在没有查看你项目的情况下就告诉你合适的模块大小的任何人。"模块应该多大？"这个问题唯一有意义的答案是"看具体情况"。每个模块都应该是针对特定问题的高内聚解决方案。如果该问题碰巧有一个很大的解决方案，那没关系——不要将原本属于同一部分的东西分开。

属于同一部分的东西是什么？当一个高内聚的模块被切成两部分时，必然会在两部分之间存在一个相当大的 API 接口面——这就是接下来需要讨论的主题。

2. 保持 API 接口面足够小

要点　模块的优势在于它们可以自行控制内部信息。这使得模块内的重构更加容易，并且其公有 API 的设计和演化更加谨慎。考虑到这些好处，较少数量的 `exports` 基本指令通常是最佳选择。合规导出也是如此——越少越好。

常规导出和合规导出有何区别？在一个项目内部，二者没有太大的区别。当涉及两个模块时，是否为合规导出并不重要。这也就是说，合规条件至少表明该 API 可能不是为通用用例所设计的，这是有价值的信息，尤其是在较大的项目中。

与应用程序不同，类库和框架必须始终考虑其导出如何影响依赖于它们的项目。在这种情况下，仅在同一项目内合规导出到其他模块，就好像此包完全没被导出一样，这绝对是双赢的选择。总而言之，合规导出对 API 接口面仍旧有贡献：在一个项目内部，其和常规导出的贡献程度相当，跨项目边界时则少很多。

3. 保持耦合度足够低

随机选择两段代码——无论是方法、类还是模块都没关系。在其他所有条件都相同的情况下，依赖关系较少的代码更易于维护。原因很简单：依赖越多，容易产生破坏的更改就越多。

但是，其实不仅是简单的依赖关系：更普遍的是耦合度的问题。如果一个模块不仅依赖于另一个模块，而且广泛地使用其全部十几个的导出包，则可以说这两个模块是紧密耦合的。如果其中还混合了合规导出，那么耦合度就更高，因为从合规导出的概念上看："虽然这不是受支持的 API，但是让你使用也无妨。"

要点　这不仅限于单个模块。要了解一个系统，你不仅需要了解各个部件（此处指模块），还需要了解其中的诸多连接（此处指依赖关系和耦合度）。而且，如果你不认真，系统的连接数可能比各部件总数还多（大约是模块数的**平方**，如图 15-3 所示）。因此，部件间的松散耦合是保持系统尽可能简单的关键因素。

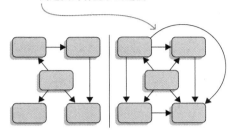

图 15-3　即使图中左右两侧的节点数量相同，它们的复杂度差异可能也很大。左侧大
　　　　概每个节点各有一条边，而右侧每个节点至少有一对边。如果新增一个节点，
　　　　则左侧将新增 1~2 条新边，而右侧将大约新增 6 条边

　　模块解耦的一种好方法是第 10 章所讲的服务。服务不仅打破了模块之间的直接依赖关系，
而且还要求你拥有一种可以访问整个 API 的单一类型。除非你将该类型转换为可连接到其他数十
种类型的奇怪混合物，否则这将大大减少模块之间的耦合度。

　　要点　一个警告：服务是优雅的，但它们比常规的依赖更难以预测。你不容易发
　　现两段代码是如何连接的，并且当缺少提供者时你也不会得到错误信息。因此，
　　不要急于在任何地方使用服务。

　　以下是一个决定性检验：你是否可以使用合理但足够小的 API 来创建服务类型？在模块图上
它的每条边是否被不止一个模块使用或者提供？

　　如果不确定，请参看 JDK。官方文档列出了模块使用或提供的服务，并且你可以使用 IDE
查看用户代码和实现代码。

4. 遵照模块声明

　　要点　前面刚刚讨论过，模块应该很小，而 API 接口面应该更小，并且应该与周
　　围环境松散耦合。最后，这些建议可以归结为一个看似简单的公式：高内聚、低
　　耦合。通过寻找合适的模块大小、exports 的数量、requires 的数量以及各依
　　赖的强度，可以帮助你实现最终目标。

　　注意　像任何一组目标数字一样，上述 3 个目标可能一无所获。经过深思熟虑的整体架
　　构比几个数字更为重要。尽管本书为你提供了很多工具，甚至提供了一些实现这些目标
　　的技巧，但它并非一个从零开始的解决方案。

　　另请注意，这 3 个标志信号（大小、接口面和内聚力）通常会相互影响。作为一个极端的例
子，以仅包含一个模块的应用程序为例。它很可能没有 API，而且只有一个工件，耦合度很低。
另一个极端是一个代码库的每个模块中的每个包都依赖许多具有小 API 接口面的小模块。这些极

端情况固然可笑，但它们说明了问题所在：这是一种平衡的艺术。

 要点　总之，这些标志信号只是标志信号而已——你和你的团队将始终必须根据其提供的信息做出自己的正确判断。但是你的模块声明可以帮助你实现这些目标。如果它们变得非常复杂并且经常需要大量更改，那么这是已经尝试在警告你了。请听从它们。

15.2.3　注意模块声明

如果你正在构建模块化项目，那么模块声明很容易成为代码类库中最重要的.java 文件。它们中的每一个都代表一个完整的 JAR，总共可能包含数十个、数百个甚至数千个这样的文件。模块化声明不仅仅代表这些，其还控制着模块之间的交互方式。

因此，你应该非常注意模块声明！以下有一些注意事项：

❑ 保持声明整洁
❑ 注释声明
❑ 检查声明

下面来一一讲解。

1. 干净整洁的模块声明

模块声明是代码，应该按照代码的要求来规范它，并且确保应用代码的风格。一致的缩进、行长、括号位置等——这些规则对于声明，就像对于其他任何源代码文件一样富有意义。

另外，强烈建议按结构编写模块声明，而不要按随机顺序放置不同的指令。JDK 和本书中的所有声明都遵循以下顺序。

(1) requires，包括 static 和 transitive

(2) exports

(3) exports to

(4) opens

(5) opens to

(6) uses

(7) provides

JDK 总是在不同指令块之间放一个空行以将它们分开——我仅在有较多指令的情况下才这样做。

更进一步，你可以定义在同一块中如何对各个指令进行排序。按首字母排序是一个显而易见的选择，尽管对于 requires，我通常会首先列出内部依赖，再列出外部依赖。

注意　无论如何决定，如果你通过一个文档来记录代码风格，那么请记录清楚这些决定。如果你通过 IDE、构建工具或代码分析器来帮助你检查，那就更好了。尝试使用它们，通过自动检查和应用代码风格，使你的工作更具效率。

2. 丰富注释的模块声明

关于代码文档（比如 Javadoc 或行内注释）的意见，内容千差万别，但是这并不是说明其重要性的关键。无论你的团队对注释的立场是什么，都建议将它们的使用延伸至模块声明。

如果你喜欢为每个抽象都注释一个句子或一小段内容以说明其含义和重要性，那么请考虑向每个模块都添加 Javadoc 注释。

```
/**
 * 将服务可用性数据点聚合到统计当中
 */
module monitor.statistics {
    // ...
}
```

JDK 在每个模块上都有这样甚至更长的注释。

即使你不喜欢写下该模块是**做什么的**，大多数人同意应该写明**为什么**某个决定具有价值。在模块声明中，可以添加一个行内注释：

- ❏ 对于可选依赖，解释为什么该模块可以不存在；
- ❏ 对于合规导出，解释为什么它不是公有 API，但仍可被特定模块访问；
- ❏ 对于开放式包，解释计划允许被哪些框架访问。

在 JDK 中，你有时会在 jdk.naming.rmi 中找到类似这样的注释：

```
// 临时导出，直到 NamingManager.getURLContext 使用服务
exports com.sun.jndi.url.rmi to java.naming;
```

通常而言，我的建议是：每次做出没那么直观的决定时都要添加注释。每当检查人询问为什么要进行某些更改时，请添加注释。这样做可以为你的同事——或者两个月后的你自己提供帮助。

 要点 模块声明提供了新的契机：在代码中正确记录项目工件之间的关系从未如此简单。

3. 充分检查的模块声明

模块声明是模块化结构的中心表述，不论你进行何种代码审查，都应该将模块声明的检查作为其组成部分。无论对代码改动的检查是发生在提交代码之前，或是在打开拉取请求之前，又或是在结对编程完成时，再或是在正式的代码审查期间，都应该对 `module-info.java` 给予特别的注意。

- ❏ 添加的依赖是否确实有必要？它们与项目的基础架构是否一致？它们是否由于模块的 API 使用了它们的类型而被通过 `requires transitive` 指令导出？
- ❏ 如果依赖是可选的，那么代码是否已经准备好在运行时处理依赖缺失的情况？是否有连带效应，比如缺少可选依赖中隐式依赖的传递依赖？
- ❏ 是否可以将新的依赖替换为服务？
- ❏ 增加的导出是否确实有必要？是否新导出包中的全部公有类都已经做好公有的使用准备，或者是否需要重构它们以减少 API 接口面？

15

❑ 如果导出是合规的，这确实有意义吗？或者仅仅是为了访问那些从来不应该公有的 API 的结果？

❑ 是否已经将用作服务的类型设计为应用程序基础架构的组成部分？

❑ 是否进行了某些变更，可能会对不属于构建过程的下游使用者产生负面影响（更多信息请参见 15.2.4 节）？

❑ 是否根据团队要求应用了模块声明的代码风格和注释？

勤奋的检查尤为重要，因为 IDE 通常提供了快速修复程序，使开发人员可以通过导出包或使用简单命令添加依赖来远程编辑声明。我很欣赏这些功能，但是它们增加了粗心大意编辑的可能性。因此，更重要的是要确保每次改动都被注意到。

注意　如果你有代码审查指南、代码提交检查清单或其他任何有助于保持较高代码质量的文档，那么请在其中添加有关模块声明的条目。

花时间审查模块描述符可能听起来需要很多额外的工作。首先，我将讨论是否会有**很多**，尤其是与开发和审查代码库的其余部分所付出的努力相比。不过，更重要的是，我不认为这是一项额外的任务——而是将其视为一个机会。

要点　分析和审查项目的架构从来没有像现在这样容易。也不是像几年前一样，将白板上的架构草图拍摄下来，上传到团队的 wiki 上。现在讨论的是真正的事情，即工件之间的实际关系。模块声明向你展示了赤裸裸的现实，而不是过时的期许。

15.2.4　更改模块声明可能破坏代码

与其他任何源文件一样，更改模块声明可能会对其他代码产生意料之外的破坏效果。但是更严重的是，模块声明是模块公有 API 的提炼，因此其影响比任何随机类都要高得多。

如果开发应用程序时模块的所有使用者都在同一构建过程中，那么突然的变更就不容易被忽视。即使对于框架和类库，也可以通过全面的集成测试以及时发现此类变更。

要点　尽管如此，了解哪些变更较可能引起问题以及哪些通常是无害的，还是很有帮助的。以下是变更麻烦程度排行榜。

(1) 新模块名称。

(2) 导出包太少。

(3) 服务变更。

(4) 更改依赖。

如你所见，所有这些变更都可能在下游项目中导致编译错误或意外的运行时行为。因此，应该始终将它们视为重大变更。并且，如果你使用语义版本号（semantic versioning），那么应因此产生一个主版本。这并不意味着在模块声明中进行其他变更就不会引起问题，只是它们的可能性要小得多。因此，让我们着重讨论这 4 个方面。

1. 新模块名称的影响

变更模块名称将立即破坏所有依赖该模块的其他模块——这些模块将不得不进行更新和重新构建。尽管这是它可能引起的最小问题。

更大的危险是，这可能导致模块化的死亡之眼（参见 3.2.2 节），某个项目可能会间接地依赖你的模块两次：一次是旧名称，一次是新名称。那么该项目在尝试引用你的模块的新版本时，将经历一段艰难的过程，或者可能由于名称的变更而不得不避开模块的更新。

请意识到这一点，并尝试将重命名的影响降到最小。你可能仍然偶尔需要这样做，那么请尝试通过使用旧名称创建聚合器模块来减轻这种影响（参见 11.1.5 节）。

2. 导出包太少的影响

为什么导出包“太少”会出现问题？答案很明显：使用这些包中类型的任何模块在编译时和运行时都无法访问它们。如果一定要这么做，那么必须先废弃这些包和类型，以使你的用户在它们被删除之前有机会进行修改。

这完全仅适用于普通的 `exports` 指令。

❑ 合规导出通常仅导出到你控制的其他模块，并且很可能是构建的一部分，因此可以同时进行更新。

❑ 开放式包通常针对特定的框架或旨在反射它们的代码段。这些代码很少会是用户模块的一部分，因此关闭这些包不会对其产生影响。

一般来说，我不会把取消合规导出或开放式包视为重大变更。但是，特定的场景可能不同于这条经验法则，因此在进行此类变更时，请小心并且仔细考虑。

3. 添加或删除服务的影响

有了服务，情况就不那么清楚了。如 10.3.1 节所述，服务使用者应始终准备好应对服务提供者缺失的情况。同样，当突然返回一个额外的提供者时，它们也不应该中断。但这仅涵盖了一种情况——应用程序不应该由于服务加载器返回了错误数量的提供者而崩溃。

仍然可以想象，甚至有可能，当某个服务存在于一个版本中而不在另一个版本中时，应用程序的行为会发生异常。并且由于服务绑定发生在所有模块上，因此甚至可能会影响不直接依赖这些服务的代码。

4. 更改依赖的影响

列表上的最后一点，即所有形式的依赖，也是一个灰色区域。让我们从 `requires transitive` 开始。11.1.4 节曾解释说，如果用户在模块附近直接使用它，则只应依赖于你让它们读取的依赖。假设你停止公开依赖的类型，并且用户也更新了他们的代码，那么从 `exports` 指令中删除 `transitive` 应该不会影响他们。

另一方面，他们可能不了解或没注意该建议，所以为防止他们读取依赖，仍然需要他们进行更新和重建代码。因此，我仍然认为这是一项重大变更。

也有可能存在当删除甚至添加其他依赖时可能会导致问题的场景，即使这些问题从模块外部

15

无法观察到，比如：

❑ 添加或删除普通 `requires` 指令可能会改变可选依赖的解析和服务绑定；

❑ 设置一项依赖为可选（或者反过来）也有可能改变使其进入模块图的模块。

因此，尽管 `requires` 和 `requires static` 可以更改模块图，从而影响与你完全无关的模块，但是很多人不知道这一点。默认情况下，我不会将这样的更改视为重大变更。

注意 尽管所有这些听起来可能很糟糕而且很复杂，但是与更改公有 API 中的类相比也差不太多。你只是对模块声明的变更如何影响其他项目还没有直觉，不过请放心，慢慢会有的。

15.3 技术前景

在 1.4 节首次介绍模块系统之后，我认为你可能对它与生态系统其他部分的关系还有一些疑问。你可能还记得如下问题。

❑ Maven、Gradle 以及其他构建工具不是已经管理好依赖关系了吗？

❑ 又或是开放服务网关协议（Open Service Gateway Initiative，OSGi）呢？为什么我不直接用它？

❑ 在微服务普遍流行的时代，模块系统是否矫枉过正？

我将在一分钟内回答这些问题，但是首先，我想向你介绍 Java 9 及以上版本在模块系统之外必须提供的功能。毕竟，这些好处是打包提供的，如果你对其中一个持怀疑态度，那么也许另一个的好处会动摇你。

15.3.1 Maven、Gradle 以及其他构建工具

Java 生态系统很幸运，其拥有一些经过实践检验的强大构建工具，比如 Maven 和 Gradle。当然，它们并非完美，但是已经在 Java 世界中存在 10 多年了，因此显然拥有自己的价值。

顾名思义，构建工具的主要工作是构建项目，包括编译、测试、打包和发布。尽管模块系统涉及其中许多步骤，并且需要对工具进行一些更改，但它并没有为平台添加任何功能使其与之竞争。因此，在**构建**项目时，Java 平台与这些构建工具之间的关系与之前几乎相同。

Java 9 及以上版本的构建工具

不能说所有构建工具，至少 Maven 和 Gradle 已经更新，并可以在 Java 9 及以上版本和模块系统上正常使用。所需的更改主要是内部的，用创建模块化 JAR 替代普通 JAR，需要做的只是在源目录中添加 `module-info.java`。构建工具获得该文件，并且在大多数情况下只会做正确的事情。

有关你选择的构建工具如何与模块系统或其他 Java 新功能（比如多版本 JAR，参见附录 E）交互的详细信息，请查看相关的文档。我想明确提到一件事，当迁移到 Java 9 及以上版本时，你可能需要增加一些命令行选项，因此你可能希望复习一下相关内容。

如果想了解有关 Gradle 的更多信息，请参考《实战 Gradle》。

1. 依赖管理

构建系统通常执行的另一个任务，即依赖关系管理，Java 9 及以上版本现在也会执行。如 3.2 节所述，可靠配置旨在确保依赖存在且无歧义，从而使应用程序变得更加稳定——Maven 或 Gradle 也为你做同样的事情。这是否意味着模块系统将取代构建工具？还是为时已晚，这些新功能并没有用？从表面上看，模块系统似乎复制了构建工具的功能，但是当你仔细观察时，你会发现重叠很小。

首先，模块系统无法唯一地标识或定位工件。最值得注意的是，它没有版本的概念，这意味着在给定相同工件的几个不同版本时，它无法选择正确的版本。正是因为它是模棱两可的，所以这种情况将导致错误。

尽管许多项目会选择一个可能具有唯一性的模块名称（比如反向域名命名规则，其中的域名与项目关联），但因为没有像 Maven Central 这样的实例可以确保这一点，所以通过模块名称不足以唯一地标识一个依赖。关于像 Maven Central 这样的远程存储库，模块系统并不支持连接到它们。因此，尽管模块系统和构建工具都管理依赖关系，但是前者的执行水平太过抽象以至于无法替代后者。

不过，构建系统确实存在一个相当大的缺点：它们能确保依赖在编译过程中存在，甚至可以将其交付到你的"门口"，但是不能管理应用程序的启动。如果该工具没有意识到间接需要的依赖（由于使用了 Maven 的 `provided` 或者 Gradle 的 `compileOnly`），或者类库在构建至启动的过程中丢失了，那么这些情况只能在运行时才发现，从而很可能导致应用程序崩溃。另一方面，模块系统不仅在编译时而且在运行时管理直接和间接的依赖，以确保所有阶段的可靠配置。它还可以更好地检测歧义，比如重复的工件或包含相同类型的工件。因此，如果你深入研究依赖管理，会发现两种技术也有所不同，唯一的交集是两者都以某种形式列出各个依赖。

2. 封装、服务和链接

说完依赖管理，我们迅速找到了构建工具不足以与模块系统抗衡的功能。最值得注意的是强封装（参见 3.3 节），它使类库可以在编译时和运行时对其他代码隐藏实现细节——Maven 或 Gradle 甚至做梦都无法实现的特性。这种严格性需要一段时间才能适应，但从长远来看，JDK、框架、类库甚至大型应用程序，都将受益于受支持 API 和内部 API 的严格区分，并确保不会意外地依赖于后者。在我看来，仅强封装本身就值得我们升级到模块系统。

纵观更高级的特性，其中有两个特别有趣的特性超出了构建工具的范围。首先模块系统可以作为**服务定位模式**中的服务注册表来操作，允许你解耦工件，并实现易于使用插件的应用程序（参见第 10 章）。其次是将所需的模块链接到一个自包含的运行时镜像的能力，使你有机会简化部署（参见第 14 章）。

总之，除了在依赖管理方面有一些重叠，构建工具和模块系统并不相互竞争，而应该被看作相互补充。图 15-4 显示了这种关系。

15

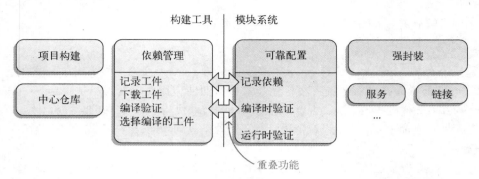

图 15-4 构建工具（左）和模块系统（右）具有非常不同的特性集。唯一的相似之处
         是二者都记录依赖（构建工具通过全局唯一标识符和版本进行记录；JPMS 只
         根据模块名进行记录），并为编译进行验证。它们对依赖的处理非常不同，除
         此之外，几乎没有任何共同点

15.3.2 OSGi

开放服务网关协议是 OSGi 联盟组织及其所创建的规范简称。在某些场合它还表示规范的不
同实现，本节就是如此。

OSGi 是一个基于 Java 虚拟机的模块系统和服务平台，与 JPMS 共享部分特性集。如果你对
OSGi 有一些了解，或者已经使用过 OSGi，你可能想知道它与 Java 的新模块系统相比如何，以
及 OSGi 是否已经被新模块系统所取代。你甚至可能还想知道我们为什么开发了模块系统——
Java 不能只使用 OSGi 吗？

注意　如果你只通过传闻了解 OSGi，那么掌握这一节可能有点困难——这不是问题，
因为其不是必需阅读的内容。如果仍想继续学习，请先想象一下 OSGi 与模块系统相似。
本节的其余部分将介绍一些重要的区别。

我不是 OSGi 专家，但我在研究过程中喜欢上了 *OSGi in Depth* 这本书。如果你的需求超出
Java 平台模块系统所能提供的范围，请考虑使用它。

1. 为何 JDK 不使用 OSGi

为什么 JDK 不使用 OSGi？这个问题的技术答案可以归结为 OSGi 实现其特性集的方式。它
严重依赖于类加载器，1.2 节和 1.3.4 节中曾简单讨论过这个问题，OSGi 实现了自己的类加载器。
它为每个 bundle（模块在 OSGi 中称为 bundle）使用一个类加载器，并以此方式控制一个 bundle
可以看到哪些类（并对其实现封装），或者当一个 bundle 被卸载（OSGi 所允许的——稍后将详细
介绍）时会发生什么。

看起来像是技术细节的东西会产生深远的影响。在 JPMS 之前，Java 对类加载器的使用没有
任何限制，并且使用反射 API 按名称访问类是常见的用法。

　　如果 JPMS 需要特定的类加载器架构，那么 Java 9 及以上版本将彻底破坏 JDK、许多现有的类库和框架，以及关键的应用程序代码。Java 9 及以上版本仍然会带来迁移方面的挑战，但是更改类加载器 API 带来的不兼容性会导致更大的破坏，不但不会减轻兼容性挑战，反而兼容性问题会变得更加严重。因此，JPMS 在类加载器之下运行，如图 15-5 所示。

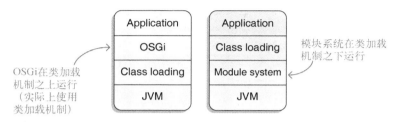

图 15-5　OSGi（左）建立在 JVM 之上，JVM 迫使它使用现有的功能，主要是类加载基础设施，来实现其特性集。另一方面，模块系统（右）在类加载机制之下的 JVM 层面实现，以保持在其上构建系统的运作

　　使用类加载器进行模块隔离的另一个后果是，虽然 OSGi 使用它们来缩小类的**可见性**，但不能降低**可访问性**。这是什么意思呢？假设一个 lib bundle 有一个 `Feature` 类型，但包含该类型的包没有导出。然后 OSGi 确保另一个 app bundle 中的代码不能"看到"`Feature`，例如，`Class.forname("org.lib.Feature")` 将抛出一个 `ClassNotFoundException`（`Feature` 并不可见）。

　　但是现在假设 lib 有一个 API，以 `Object` 类型返回一个 `Feature` 对象。在这种情况下，app 可以获得类的实例。然后，**app** 可以调用 `featureObject.getClass().newinstance()`，并创建一个新的 `Feature` 实例（`Feature` 是可访问的）。

　　如同 3.3 节所讨论的那样，JPMS 需要保证强封装，而 OSGi 提供的内容又谈不上强封装。如果你创建了像之前一样包含两个 JPMS 模块 app 和 lib 且 lib 包含但未导出的 `Feature` 类型，那么 app 可以成功地通过 `Class.forName("org.lib.Feature")`（它是可见的）得到一个类实例但不能对其调用 `newInstance()`（它是不可访问的）。表 15-1 对比了 OSGi 和 JPMS 的区别。

表 15-1　OSGi 的可见性和 JPMS 的可访问性限制

	OSGi	JPMS
限制可见性（`Class::forName`失败）	✔	✘
限制可访问性（`Class::newInstance`失败）	✘	✔

2. JPMS 可以取代 OSGi 吗

　　JPMS 可以取代 OSGi 吗？不可以。

　　JPMS 最初是为了模块化 JDK 而开发的。它涵盖了所有模块化的基础特性——其中一些，比如封装，可以说比 OSGi 更好——但 OSGi 有很多 JPMS 不需要的特性，因此 JPMS 没有对应的实现。

　　举例来说，由于 OSGi 的类加载器策略，你可以在几个 bundle 中拥有相同的完全限定类型，

15

这也使得同时运行同一个 bundle 的不同版本成为可能。在这种情况下，使用 OSGi 可以对导出和导入进行版本控制，让 bundle 表达它们是什么版本以及其依赖是什么版本。如果一个 bundle 需要另一个 bundle 的两个不同版本，OSGi 就可以做到这一点。

另一个有趣的区别是，在 OSGi 中 bundle 通常表达对包的依赖，而不是对 bundle 的依赖。虽然两者都是可能的，但前者是默认的。这使得依赖关系在替换或重构 bundle 时更加健壮，因为包来自何处并不重要（另一方面，在 JPMS 中，一个包必须位于一个模块中，因此将一个包移至另一个模块中，或者使用相同的 API 将一个模块替换为另一个模块会导致问题）。

OSGi 的一个重要特性是围绕动态的行为，其根源是物联网服务网关通过类加载器实现了强大的功能。在运行时，OSGi 允许 bundle 出现、消失，甚至更新，并且公开了 API，让依赖做出相应的反应。这不仅对于跨多个设备运行的应用程序非常有用，而且对于希望最大程度减少停机时间的单服务器系统也非常有用。

底线是如果你的项目已经使用了 OSGi，那么所依赖的功能很可能是 JPMS 所没有的。在这种情况下，没有理由切换到 Java 的原生模块系统。

3. 有了 OSGi 就不用 JPMS 了吗

有了 OSGi 就不用 JPMS 了吗？不是。

对于每个用例来说，虽然我刚才介绍的方法听起来很像 OSGi 比 JPMS 好，但 OSGi 从未被广泛采用。它开辟了一个小众市场并取得了成功，但从未成为一种默认技术（不像 IDE、构建工具和日志记录等）。

OSGi 未被广泛采用的主要原因是其复杂性，不管被认为是复杂的还是真的复杂，不管是模块化固有的复杂性还是由 OSGi 带来的复杂性，原因是次要的，因为大多数开发人员认为 OSGi 很复杂因而默认不使用它。

JPMS 则不同。首先，JPMS 支持的特性较少（特别是不支持版本，依赖于模块而不是包），这就降低了其复杂性。此外，还受益于 JDK 的内在支持，所有 Java 开发人员都在一定程度上接触过 JPMS，特别是资深的开发人员，他们将探索 JPMS 如何帮助他们改善项目。这种广泛的使用也将促进工具集成的进度。

因此，如果一个团队已经具备了相应的技能和工具，并且使用过 JPMS，那么为什么不将整个应用程序模块化呢？此步骤建立在现有知识的基础上，减少了额外的复杂性，并且不需要新的工具，但提供了很多好处。

最后，由于 Java 9 及以上版本中引入了模块化，因此 OSGi 也能从 JPMS 中获利，就像 Java 8 中引入函数式编程那样。两个版本都引入了开发人员关注的主流 Java 新思想，教给了他们一种全新的技能。在某种程度上，当一个项目有望从函数式编程或强大的模块化中受益时，其开发人员有足够的学习动力，并从中收获"有用的知识"。

4. JPMS 与 OSGi 兼容吗

JPMS 和 OSGi 兼容吗？从某种意义上说，二者兼容。使用 OSGi 开发的应用程序就像在早期版本中运行一样，可以在 Java 9 及以上版本中运行（更准确地说，运行在**无名模块**中，8.2 节对此进行过详细说明）。OSGi 不需要任何迁移，但是应用程序代码面临着与其他代码相同的挑战。

从另一种意义上来说，OSGi 是否允许我们将 bundle 映射到 JPMS 模块仍然是一个悬而未决的问题。目前，OSGi 没有使用 JPMS 的功能，而是继续独立实现自身的特性。同样不清楚的是，为将 OSGi 改造成 JPMS 而付出巨大的努力是否值得。

15.3.3 微服务

模块系统和微服务架构之间的关系有以下两个不同寻常的方面：

❑ 微服务和模块系统存在竞争吗？如何比较？

❑ 如果使用微服务，模块系统是否与其有关？

本节将讨论这两个问题。

如果你不熟悉微服务架构，可以跳过本节。但如果你想了解更多，有很多很棒的微服务图书。为了研究这个问题，我略读了 *Microservices in Action* 这本书。

1. 微服务与 JPMS

一般来说，项目越大模块系统带来的好处就越明显。因此，当每个人都在谈论微服务时，大型应用程序的模块系统难道不是会带来显而易见的好处吗？答案取决于最终有多少项目将被构建为微服务，当然，这本身就是一个巨大的议题。

有些人认为微服务是未来的趋势，所有的项目迟早都会走上这条路——全部是微服务！如果你持有这种观点，那么你仍然能使用 Java 9 及以上版本实现微服务，而模块系统将影响你。但是，当然模块化对整体项目的影响要小得多。下一节中将讨论。

其他人的看法则更为谨慎。与所有架构风格一样，微服务既有优点也有缺点，必须在考虑到项目需求的情况下，在两者之间进行权衡。微服务在需要承受高负荷的复杂项目中表现得尤其突出，在这些项目中，微服务的可伸缩能力几乎无可匹敌。

但是，这种可伸缩性的代价是复杂性，因为运行大量的服务需要更多的知识和基础设施，而不是在负载均衡器后面放置少量相同服务的实例。另一个缺点是，如果错误地划分了服务边界（团队对领域知识了解得越少，就越有可能发生这种情况），在微服务中修复该问题的代价要比在单一式应用程序中昂贵得多。

关键的观察结果是，必须始终支付复杂性的代价（Martin Fowler 称之为**微服务溢价**），但是只有当项目足够大时才能获得收益。这一因素使许多开发人员和架构师相信，大多数项目应该从单一式应用程序开始，并朝着分拆服务的方向发展，一旦环境需要最终可能采用微服务。

例如，Martin Fowler 引用了他同事们的以下观点。

> 在一个新项目中不应该一开始就使用微服务，即使你确信应用程序足够庞大，值得一试。……合理的方法是认真设计单一式应用程序，并注意软件内部的模块化，包括 API 边界和数据存储方式。做好这一点，转向微服务是一件相对简单的事情。

到目前为止，本书所强调的短语你应该很熟悉了：仔细设计、模块化、边界——这些都是模块系统所改善的特性（参见 1.5 节）。在微服务架构中，服务依赖关系应该是清晰的（可靠配置）和理想的解耦（服务加载器 API）。此外，所有请求都必须经过公有 API（强封装）。如果时机成熟，谨慎使用模块系统可以为成功迁移到微服务打下基础。图 15-6 显示了这种精心设计的重要性。

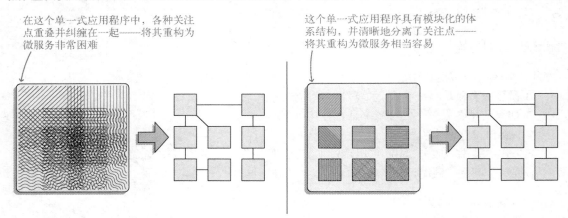

图 15-6   假设将两个单一式应用程序迁移到微服务，你是愿意从一团乱麻（左）开始
迁移，还是从适当模块化的代码库（右）开始？

尽管模块系统侧重于更大的项目，但即使是小的服务也可以从模块化中获益。

2. 使用 JPMS 的微服务

如果你的项目使用的是微服务，并且期望从改进的安全性和性能中获益，你基于 Java 9 及以上版本实现其中的一些服务，那么你必须与模块系统进行交互，因为它就在运行代码的 JVM 中运转。一个可能的结果是，服务仍然有第 6 章和第 7 章中讨论的潜在问题需要修复。随着时间的推移，你的大多数依赖也很可能被转换成模块，但是正如 8.1.3 节所描述的，这并不会强迫将你的所有工件都改造成模块。

如果你决定将所有 JAR 都放在类路径上，它们之间就不会强制进行强封装。因此，在这组 JAR 中，对内部 API 以及反射（比如从框架到代码的反射）的访问将继续工作。在这个场景中，你对模块系统的了解仅限于它对 JDK 的变更。

另一种方法是将服务和依赖进行模块化，这样就可以完全集成到模块系统中。在各种好处中，最相关的可能是 1.6.5 节中的简要描述以及第 14 章中详细讨论的可伸缩平台，其允许你使用 jlink。

使用 jlink，你可以创建一个小尺寸的运行时镜像（其中包含一组正确的平台模块以及**你创建的模块**）来支持你的应用程序，并且可以将镜像减少 80%。此外，当将所需的模块链接在一起时，jlink 可以利用它纵观整个应用程序而得到的知识来分析字节码，因此可以进行更深入的优化，从而进一步压缩镜像以及小幅提升性能。你也会得到其他的好处：例如，确定只使用自身依赖的公有 API。

15.4　关于模块化生态系统的思考

Java 9 及以上版本是一个大版本。尽管缺乏新的语言特性，但其包含了许多强大的改进和附加功能。但这些改进都被 Java 平台模块系统掩盖了。它很容易成为 Java 9 及以上版本最受期待和最具争议的特性，尤其是因为它带来的迁移挑战。

尽管在走向模块化未来的道路上有时会遇到一些困难，但是知名的类库和框架很快就支持了 Java 9 及以上版本，而且从那时起，这种趋势就没有任何放缓的迹象。那么较旧的、支持较少项目的类库和框架呢？尽管有些可能会有新的维护者，即使只是为了在当前的 Java 版本中工作，但是 Java 项目的长尾可能会变细。

这肯定会引起一些依赖于此类项目的开发人员的不满，这是可以理解的——没有人愿意在没有明显好处的情况下去修改代码。与此同时，一些不再具有吸引力的老旧项目将给其他项目带来获取用户的机会。谁知道呢？也许他们终究会看到转换的好处。

一旦升级到 Java 9 及以上版本的浪潮过去，项目开始将基线提高到 Java 9 及以上版本，你就会看到越来越多的公开的模块化 JAR。由于模块系统支持增量式和分散式模块化，因此该过程对项目间的协调要求相对较少。它还让你有机会立即开始模块化项目。

这样做的目的是什么呢？与 Java 8 中的 lambda 表达式和流，或 Java 10 中的局部变量类型推断等特性不同，模块系统对代码库的影响是微妙的。你不可能只看几行代码就感受到它的美，你也不会突然发现，在编写代码的时候有了更多的乐趣。

模块系统的优点则在另一方面。由于可靠配置，你将尽早捕获更多的错误。由于更加深入了解了项目架构，你将避免无谓的过失。你不会轻易地使代码陷入混乱之中，也不会意外地依赖于依赖项的内部。

JPMS 会改进软件开发中喜怒无常的部分。模块系统不是万能的：你仍然需要投入大量的工作来正确地设计和安排工件，但是有了模块系统，这项工作会有更少的陷阱和更多的捷径。

随着生态系统中越来越多的工件变得模块化，这种影响只会越来越强，直到有一天我们会问自己，我们是如何在没有模块系统的情况下进行编码的。在 JVM 把我们精心设计的依赖关系图变成"大泥球"的那些日子里，我们是如何应对的？

回想起来会觉得很奇怪，与编写没有 `private` 的 Java 类一样奇怪，你能想象那会是什么样子吗？

15.5　小结

- 仔细设计你的模块系统。
- 微服务和 JPMS 是相辅相成的。
- OSGi 和 JPMS 也是相辅相成的。

现在——非常感谢你阅本书，我很高兴能为你们撰写本书。我相信我们还会再见的！

附录 A

类路径回顾

讨论模块系统的书当然会聚焦于模块路径（参见 3.4 节），但是类路径仍然能正常工作。因为可以将类路径与模块路径一起使用，所以类路径在逐步模块化的过程中扮演着重要角色。换句话说，了解类路径的工作原理还是很有价值的。

A.1 使用类路径加载应用程序 JAR

> **定义：类路径**
>
> 类路径是一个与编译器和虚拟机相关的概念。它们使用类路径的目的相同：在列出的 JAR 文件中搜索需要的类型，因为这些类型在 JDK 中不存在（类路径也可以与类文件一起使用，不过为了了解模块系统，你可以忽略这种情况）。

以本书的示例应用程序 ServiceMonitor 为例。它由多个子项目组成，并具有一些依赖关系。在这个场景中，除了最后一个子项目 monitor，所有子项目都已经构建完毕，并出现在了 jars 目录中。

代码清单 A-1 显示了如何使用类路径编译、打包和启动应用程序。除了一些命令行选项的变化（例如，使用--class-path，而不是-classpath），这些命令与 Java 9 之前的用法完全相同。

代码清单 A-1 使用类路径编译、打包和启动应用程序

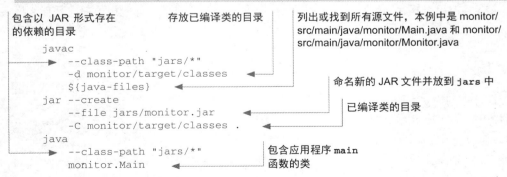

编译器和运行时都会搜索类路径以找到需要的类型，但二者有如下区别。

❑ **编译器**——编译器需要编译代码引用的类型。这些是项目的直接依赖，或者更准确地说，是编译文件引用的直接依赖中的类型。

❑ **虚拟机**——JVM 需要已执行的字节码引用的所有类型。一般来说，这些是项目的直接和间接依赖。但由于 Java 在类加载方面的延迟性，实际的依赖可能会少得多。只有实际运行的代码引用的类型是必需的，这意味着如果不执行引用它的代码，就可能丢失依赖项。JVM 还允许代码搜索 JAR 文件来查找资源。

`javac` 和 `java` 都有命令行选项`-classpath` 和`-cp`，自 Java 9 以来还有`--class-path`。它们通常使用文件列表作为输入，但也可以使用路径和通配符，然后将其扩展成文件列表。

A.2 Java 9 以来的类路径

 要点 对于 Java 9 及以上版本，必须强调类路径不会消失，并且会以与早期的 Java 版本完全相同的方式运转。如果在这些早期版本中编译的应用程序没有造成任何问题（参见第 6 章和第 7 章），那么它们就可以在 Java 9 及以上版本中继续以相同的命令编译。

考虑到这种向后兼容性，问题依然存在，即模块系统如何处理类路径上的类型。简而言之，它们都是**无名模块**。无名模块是一种常规模块，但它有一些特性，其中之一就是自动读取所有解析后的模块。对于位于类路径上的模块也是如此——它们将被像普通的 JAR 一样对待，并且其类型也是无名模块，会忽略模块声明。无名模块和类路径上模块都是迁移过程的一部分，8.2 节详细介绍过迁移过程。

反射 API 的高级介绍

反射允许代码在运行时检查类型、方法、字段和注解等，并将如何使用它们的决定从编译时推迟到运行时。为此，Java 的反射 API 提供了 `Class`、`Field`、`Constructor`、`Method`、`Annotation` 等类型。有了它们，就可以与在编译时不知道的类型交互：例如，创建未知类的实例并调用其方法。

反射及其用例很容易变得很复杂，我不打算详细解释。相反，本附录旨在让你对反射是什么、它在 Java 中什么样子，以及你或你的依赖因何使用反射有一个高层次的了解。

之后，你便可以使用反射或学习更详尽的教程了，比如 Oracle 的**反射 API**。但更重要的是，你要为了解模块系统对反射所做的更改做好准备，这在 7.1.4 节，特别是第 12 章中有所讨论。

让我们从一个简单的示例开始（无须从头开始）。下面的代码段创建了一个 URL，并将其转换为字符串，然后打印。在使用反射之前，我使用普通的 Java 代码。

```
URL url = new URL("http://exampleurl");
String urlString = url.toExternalForm();
System.out.println(urlString);
```

我决定在编译时（也就是编写代码时）创建一个 URL 对象，并调用其中的一个方法。前两行可被描述为 5 个步骤（虽然这种方法不常见）。

(1) 引用 URL 类。

(2) 找到使用单个字符串作为参数的构造函数。

(3) 调用构造函数并传入参数 `http://exampleurl`。

(4) 定位方法 `toExternalForm`。

(5) 在 `url` 实例上调用 `toExternalForm` 方法。

代码清单 B-1 显示了如何使用 Java 的反射 API 实现这 5 个步骤。

代码清单 B-1 通过反射创建一个 URL 实例，并调用它的 `toExternalForm` 方法

类运转所在的 `Class`
实例是反射的入口

获取接受一个 `String`
参数的构造函数

```
Class<?> urlClass = Class.forName("java.net.URL");

Constructor<?> urlConstructor
    = urlClass.getConstructor(String.class);
```

```
Object url =
    urlConstructor.newInstance("http://exampleurl");
```
使用它创建一个新实例，
并用给定字符串作为参数

```
Method toExternalFormMethod =
    urlClass.getMethod("toExternalForm");
Object methodCallResult =
    toExternalFormMethod.invoke(url);
```
获取 **toExternalForm** 方法

调用前面创建的实例中
的方法

　　当然，使用反射 API 比直接编写代码更麻烦。但是通过这种方式，一些曾经需要被揉进代码的细节（比如使用 URL，或者调用哪个方法），现在变成了字符串参数。因此，你不必在编译时选定 URL 和 toExternalForm，而是可以在程序运行时决定选择哪种类型和方法。

　　大多数这样的用例会出现在"框架"中，以 JUnit 为例，它希望执行所有用@Test 注解的方法。一旦找到对应的方法，就通过 getMethod 和 invoke 进行调用。当寻找控制器和请求映射时，Spring 和其他 Web 框架的工作原理类似。另一个用例是可扩展应用程序，它们期望在运行时加载用户提供的插件。

B.1　基本的类型和方法

　　反射 API 的入口是 Class::forName。在其简单形式中，这个静态方法接受一个完全限定类名，并返回一个 Class 实例。你可以使用该实例获取字段、方法和构造函数等。

　　要获得特定的构造函数，如前所述，可以用构造函数参数的类型来调用 getConstructor 方法。类似地，可以通过调用 getMethod 方法并传递其方法名和参数类型来访问特定的方法。

　　对 getMethod("toExternalForm")的调用没有指定任何类型，因为该方法没有参数。下面代码中的 URL.openConnection(Proxy)需要 Proxy 作为参数。

```
Class<?> urlClass = Class.forName("java.net.URL");
Method openConnectionMethod = urlClass
    .getMethod("openConnection", Proxy.class);
```

　　调用 getConstructor 和 getMethod 返回的实例分别是 Constructor 和 Method 类型。为了调用底层成员，它们提供了类似 Constructor::newInstance 和 Method::invoke 这样的方法。后者的一个有趣的细节是，需要实例作为第一个参数来调用方法，其他参数将传递给被调用的方法。

　　继续 openConnection 的例子。

```
openConnectionMethod.invoke(url, someProxy);
```

　　如果你想调用一个静态方法，那么实例参数将被忽略，并且可以为 null。

　　除了 Class、Constructor 和 Method 之外，还有 Field，它允许对实例字段进行读写访问。调用实例的 get 方法以获取字段在该实例中的值——set 方法在指定的实例中设置指定值。

　　URL 类有一个类型为 String 的 protocol 实例字段，对于 URL http://exampleurl，这个字段将包含"http"。因为该字段是私有的，所以下面的代码无法通过编译。

```
URL url = new URL("http://exampleurl");
// 无法访问私有字段 ~> 编译错误
url.protocol = "https";
```

下面是如何用反射做同样的事情。

```
// `Class<?> urlClass`和`Object url`与之前一样
Field protocolField = urlClass.getDeclaredField("protocol");
Object oldProtocol = protocolField.get(url);
protocolField.set(url, "https");
```

虽然可以编译，但是调用 `get` 方法仍然会导致 `IllegalAccessException` 异常，因为 `protocol` 字段是私有的。但这并不能阻止你调用。

B.2   通过 `setAccessible` 强行调用 API

反射的一个重要用例是通过访问非公有类型、方法和字段来入侵 API，这叫作**深度反射**。开发人员通过它来访问本来不能被 API 访问的数据，进而通过设置内部状态来解决依赖中的 bug，并使用正确的值动态地填充实例，Hibernate 就是这样做的。

对于深度反射，在使用 `Method`、`Constructor` 或 `Field` 实例之前，只需调用 `setAccessible(true)` 方法。

```
// `Class<?> urlClass`和`Object url`与之前一样
Field protocolField = urlClass.getDeclaredField("protocol");
protocolField.setAccessible(true);
Object oldProtocol = field.get(url);
protocolField.set(instance, "https");
```

迁移到模块系统所面临的一个挑战是模块系统移除了反射的超能力，这意味着对 `setAccessible` 的调用有可能失败。要了解更多的信息以及如何补救，请查看第 12 章。

B.3   将注解用于反射代码

注解是反射的重要组成部分，事实上，注解是**面向反射的**。注解的目的是提供可以在运行时访问的元信息，然后影响程序的行为。JUnit 的 @Test、Spring 的 @Controller 和 @RequestMapping 都是注解的典型例子。

所有重要的与反射相关的类型，比如 Class、Field、Constructor、Method 和 Parameter，都实现了 AnnotatedElement 接口。Javadoc 有全面介绍注解与这些元素关系的文档（直接的、间接的或相关的），但其最简单的形式是这样的：getAnnotations 方法返回元素上包含的注解，其以 Annotation 实例数组的形式展现，进而可以访问这些实例的成员。

但是在模块系统的上下文中，你或你所依赖的框架如何处理注解并不重要，重要的是它们只与反射一起工作这一基本事实。这意味着你看到的任何有注解的类都会在某个时候使用反射——如果该类在一个模块中，则不一定能开箱即用。

通过统一日志观察 JVM

Java 9 引入了统一日志体系架构，它通过单一机制传递 JVM 生成的消息，并允许你使用复杂的命令行选项-Xlog 选择显示哪些消息。

你可以使用它来观察 JVM 的行为，调试应用程序（如果存在问题的话）或定位潜在的性能改进。从你自己的项目中可以知道，日志记录具有广泛的应用领域，因此我不会用一个用例来解释，而是将其作为整体进行研究。

初次使用-Xlog 可能会有些吓人，但我们将逐步探讨该选项的各个方面。本附录将对该机制进行粗略的了解——5.3.6 节展示过如何用它来调试模块化应用程序。

注意 该机制在 JVM 中是通用的，除监视模块系统以外，还具有更多的应用。类加载、垃圾回收、与操作系统的交互以及线程处理——你可以用相应的选项来分析所有这些方面以及更多内容。请注意，这既不包括诸如 Swing 日志之类的 JDK 消息，也不包括应用程序的消息，完全是关于 JVM 本身的。

C.1 什么是统一日志

JVM 内部的统一日志架构类似于你可能已用于应用程序的其他日志记录框架，比如 Java Util Logging、Log4j 和 Logback。它会生成文本消息，附加一些元信息，比如标签（描述生成消息的子系统）、日志级别（描述消息的重要性）和时间戳，并将信息打印在某个地方。你可以根据需要配置日志记录的输出。

定义：-Xlog

java 命令的-Xlog 选项会将日志激活。这是此机制的唯一标志——任何进一步的配置都紧跟在该选项之后。日志的可配置方面如下：

- 要记录哪些消息（按标记和/或日志级别）；
- 包括哪些信息（比如时间戳和进程 ID）；
- 使用哪个输出（比如输出到文件）。

本附录的其余部分将依次介绍它们。

在开始其他事情之前，先来看一下 `-Xlog` 产生的消息种类，如图 C-1 所示。执行 `java -Xlog`，然后查看输出——日志**很多**（你没有为 Java 提供足够的详细信息来启动应用程序，因此它会列出所有选项。为了不使输出过多，我使用 `-version` 来运行，其会输出当前的 Java 版本）。

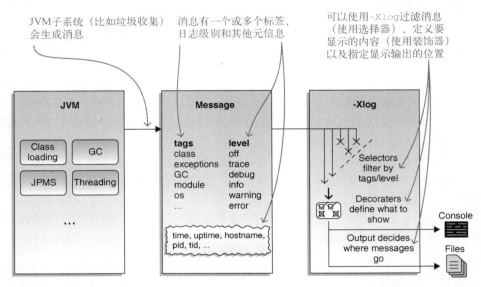

图 C-1　许多 JVM 子系统（左）生成消息（中），`-Xlog` 选项可用于配置要看到的消息、
　　　　包含的信息以及显示的位置（右）

第一条消息中的其中一条告诉你 HotSpot 虚拟机开始工作。

```
$ java -Xlog -version

# 省略了一些消息
> [0.002s][info][os        ] HotSpot is running with glibc 2.23, NPTL 2.23
# 省略了许多消息
```

该输出显示了 JVM 运行了多长时间（2 毫秒）、日志级别（info）、标记（仅 os）和实际消息。让我们看看如何影响这些细节。

C.2　定义应该显示哪些消息

通过定义成对的 `<tag-set>=<level>`（称为**选择器**），可以使用日志级别和标签来确切定义显示的日志内容。可以通过 `all` 选择所有标签，级别是可选的，默认为 `info`。使用方法如下。

```
$ java -Xlog:all=warning -version

# no log messages; great, warning free!
```

下面来试一下另一个标签和级别。

```
$ java -Xlog:logging=debug -version

> [0.034s][info][logging] Log configuration fully initialized.
> [0.034s][debug][logging] Available log levels:
      off, trace, debug, info, warning, error
> [0.034s][debug][logging] Available log decorators: [...]
> [0.034s][debug][logging] Available log tags: [...]
> [0.034s][debug][logging] Described tag combinations:
> [0.034s][debug][logging]  logging: Logging for the log framework itself
> [0.034s][debug][logging] Log output configuration:
> [0.034s][debug][logging] #0: stdout [...]
> [0.034s][debug][logging] #A: stderr [...]
```

运行成功，很幸运！因为输出内容太多，所以必须忽略其中一部分，但是请相信我，这些消息包含很多有用的信息。然而，你不必这样做：-Xlog:help 显示相同的信息，但输出格式更好（稍后将看到）。

一个令人惊讶的细节是仅当消息的标记与给定的标记**完全**匹配时，才能匹配给定的多个选择器。给定的**多个选择器**？是的，选择器可以通过+串联多个标签。不过，消息必须包含要选择的内容。

因此，比如使用gc（用于垃圾回收）与 gc+heap，应该选择不同的消息。确实是这样。

```
java -Xlog:gc -version

[0.009s][info][gc] Using G1

java -Xlog:gc+heap -version

[0.006s][info][gc,heap] Heap region size: 1M
```

你可以一次定义多个选择器，用逗号将它们隔开即可。

```
java -Xlog:gc,gc+heap -version

[0.007s][info][gc,heap] Heap region size: 1M
[0.009s][info][gc      ] Using G1
```

使用此策略获取包含特定标志的所有消息很麻烦。幸运的是，有一种更简单的方法：使用通配符*，其可以与单个标签一起使用，以定义一个匹配包含该标签所有消息的选择器。

```
java -Xlog:gc*=debug -version

[0.006s][info][gc,heap] Heap region size: 1M
[0.006s][debug][gc,heap] Minimum heap 8388608
Initial heap 262144000   Maximum heap 4192206848
# 此处省略了大约 24 条消息
[0.072s][info ][gc,heap,exit             ] Heap
# 省略了展示最终 GC 统计的一些消息
```

可以使用日志和选择器通过 3 个简单的步骤来了解 JVM 的子系统。

(1) 在 java -Xlog:help 的输出中寻找有趣的标签。

(2) 在-Xlog:${tag_1}*,${tag_2}*,${tag_n}*中使用这些标签来展示所有被它们标记的消息。

(3) 选择性地用 `-Xlog:${tag}*=debug` 切换到更低的日志级别。

这些步骤决定了你将看到哪些消息。现在看一下它们将输出到哪里。

C.3   定义消息输出位置

与复杂的选择器相比，输出配置则更简单。将它放到选择器之后（以逗号分隔），其有 3 个合法值。

- ❏ `stdout`——默认输出。如果没有被重定向，则显示在控制台上，即终端窗口。在 IDE 中，它通常是相应的标签页或者视图。
- ❏ `stderr`——默认错误输出。如果没有被重定向，则显示在控制台上，即终端窗口。在 IDE 中，它通常与 `stdout` 在相同的标签页或者视图中，但是用红色字体打印。
- ❏ `file=<filename>`——定义一个文件，将所有消息输出到其中。`file=` 是可选的。

与通用日志框架不同，在此无法同时使用两个输出选项。

以下是将所有 debug 消息打印到 application.log 文件的命令。

```
java -Xlog:all=debug:file=application.log -version
```

还有更多的输出选项允许基于文件尺寸和滚动文件数量实现日志文件滚动。

C.4   定义消息包含哪些内容

如前所述，每条消息都包含消息文本和元信息。JVM 将打印哪些额外的源信息，可以通过装饰器来配置（参见表 C-1）。这个字段在输出位置和另一个冒号之后。

假如你想在控制台中为所有垃圾回收调试消息打印时间戳、毫秒为单位的运行时间以及线程 ID。下面是相应的命令。

```
java -Xlog:gc*=debug:stdout:time,uptimemillis,tid -version

# 省略了一些消息
[2017-02-01T13:10:59.689+0100][7ms][18607] Heap region size: 1M
```

表 C-1   `-Xlog` 选项可用的装饰器。信息总是以这个顺序打印，描述列基于官方文档

选 项	描 述
level	日志消息所关联的级别
pid	进程标识
tags	日志消息所关联的标签集
tid	线程标识
time	ISO-8601 格式的当前时间和日期
timemillis	与 System.currentTimeMillis() 生成的值相同
timenanos	与 System.nanoTime() 生成的值相同
uptime	JVM 启动后的秒数（比如 6.567 秒）

（续）

选　　项	描　　述
Uptimemillis	JVM 启动后的毫秒数
uptimenanos	JVM 启动后的纳秒数

C.5　配置整个日志管道

-Xlog 选项的正式语法如下。

```
-Xlog:<selectors>:<output>:<decorators>:<output-options>
```

-Xlog 选项后面的每个参数都是可选的，但是如果使用其中一个，就需要指定它前面的所有参数。选择器是标签集合和日志级别的配对。这部分也称作 what-expression，这是当配置有语法错误时会出现的一个术语。你可以用 output（简单来说，即终端窗口或日志文件）为日志消息定义目标位置，并用装饰器定义消息包含哪些内容（是的，很恼人，输出机制和其他输出选项被装饰器分隔开了）。

如想获得更多细节，请参考在线文档或者 java -Xlog:help 的输出。

```
java -Xlog:help

-Xlog Usage: -Xlog[:[what][:[output][:[decorators][:output-options]]]]
        where 'what' is a combination of tags and levels on the form
            tag1[+tag2...][*][=level][,...]
        Unless wildcard (*) is specified, only log messages tagged with
            exactly the tags specified will be matched.

Available log levels:
    off, trace, debug, info, warning, error

Available log decorators:
    time (t), utctime (utc), uptime (u), timemillis (tm), uptimemillis (um),
    timenanos (tn), uptimenanos (un), hostname (hn), pid (p), tid (ti),
    level (l), tags (tg)
    Decorators can also be specified as 'none' for no decoration.

Described tag combinations:
    logging: Logging for the log framework itself

Available log tags:
    [... many, many tags ... ]
    Specifying 'all' instead of a tag combination matches all tag
    combinations.

Available log outputs:
    stdout, stderr, file=<filename>
    Specifying %p and/or %t in the filename will expand to the JVM's PID and
    startup timestamp, respectively.

Some examples:
    [... a few helpful examples to get you going ... ]
```

利用 JDeps 分析项目的依赖

JDeps 即 Java 依赖分析工具（Java Dependency Analysis Tool），这是一个命令行工具，用来处理 Java 字节码——.class 文件或者包含这些文件的 JAR，并对类间静态声明的依赖进行分析。分析结果可以被多种方式过滤，并且可以被聚合到包或 JAR 级别。JDeps 同样完全支持模块系统。

总之，这对分析本书中大量谈论的各种（有时模糊不清的）图来说是一个很有用的工具。不仅如此，当迁移和模块化某个项目时，比如分析对 JDK 内部 API 的静态依赖（参见 7.1.2 节）、列出包分裂（参见 7.2.5 节）以及起草模块描述符（参见 9.3.2 节），它都有着具体的应用。

为了进一步探寻这个工具，我鼓励你进行实践，并且最好基于一个**你自己的**项目。如果你的项目中有一个 JAR，并且在另一个目录中存放了所有的传递依赖，那么整个过程将非常简单。如果你正在使用 Maven，则可以通过 maven-dependency-plugin 的 `copy-dependencies` 目标（goal）实现后者。利用 Gradle，则可以通过 `Copy` 任务将 `from` 设置为 `configurations.compile` 或 `configurations.runtime`。可以利用快速搜索查阅这些细节。

我选择了 Scaffold Hunter 作为我的样例项目：

> Scaffold Hunter 是一个基于 Java 的开源工具，它通过聚焦于生命科学所产生的数据对数据集进行可视化分析，意在直观地访问庞大且复杂的数据集。该工具提供了一系列视图，比如曲线图、系统树图和绘图视图，以及相关的分析方法，比如集群和分类。

我下载了 2.6.3 版本的 Zip 文件，并将所有依赖复制到 libs 目录中。在展示输出时，为了让名称更加简洁，我将包名和文件名中的 `scaffoldhunter` 缩写为 `sh`。

D.1 认识 JDeps

来认识一下 JDeps：在哪里获取它、如何得到第一次结果以及在哪里寻求帮助。从 Java 8 开始，你可以在 JDK 的 bin 目录中找到 JDeps 的可执行文件 jdeps。如果它在命令行中可用，则会使事情变得非常简单，但这要求你对所使用的操作系统做一些设置。确保 `jdeps --version` 可以正确工作，并显示你正在使用的是最新版本。

下一步是选定一个 JAR，并指定 JDeps 对其进行分析。如果没有进一步的命令行选项，它会首先列出代码所依赖的 JDK 模块，以及对所有既不属于该 JAR 又不属于 JDK 的代码的 `not found`

提示。接下来是一个以 `${package} -> ${package} ${module/JAR}` 为形式的包级别的依赖
列表。

调用 `jdeps scaffold-hunter-2.6.3.jar` 将导致如下的大量输出。可以看到，Scaffold
Hunter 依赖于 java.base 模块、java.desktop 模块（这是一个 Swing 应用程序）、java.sql 模块（数据
集存储在 SQL 数据库中）以及一些其他模块。在这之后是包依赖的长列表，此处只展示了其中
一部分。

```
$ jdeps scaffold-hunter-2.6.3.jar

# 记住，"sh" 是 "scaffold-hunter"（对于文件名）和 "scaffoldhunter"（对于包名）的缩写
> sh-2.6.3.jar -> java.base           ◄
> sh-2.6.3.jar -> java.datatransfer
> sh-2.6.3.jar -> java.desktop              项目所依赖的 JDK 模块
> sh-2.6.3.jar -> java.logging
> sh-2.6.3.jar -> java.prefs
> sh-2.6.3.jar -> java.sql
> sh-2.6.3.jar -> java.xml
> sh-2.6.3.jar -> not found                        在 JAR 内部和之间的
>     edu.udo.sh -> com.beust.jcommander  not found  ◄   包依赖
>     edu.udo.sh -> edu.udo.sh.data       sh-2.6.3.jar
>     edu.udo.sh -> edu.udo.sh.gui        sh-2.6.3.jar
>     edu.udo.sh -> edu.udo.sh.gui.util   sh-2.6.3.jar
>     edu.udo.sh -> edu.udo.sh.util       sh-2.6.3.jar
>     edu.udo.sh -> java.io               java.base
>     edu.udo.sh -> java.lang             java.base
>     edu.udo.sh -> javax.swing           java.desktop
>     edu.udo.sh -> org.slf4j             not found
# 省略了更多的包依赖
```

"not found" 暗示了依赖没有被找到，
这并不奇怪，因为我并没有告诉
JDeps 在哪里寻找它们

现在，是时候用不同的选项来调整输出了。可以用 `jdeps -h` 列出这些选项。

D.2　在分析结果中包含依赖

JDeps 的一个重要的方面是它允许你像分析自己的代码一样分析依赖。实现这个目标的第一
步是通过 `--class-path` 选项将它们放置到类路径中。但是这仅确保了 JDeps 将路径延伸到你的
依赖 JAR 中，并且摆脱了 `not found` 提示。为了能同时对依赖进行分析，你需要让 JDeps 通过
`-recursive` 或 `-r` 递归进入依赖 JAR。

为了包含 Scaffold Hunter 的依赖，我用 `--class-path 'libs/*'` 和 `-recursive` 执行了
JDeps，接下来就可以看到结果。在这个例子中，命令行输出以一些包分裂警告开头，我将暂时
忽略它们。后面跟着的模块、JAR 和包依赖和以前一样，但是现在已经完整了，所以这个列表相
当长。

```
$ jdeps -recursive
    --class-path 'libs/*'
    scaffold-hunter-2.6.3.jar


# 省略了包分裂警告
# 省略了一些模块或 JAR 依赖                            不再有 "not found"
> sh-2.6.3.jar -> libs/commons-codec-1.6.jar  ◄──┐    的 JAR 依赖
> sh-2.6.3.jar -> libs/commons-io-2.4.jar
> sh-2.6.3.jar -> libs/dom4j-1.6.1.jar
> sh-2.6.3.jar -> libs/exp4j-0.1.38.jar
> sh-2.6.3.jar -> libs/guava-18.0.jar
> sh-2.6.3.jar -> libs/heaps-2.0.jar
> sh-2.6.3.jar -> libs/hibernate-core-4.3.6.Final.jar
> sh-2.6.3.jar -> java.base
> sh-2.6.3.jar -> java.datatransfer
> sh-2.6.3.jar -> java.desktop
> sh-2.6.3.jar -> java.logging
> sh-2.6.3.jar -> java.prefs
> sh-2.6.3.jar -> java.sql
> sh-2.6.3.jar -> java.xml
> sh-2.6.3.jar -> libs/javassist-3.18.1-GA.jar       不再有 "not found"
> sh-2.6.3.jar -> libs/jcommander-1.35.jar           的包依赖源
# 省略了更多的模块或 JAR 依赖
>       edu.udo.sh -> com.beust.jcommander    jcommander-1.35.jar ◄──
>       edu.udo.sh -> edu.udo.sh.data         sh-2.6.3.jar
>       edu.udo.sh -> edu.udo.sh.gui          sh-2.6.3.jar
>       edu.udo.sh -> edu.udo.sh.gui.util     sh-2.6.3.jar
>       edu.udo.sh -> edu.udo.sh.util         sh-2.6.3.jar
>       edu.udo.sh -> java.io                 java.base
>       edu.udo.sh -> java.lang               java.base
>       edu.udo.sh -> javax.swing             java.desktop
>       edu.udo.sh -> org.slf4j               slf4j-api-1.7.5.jar ◄──
# 省略了更多更多的包依赖
```

这使得输出完全被淹没，所以你需要立即想办法从如此多的数据中提取出有意义的信息。

D.3 配置 JDeps 的输出

配置 JDeps 的输出有很多方法。在首次分析某个项目时，也许最好的选项是仅展示 JAR 之间依赖的-summary 或-s，如下所示。

```
$ jdeps -summary -recursive
    --class-path 'libs/*'
    scaffold-hunter-2.6.3.jar


# 省略了包分裂警告
# 省略了一些模块或 JAR 依赖
> sh-2.6.3.jar -> libs/javassist-3.18.1-GA.jar
> sh-2.6.3.jar -> libs/jcommander-1.35.jar
> sh-2.6.3.jar -> libs/jgoodies-forms-1.4.1.jar
> sh-2.6.3.jar -> libs/jspf.core-1.0.2.jar
> sh-2.6.3.jar -> libs/l2fprod-common-sheet.jar
```

```
> sh-2.6.3.jar -> libs/l2fprod-common-tasks.jar
> sh-2.6.3.jar -> libs/opencsv-2.3.jar
> sh-2.6.3.jar -> libs/piccolo2d-core-1.3.2.jar
> sh-2.6.3.jar -> libs/piccolo2d-extras-1.3.2.jar
> sh-2.6.3.jar -> libs/slf4j-api-1.7.5.jar
> sh-2.6.3.jar -> libs/xml-apis-ext.jar
> sh-2.6.3.jar -> libs/xstream-1.4.1.jar
> slf4j-api-1.7.5.jar -> java.base
> slf4j-api-1.7.5.jar -> libs/slf4j-jdk14-1.7.5.jar
> slf4j-jdk14-1.7.5.jar -> java.base
> slf4j-jdk14-1.7.5.jar -> java.logging
> slf4j-jdk14-1.7.5.jar -> libs/slf4j-api-1.7.5.jar
# 省略了更多的模块或 JAR 依赖
```

表 D-1 列举了用于分析依赖的不同方面的多种筛选方式。

表 D-1　对筛选 JDeps 输出的部分选项进行简短的描述

选　项	描　述
--api-only 或-apionly	在某些情况下，尤其是在分析类库时，你仅关心某个 JAR 的 API。利用这个选项，只有公有类的公有或受保护的成员中所提及的类型才会被检查
-filter 或-f	紧跟一个正则表达式，**排除对满足正则表达式的类的依赖**（注意，除非使用了 -verbose:class，否则输出仍然会显示包）
-filter:archive	在很多情况下，在工件内部的依赖不是那么值得关注。这个选项将它们忽略，仅展示工件之间的依赖
--package 或-p	紧跟一个包名，仅考虑对该包的依赖，对于查看使用 utils 的所有位置来说是一个很好的途径
--regex 或-e	紧跟一个正则表达式，仅考虑对满足正则表达式的**类**的依赖（注意，除非使用了 -verbose:class，否则输出仍然会显示包）

命令行输出是检查细节和深入研究的一个有效途径，即便它不是用于直观的概览（图表更加胜任于此）。幸运的是，JDeps 拥有--dot-output 选项，可以为每个单独的分析创建.dot 文件。这些文件是纯文本的，一些其他的工具，比如 Graphviz，可以用来基于这些文件创建镜像。具体示例参见代码清单 D-1 和图 D-1。

代码清单 D-1　将工件依赖可视化

```
$ jdeps -recursive
    --class-path 'libs/*'
    --dot-output dots
    scaffold-hunter-2.6.3.jar
$ dot -Tpng -O dots/summary.dot
```

通过指定--dot-output dots 让 JDeps 在 dots 目录中创建.dot 文件

Graphviz 提供了 dot 命令，在此用来在 dots 目录中创建一个 summary.dot.png

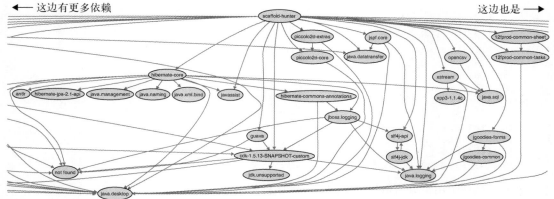

图 D-1 代码清单 D-1 的结果是一个巨大的、复杂的但仍然有迹可循的依赖关系图。这只是一个
精简过的部分。不要担心细节，而是为你的项目创建一个同样的依赖关系图

Dot 文件与 Graphviz

.dot 文件是纯文本文件，同时是一个很好的可编辑的所见即所得的文件。利用一些正则表
达式，你可以从底部删除 java.base 模块（让模块图更加简化），或者从 JAR 名称中删除版本（让
图更加精简）。关于 Graphviz 的更多信息，参见其官方网站。

D.4   深入探寻项目的依赖

如果你想见到更多的细节，-verbose:class 可以列出类间依赖，而非将它们聚合到包级
别。有些情况下仅列出对某个包或类的直接依赖是不够的，因为它们可能存在于依赖中，而不是
在你的代码中。在这样的情况下，--inverse 或-I 也许会有帮助。指定某一个包或正则表达式，
它将尽可能地跟踪这些依赖，进而将相关工件列出。不幸的是，没有直观的方法可以查看类级别
的结果，而只能查看工件级别的结果。

如果你仅对被某个类库的公有 API 所公开的依赖感兴趣，则可以使用--api-only。利用
这个选项，只有公有类的公有或者受保护成员中所提及的类型会被检查。除此之外，还有一些
其他的选项可以针对你的具体用例提供帮助——正如前面提到的，你可以通过 jdeps -h 列出这
些选项。

D.5   JDeps 理解模块

如同编译器和 JVM 可以在更高的抽象级别中运转一样，得益于模块系统，JDeps 也可以。模
块路径可以通过--module-path（注意，-p 是被保留的：它不是这个选项的简写）来指定，初
始模块则可以通过--module 或-m 来指定。于是，你可以像先前一样进行同样的分析。

```
$ jdeps -summary -recursive
    --module-path mods:libs
    -m monitor
```

```
# 省略了一些模块依赖
> monitor -> java.base
> monitor -> monitor.observer
> monitor -> monitor.observer.alpha
> monitor -> monitor.observer.beta
> monitor -> monitor.persistence
> monitor -> monitor.rest
> monitor -> monitor.statistics
> monitor.observer -> java.base
> monitor.observer.alpha -> java.base
> monitor.observer.alpha -> monitor.observer
> monitor.observer.beta -> java.base
> monitor.observer.beta -> monitor.observer
> monitor.persistence -> java.base
> monitor.persistence -> monitor.statistics
> monitor.persistence -> hibernate.jpa
> monitor.rest -> java.base
> monitor.rest -> monitor.statistics
> monitor.rest -> spark.core
> monitor.statistics -> java.base
> monitor.statistics -> monitor.observer
> slf4j.api -> java.base
> slf4j.api -> not found
> spark.core -> JDK removed internal API
> spark.core -> java.base
> spark.core -> javax.servlet.api
> spark.core -> jetty.server
> spark.core -> jetty.servlet
> spark.core -> jetty.util
> spark.core -> slf4j.api
> spark.core -> websocket.api
> spark.core -> websocket.server
> spark.core -> websocket.servlet
# 省略了更多的模块依赖
```

除此之外，还有一些 Java 9 和模块相关的选项。通过 `--requires ${modules}` 选项，你可以列出所有依赖特定模块的模块。7.1.2 节曾阐述过如何使用 `--jdk-internals` 分析项目的问题依赖。9.3.2 节解释过如何使用 `--generate-module-info` 和 `--generate-open-module` 起草模块描述符。如前所述，JDeps 也将始终会报告它找到的所有包分裂——该问题已经在 7.2 节中详细讨论过。

一个有趣的选项是 `--check`，该选项为模块的描述符提供了不同的视角（如图 D-2 所示）。

❏ 它从打印真实的描述符开始，接着是两个假想的描述符。

❏ 第一个假想的描述符被称作**建议描述符**，其声明了对所有模块的依赖——仅当某个模块包含类型在被检查的模块中使用。

❑ 第二个假想的描述符被称作**传递简化图**（transitive reduced graph），其与前一个描述符相似，但是删除了由于隐式可读性而可被读取的依赖（参见 9.1 节）。这意味着它是可以创建可靠配置的最小依赖集合。

❑ 最终，如果模块声明了任何合规导出（参见 9.3 节），`--check` 将输出那些在可见模块全局中尚未使用的导出。

`--check` 所创建的假想描述符也可以通过`--list-deps` 和`--list-reduced-deps` 选项分别查看。它们也可以在类路径上工作，只是因此会引用无名模块（参见 8.2 节）。

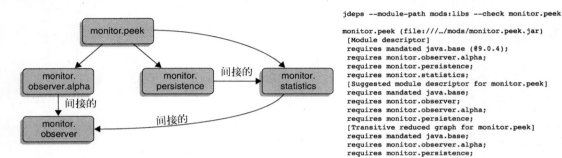

图 D-2　在左侧，可以看到 monitor.peek（参见 11.1.1 节）和它的传递依赖，其中有些对其他模块隐式可读。在右侧，JDeps 建议在依赖列表中包含 monitor.observer（因为它的类型被直接引用）。此外，它列出了 monitor.peek 充分利用了隐式可读性而所依赖的模块的最小集合

通过多发行版 JAR 支持多个 Java 版本

决定项目依赖哪个 Java 版本从来不是一件容易的事情。一方面，你想给用户选择的自由，因此最好支持多个主要版本，而不仅仅是最新版本。另一方面，你渴望使用最新的语言特性和 API。从 Java 9 开始，一个新的 JVM 功能，即**多发行版 JAR**，可以帮助你调和这些对立面——至少在某些情况下可以做到。

多发行版 JAR 允许在同一工件中发布针对不同 Java 版本的字节码。然后，你可以基于 JVM 来加载针对其支持的最新版本编译的类。从在最低支持的 Java 版本上成功运行的项目开始，通过使用更具弹性和更好性能的 API，你可以有选择地在较新的 JVM 上进行改进，而不必强求提高项目的基线（baseline）。

 要点　当然，只有在你无法完全控制运行项目的 JVM 版本时，才需要考虑多发行版 JAR。对于类库和框架，通常是这样。而对于用户自己托管的桌面应用程序或 Web 后端程序，通常也是这样。另一方面，如果你自行管理运行应用程序的服务器，则可以自行控制使用较新的 JVM，并不需要考虑使用复杂的多发行版 JAR。

所有这些都解决后，让我们深入看看这个方便的新特性。我们会先创建一个简单的发行版 JAR，然后研究其内部结构，最后再针对何时以及如何使用发行版 JAR 提出一些建议。

E.1　创建多发行版 JAR

定义

　　多发行版 JAR 是专门准备的 JAR，其中包含为几个主要 Java 版本准备的字节码。字节码如何加载取决于 JVM 的版本。

　　❑ Java 8 及更早版本加载非版本相关（version-unspecific）的类文件。

　　❑ Java 9 及以上版本加载版本相关（version-specific）的类文件（如果存在的话），否则回退到加载非版本相关的类文件。

　　要准备一个多发行版 JAR，你需要按所针对的 Java 版本来分割源文件，为不同的版本编译一组不同的源文件，并将生成的.class 文件放在各自的目录中。当使用 jar 将它们打包时，你照常添加基线类文件（直接添加或使用-C 参数，参见 4.5.1 节），并对每个不同的字节码集合使用新的选项--release ${release}。

　　下面来看一个例子。假设你需要检测当前正在运行的 JVM 的主版本。Java 9 为此提供了一个不错的 API，因此你不再需要解析系统属性了（6.5.1 节对此进行了概述，不过其中的细节在此并不重要）。通过部署一个多发行版 JAR，如果在 Java 9 及以上版本中运行，你可以使用其 API。

　　假设该应用程序有两个类，即 Main 和 DetectVersion，并且目标是拥有 DetectVersion 的两个变体，一个用于 Java 8 及更早版本，另一个用于 Java 9 及以上版本。这两个变体必须具有完全相同的完全限定名称（在 IDE 中同时使用它们有一定的挑战性）——并且假设将它们放在两个并行的源目录中：src/main/java 和 src/main/java-9。

　　图 E-1 展示了如何组织源代码，代码清单 E-1 展示了如何将它们编译并打包至一个多发行版 JAR 中。请注意这两个编译步骤和各自的输出目录。最终结果如图 E-2 所示。

代码清单 E-1　为不同的 Java 版本编译和打包源文件，并生成至同一个 JAR

为 Java 8（或更早版本）编译 src/main/java 中的代码并生成至 classes 文件夹

为 Java 9 编译 src/main/java-9 中的代码并生成至 classes-9 文件夹

```
javac --release 8
    -d classes
    src/main/java/org/codefx/detect/*.java
javac --release 9
    -d classes-9
    src/main/java-9/module-info.java
    src/main/java-9/org/codefx/detect/DetectVersion.java
jar --create
    --file target/detect.jar
    -C classes .
    --release 9
    -C classes-9 .
```

在打包字节码至 JAR 时，像往常一样打包 classes 中默认的字节码

包含为 Java 9 特地准备的类文件

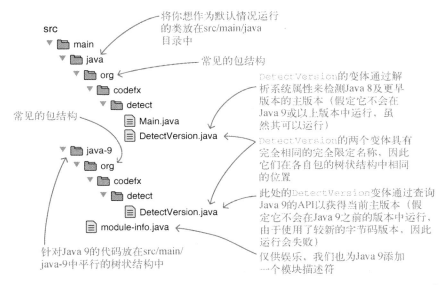

图 E-1　放置多发行版 JAR 源代码的一种可能方法。最重要的细节是，版本相关的代码
（这里为 DetectVersion）在所有变体中都具有相同的完全限定名称

这个简单的示例创建了 DetectVersion 的两个变体，一个变体用于支持 Java 8 及更早版本，另一个变体用于支持 Java 9。通常情况下实现一个包含多个类、支持多个 Java 版本的特性是非常复杂和烦琐的，因此这里就不介绍形式化的标准版本了。作为替代，E.3 节介绍了一些经验。

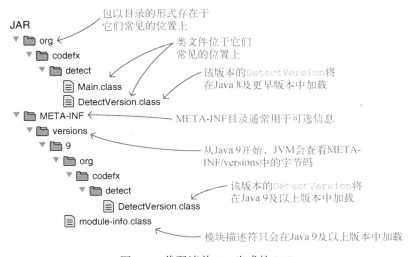

图 E-2　代码清单 E-1 生成的 JAR

E.2　多发行版 JAR 的内部工作机制

多发行版 JAR 是如何工作的？这很简单：它将非版本相关的类文件存储在其根目录上（像往常一样），而将版本相关的文件存储在 META-INF/versions/${version}中。

 要点　Java 8 及更早版本的 JVM 对 META-INF/versions 中的内容一无所知，并从 JAR 根目录里的包结构中加载类。因此，无法详细区分 Java 9 之前的各个版本。

但是，新的 JVM 首先会查看 META-INF/versions 中的内容，并且只在它们未在此处找到类的情况下才会查看 JAR 根目录。它们从自己的版本开始向后搜索，这意味着 Java 10 的 JVM 会先在 META-INF/versions/10 中搜索，然后是 META-INF/versions/9，接着才是根目录。因此这些 JVM 可以用它们支持的最新版本相关的类文件覆盖根目录上对应的非版本相关的类文件。

除了 META-INF/versions 中的目录外，还可以通过查看纯文本文件 META-INF/MANIFEST.MF 来识别多发行版 JAR：如果是多发行版 JAR，则该清单中包含条目 `Multi-Release: true`。

E.3　使用建议

既然你已经知道如何创建多发行版 JAR 以及它们的工作原理，那么为了帮助你充分利用它们，我想提供一些建议。更准确地说，我会为以下主题提供提示。
- ❑ 如何组织源代码
- ❑ 如何组织字节码
- ❑ 何时使用多发行版 JAR

E.3.1　组织源代码

 要点　在组织多发行版 JAR 的源代码时，我提出了两个准则。

- ❑ 支持的最早 Java 版本的代码位于项目的默认根目录（比如 src/main/java，而不是 src/main/java-X）中。
- ❑ 该源目录中的代码是**完整的**，这意味着可以直接编译、测试和部署它们，而无须来自版本相关的源代码树（比如 src/main/java-X）中的其他额外文件（请注意，如果你提供的功能仅适用于 Java 的较新版本，则在旧版本中该类仅需抛出错误说明 `Operation not supported before Java X` 即可。我建议你不要不管它，以免导致无意义的 `NoClassDefFoundError`）。

这些不是技术要求。没有什么可以阻止你将针对 Java 11 的代码一半放在 src/main/java 中，另一半，甚至全部，放在 src/main/java-11 中。但是这只会引起不必要的混乱。

　　通过遵循这些准则，可以使源代码树的布局尽可能地简单。查看它的任何人或者工具，都可以很容易地发现针对所需 JVM 版本的功能齐全的项目。然后，与版本相关的源代码树会选择性地增加需要的代码以支持较新的版本。

　　如何验证最终得到的是否正确？正如我之前所说，形式化的描述很复杂，所以此处是我的经验法则。为了确定你的特定布局是否有效，请在思想上（或实际上）执行以下步骤。

　　(1) 在支持的最早的 Java 版本上编译和测试与版本无关的源代码树。

　　(2) 对于其他每个源代码树，执行以下操作。

　　　　a. 将版本相关的代码移至版本无关的源代码树中，替换其中具有完全相同完全限定名称的文件。

　　　　b. 在较新版本上编译并测试源代码树。

　　如果能正常工作，那么恭喜你。

　　当然，你的工具还必须支持你选择的源代码布局。不幸的是，在撰写本文时，IDE 和大多数构建工具对此布局并没有很好的支持，因此你可能不得不妥协。作为替代解决方案，请考虑为每个 Java 版本创建单独的项目。

E.3.2　组织字节码

 要点　从上述源代码树结构到如何在 JAR 中组织字节码的建议，这一过程的直接路线如下。

　　❑ 支持的最早 Java 版本上的字节码直接进入 JAR 的根目录中，这意味着它不会通过 `--release` 选项添加。

　　❑ JAR 根目录中的字节码是完整的，这意味着它可以直接执行，而无须来自 META-INF /versions 中的其他文件。

　　再一次，这些都不是技术要求，但它们保证了每个查看 JAR 根目录的人都可以看到针对所需 JVM 版本编译的功能齐全的项目，并且可以通过 META-INF/versions 针对较新的 JVM 进行选择性的增强。

E.3.3　何时使用多发行版 JAR

　　多发行版 JAR 如何帮助你解决选择所依赖 Java 版本的困境？首先要明确的是，准备使用多发行版 JAR 会增加很多的复杂性。

　　❑ 必须正确配置 IDE 和构建工具，以能够更轻松地处理多个针对不同 Java 版本编译的具有完全相同完全限定名称的源文件。

　　❑ 需要让同一源文件的多个变体保持同步，以便保持相同的公有 API。

　　❑ 单元测试变得更加复杂，因为你可能最终编写了只能运行在特定 JVM 版本中的测试文件。

　　❑ 集成测试变得更加麻烦，因为需要考虑在多发行版 JAR 包含字节码的每个 Java 版本中测试所产生的工件。

要点 这意味着你应该仔细考虑是否要创建多发行版 JAR。走这条路应该有可观的回报（至少可以提高所需的 Java 版本）。

此外，多发行版 JAR 也不适合使用为便捷性而设计的新语言特性。如你所见，所涉及的源文件需要有两个变体，如果你必须为不便捷的变体保留一份源文件，那么这些所谓的便捷性无法带来任何便利。语言特性也将很快渗透到代码类库中，从而导致大量重复的类。所以这不是一个好主意。

另一方面，API 是多发行版 JAR 的最佳选择。Java 9 引入了许多新的 API，这些 API 以更大的弹性和更好的性能解决了现有的用例。

❑ 使用 `Runtime.Version` 而不是解析系统属性来检测 JVM 版本（参见 6.5.1 节）。

❑ 使用栈审核（stack-walking）API 而不是创建 `Throwable` 来分析调用栈（本书没有涵盖该 API，但是你的日志框架的开发人员已经在使用它了）。

❑ 用变量句柄来代替反射（参见 12.3.2 节）。

如果要在较新的 Java 发行版上使用较新的 API，你要做的就是将对它的直接调用封装在专用的包装器类中，然后实现它的两种变体：一种使用旧的 API，另一种使用新的 API。如果你已经接受了前面描述中的那些复杂性，那么相对而言这很简单。

TURING
图灵教育

站在巨人的肩上
Standing on the Shoulders of Giants

TURING
图灵教育

站在巨人的肩上
Standing on the Shoulders of Giants